이 책은 믿을 수 없을 정도로 중요하고 유용하다. 머신러닝은 이미 당신의 삶과 업무에서 매우 중요한 위치를 차지하며 앞으로 더 중요해질 것이다. 페드로 도밍고스는 머신러닝에 관하여 분명하고 이해하기 쉽게 설명하는 책을 써 냈다.

... **토머스 데이븐포트** 밥손대학 교수, 《분석으로 경쟁하라》 《빅 데이터 @ 워크》 저자

머신러닝은 상업적으로는 예측분석법으로 알려졌으며 현재 세상을 바꾸고 있다. 확고하고 깊이가 있으며 영감을 주는 이 책은 기술 분야에 익숙하지 않은 독자들에게는 심오한 과학 개념을 소개하고 머신러닝 전문가들에게는 새롭고 깊이 있는 통찰로 이 분야의 가장 유망한 연구 방향을 제시하여 만족감을 선사한다. 이 책은 정말 희귀한 보석과 같다.

... **에릭 시겔** '예측분석법 세계' 설립자, 《예측 분석이다》 저자

머신러닝은 매력 있는 세계지만 그동안 외부인에게는 전혀 눈에 띄지 않은 분야였다. 페드로 도밍고스는 머신러닝의 다섯 종족이 주장하는 신비스러운 방식을 독자들에게 소개하고, 다섯 종족을 결합하여 우리 문명이 보아 온 것 중 가장 강력한 기술을 창조하려는 그의 계획에 독자들을 초대한다.

... **승현준** 프린스턴대학 교수, 《커넥톰, 뇌의 지도》 저자

열정적이지만 지나치게 단순화하지 않은 머신러닝 입문서. 명료하며 유용한 정보를 계속 제공한다. 페드로 도밍고스는 재치와 비전, 학문을 바탕으로 과학자들이 컴퓨터가 스스로 학습하는 프로그램을 어떻게 창조하는지 설명한다. 독자들은 매력적인 통찰을 발견할 것이다.

... **커커스 리뷰**

《마스터 알고리즘》은 머신러닝을 배우면서 교양을 쌓을 수 있는 즐거운 읽을거리다. 머신러닝을 공부하고 있는 학생들과 이제 막 시작 하려는 학생들 그리고 머신러닝을 가르치려는 선생님들에게 나는 이 책을 추천하고 있다. 이 책에서 페드로 도밍고스는 머신러닝의 배경이 되는 방법론적인 착상들을 사용하여 정확하고 재미있는 과정을 성공적으로 제시했다. 뿐만 아니라 자기 자신을 모방하는 인간의 능력에 한계를 묻는 철학적인 질문들과 다양한 착상들을 엮어서 다채로운 태피스트리를 만드는 데에 성공했다. 현실을 알고 싶은 자, 미래를 알고 싶은 자 모두 꼭 읽어야 할 필독서다.

... **주데아 펄** 캘리포니아대학 컴퓨터 과학 교수, 튜링상 수상자

페드로 도밍고스는 이 책에서 머신러닝 분야의 다섯 가지 주요 기술을 훌륭하게 정리해 준다. 머신러닝의 내용은 묵직하지만 이런 주제를 꼭 필요한 시기에 재미있게 소개할 줄 아는 재주를 지녔다.

... **이코노미스트**

페드로 도밍고스는 친절하고 유쾌한 안내자다. 우리에게 머신러닝의 이면을 슬쩍 보여 주며 최근 몇 십 년 동안 이 분야에 일어났던, 때로는 개인적이고 때로는 언쟁이 벌어지는 험악한 상황을 함께 생생하게 증언한다. 이 책은 단순한 호기심을 지닌 독자부터 이 분야를 전공하려는 사람들에게까지 유용한, 매우 폭넓은 내용을 담고 있다. 설명과 논의를 할 때 전문 용어는 칭찬할 정도로 자제하며 사례들은 분명하고 이해하기 쉽다.

... **타임스 하이어 에듀케이션**

페드로 도밍고스는 활력과 열정을 담아 글을 썼고 책은 하나의 이야기처럼 잘 읽힌다.

... **뉴사이언티스트**

《마스터 알고리즘》은 신기원을 이룬, 컴퓨터 과학으로 떠나는 아주 신나는 모험이다.

... **북리스트**

놀랄 정도로 담긴 지식이 풍부하고 재미있으며 읽기 쉽다.

... **KD너겟**

마스터 알고리즘

The Master Algorithm:
How the Quest for the Ultimate Learning Machine
Will Remake Our World
by Pedro Domingos
First published by Basic Books,
A Member of the Perseus Books Group, New York.

THE MASTER ALGORITHM
마스터 알고리즘

머신러닝은 우리의 미래를 어떻게 바꾸는가

페드로 도밍고스 지음 | 강형진 옮김 | 최승진 감수

비즈니스북스

옮긴이 **강형진**

서울시립대학교 전자공학과에서 학사, 석사 학위를 취득했다. LG 전자에서 근무한 19년 동안 통신 장비와 휴대 전화를 개발하고 미국 주재원 생활을 경험했다. 번역가를 양성하는 글밥 아카데미 수료 후 정보통신과 과학 기술 분야를 중심으로 바른번역 소속 번역가로 활동 중이다.

감수자 **최승진**

포스텍 컴퓨터공학과 교수. 서울대학교 전기공학과를 졸업하고 미국 노터대임대학University of Notre Dame에서 전자공학 박사과정을 밟으며 독립요소분석independent component analysis이라는 데이터분석법을 연구했다. 1997년 일본 이화학연구소에서 인공신경망과 뇌모사 컴퓨팅 연구를 하며, 자연스럽게 인공 지능과 머신러닝에 발을 들여놓게 됐다. 머신러닝을 연구한 지 어느덧 20년, 척박한 국내 이공계에 머신러닝의 기틀을 마련한 선구자로 현재 미래부 기계학습연구센터장을 역임하고 있다.

마스터 알고리즘

1판 1쇄 발행   2016년 7월 30일
1판 10쇄 발행   2023년 2월 9일

지은이 | 페드로 도밍고스
옮긴이 | 강형진
발행인 | 홍영태
편집인 | 김미란
발행처 | (주)비즈니스북스
등 록 | 제2000-000225호(2000년 2월 28일)
주 소 | 03991 서울시 마포구 월드컵북로6길 3 이노베이스빌딩 7층
전 화 | (02)338-9449
팩 스 | (02)338-6543
대표메일 | bb@businessbooks.co.kr
홈페이지 | http://www.businessbooks.co.kr
블로그 | http://blog.naver.com/biz_books
페이스북 | thebizbooks
ISBN 979-11-85459-54-7   03560

과학의 웅대한 목표는 가장 많은 실험적 사실을
가장 적은 가설이나 공리를 통해 논리적으로 추론하는 것이다.
...
알베르트 아인슈타인

문명은 우리가 생각하지 않고도 수행할 수 있는
중요한 활동의 수를 늘림으로써 진보한다.
...
알프레드 노스 화이트헤드

사실 머신러닝machine learning은 우리 주위에 널리 퍼져 있다. 검색 엔진에 검색어를 입력하면 머신러닝은 검색 결과 가운데 어느 것을 보여 줄지 계산해 낸다. 더불어 검색자에게 어떤 광고를 보여 줄지도 계산한다. 당신이 전자 우편을 읽을 때 스팸메일이 거의 안 보이는 까닭은 머신러닝이 스팸메일을 걸러 냈기 때문이다. 아마존Amazon.com에서 책을 사거나 넷플릭스Netflix에서 비디오를 볼 때 머신러닝 시스템은 당신이 좋아할 만한 상품을 적절히 추천한다. 페이스북은 당신에게 보여 줄 최신 정보를 고를 때 머신러닝을 이용하며 트위터도 마찬가지다. 당신이 컴퓨터를 사용할 때마다 어딘가에서 머신러닝이 관여한다고 보면 된다.

　두 숫자를 더하는 일에서 비행기를 운항하는 일까지 전통적으로 컴퓨터에 일을 시키는 유일한 방법은 세세한 사항까지 공들여 설명하는 알고리즘을 작성하는 것이다. 하지만 학습자learners라고도 불리는 머신러닝 알고리즘은 이와 다르게 스스로 데이터data를 이용해 추론하며 일을 해낸다. 데이터가 더 많을수록 더 훌륭하게 일을 해낸다. 컴퓨터가 스스로 자기 프로그램을 짜기 때문에 우리가 컴퓨터 프로그램을 작성하지 않아도 된다.

가상 공간에서만 일어나는 일이 아니다. 아침에 깨어나 밤에 잠들 때까지 당신의 하루는 머신러닝으로 물들어 있다.

시계가 달린 당신의 라디오는 아침 7시에 켜진다. 그리고 한 번도 들어 보지 않았지만 정말 마음에 드는 노래가 흘러나온다. 판도라_{Pandora}라는 인터넷 라디오 덕분에 라디오는 개인 라디오 디스크자키처럼 당신의 음악 취향을 배운다. 노래 자체도 머신러닝의 도움을 받아 만들어졌을 것이다. 당신은 아침을 먹고 조간신문을 읽는다. 신문은 몇 시간 전에 인쇄되었고 신문에 줄무늬가 생기지 않도록 머신러닝을 사용하여 인쇄 과정을 조정했다. 네스트랩스_{Nest Labs}사의 학습하는 온도 조절 장치를 설치한 이후 집 안의 온도는 딱 적당하고 전기료는 눈에 뜨게 줄었다.

일터로 향하는 당신의 차는 연료 분사와 배기가스 재순환을 계속 조절하여 최고의 연비를 달성한다. 당신은 인릭스_{Inrix}라는 교통 예측 체계를 이용하여 스트레스는 말할 것도 없고 러시아워의 출근 시간도 줄인다. 일터에서 머신러닝은 당신이 과다한 정보량과 씨름할 때 이를 간단히 처리하도록 돕는다. 데이터 큐브_{data cube}를 사용하여 방대한 양의 데이터를 요약하고 여러 면에서 살펴본 뒤 가장 중요한 수치를 파헤쳐 찾아낸다. 당신의 웹사이트 배치안 A와 B 중 사업을 더 크게 일으킬 배치안을 선택하는 문제를 풀기 위해 인터넷을 조사하는 머신러닝 시스템은 두 안을 시험하고 결과를 보고한다. 당신이 외국어로 쓰여 있는 잠재 공급자의 웹사이트를 살펴보아야 하는 경우에도 문제없다. 구글이 자동으로 번역해 준다. 당신의 전자 우편 시스템은 편리하게도 알아서 편지들을 분류하여 해당 폴더에 넣고 가장 중요한 편지만 받은 편지함에 남긴다. 문서처리기는 문법과 철자를 점검해 준다. 당신은 곧 있을 여행을 위한 항공권을 발견하지만 예약은 잠시 미룬다. 빙 트래블Bing Travel이라는 프로그램이 항공권 가격이 곧 내릴 것이라고 예측해 주기 때문이다. 당신은 머신러닝을 의식하지 않아도 머신러닝의 도움이 없을 때보다 더 많은 일을 해낸다.

쉬는 시간에는 뮤추얼 펀드를 살펴본다. 뮤추얼 펀드 주식 종목을 선택할 때도 머신러닝 알고리즘의 도움을 받으며 그중 하나는 완전히 머신러닝 시스템으로 운영된다. 점심을 먹으러 거리로 나가면 당신 손에 들린 스마트폰이 식당을 찾는다. 옐프Yelp라는 앱의 머신러닝 시스템이 식당을 찾아 준다. 휴대전화는 머신러닝 알고리즘으로 꽉 들어차 있다. 이 알고리즘은 그 밖에도 오타 수정과 음성 명령 이해, 전송 오류 줄이기, 바코드 인식 등 많은 일을 한다. 휴대전화는 당신이 다음에 할 일을 예상하고 그에 맞는 적절한 조언을 할 수도 있다. 당신이 점심을 먹고 나면 외국에서 오는 방문객과 만나기로 한 약속이 방문객이 타고 오는 비행기가 지연되는 바람에 늦어질 수밖에 없다고 알려 주는 식이다.

퇴근할 때쯤 되면 밖이 어두워진다. 머신러닝은 주차장에 설치된 감시 카메라의 화상을 살펴보고 의심스러운 활동이 포착되면 원격지에서 근무하는 경비원에게 알려 당신이 안전하게 차까지 걸어가도록 돕는다. 집으로 가는 길에 들르는 슈퍼마켓의 진열 통로도 머신러닝의 도움으로 배치된다. 머신러닝은 주문해야 할 상품을 파악하고, 통로 끝 진열대를 채우는 방식을 정하고, 살사를 소스 칸에 둘지 아니면 토르티야 칩 옆에 둘지 결정한다. 당신은 신용카드로 결재한다. 머신러닝 알고리즘이 당신에게 그 카드를 소개했고 당신은 그 카드를 신청했다. 다른 머신러닝 알고리즘은 의심스러운 거래를 계속 감시하여 카드 번호가 도용당했다고 판단하면 당신에게 알려 준다. 또 다른 알고리즘은 당신의 카드 만족도를 추정한다. 당신이 우수 고객이지만 불만인 듯 보이면 다른 카드로 바꾸기 전에 좋은 조건을 제안한다.

집에 도착한 당신은 우편함으로 걸어간다. 친구가 손으로 쓴 주소를 머신러닝 알고리즘이 읽고 배달된 편지가 와 있다. 다른 머신러닝 알고리즘이 당신을 선택하여 보낸 정크 메일도 있다. 당신은 잠시 멈춰서 시원한 밤공기를 마신다. 경찰이 통계적 머신러닝을 사용하여 범죄가 가장 잘 일어날 만한 곳을 예측하고 순찰경찰관을 집중 배치하자 도시에서 일어나는 범죄가 눈에 띄게 줄어들었다. 당신은 가족과 함께 저녁을 먹는다. 뉴스에 시장이 나온다. 머신러닝 알고리즘이 아직 누구에게 투표할지 결정하지 못한 중요한 선거인으로 당신을 정확히 집어내자 그가 개인적으로 선거 당일 전화를 걸어 왔기 때문에 당신은 그에게 투표했다. 저녁 식사 후에는 야구를 시청한다. 두 팀 모두 통계적 머신러닝의 도움을 받아 선수를 선발했다. 당신은 아이들과 엑스박스Xbox 비디오 게임을 할지도 모른다. 키넥트Kinect의 머신러닝 알고리즘은 당신이 게임할 때 어디에 있고 무엇을 하는지 파악한다. 이제 잠자리에 들 시간이다. 당신은 머신러닝 알고리즘의 도움으로 제조되고 시험한 약을 먹는다. 엑스레이를 읽는 일부터 특이한 증상을 해석하는 일까지 당신을 진단하는 데 도움을 받고자 의사도 머신러닝을 사용할 것이다.

머신러닝은 삶의 모든 단계에 참여한다. 미국의 대학 입학 자격 시험에 대비하여 인터넷으로 공부할 경우 머신러닝은 당신의 에세이 연습 답안을 채점한다. 최근에 경영대학원에 지원하여 입학 시험을 치렀다면 에세이 채점자 중 하나는 머신러닝이다. 일자리에 지원할 때도 머신러닝 알고리즘은 지원서 더미에서 당신의 이력서를 뽑아 장래의 고용주에게 유력한 후보가 있으니 살펴보라고 알린다. 당신의 연봉 인상도 다른 머신러닝 알고리즘 덕분일 것이다. 집을 구입할 생각이라면 부동산 중개 전문 사이트인 Zillow.com에서 당신이 저울질하는 집들의 가치를 추정해 줄 것이다. 마침내 집을 선택하고 주택 담보 대출을 신청하면 머신러닝 알고리즘이 당신의 신청서를 검토하고 대출 여부를 조언한다. 또 하나, 아마 가장 중요할 수도 있는데, 인터넷 데이트 서비스를 사용한다면 머신러닝이 당신의 사랑을 찾아내도록 도와줄 것이다.

머신러닝 알고리즘을 하나하나 적용할 때마다 사회의 모습이 변한다. 머신러닝은 과학과 기술, 사업, 정치, 전쟁을 바꾼다. 위성과 DNA 염기 서열 분석기, 입자 가속기가 이전보다 더 세세하게 자연을 관측하면 머신러닝 알고리즘은 마구 쏟아지는 데이터를 처리하여 새로운 과학 지식을 내놓는다. 기업은 이전에 보지 못한 수준으로 고객을 파악한다. 롬니를 물리친 오바마처럼 가장 좋은 유권자 성향 모델을 사용한 후보가 선거에서 이긴다. 무인 운송 수단은 스스로 조정하여 땅과 바다, 하늘을 누빈다. 당신의 취향을 아마존의 추천 시스템에 넣는 프로그램 역시 사람이 작성하지 않고 머신러닝 알고리즘이 당신의 과거 구매 상품을 통해 당신의 취향을 일반화한다. 구글 무인 자동차는 도로 주행을 자신에게 가르쳤다. 어느 기술자도 '가' 지점에서 '나' 지점으로 가는 방법을 하나하나 차량에게 알려 주는 알고리즘을 작성하지 않았다. 차량 스스로 운전하도록 작동하는 프로그램을 작성하는 방법을 아무도 알지 못하며 알 필요도 없는 까닭은 차량에 장착된 머신러닝 알고리즘이 운전자를 관찰하여 운전 프로그램을 만들어 내기 때문이다.

자기 자신을 만드는 기술인 머신러닝은 이 세상에서 완전히 새로운 존재다. 먼 옛날 돌을 다듬어 도구를 만들기 시작할 때부터 인간은 손으로 만들어 내든지, 대량 생산을 하든지 인공품을 만들어 왔다. 반면 머신러닝 알고리즘은 다른 인공물을 설계하는 인공물이다. 피카소는 "컴퓨터는 쓸모없다. 대답만 할 뿐이다."라고 말했다. 컴퓨터는 사람이 지시하는 대로 작동하는 터, 컴퓨터에 창의성을 기대하기는 어렵다는 말이다. 하지만 컴퓨터가 창의적이길 바란다면 대답은 머신러닝이다. 머신러닝은 일류 장인과 같으며 머신러닝이 만든 작품은 똑같은 것이 하나도 없고 고객의 요구를 정교하게 맞춰 준다. 머신러닝은 돌로 석재를 만들거나 금으로 장신구를 만드는 대신 데이터로 알고리즘을 만든다. 데이터가 많을수록 알고리즘은 복잡해질 수 있다.

호모사피엔스Homo sapiens는 자신을 세상에 맞추는 대신 세상을 자기에게 맞춘 종이다. 머신러닝은 인류 100만 년의 대하소설에서 가장 새로운 장이다. 머신러닝은 손가락 하나 까딱하지 않아도 당신이 원하는 것을 세상이 감지하여 그에 맞게 변하도록 해 준다. 마치 마법의 숲처럼 당신의 움직임에 따라 주변 환경이 모습을 바꾼다. 당신이 요청하면 나무와 풀숲 사이의 오솔길이 큰길로 변한다. 길을 잃으면 그 자리에서 길을 안내하는 표지판이 솟아오른다.

이렇듯 마술 같은 기술들이 작동하는 까닭은 머신러닝이 하는 일이 근본적으로 예측이기 때문이다. 우리의 소망과 행동의 결과, 우리의 목표를 달성하는 방법, 세상이 바뀌는 모습 등을 예측한다. 옛날에는 무당과 점쟁이에게 의지했는데 예언이 틀리는 경우가 너무 많았다. 과학의 예측은 신뢰성은 더 높지만 예측 범위가 한정되어 조직적으로 관찰하고 모델을 만들기 쉬운 분야에서만 가능하다. 반면 빅 데이터와 머신러닝은 예측 범위를 크게 넓힌다. 우리는 공을 잡거나 대화를 하는 일상생활에서 필요한 예측은 외부 도움 없이 수행할 수 있다. 우리가 시도해 봐도 되겠지만 예측이 불가능한 영역이 있다. 이 둘 사이에는 거대한 중간 지대가 있으며, 바로 여기에 머신러닝을 적용하기에 안성맞춤인 곳이다.

역설적이게도 머신러닝은 자연과 인간 행동에 새로운 지평을 열면서 머신러닝 자체는 오히려 비밀 속에 감추어져 버렸다. 언론 매체에서 머신러닝과 연관된 이야기가 나오지 않는 날이 별로 없다. 애플이 '시리'Siri 라는 개인 비서를 출시했다거나, IBM의 컴퓨터 프로그램 '왓슨'이 인간 《제퍼디!》Jeopardy! 챔피언을 이겼다거나, 미국의 할인 소매 업체인 타깃Target이 부모보다 먼저 10대 소녀가 임신한 사실을 알아냈다거나, 미국 국가안보국이 데이터를 분석하여 테러리스트를 추적 중이라는 이야기가 언론에 나온다. 하지만 이 모든 경우 머신러닝 알고리즘은 베일에 가려진 블랙박스다. 빅 데이터를 다루는 책들조차 컴퓨터가 수 테라바이트의 정보를 수집하여 마술처럼 새로운 착상을 제시할 때 실제로 무슨 과정을 거치는가는 자세히 다루지 않는다. 우리는 기껏해야 머신러닝 알고리즘이란 '독감약'을 구글에서 찾는 행위와 독감에 걸린 행위 같은 사건들 사이에 존재하는 상관성을 찾는 것이라는 인상을 지니고 있을 뿐이다. 하지만 상관성의 발견이 곧 머신러닝이 아닌 것은 벽돌이 곧 집이 아닌 것과 같다. 그래서 벽돌이 집의 기능을 다하지 못하는 것처럼 상관성이 머신러닝의 모든 기능이 아니다.

새로운 기술이 머신러닝만큼 널리 적용되고 판도를 바꾼다면 그것을 블랙박스로 남겨 두는 것은 현명한 일이 아니다. 불투명은 오류와 오용으로 통하는 문이다. 아마존의 알고리즘은 지금 이 세상에서 어떤 책이 가장 많이 읽히는지 예측한다. 미국 국가안보국의 알고리즘은 당신이 잠재적 테러범인지 아닌지 판단한다. 기후 모델은 대기의 이산화탄소 농도가 어느 정도면 안전한지 결정한다. 주식 추천 모델은 누구보다 더 큰 영향력으로 경제를 움직인다. 당신은 이해하지 못하는 것을 관리할 수 없다. 당신이 시민으로서, 전문가로서 그리고 행복을 추구하는 인간으로서 머신러닝을 이해해야 하는 이유다.

이 책의 가장 큰 목표는 당신이 머신러닝의 비밀에 들어서게 하는 것이다. 차량의 엔진이 어떻게 작동하는가는 기술자와 정비공만 알면 된다. 반면 운전대를 돌리면 차량의 진행 방향이 바뀌고 브레이크를 밟으면 차량이 멈춘다는 것은 모든 운전자가 알아야 한다. 그런데 우리는 머신러닝을 사용하는 방법은커녕 머신러닝에서 운전대나 브레이크에 해당하는 게 무엇인지조차 모른다. 심리학자 돈 노먼Don Norman은 기술을 효과적으로 사용하려면 알아야 하는 개략적인 지식을 표현하기 위해 '개념 모형'conceptual model이라는 용어를 만들었다. 이 책은 당신에게 머신러닝의 개념 모형을 소개한다.

모든 머신러닝 알고리즘이 똑같이 작동하지는 않으며, 차이가 있기 때문에 다른 결과가 나온다. 아마존과 넷플릭스의 추천 알고리즘을 비교해 보자. 두 알고리즘이 당신에게 적당한 책을 서점에서 추천해 준다면, 아마존은 당신이 전에 자주 찾은 서가로 데려갈 경향이 높고, 넷플릭스는 지금은 낯설고 이상하게 보이지만 결국 당신이 좋아할 책을 소개할 것이다. 이 책에서 우리는 아마존과 넷플릭스 같은 회사가 사용하는 다양한 종류의 알고리즘을 살펴볼 것이다. 넷플릭스의 알고리즘은 아직 한계가 많기는 하지만 당신의 취향을 아마존의 알고리즘보다 더 깊이 이해한다. 역설적이게도 아마존이 넷플릭스의 알고리즘을 사용하면 더 나아진다는 의미는 아니다. 넷플릭스는 잘 알려지지 않아 이용 요금이 싼 영화나 TV 프로그램을 제공하는 다품종 소량 판매long tail로 가입자의 수요를 몰아가는 한편 가입자의 회비를 넘어서는 대작 영화의 수요는 멀어지게 해야 사업이 된다. 아마존은 그런 문제가 없다. 다품종 소량 판매를 활용해도 좋지만 더 비싸고 인기 있는 품목을 파는 것도 물류가 단순해지기 때문에 똑같이 아마존에게 행복한 일이다. 우리는 고객으로서 물건마다 돈을 지불해야 하는 경우보다는 회비를 냈을 때 이런저런 품목을 구입할 확률이 높다.

수백 가지 새로운 머신러닝 알고리즘이 매년 발명되지만 그 기초는 똑같은 소수의 기본 아이디어다. 이 책에서 다룰 내용인데, 머신러닝이 어떻게 세상을 바꿔 나가는지 이해하려면 꼭 알아야 하는 것의 전부다. 머신러닝은 우리 모두에게 중요한 질문의 대답이다. 즉 우리는 어떻게 배우는가? 더 나은 방법이 있는가? 우리는 무엇을 예측할 수 있는가? 우리가 배운 것은 신뢰할 만한가? 머신러닝 분야에서 경쟁하는 종족들은 이러한 물음에 매우 다르게 대답한다. 주요 종족은 다섯인데 앞으로 한 장마다 하나씩 다룬다. 기호주의자symbolists는 학습을 연역의 역순으로 보며 철학과 심리학, 논리학에서 아이디어를 얻는다. 연결주의자connectionists는 두뇌를 분석하고 모방하며 신경과학과 물리학에서 영감을 얻는다. 진화주의자evolutionaries는 컴퓨터에서 진화를 모의시험하며 유전학과 진화생물학에 의존한다. 베이즈주의자Bayesians는 학습이 확률 추론의 한 형태라고 믿으며 통계학에 뿌리를 둔다. 유추주의자analogizers는 유사성similarity 판단을 근거로 추정하면서 배우며 심리학과 수학적 최적화의 영향을 받는다. 우리는 머신러닝의 구현 과정을 목적지로 삼아 지난 100년간 일어난 상당한 양의 지적 역사를 두루 확인하며 새로운 각도에서 살펴보는 여행을 떠날 것이다.

머신러닝의 다섯 종족tribes은 각자 자기만의 마스터 알고리즘master algorithm이 있다. 마스터 알고리즘이란 이론상으로 어느 영역의 데이터에서도 지식을 발견해 내는 범용 학습 알고리즘general-purpose learner이다. 기호주의자의 마스터 알고리즘은 역연역법inverse deduction이고 연결주의자의 마스터 알고리즘은 역전파backpropagation이며 진화주의자의 마스터 알고리즘은 유전자 프로그래밍genetic programming이고 베이즈주의자의 마스터 알고리즘은 베이즈 추정Bayesian inference이며 유추주의자의 마스터 알고리즘은 서포트 벡터 머신support vector machine이다. 그런데 실제로 각각의 알고리즘은 특정 작업에는 훌륭하지만 다른 일에는 그렇지 않다. 우리가 진정으로 원하는 것은 다섯 가지 마스터 알고리즘의 핵심 특성을 모두 지닌 단일한 알고리즘, 즉 최종 마스터 알고리즘이다. 결코 도달할 수 없는 꿈이라는 의견도 있지만 머신러닝 분야에 있는 우리 같은 사람들이 두 눈을 반짝이며 밤늦도록 일에 매달리는 목표다.

최종 마스터 알고리즘이 존재한다면 그것은 세상의 모든 지식, 즉 과거, 현재, 미래의 모든 지식을 데이터에서 얻어 낼 것이다. 최종 마스터 알고리즘의 발명은 과학의 역사에서 가장 위대한 진보가 될 것이다. 지식의 발전 속도를 높이고 우리가 상상도 못 할 방식으로 세상을 바꿀 것이다. 최종 마스터 알고리즘이 머신러닝에서 의미하는 것은 표준 모형standard model이 입자물리학에서 의미하는 것과 같고, 중심 원리central dogma가 분자생물학에서 의미하는 것과 같아서 지금까지 우리가 알고 있는 모든 것을 이해하고 앞으로 수십 년이나 수백 년 동안 이어질 발전의 기반이 되는 통일 이론이다. 최종 마스터 알고리즘은 가사 지원 로봇에서 암 치료까지 우리가 당면한 가장 어려운 문제들을 해결하는 통로다.

암을 예로 들어 보자. 암은 한 가지가 아니고 여러 가지이기 때문에 치료가 어렵다. 암은 아찔할 정도로 많은 원인에 의해 발발하는 데다 전이하면서 새로운 형태로 바뀐다. 암을 없애는 가장 확실한 방법은 유전자 서열을 알아내고 당신의 게놈과 병력을 참고하여 당신의 몸에 해를 끼치지 않으면서 암 세포 유전자에 대항하는 약을 선택하거나, 혹은 특별히 당신에게 맞는 새로운 약을 제조하는 것이다. 그런데 이 모든 걸 해낼 수 있는 의사는 없다. 한마디로 머신러닝에 딱 맞는 일이다. 당신에게 알맞은 책이나 영화 대신 알맞은 치료법을 찾는다는 점을 제외하면 아마존이나 넷플릭스가 매일 행하는 탐색의 성격을 띠지만, 사실은 훨씬 복잡하고 도전적인 일이다. 지금의 머신러닝은 많은 질병을 슈퍼맨 정도의 정확도accuracy로 진단할 수 있지만 불행히도 암을 치료하기에는 역부족이다. 우리가 최종 마스터 알고리즘을 성공리에 찾는다면 암 치료는 더 이상 불가능한 일이 아니다.

그래서 이 책의 두 번째 목표는 당신이 최종 마스터 알고리즘을 발명하도록 가르치는 것이다. 고난도 수학과 아주 힘든 이론 연구가 필요한 일이라고 생각하겠지만, 가장 필요한 것은 신비로운 수학에서 한발 물러나 학습 현상의 지배 형태를 보는 안목이다. 멀리서 숲으로 다가오는 비전문가가 이미 특정한 나무의 연구에 깊이 빠진 전문가보다 더 나을 수 있는 것이다. 일단 개념적인 해답을 얻으면 수학적인 세부 사항을 채워 넣을 수 있다. 하지만 그런 일은 이 책이 다루는 범위가 아니고 가장 중요한 부분도 아니다. 우리의 목적은 각 알고리즘을 살펴보고 장님은 코끼리 전신을 볼 수 없다는 사실을 잊지 않으면서 퍼즐 조각을 모으고 어디에 맞춰 넣을지 깨닫는 것이다. 특히 우리는 각 알고리즘이 암 치료의 어느 부분에 기여하고 어떤 부분을 놓치는가를 살펴볼 예정이다. 그다음은 단계별로 각 조각을 모아 최종 해답을 만들거나, 아직 최종 마스터 알고리즘은 아니지만 지금까지 나온 어떤 것보다 더 최종에 가까운 해답을 만들면서 로켓 발사대처럼 당신의 상상력을 쏘아 올리는 계기가 마련되었으면 한다. 또한 암과 벌이는 싸움에 사용할 무기로서 이 알고리즘의 활용도를 미리 살펴보고자 한다. 이해하기 힘든 부분은 마음 놓고 가볍게 읽거나 건너뛰어도 괜찮다. 중요한 것은 전체 그림이다. 나중에 퍼즐이 완성된 뒤 다시 읽는다면 그 부분을 이해할 것이다.

나는 20년 넘게 머신러닝을 연구했다. 대학 4학년 때 서점에서 《인공 지능》Artificial Intelligence, AI 이라는 희한한 제목의 책을 보고 이 분야에 관심이 생겼다. 머신러닝은 짤막하게 다루었지만 책을 읽어 나가면서 '학습' learning 이 인공 지능의 과제를 해결하는 핵심이며 이 첨단 분야가 매우 초보 단계에 있는 만큼 내가 기여할 부분이 있을 거라고 확신했다. 경영학 석사가 되려는 계획을 보류하고 캘리포니아대학 어바인 캠퍼스의 박사 과정에 등록했다. 당시 머신러닝은 널리 연구되지도 않고 전망도 불투명한 분야였다. 우리 대학의 연구팀들은 소수로 구성되었는데 머신러닝 분야는 연구팀이 하나뿐이었다. 미래가 잘 보이지 않는 분야라며 중간에 그만두는 연구원도 있었지만 나는 묵묵히 계속해 나갔다. 나에게는 컴퓨터를 가르치는 일보다 더 관심을 끄는 일이 없었다. 그 일을 해낸다면 다른 문제도 전부 장악할 수 있을 터였다. 5년 후 내가 졸업할 즈음에는 대규모 데이터를 토대로 새로운 정보를 찾아내는 데이터 마이닝data-mining의 폭발이 시작되고, 내가 이 책을 쓰게 되는 여정도 시작되었다. 박사 학위 논문은 기호주의 학습과 유추주의 학습을 결합하는 내용이었다. 10년 전부터는 기호주의와 베이즈주의를 통합하는 일에 많은 시간을 보냈고, 최근에는 이 둘과 연결주의를 통합하는 데 매달렸다. 이제 다음 단계로 나아가 다섯 가지 전형적인 방식을 모두 통합하고자 한다.

　이 책을 쓰면서 서로 분야가 다르지만 겹치는 부분도 있는 많은 독자를 염두에 두었다. 만약 당신이 빅 데이터와 머신러닝을 둘러싼 시끌벅적한 상황에 대해 도대체 무슨 일이 벌어지는 건지 궁금해하며 신문에 나오는 것보다 더 깊이 진행되는 뭔가가 있다고 의심한다면 당신이 맞다! 이 책은 그런 당신을 변혁으로 이끄는 안내서다.

　당신의 관심사가 머신러닝을 상업적으로 이용하는 거라면 이 책은 최소한 여섯 가지 방법으로 도와줄 수 있다. 더 요령 있게 분석학을 이용하고, 당신에게 필요한 데이터를 가장 잘 이용하는 길을 터득하고, 수많은 데이터 마이닝의 과제를 실패에 빠뜨리는 위험 요인을 피하고, 손으로 직접 소프트웨어를 작성하는 대신 자동화하는 방법을 발견하고, 정보 시스템의 경직도rigidity를 줄이고, 앞으로 만날 새로운 기술을 예상할 수 있다. 나는 사람들이 잘못된 머신러닝 알고리즘으로 문제를 풀려고 시도하거나, 알고리즘이 말한 내용을 잘못 해석하여 너무나 많은 시간과 돈을 낭비하는 것을 보았다. 이런 낭패를 피하는 데 많은 노력이 필요한 것은 아니다. 사실 이 책만 읽으면 된다.

당신이 빅 데이터나 머신러닝으로 일어나는 사회, 정치 문제를 걱정하는 시민 혹은 정책입안자라면, 이 책은 이 기술이 무엇이고 우리를 어디로 데려가고 있으며 가능한 것과 불가능한 것이 무엇인가를 알려 주면서도 너무 자세한 내용으로 지루하게 만들지 않는 기본 지침서 역할을 할 것이다. 개인의 문제에서 미래 직업과 로봇으로 대체하는 전쟁의 윤리까지 다양한 분야를 살펴보며 정말 문제가 되는 것은 어디에 있으며 그런 문제를 어떻게 판단해야 하는지 알아볼 것이다.

당신이 과학자나 기술자라면 머신러닝은 없으면 안 되는 강력한 무기다. 오래되고 유효성이 증명된 통계 도구만으로는 빅 데이터(데이터가 중간 규모라도) 시대에 앞서 나가지 못한다. 당신은 모든 현상을 정확하게 모델링하는 머신러닝의 비약적인 능력이 필요하고, 머신러닝은 새로운 과학적 세계관을 제시한다. '인식 체계의 대전환'이라는 말이 너무 아무렇게나 쓰이지만, 이 책이 진술하는 바가 바로 그것이라는 말은 결코 과장이 아니라고 믿는다.

당신이 머신러닝 전문가라면 이미 친숙한 내용이겠지만, 이 책에서 신선한 착상과 역사적으로 유명한 정보, 유용한 사례와 유사점을 발견할 것이다. 무엇보다도 이 책을 통해 머신러닝을 보는 새로운 통찰과 새로운 방향으로 생각하는 기회를 얻기 바란다. 우리 주위에는 낮은 가지에 매달린 과일이 많고 마땅히 따야 하지만, 저 너머의 더 큰 수확을 보는 안목을 잃어서는 안 된다(이와 관련하여 범용 머신러닝을 지칭하려고 '마스터 알고리즘'이라는 용어를 사용하는 나의 시적인 취향을 받아 주기 바란다).

당신이 무엇을 전공할지 고민하는 고등학생이거나 연구 쪽으로 진로를 정하려는 대학생이거나 이직을 고려하는 경험 많은 전문직 종사자라면, 이 책을 읽는 동안 머신러닝이라는 매혹적인 분야에 관심을 일으키기 바란다. 머신러닝 전문가가 대단히 심각하게 모자란 상황이다. 당신이 참여하기로 결정한다면 흥분되는 경험과 경제적 보상뿐 아니라 사회에 기여하는 아주 특별한 기회를 얻을 것이다. 당신이 이미 머신러닝을 연구하고 있다면 이 책이 형세를 파악하는 데 도움이 되기를 바란다. 당신이 이 책을 읽으면서 우연히 최종 마스터 알고리즘을 발견한다면 그것 하나만으로도 이 책을 쓴 보람이 있다.

당신이 경이로운 것을 좋아한다면 머신러닝은 지식의 축제다. 그리고 당신은 초대받았다. 참가 여부를 알려 주시기를!

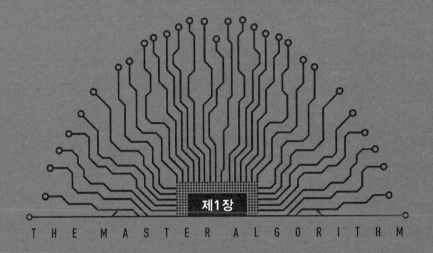

제1장

THE MASTER ALGORITHM

머신러닝의
혁명이 시작됐다

우리는 알고리즘의 시대에 살고 있다. 한두 세대 전만 해도 알고리즘이라는 말을 들으면 멍한 표정을 지었을 것이다. 지금은 문명 구석구석에 알고리즘이 자리 잡았다. 촘촘히 짜여서 옷감을 구성하는 실처럼 일상 곳곳에 얽혀 있다. 알고리즘은 휴대전화나 노트북 컴퓨터뿐만 아니라 자동차와 집, 가전제품, 장난감에도 이용된다. 은행은 수많은 고객과 알고리즘으로 구성된 거대한 복합체라고 볼 수 있다. 항공사는 알고리즘으로 비행 일정을 짜고 비행기를 운항한다. 알고리즘으로 공장을 가동하고 상품을 사고팔고 운송하고 대금을 지급하고 거래 내용을 기록한다. 알고리즘이 갑자기 한꺼번에 멈춘다면 우리가 아는 세상의 현재 모습은 더 이상 존재하지 않을 것이다.

알고리즘이란 컴퓨터가 수행할 일을 순서대로 알려 주는 명령어의 집합이다. 컴퓨터는 트랜지스터transistor라 불리는 소형 스위치 수십억 개로 구성되고, 알고리즘은 이들 스위치를 1초에 수십억 번씩 켜고 끈다. 가장 단순한 알고리즘은 스위치 상태를 바꾸는 프로그램이다. 트랜지스터 하나의 상태는 정보 비트 한 개를 나타내어 트랜지스터가 켜지면 1이고 꺼지면 0이다. 은행 컴퓨터 어딘가에 존재하는 하나의 비트가 당신의 계정이 초과 인출 상태인지 아닌지를 표시한다. 사회보장국 컴퓨터 어딘가에 있는 비트 하나는 당신이 생존과 사망 여부를 표시한다. 두 번째로 단순한 알고리즘은 비트 두 개를 결합하는 프로그램이다. 정보 이론의 아버지로 알려진 클로드 섀넌Claude Shannon은 트랜지스터가 다른 트랜지스터에 반응하여 켜지고 꺼지는 과정을 논리를 통해 표현할 수 있다는 사실을 처음으로 깨달았다. 그는 매사추세츠공과대학MIT 석사 학위 논문에 이 이론을 밝혔고, 석사 학위 논문에 실린 이론 중 가장 중요한 이론으로 평가받았다. 트랜지스터 B와 C 두 개 모두 켜졌을 때만 트랜지스터 A가 켜진다면 논리 연산의 기본 동작 중 '논리곱'AND을 나타낸다. 트랜지스터 B와 C 중 하나라도 켜졌을 때 트랜지스터 A가 켜진다면 논리 연산의 기본 동작 중 '논리합'OR을 나타낸다. 트랜지스터 B가 꺼질 때마다 트랜지스터 A가 켜지거나, 혹은 그 반대라면 논리 연산의 세 번째 기본 동작인 '부정'NOT을 나타낸다. 쉽게 믿기 힘들겠지만 논리곱, 논리합, 부정 세 가지 기본 동작이면 아무리 복잡한 알고리즘도 표현할 수 있다.

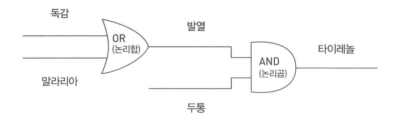

알고리즘이 간단하다면 논리곱과 논리합, 부정이라는 논리 연산의 기본 동작을 기호로 나타내고 이를 조합하여 그림으로도 나타낼 수 있다. 예를 들어 독감이나 말라리아에 의해 발열과 두통 증상을 보일 때 타이레놀을 복용하는 상황을 그림으로 표현하면 왼쪽 페이지와 같다.

매우 정교한 추론 과정도 논리 연산 기본 동작들의 횟수를 늘리면 수행 가능하다. 흔히 컴퓨터는 숫자가 전부라고 생각하지만 사실은 그렇지 않다. 논리가 컴퓨터의 전부다. 숫자와 연산도 논리를 따르고 컴퓨터의 모든 부분도 마찬가지다. 예를 들어 숫자 두 개를 더하고 싶다면 이 일을 수행하는 트랜지스터들을 조합할 수 있다. TV 쇼《제퍼디!》의 챔피언을 이기고 싶은가? 당연히 매우 큰 규모겠지만 트랜지스터들을 조합하여 이 일을 수행시킬 수 있다.

하지만 새로운 일을 할 때마다 매번 트랜지스터를 새롭게 조합한 컴퓨터를 만든다면 엄두도 내지 못할 만큼 많은 비용이 들 것이다. 대신 현대의 컴퓨터는 엄청나게 많은 트랜지스터를 모아 놓고 일에 따라 켜지는 부분이 달라지는 방식으로 작동한다. 미켈란젤로는 조각할 때 대리석 덩어리 속에 조각상이 들어 있다고 상상하여 그 조각상이 드러날 때까지 불필요한 돌조각을 떼어 내는 것이 전부라고 말했다. 이처럼 알고리즘은 컴퓨터에서 원하는 동작이 비행기의 자동 조종이든 픽사Pixar의 3차원 그래픽 영화든 그 동작이 수행되도록 트랜지스터 중 불필요한 부분은 작동하지 않도록 조정한다.

알고리즘은 명령어를 아무렇게나 모아 놓은 것이 아니다. 명령어는 컴퓨터가 수행할 수 있을 정도로 정확하고 분명해야 한다. 예를 들어 조리법은 알고리즘이 될 수 없다. 일하는 순서나 각 단계를 완벽한 수준으로 정해 주지 않기 때문이다. 정확하게 설탕 한 스푼은 어느 정도의 양인가? 새로운 조리법을 시도해 본 사람이라면 누구나 알겠지만, 맛있는 요리가 나올 때도 있지만 요리를 망치기도 한다. 반면 알고리즘은 언제나 똑같은 결과를 낸다. 조리법에서 설탕 반 온스라고 정확하게 정해 줘도 컴퓨터는 설탕이 무엇이고 온스가 무엇인지 모르기 때문에 여전히 우리를 곤경에 빠뜨린다. 주방 로봇이 케이크를 만들게 하려면 로봇에게 설탕을 인식하는 영상 정보 처리 방법과 숟가락을 들어 올리는 방법 등을 알려 주어야 한다. 현재 이런 방법들을 개발하고 있다. 컴퓨터는 특정한 트랜지스터를 켜거나 꺼야 하는 수준까지 자세히 지정해 주는 알고리즘으로 작동한다.

아래는 간단해 보이지만 컴퓨터가 삼목두기를 할 수 있는 알고리즘이다.

두 칸을 채운 줄이 있으면 그 줄의 나머지 칸을 차지하라.
그 밖에는 두 칸이 채워지는 줄을 한 번에 두 개 만들 수 있는 공통 칸이 있으면 그곳을 차지하라.
그 밖에는 정중앙 칸이 비었으면 그곳을 차지하라.
그 밖에는 상대방이 모서리를 차지했으면 반대편 모서리를 차지하라.
그 밖에는 모서리 중 빈칸이 있으면 그곳을 차지하라.
그 밖에는 남은 빈칸을 차지하라.

이 알고리즘은 절대 패하지 않는 훌륭한 특성을 지녔다. 물론 여전히 빠진 세부 사항이 많기는 하다. '컴퓨터 기억 장치에 삼목판을 어떻게 나타낼 것인가?' '경기가 진행되면서 삼목판의 표기는 어떻게 바뀌는가?' 등 세부 사항에 대한 설명이 빠졌다. 표기하는 방법의 한 예를 들어 보면 각 칸을 비트 두 개로 표현하여 빈칸은 '00', 동그라미로 표시한 칸은 '01', 가위표로 표시한 칸은 '10'으로 정할 수 있다. 하지만 이 정도의 알고리즘은 능숙한 프로그램 작성자라면 누구나 빠진 세부 사항을 메울 만큼 정확하고 분명하다. 실제로 우리가 개별 트랜지스터를 켜거나 끄는 수준까지 알고리즘을 직접 작성할 필요가 없을 정도로 많은 도움을 받고 있다. 이미 작성된 알고리즘을 이용하고 구성 요소로 골라 쓰는 알고리즘이 엄청나게 많이 만들어졌다.

알고리즘은 까다로운 기준을 만족해야 한다. 알고리즘으로 표현할 수 없으면 진정으로 이해한 게 아니라는 말이 있다. 리처드 파인만Richard Feynman 은 "내가 창조하지 못하는 것은 이해하지 못한다."라고 말했다. 방정식은 물리학자와 기술자의 주 무기이며 분명히 특별한 종류의 알고리즘이다. 예를 들어 뉴턴 운동 방정식의 두 번째 법칙은 역사상 가장 중요한 방정식이며, 물체에 가해지는 알짜 힘은 물체의 질량과 가속도의 곱으로 계산할 수 있음을 알려 준다. 이 법칙은 또한 가속도를 구하려면 힘을 질량으로 나누어야 한다는 것을 함축해서 알려 준다. 하지만 이것을 명백하게 드러내는 과정은 알고리즘이다. 이론을 알고리즘으로 표현할 수 없으면 완전한 이론이 아니라는 말은 과학의 모든 분야에 적용된다. 이 경우 이론을 풀 때 컴퓨터를 이용하지 못하는 것은 물론이고 컴퓨터를 이용하지 못하면 그 이론으로 할 수 있는 일이 아주 많이 제한된다. 과학자가 이론을 만들고 기술자가 장치를 만든다면 컴퓨터과학자는 이론이면서 장치인 알고리즘을 만든다.

알고리즘 설계는 쉽지 않다. 함정이 아주 많고 당연하다고 여길 것이 하나도 없다. 당신의 설계가 틀렸다고 판명나면 새로운 방안을 찾아야만 한다. 알고리즘을 설계한 뒤에는 자바Java나 파이썬Python같이 컴퓨터가 이해할 수 있는 언어로 바꿔야 한다(이 단계에서 알고리즘은 프로그램이라 불린다). 그 후 컴퓨터가 제대로 프로그램을 수행하도록 프로그램에서 오류를 찾고 없애는 디버깅debugging 작업을 해야 한다. 하지만 일단 당신이 원하는 일을 수행하는 프로그램을 얻으면 정말로 큰일을 해낼 수 있다. 컴퓨터는 수백만 번 초고속으로 아무 불평 없이 당신의 명령을 수행할 것이다. 세상 모든 사람이 당신의 창조물을 쓸 수 있다. 비용은 당신이 무료로 할 수도 있고, 당신이 해결한 문제가 충분히 가치 있다면 당신을 능히 억만장자로 만들어 주기도 한다. 알고리즘을 창조한 후 컴퓨터 언어로 바꾸는 프로그램 작성자는 자기 의지에 따라 우주를 창조하는 작은 신이다. 창세기의 하나님 자신도 프로그램 작성자라고 할 수 있다. 손이 아니라 말이 창조의 도구다. 단어가 단번에 세상이 되었다. 당신도 노트북 컴퓨터를 가지고 의자에 앉아서 신이 될 수 있다. 우주를 상상하고 현실화한다. 물리 법칙은 선택사항이다.

컴퓨터과학자는 시간이 지나면서 다른 사람이 해 놓은 작업을 이용해 새로운 일을 처리하는 알고리즘을 발명한다. 알고리즘은 다른 알고리즘과 결합하여 그 알고리즘의 결과를 이용하면서 새로운 결과를 만들어내고, 이 새로운 결과를 다른 많은 알고리즘이 다시 사용한다. 매초 수십억 컴퓨터 안에 들어 있는 수십억 트랜지스터가 수십억 번씩 켜지고 꺼진다. 알고리즘은 새로운 종류의 생태계를 만든다. 계속 거대해져 가고 그 풍부함에 견줄 만한 것은 생명 현상밖에 없다.

하지만 알고리즘의 에덴동산에도 뱀이 있다. 그 뱀은 복잡성 괴물complexity monster이라 불린다. 이 복잡성 괴물은 히드라처럼 머리가 여러 개다. 그중 하나인 '공간복잡성'space complexity은 알고리즘이 컴퓨터 저장 장소에 보관할 정보량의 크기다. 컴퓨터가 제공할 수 있는 기억 장소보다 더 큰 기억 장소가 필요하면 이 알고리즘은 사용할 수 없으며 포기해야 한다. 이 괴물의 형제는 '시간복잡성'time complexity이다. 알고리즘을 수행하는 데 걸리는 시간, 즉 원하는 결과를 얻기까지 알고리즘이 트랜지스터를 사용하는 횟수를 의미한다. 우리가 기다릴 수 있는 시간보다 알고리즘을 수행하는 시간이 더 길면 그 알고리즘은 쓸모가 없다. 복잡성 괴물에서 가장 무시무시한 얼굴은 사람이 연관된 복잡성human complexity이다. 알고리즘이 너무 복잡하게 뒤얽혀서 인간 두뇌가 이해하지 못하거나, 알고리즘의 여러 부분 사이에서 일어나는 상호작용이 너무 많고 복잡하면 오류가 슬금슬금 생기기 시작하는데, 사람이 발견하지 못해 고치지 못할 경우 알고리즘은 우리가 원하는 동작을 수행하지 않는다. 어떻게든 작동하게 만든다 하더라도 결국 그 알고리즘은 사람들에게 불필요하게 복잡하고, 다른 알고리즘과 잘 어울려 작동하지 못하며, 언젠가 나타날 문제점들이 잠복하게 된다.

컴퓨터과학자는 날마다 복잡성 괴물과 싸운다. 컴퓨터과학자가 이 싸움에서 지면 복잡성 괴물이 우리 삶에 스며든다. 당신은 수많은 싸움에서 지는 상황을 목격했을 것이다. 그럼에도 불구하고 우리는 점점 더 매우 어렵게 알고리즘의 탑을 쌓아 올린다. 새로운 알고리즘 세대는 이전 세대 위에서 만들어야 하고, 자신의 복잡성과 이전 세대들의 복잡성을 다뤄야 한다. 탑은 점점 더 높아지고 온 세상을 뒤덮지만 카드로 만든 집처럼 점점 더 무너지기 쉬워진다. 알고리즘에 하나라도 사소한 오류가 있다면 수조 원의 로켓이 폭발하거나 수백만 명에게 전기 공급이 차단된다. 알고리즘들이 예상하지 못한 방식으로 서로 영향을 주면 주식 시장이 붕괴한다.

프로그램 작성자가 작은 신이라면 복잡성 괴물은 악마다. 악마가 서서히 전쟁을 이겨 가고 있다. 더 나은 방법을 찾아야만 한다.

머신러닝은 무엇인가

모든 알고리즘은 입력과 출력이 있다. 데이터를 컴퓨터에 넣으면 알고리즘이 처리하여 결과를 출력한다. 머신러닝은 이 과정을 바꾸었다. 데이터와 원하는 결과를 넣으면 데이터를 결과로 바꿔 주는 알고리즘을 내놓는다. 머신러닝은 학습자 learner 라고도 알려져 있는데 다른 알고리즘을 만들어 내는 알고리즘이다. 머신러닝을 통해 컴퓨터가 스스로 프로그램을 작성하기 때문에 사람은 프로그램을 작성할 필요가 없다.

우와.

'컴퓨터가 자신의 프로그램을 작성한다.' 대담한 착상인 동시에 약간 무서운 생각일 수도 있다. 컴퓨터가 자신을 프로그램하기 시작하면 우리는 어떻게 컴퓨터를 제어할까? 앞으로 확인하겠지만 매우 훌륭하게 컴퓨터를 제어할 수 있는 것으로 밝혀졌다. 이 착상이 사실이기에는 지나치게 낙관적으로 들린다고 반대하는 사람도 있다. 확실히 알고리즘을 작성하는 데는 지성과 창의성, 문제 해결 기법 등이 필요하고 이런 능력은 컴퓨터에 없지 않은가? 머신러닝과 마술을 어떻게 구별할까? 사실 현재로서는 컴퓨터가 배울 수 없는 프로그램을 사람이 작성할 수 있다. 하지만 컴퓨터는 인간이 작성하지 못하는 프로그램을 배울 수 있다. 우리는 운전하는 방법과 손글씨를 판독할 수 있는데 이러한 기술은 무의식으로 발휘된다. 우리가 어떻게 이런 일을 하는지 컴퓨터에게 설명하지 못한다. 그런데 충분한 사례를 제공하면 머신러닝은 어렵지 않게 스스로 그런 일들을 해내는 방법을 찾아내고, 그렇게 되면 우리가 크게 관여하지 않아도 된다. 이것이 우체국에서 우편번호를 읽는 방식이고 자율 주행 자동차가 가능한 이유다.

머신러닝의 능력은 기술 수준이 낮은 농사에 비유하면 가장 잘 설명할 수 있을 것이다. 산업화 사회에서 제품은 공장에서 만든다. 이는 기술자가 부품을 조립하는 방법부터 부품을 만드는 방법, 천연 자원에 이르기까지 모든 과정을 정확하게 알아야 한다는 것을 의미한다. 수많은 일을 해야 한다. 컴퓨터는 지금까지 발명된 제품 중 가장 복잡하기 때문에 설계, 생산, 프로그램 작성 등에 우리는 엄청난 양의 일을 해야 한다. 반면 우리가 필요한 것을 얻는 아주 오래된 방법이 있다. 바로 자연이 생산하도록 하는 것이다. 우리는 농사를 지을 때 씨앗을 심고 물과 양분을 충분히 주고 다 자란 열매를 수확한다. 그렇다면 기술은 현재의 모습이 아니라 농사와 더 비슷할 수는 없을까? 사실은 가능하다. 그리고 그것이 머신러닝의 약속이다. 머신러닝은 씨앗이고 데이터는 토양, 학습된 프로그램은 성장한 식물이다. 머신러닝 전문가는 농부와 같이 씨를 뿌리고 물과 비료를 주고 농작물의 건강 상태를 늘 살펴보지만 그 외에는 한 발 물러나 식물 스스로 자라게 한다.

머신러닝을 이런 관점에서 보면 두 가지 생각이 떠오른다. 첫째, 데이터를 더 많이 얻을수록 더 많이 배울 수 있다. 데이터가 없다면? 배울 것이 없다. 데이터가 엄청나다면? 배울 것이 많다. 기하급수적으로 늘어나는 산더미 같은 데이터 때문에 머신러닝이 모든 곳에서 출현한다. 머신러닝이 슈퍼마켓에서 사는 물건이라면 겉 포장지에 이런 문구가 붙을 것이다. "데이터만 넣어 주세요."

둘째, 머신러닝은 복잡성 괴물을 베어 내는 칼이다. 데이터를 충분히 넣으면 단지 몇 백 줄의 머신러닝 프로그램이 수백만 줄의 프로그램을 쉽게 생성하고 이런 작업을 반복하여 여러 가지 문제를 해결할 수 있다. 이렇게 되면 프로그램 작성자에게 복잡성이 경이적으로 줄어든다. 물론 히드라처럼 복잡성 괴물은 머리가 잘리자마자 새로운 머리가 나오지만 작은 머리가 다시 커 나가는 데 시간이 걸리므로 한동안은 여유가 있다.

제곱근이 제곱의 역이고 적분이 미분의 역인 것처럼 머신러닝은 프로그래밍의 역이라고 생각할 수 있다. "어떤 수를 제곱하면 16이 되는가?" 혹은 "미분하면 x+1이 되는 함수는 무엇인가?"라고 질문하듯이 "이 결과를 출력하는 알고리즘은 무엇인가?"라고 물을 수 있다. 이제 곧 이런 통찰을 확고한 학습 알고리즘으로 바꾸는 방법을 살펴볼 것이다.

머신러닝은 지식을 배우기도 하고 기술을 배우기도 한다. '모든 인간은 언젠가는 반드시 죽는다'는 것은 지식이다. 자전거 타기는 기술이다. 머신러닝에서 지식은 자주 통계 모형statistical model의 형식을 띤다. 지식은 대부분 통계의 특성이 있기 때문이다. 모든 인간이 죽지만 단지 4퍼센트만 미국인이다, 라는 식이다. 기술은 자주 절차procedure라는 형식을 띤다. 길이 오른쪽으로 굽어지면 운전대를 오른쪽으로 돌리고 차 앞으로 사슴이 뛰어 들어오면 급브레이크를 밟아라(불행히도 이 글을 쓰는 현재 구글의 자율 주행 자동차는 여전히 바람에 날리는 비닐 봉지를 사슴과 혼동한다). 많은 경우 복잡한 것은 그 핵심에 있는 지식이지 절차는 매우 간단하다. 예를 들어 당신이 스팸메일을 구별할 수 있다면 어떤 전자 우편을 지워야 할지는 간단하다. 당신이 장기판의 각 위치가 얼마나 좋은지 알 수 있다면 어디로 움직일지, 즉 가장 좋은 자리로 옮기는 일은 간단하다.

머신러닝은 여러 가지 형태를 띠고 다른 이름으로 불린다. 패턴 인식pattern recognition, 통계 모형, 데이터 마이닝, 지식 추론knowledge discovery, 예측 분석predictive analysis, 데이터 사이언스data science, 적응형 시스템adaptive system, 자기 조직 시스템self-organizing system 외에 다른 이름도 있다. 이들 이름은 각기 다른 모임에서 사용되고 그에 따라 협회도 다르다. 왕성하게 활동한 기간이 긴 협회도 있고 짧은 협회도 있다. 이 책에서는 알고리즘 전체를 폭넓게 지칭하기 위해 '머신러닝'이라는 용어를 사용한다.

머신러닝은 인공 지능과 혼동되기도 한다. 기술상 머신러닝은 인공 지능의 하위 분야지만 이제는 크게 성장하고 성공하여 부모 같은 인공 지능이 자신보다 더 뛰어난 머신러닝을 자랑스러워할 정도다. 인공 지능의 목표는 컴퓨터를 가르쳐서 지금은 인간이 하는 일을 더 잘하게 하는 것이고, 이를 달성하는 데 학습이 가장 중요한 요소다. 학습이 없으면 어떤 컴퓨터라도 인간을 따라잡는 데 오랜 시간이 걸린다. 학습을 해야 다음 단계로 넘어간다.

정보 처리 생태계에서 머신러닝은 최상위 포식자superpredator다. 데이터베이스database와 크롤러crawler, 인덱서indexer 등은 끝없이 펼쳐진 정보 벌판에서 데이터를 처리하는 초식동물 격 프로그램이다. 통계 알고리즘

statistical algorithms, 온라인 분석 처리online analytical processing 등은 육식동물 격 프로그램이다. 초식동물이 없으면 상위 포식동물이 존재할 수 없기 때문에 조식동물은 필요한 존재다. 하지만 최상위 포식자가 더 흥미진진한 삶을 산다. 크롤러가 소라면 인터넷은 전 세계 규모의 초원이고 웹페이지는 풀잎인 셈이다. 크롤러가 정보 검색과 수집을 마치면 인터넷 웹페이지를 컴퓨터의 하드디스크로 복사한다. 그러면 인덱서는 책의 색인과 매우 비슷하게 검색 단어가 나타난 웹페이지 목록을 만든다. 데이터베이스는 코끼리처럼 크고 무거우며 기억한 것을 절대 잊지 않고 보관한다. 묵묵히 일하는 이 동물들 속으로 통계 알고리즘과 분석 알고리즘이 쏜살같이 달려가 데이터를 요약하고 골라내어 정보로 바꾼다. 머신러닝은 이 정보를 다 받아들여 소화하고 지식으로 바꾼다.

머신러너machine learner라고도 알려진 머신러닝 전문가는 컴퓨터과학자 사이에서도 엘리트 사제다. 많은 컴퓨터과학자, 특히 옛 세대의 과학자는 본인이 원하는 만큼 머신러닝을 이해하지 못한다. 전통적으로 컴퓨터 과학에서는 결정론적 사고가 최고지만 머신러닝에서는 통계적 사고가 필요하기 때문이다. 예를 들어 전자 우편을 스팸으로 인식하는 규칙이 99퍼센트 정확하다면, 결정론적 사고는 그 규칙에 결함이 있다고 판단하지만 통계적 사고는 당신이 할 수 있는 최선이고 충분히 유용할 거라고 판단한다. 두 사고방식의 차이는 마이크로소프트가 넷스케이프Netscape를 따라잡을 때보다 구글을 따라잡느라 더 고생하는 원인이다. 결국 브라우저는 표준 소프트웨어 중 하나일 뿐이지만 검색 엔진은 이와 다른 접근 태도가 필요하다.

머신러닝 전문가가 슈퍼 괴짜인 또 다른 까닭은 세상에서 필요한 인원보다 훨씬 적고, 지독히 높은 컴퓨터 과학의 기준으로 볼 때도 괴짜이기 때문이다. 기술전도사 팀 오라일리Tim O'Reilly의 이야기를 들어 보면 '데이터과학자'는 실리콘 밸리에서 가장 주목받는 직업이다. 맥킨지 글로벌 인스티튜트는 2018년까지 미국에서만 머신러닝 전문가가 14만 명에서 19만 명 부족하고 능숙한 데이터 처리 관리자가 150만 명 부족할 것이라고 예측한다. 머신러닝 적용 분야가 너무 갑자기 폭발적으로 늘어나 교육이 따라가지 못했고, 그래서 어려운 분야라는 평판이 있다. 게다가 어려운 책들이 수학 소화 불량을 일으킨다. 실제로 어려운 정도보다 더 어려워 보인다. 하지만 머신러닝의 중요한 착상은 수학 없이 표현할 수 있다. 심지어 당신은 이 책을 읽으면서 방정식 하나 없이 머신러닝 알고리즘을 발명하기도 할 것이다

산업혁명은 수공업을 자동화하고 정보혁명은 정신 노동을 자동화한 반면 머신러닝은 자동화 자체를 자동화했다. 머신러닝이 없으면 프로그램 작성자는 병목처럼 진보를 늦추는 주범이 된다. 머신러닝이 있으면 발전 속도에 보조를 맞출 수 있다. 당신이 게으르고 그다지 명석하지 않은 컴퓨터과학자라면 머신러닝은 딱 맞는 직업이다. 일은 머신러닝이 다 하고 명예는 당신이 다 차지하기 때문이다. 반대로 머신러닝 때문에 일자리를 잃는 경우도 있는데 피할 수 없이 치러야 하는 대가일 것이다.

머신러닝 혁명은 자동화를 새로운 경지로 끌어올리며 인터넷과 개인용 컴퓨터, 자동차, 증기 기관이 혁명을 일으킨 것처럼 경제 변화와 사회 변화를 광범위하게 일으킬 것이다. 이러한 변화가 이미 분명하게 나타난 곳은 기업이다.

최고의 기업들이 머신러닝을 채택하는 이유

왜 구글이 야후보다 훨씬 더 가치 있는가? 둘 다 웹사이트에서 광고를 보여 주고 돈을 벌며 사람들이 최고로 많이 들르는 웹사이트다. 두 회사 모두 광고를 팔 때 경매를 사용하고 사용자가 광고를 얼마나 클릭할지 예상하려고 머신러닝을 사용한다(광고를 볼 확률이 높을수록 광고의 값어치가 높다). 하지만 구글의 머신러닝 알고리즘이 야후보다 훨씬 낫다. 물론 두 회사의 시가 총액 차이를 설명하는 요인이 이것만은 아니지만 상당히 중요한 부분이다. 실제로 일어나지 않은 예상 클릭 수는 광고주에게는 낭비된 비용이고 해당 웹사이트에는 매출액 감소다. 구글의 연 매출액이 500억 달러임을 감안할 때 예상 클릭 수가 1퍼센트 향상하면 매년 5억 달러가 더 들어올 수 있다. 구글이 머신러닝을 좋아하는 것도, 야후나 다른 회사들이 구글을 따라잡기 위해 노력하는 것도 당연하다.

웹사이트 광고는 훨씬 더 큰 현상을 설명하기 위한 한 사례일 뿐이다. 어느 시장이든 생산자와 소비자는 거래를 성사하기 전에 연결되어야 한다. 인터넷 이전 시대에 이 연결을 막는 장애물은 물리적 요인이었다. 책을 사려면 책방에 들러야만 하고 책방에는 책을 전시할 공간이 한정되어 있었다. 하지만 당신이 전자책 단말기로 아무 때나 어떤 책이라도 내려 받는 요즘, 문제는 넘쳐나는 책 중에서 어떤 책을 선택하는가이다. 수백만 권이 있는 서가를 어떻게 훑어보겠는가? 다른 정보 상품인 비디오와 음악, 뉴스, 트위터, 블로그, 평범한 옛 웹페이지에도 같은 상황이 적용된다. 원격 구매가 가능한 신발과 꽃, 각종 도구, 호텔, 개인 교습, 투자 등의 상품과 서비스에도 적용된다. 일자리나 데이트 상대를 구할 때도 적용된다. 어떻게 상대방을 찾을까? 이것이 정보 시대를 규정하는 문제이며, 머신러닝은 이 문제를 해결하는 데 크게 기여한다.

기업은 성장하면서 3단계를 거친다. 1단계는 모든 일을 손으로 하는 단계다. 소규모 자영 업체 주인은 손님을 직접 알고 손님에게 맞춰 상품을 주문하고 진열하고 추천한다. 이것도 좋기는 하지만 규모가 크지 않다. 가장 덜 행복한 2단계는 회사가 성장하여 컴퓨터 사용이 필요해진다. 프로그램 작성자와 상담가, 데이터베이스 관리자를 고용하고 자동화할 수 있는 모든 기능을 자동화하는 수백만 줄의 컴퓨터 프로그램을 작성한다. 이전보다 훨씬 더 많은 고객에게 서비스를 제공하지만 서비스 수준은 이전과 같지 않다. 고객을 위한 결정은 대략적인 인구통계학의 범주에 따라 행해지고, 컴퓨터 프로그램은 사람들의 무수한 다양성을 맞출 정도의 융통성에 턱없이 못 미친다.

규모가 계속 커져서 필요한 일을 다 해낼 만큼 프로그램 작성자와 상담가를 확보할 수 없는 시점에 이르면 회사는 어쩔 수 없이 머신러닝에 기댄다. 규모가 큰 아마존은 컴퓨터 프로그램에 모든 고객의 취향을 잘 정돈하여 입력할 수 없으며, 페이스북은 가입자에게 가장 적당한 최신 정보를 골라 줄 프로그램을 어떻게 작성해야 할지 모른다. 월마트는 수백만 종의 상품을 팔고 매일 수십억 건의 구매가 발생한다. 월마트의 프로그램 작성자가 가장 적당한 추천을 하는 프로그램을 작성하려고 해도 결코 끝내지 못할 것이다. 이런 회사에서는 머신러닝 알고리즘이 산더미같이 축적된 데이터를 처리하여 고객이 원하는 것을 예측한다.

머신러닝 알고리즘은 중개인matchmaker이다. 정보 과다라는 장벽을 부수어 생산자와 고객을 찾고 연결해 준다. 머신러닝이 아주 똑똑하다면 당신은 세세한 부분까지 개별적인 보살핌을 받으며 광대한 선택안과 폭넓은 저가 가격대라는 두 세계를 제대로 이용할 수 있다. 머신러닝이 완벽하지 않고 최종 결정도 여전히 사람이 내리지만, 머신러닝은 사람이 다룰 수 있을 만큼 선택안을 현명하게 줄여 준다.

컴퓨터에서 인터넷으로 그리고 머신러닝으로 발전한 것은 피할 수 없는 과정이다. 컴퓨터로 인터넷이 가능했고 인터넷으로 데이터의 홍수와 무제한의 선택 문제가 생겼다. 머신러닝은 무제한의 선택 문제를 해결하고자 홍수 같은 데이터를 처리한다. 인터넷만으로는 '모두에게 맞는 하나'에서 무한대의 다품종 소량으로 수요를 바꾸지 못한다. 넷플릭스는 10만 종의 DVD를 보유하고 있을 텐데, 소비자가 원하는 것을 찾는 방법을 모른다면 그저 인기 높은 작품만 선택할 것이다. 다품종 소량 구매가 이루어지는 경우는 넷플릭스가 당신의 취향을 파악하고 그에 맞는 DVD를 추천하는 머신러닝 알고리즘을 채택할 때뿐이다.

일단 피할 수 없어서 머신러닝 알고리즘이 중개자가 되면 머신러닝에 힘이 집중된다. 구글의 알고리즘은 당신이 찾는 정보를 정하고, 아마존의 알고리즘은 당신이 사려는 상품 종류를 예측하고, Match.com사의 알고리즘은 데이트할 상대를 정한다. 머신러닝이 제공한 선택안 중에서 최종으로 무엇을 선택할지는 여전히 당신의 몫이지만 99.9퍼센트는 머신러닝이 골라 놓은 것이다. 한 기업의 성공과 실패는 머신러닝이 그 기업의 제품을 얼마나 좋아하는가에 달려 있고, 전체 경제의 성공, 즉 사람들이 가장 좋은 가격으로 가장 좋은 상품을 얻는 것은 머신러닝이 얼마나 훌륭한가에 달려 있다.

머신러닝이 한 회사의 상품을 확실히 좋아하도록 할 수 있는 최선의 방법은 회사가 직접 머신러닝을 수행하는 것이다. 최선의 알고리즘과 최대의 데이터를 보유한 기업이 승리한다. 이로써 새로운 종류의 순환 고리가 생긴다. 가장 많은 고객을 보유한 회사가 가장 많은 데이터를 수집하고 가장 좋은 모형을 학습하고 가장 많은 신규 고객을 얻으며, 이러한 선순환이 계속 이어지는 것이다(경쟁사로서는 악순환이다). 구글에서 빙으로 옮기는 것은 윈도우에서 맥으로 옮기는 것보다 쉽겠지만 실제로 사람들이 옮기지 않는 까닭은 분명하다. 빙의 기술이 구글과 똑같이 훌륭하다 하더라도 먼저 서비스를 시작하고 시장점유율이 높은 구글이 사람들이 원하는 것을 빙보다 잘 알기 때문이다. 이미 10년 넘게 학습을 해온 기존의 검색 엔진에 도전하여 새롭게 인터넷 검색 시장에 들어와 축적된 데이터 없이 시작하려는 도전자는 가엾을 뿐이다.

시간이 어느 정도 지나면 데이터가 더 많이 쌓인다 하더라도 그저 데이터가 중복될 뿐이라고 생각할 수 있지만, 그런 포화 지점은 아직 어느 곳에서도 발견되지 않았다. 긴 추천 목록은 계속되고 있다. 아마존이나 넷플릭스에서 제공하는 추천 사항을 보면 여전히 조잡한 부분이 많고 구글의 검색 결과도 여전히 개선할 사항이 많다는 것을 분명히 알 수 있다. 상품의 모든 특징과 웹페이지의 구석구석은 머신러닝을 사용하여 개선될 가능성이 있다. 웹페이지 맨 아래 링크의 색깔로 빨간색이 좋을까 파란색이 좋을까? 두 가지 모두 시험하여 어떤 것이 더 많은 클릭을 얻는지 확인하면 알겠지만, 더욱 좋은 방법은 머신러닝을 꾸준히 실행하여 웹사이트의 모든 면을 계속 조정하는 것이다.

선택안과 데이터가 많다면 어느 시장에서도 이와 같이 역동적인 일이 일어난다. 경쟁이 생기고 가장 빨리 배우는 알고리즘이 승리한다. 머신러닝은 단순히 고객을 더 잘 이해하는 데서 끝나지 않는다. 기업이 데이터를 확보하면 머신러닝을 회사 운영의 모든 면에 적용할 수 있으며, 데이터는 요즘 컴퓨터와 통신 기기, 가격이 점점 더 싸지고 더 널리 퍼지는 센서에서 쏟아져 들어오고 있다. '데이터는 새로운 석유다'라는 말은 인기 있는 후렴구이고 석유처럼 데이터도 정제하는 일이 큰 사업이다. 어느 회사와 비교해도 손색없을 만큼 훌륭하게 사업을 해 나가는 IBM은 분석 기법을 도입하는 성장 전략을 수립한다. 여러 사업 분야에서 데이터를 전략 자산으로 여겨 다음과 같이 묻는다. 경쟁사는 없고 우리만 보유한 데이터는 무엇인가? 이것을 어떻게 이용할 것인가? 우리는 없지만 경쟁사가 보유한 데이터는 무엇인가?

데이터베이스가 없는 은행이 데이터베이스를 갖춘 은행과 경쟁할 수 없는 것과 똑같이 머신러닝이 없는 회사는 머신러닝을 사용하는 회사를 따라잡을 수 없다. 머신러닝이 없는 회사의 전문가가 고객의 취향을 예측하는 천 가지 규칙을 작성하는 동안 다른 회사의 머신러닝은 개별 고객의 취향을 모두 나타내는 수십억 개의 규칙을 학습한다. 죽창과 기관총의 대결인 셈이다. 머신러닝은 멋진 신기술이다. 하지만 멋진 신기술이어서 채택하는 것이 아니라 채택하지 않으면 기업이 생존할 수 없기 때문에 채택하는 것이다.

머신러닝이 과학을 혁신한다

머신러닝은 스테로이드 약물을 투여한 과학적 방법이다. 머신러닝은 과학적 방법과 마찬가지로 가설hypothesis의 도출과 시험, 폐기나 수정의 과정을 거친다. 다만 과학자가 평생 동안 수백 개 정도의 가설을 세우고 시험한다면 머신러닝 시스템은 같은 수의 가설을 1초도 안 되는 시간에 처리한다. 머신러닝은 발견을 자동화한다. 머신러닝이 사업을 혁신하는 것만큼 과학도 혁신한다는 것은 놀라운 일이 아니다.

진보를 이루려면 과학의 모든 분야는 연구하는 현상의 복잡도에 걸맞은 데이터가 있어야 한다. 이것이 과학 분야 중에서 물리학이 첫 번째로 궤도에 오른 까닭이다. 티코 브라헤Tycho Brahe가 기록한 행성들의 위치와 갈릴레오가 수행한 진자와 경사면의 관찰 결과는 뉴턴이 운동 법칙을 추론하기에 충분한 데이터였다. 현상의 복잡도에 걸맞은 데이터가 있어야 한다는 점은 분자생물학이 신경과학보다 늦게 탄생했지만 앞서 나가는 원인이기도 하다. 분자생물학은 DNA 미세 배열DNA microarray(고체 물질 위에 DNA를 고도로 정렬시켜 부착하는 것으로 보통 유전자 발현을 알아보기 위해 사용한다.—옮긴이)과 고처리율의 염기 서열 결정법으로 신경과학자들이 그저 바라기만 하는 양의 데이터를 얻는다. 사회과학 연구가 그토록 힘든 싸움인 까닭도 현상의 복잡도에 걸맞는 데이터가 있어야 한다는 조건 때문이다. 당신에게 있는 것이 100명으로 구성된 표본이고 한 사람당 10여 가지 측정치가 있다면, 매우 제한된 현상 몇 가지만 모형화할 수 있다. 하지만 이렇게 범위가 좁은 현상도 고립되지 않고 무수한 다른 현상의 영향을 받는다. 당신이 그 현상을 이해하려면 여전히 갈 길이 멀다는 의미다.

과학 분야에서 데이터가 부족했던 예전과 달리 이제는 데이터가 풍부하다는 점은 좋은 소식이다. 심리학자들은 피곤해 보이는 학부생 50명을 동원하여 실험에 참여시키는 대신 아마존의 머캐니컬 터크Mechanical Turk(인간의 지적 능력이 필요한 일거리를 올려서 인력을 사고파는 인터넷 장터―옮긴이)에 일감을 올려서 실험 대상자를 필요한 만큼 구할 수 있다 (이 장터에서 더 다양한 표본 집단을 얻는다). 점점 더 기억하기 힘든 이야기지만 10여 년 전만 해도 사회관계망social network을 연구하는 사회학자들이 몇 백 명 이상으로 구성된 관계망에는 접근할 수 없다며 한탄했다. 지금은 10억 명 이상 참여하는 페이스북이 있다. 상당수의 회원이 거의 모든 근황을 일거수일투족까지 올린다. 지구 행성에서 일어나는 사회생활을 생방송하는 것 같다. 신경과학에서 커넥토믹스connectomics(뇌신경 연결 지도를 작성하고 분석하는 신경과학의 한 분야―옮긴이)와 기능성 자기공명 영상은 두뇌를 들여다보는 세밀한 창을 열었다. 물리학과 천문학 같은 오래된 과학도 입자가속기와 디지털 우주 관측에서 쏟아져 들어오는 데이터의 홍수 덕분에 계속 발전하고 있다.

　하지만 빅 데이터는 당신이 지식으로 바꾸지 못하면 쓸모가 없다. 그런데 세상에는 이 일을 해 나갈 과학자가 충분하지 않다. 에드윈 허블Edwin Hubble은 사진 건판을 세세히 조사하여 새로운 은하계를 발견했지만 슬로언 디지털 스카이 서베이Sloan Digital Sky Survey(천체의 3차원적 분포를 지도로 만드는 우주 관측 계획―옮긴이)는 그런 방식으로 5억 개의 천체를 발견하지 않았다는 것에 내기를 걸 수 있다. 그랬다면 해변의 모래알을 손으로 세는 일과 같았을 것이다. 새나 항성, 슈퍼맨 같은 방해물이 있는 한 은하수와 별을 구분하는 규칙을 작성할 수는 있지만 정확도accuracy가 아주 높지는 않다. 대신 스키캣SKICAT(천구 영상을 분류하고 분석하는 도구―옮긴이) 프로젝트에서는 머신러닝을 사용했다. 머신러닝은 천체를 올바르게 분류한 건판들을 조사하여 각각의 특징을 파악하고 그 결과를 분류하지 않은 모든 건판에 적용했다. 훨씬 더 좋은 점은 너무 흐려서 사람의 눈으로 분류하지 못하는 천체를 머신러닝은 분류해 냈다는 사실이다. 이런 천체가 조사 대상의 대부분이었다.

당신은 빅 데이터와 머신러닝으로 이전에 존재한 현상보다 훨씬 더 복잡한 현상을 이해할 수 있다. 많은 분야에서 과학자들은 전통적으로 선형회귀법linear regression 같은 매우 제한된 종류의 모형만 사용했다. 선형회귀법에서 데이터를 근사시키는 그래프는 항상 직선이다. 불행히도 이 세상의 현상은 대부분 비선형적nonlinear이다(오히려 다행스러운 일이다. 비선형적이지 않다면 생명 현상은 매우 지루했을 것이다. 사실 생명이 탄생하지도 못했을 것이다). 머신러닝은 비선형 모델들의 광대한 신세계를 열었다. 전에는 은은한 달빛만 새어 들어오던 방에 불을 켠 것과 같다.

생물학에서 머신러닝은 유전자들이 DNA 분자의 어느 부분에 있는가와 리보핵산의 남아도는 부분은 단백질이 합성되기 전에 어디에서 서로 이어지는가, 단백질은 특성을 나타내는 모양으로 어떻게 접어지는가, 달라진 환경이 여러 유전자의 발현에 어떤 영향을 주는가를 알아낸다. 실험실에서 새로운 약 수천 종을 시험하는 대신 머신러닝은 약이 효과가 있을지 없을지 예측하고 가장 유망한 약만 시험하도록 한다. 머신러닝은 암 같은 끔찍한 부작용을 일으키는 물질들을 걸러 내기도 한다. 사람을 대상으로 하는 임상 실험이 시작된 후에만 후보 약을 걸러 내는 값비싼 실패를 피할 수 있다.

하지만 가장 큰 도전은 이 모든 정보를 모아 일관성 있는 전체로 만드는 것이다. 당신이 심장병에 걸릴 위험에 영향을 주는 요소는 모두 무엇이고 서로 어떻게 상호작용을 하는가? 뉴턴이 필요했던 것은 운동 법칙 세 가지와 중력이 전부였으나 세포나 유기체 혹은 사회의 모형은 어느 누구라도 한 사람이 발견할 수 있는 한계를 넘어선다. 지식이 늘어나면서 과학자들은 그 어느 때보다 좁은 분야를 전공하지만 조각이 너무 많기 때문에 아무도 조각을 모아 맞추지 못한다. 과학자들은 교류하지만 언어는 매우 느린 의사소통 수단이다. 과학자들은 다른 사람들의 연구를 따라가려고 하지만 출판물의 양이 너무 많아서 점점 더 멀리 뒤처지고 만다. 흔히 실험을 따라 해 보는 것이 실험을 보고한 논문을 찾는 일보다 쉽다. 머신러닝은 연관된 정보를 찾으려고 문헌을 샅샅이 뒤지고 한 분야의 전문 용어를 다른 분야의 전문 용어로 바꾸며 과학자들이 생각하지 못한 연결점을 찾아내 과학자들을 곤경에서 구해 낸다. 머신러닝은 한 분야에서 발명된 모형 기술을 다른 여러 분야로 퍼뜨리며 거대한 중심 역할을 점점 더 많이 한다.

컴퓨터가 발명되지 않았다면 과학의 발전은 20세기 후반경에 서서히 멈추었을 것이다. 과학자들은 발전이 아무리 제한되더라도 그들이 여전히 달성할 수 있는 발전이라면 노력을 집중하기 때문에 그런 침체가 곧바로 드러나지 않을 수도 있겠지만 발전의 한계는 낮고도 낮았을 것이다. 마찬가지로 머신러닝이 없다면 많은 과학 분야의 발전이 앞으로 10년 동안 갈수록 더뎌질 것이다.

과학의 미래를 예측하기 위해 맨체스터생명공학연구소의 연구실을 들여다보자. 아담이라는 로봇이 효모균에서 어떤 유전자가 어떤 효소를 만들어 내는가를 열심히 파악하고 있다. 아담은 효모균 신진대사 모형과 유전자, 단백질에 관한 일반 지식을 갖추고 있다. 아담은 가설을 세우고 이를 검증하는 실험을 설계하며, 실제로 실험을 수행하고 결과를 분석하여 검증된 가설을 얻을 때까지 다시 새로운 가설을 세운다. 지금은 사람 과학자들이 아담의 결론을 믿기 전에 독립적으로 점검하지만 미래에는 결론을 점검하는 일도 로봇 과학자에게 맡겨 다른 로봇 과학자의 가설을 확인할 것이다.

국가의 운명을 바꾼다

머신러닝은 2012년 대통령 선거에서 정권 창출자였다. 보통 대통령 선거를 결정짓는 경제 문제와 후보의 호감도 같은 요소로는 결판이 나지 않았고 2012년 선거 결과는 양당을 오가며 지지하는 소수의 초접전 주들에 달려 있었다. 미트 롬니Mitt Romney의 선거운동본부는 관례적인 여론 조사 방식으로 접근하여 유권자를 넓은 범주로 나누고 집중 대상을 선별했다. 롬니의 여론 조사 담당자인 닐 뉴하우스Neil Newhouse는 "만약 우리가 오하이오 주에서 무당파의 지지를 얻는다면 선거에서 이길 수 있다."라고 말했다. 롬니는 7퍼센트 격차로 무당파에서 이겼음에도 불구하고 오하이오 주을 잃었고 대통령 선거도 지고 말았다.

그와 대조적으로 오바마 대통령은 머신러닝 전문가인 레이드 가니Rayid Ghani를 선거운동본부의 최고 과학자로 고용했고 가니는 정치 역사상 가장 큰 규모의 분석 작업을 총괄했다. 오바마의 분석원들은 사회관계망과 시장, 그 외 다른 출처에서 얻은 데이터 등 모든 유권자 정보를 단일 데이터베이스로 통합하고, 개별 유권자에 대해 네 가지 유권자 개별 맞춤 사항을 제시했다. 그 사람이 오바마를 얼마나 지지할 것 같은가, 투표장에 얼마나 나타날 것 같은가, 선거 때 투표하라는 요청에 얼마나 호응할 것 같은가, 특정한 사안을 놓고 대화를 나누면 이 선거에 대한 생각을 바꿀 가능성이 얼마나 되는가를 예측한 것이다. 이러한 유권자 모형에 근거하여 매일 밤 오바마 선거운동본부는 6만 6000번 모의실험을 실시했고 그 결과를 바탕으로 누구에게 전화를 걸고 어느 집을 방문하고 무슨 말을 할지 선거 자원봉사자들에게 지시했다.

정치에서 사업이나 전쟁과 마찬가지로 경쟁자의 움직임을 이해하지 못하고 그냥 지켜보다가 너무 늦게야 알아차리는 경우보다 더 나쁜 것은 없다. 바로 이런 일이 롬니의 선거 운동에서 일어난 것이다. 롬니 측에서는 상대방이 특정 지역의 특정 케이블 방송국에 광고하는 것을 보면서도 왜 그러는지 몰랐다. 그들의 천리안 수정 구슬은 너무 흐릿했다. 결국 오바마가 노스캐롤라이나를 제외한 초접전 경합 주에서 모두 이겼고, 가장 정확한 여론 조사에서 예측한 수치보다 더 큰 차이로 승리했다. 가장 정확하게 예측한 조사자들은 네이트 실버Nate Silver 같이 가장 정확한 예측 기술을 사용한 사람들이었다. 그들은 오바마 측보다는 덜 정확했는데 사용한 자원이 오바마 측에 비해 적었기 때문이다. 하지만 기존의 전문 지식으로 예측한 전통적인 전문가보다는 훨씬 더 정확했다.

2012년 대통령 선거의 승리가 우연한 결과라고 생각하는 사람도 있을 것이다. 사실 현재의 선거는 머신러닝이 결정적 구실을 할 수 있는 상황, 즉 근소한 차이가 나는 경우는 아니다. 하지만 미래에는 머신러닝이 더 많은 선거를 박빙의 대결로 몰고 갈 것이다. 정치에서도 다른 모든 부분과 마찬가지로 머신러닝이 군비 경쟁 대상이다. 직접 마케팅 담당자와 데이터 마이너(수많은 데이터에서 의미 있는 정보를 캐내는 사람—옮긴이) 인 칼 로브Karl Rove가 활약했을 때는 공화당 후보자가 앞섰다. 그 이후에 는 2012년까지 민주당에 뒤졌지만 지금은 다시 민주당 후보자를 따라 잡고 있다. 다음 선거에서는 누가 앞설지 모르지만 두 당 모두 이기기 위해 열심히 일할 것이다. 유권자를 더 잘 이해하고 후보자 홍보 작업을 상황에 맞게 다듬을 테고 어느 후보를 선출해야 하는가도 상황에 맞출 것이다. 이 같은 일은 선거 기간과 다음 선거를 기다리는 동안 정당 정책의 기본 방향에도 적용될 것이다. 즉 섬세한 유권자 모형이 정당의 현재 정책 방향이 인기를 잃어 간다고 확실한 데이터에 근거하여 진단하면 정당은 정책 방향을 바꿀 것이다. 그 결과 대규모 행사의 영향력은 한쪽으로 밀려나고 여론 조사에서 후보자들 사이의 차이는 점점 줄어들며 점점 더 짧은 기간 동안만 유지될 것이다. 다른 요소들이 같다면 더 훌륭한 유권자 모델을 사용하는 후보가 승리하고 유권자들은 그 때문에 더 좋은 서비스를 받을 것이다.

유권자를 한 명 한 명씩 혹은 작은 규모의 집단마다 이해하고 그들에게 직접 말할 수 있는 혹은 그렇게 보이는 능력은 정치가에게 있는 재능 중 훌륭한 재능이다. 최근 기억나는 정치가 중에서 빌 클린턴이 바로 이런 능력의 모범이다. 머신러닝 효과는 개별 유권자마다 전적으로 헌신하는 빌 클린턴을 두는 것과 같다. 소형 빌 클린턴들은 실제 빌 클린턴과 질적 차이가 있겠지만 수적으로는 월등하다. 아무리 빌 클린턴이라 하더라도 유권자 한 사람 한 사람이 어떤 생각을 하는지는 아무리 알고 싶어도 알 수가 없다. 머신러닝이 궁극적인 정치 소매상인 것이다.

물론 기업처럼 정치인도 머신러닝에서 얻은 지식을 좋은 방향만이 아닌 나쁜 방향으로도 사용할 수 있다. 예를 들어 개별 유권자마다 다르고 상충하는 공약을 남발할 수 있다. 하지만 유권자와 언론, 선거 감시 단체들이 각자 데이터 마이닝을 수행하여 선을 넘는 정치인을 밝혀낼 수 있다. 군비 경쟁은 후보자뿐 아니라 민주주의 과정의 참가자들 모두 참여한다.

이보다 더 큰 머신러닝의 성과는 유권자와 정치인의 소통 폭이 엄청나게 커져서 민주주의가 더 훌륭히 작동한다는 것이다. 고속 인터넷을 사용하는 시대라도 당신이 뽑은 대표자들이 당신에게서 얻는 정보의 양은 여전히 19세기 수준이다. 2년마다 100비트 정도로 투표용지 하나에 써 놓을 만한 양이다. 여론 조사와 가끔 보내는 전자 우편 혹은 마을 회관 모임으로 보충하지만 여전히 중요한 정보는 소량이다. 이런 상황을 빅 데이터와 머신러닝이 바꾼다. 미래에는 유권자 모형이 정확하다면 선출된 공직자는 실제 살과 피로 된 시민들을 귀찮게 하는 대신 유권자 모형에게 무엇을 원하는지 하루에 천 번 이상 물어보며 거기에 맞는 행동을 취할 수 있다.

지상 전쟁에 한 명, 가상 전쟁에 두 명

가상 공간에서 머신러닝이 국가의 방어벽에 병사를 배치한다. 외국의 공격자들은 미국 국방부와 국방부 계약 업체, 그 외 다른 회사들, 정부 부서의 컴퓨터로 매일 침입을 시도한다. 공격자들의 전술은 계속 바뀐다. 어제 공격을 막아 낸 방법이 오늘의 공격에는 무력하다. 매번 공격을 감지하고 막아 내는 컴퓨터 프로그램을 작성하는 것은 역사상의 마지노선만큼이나 허무한 결과를 초래할 것이고 미국 국방부의 사이버사령부도 이런 상황을 알고 있다. 하지만 머신러닝도 공격이 처음 접하는 새로운 종류이고 학습할 만한 이전의 사례가 없다면 문제가 생긴다. 그래서 머신러닝은 수많은 정상 행동에 대한 모형을 만들고 여기서 벗어나는 이례적인 상황이 발생하면 깃발을 들어 올려 기병대를 호출한다(즉 사람 시스템 관리자를 호출한다). 컴퓨터망 침투 파괴 전쟁인 사이버 전쟁이 발발한다면 장군 임무는 사람이 맡고 보병 임무는 머신러닝이 맡을 것이다. 사람은 너무 느리고 너무 소수여서 특정 작업을 반복 수행하는 프로그램인 봇bot 군대가 순식간에 덮칠 것이다. 우리 편의 봇 군대가 필요한데 머신러닝은 봇에게 사관학교와 같다.

사이버 전쟁은 한쪽이 반대쪽의 재래식 전력에는 크게 열세지만 상대에게 피해를 가할 수 있는 비대칭 전쟁이다. 상자를 자르는 칼 정도로 무장한 소수의 테러분자들이 뉴욕의 세계무역센터를 무너뜨리고 무고한 사람을 수천 명 살해한다. 미국 안보를 크게 위협하는 상황은 모두 비대칭 전쟁의 영역에 있고, 이 모든 것에 대항하는 효과적인 무기는 정보다. 만약 적이 숨지 못한다면 생존하지 못한다. 좋은 소식은 우리에게 정보가 아주 많다는 점이지만 양이 많아서 분석하는 데 방해가 된다면 나쁜 소식이 되기도 한다.

미국 국가안전국NSA은 정보에 대한 끝없는 탐욕으로 악명이 높다. 추측에 따르면 매일 10억 통이 넘는 전화 통화와 전 세계로 연결되는 여러 형태의 통신을 가로챈다. 사생활 침해가 논란이 되겠지만 그렇다고 요원을 수백만 명 배치하여 전화를 도청하고 전자 우편을 엿보고 심지어 누가 누구에게 말하는지 계속 추적하지는 않는다. 방대한 수의 전화 대부분은 완전히 결백하므로 소수의 의심스러운 전화를 골라내는 프로그램을 작성하는 일은 매우 어렵다. 그동안 미국 국가안전국은 주요 단어를 찾아내는 방법을 사용했는데 그 방법은 회피하기 쉽다(폭발을 '결혼'으로, 폭탄을 '결혼 케이크'로 바꾸기만 해도 피할 수 있다). 21세기에서 이 일은 머신러닝의 몫이다. 비밀 유지는 미국 국가안전국의 대명사인데 안전국 국장이 전화 기록에 관한 데이터 마이닝으로 10여 건의 테러 위협을 이미 분쇄했다고 의회에서 증언할 정도면 머신러닝은 이제 당연히 사용하는 걸로 인식되는 것이다.

테러분자들이 미식축구 경기의 관람객 속에 숨더라도 머신러닝은 그들의 얼굴을 찾아낸다. 테러분자들이 희한한 폭탄을 만들더라도 머신러닝이 그런 폭발물을 알아챈다. 머신러닝은 더욱 섬세한 일도 한다. 개별 사건들을 연결해 보며 개별적으로는 해로워 보이지 않지만 합해 보면 어떤 징조를 보이는 사건을 찾는다. 이러한 접근법으로 9·11 테러를 방지할 수도 있었을 것이다. 이보다 더 물고 물리는 숨바꼭질도 있다. 일단 학습된 프로그램이 설치되면 악당들은 이를 물리치려고 자신의 행동을 바꾸어 버린다. 변함없이 한결같은 자연 세계와 대조되는 부분이다. 이에 대처하는 해법은 머신러닝에 내가 연구한 일종의 게임 이론을 결합하는 것이다. 이렇게 하면 머신러닝은 현재 적수를 물리치는 방법만 학습하지 않는다. 악당이 머신러닝에 대처하는 방안도 막아 내도록 학습한다. 게임 이론처럼 여러 조치의 비용과 이득을 따져 보면 사생활과 안보 사이의 올바른 균형을 찾아낼 것이다.

브리튼 전투(1940년 런던 상공에서 벌어진 영국과 독일의 공중전 ─ 옮긴이)

에서 영국 공군은 수적으로 매우 열세였지만 나치의 독일 공군을 막아 냈다. 독일 조종사들은 어디로 침투하든 영국 공군이 항상 나타나는 까닭을 이해하지 못했다. 그런데 영국에는 비밀 무기인 레이더가 있었다. 레이더는 독일 비행기가 영국 영공으로 건너오기 훨씬 전에 비행기를 탐지해 냈다. 머신러닝은 미래를 내다보는 레이더를 보유한 것과 비슷하다. 적수의 움직임에 반응만 하는 것이 아니라 적의 움직임을 예측하고 선수를 친다. 이보다 더 피부에 와 닿는 사례는 예측 치안 활동이다. 예방 조치를 취할 뿐만 아니라 범죄 경향을 예상하고 가장 필요해 보이는 곳에 전략적으로 순찰을 집중하여 적은 인력으로도 효과적인 치안 활동을 수행할 수 있다. 법 집행은 많은 면에서 비대칭 전쟁과 비슷하다. 회계 부정 적발과 범죄 조직 색출 혹은 단순한 옛 순찰 방식의 법 집행에도 비대칭 전쟁에서 사용한 머신러닝 기법이 많이 적용된다.

　머신러닝은 전장에서 맡는 임무도 늘어나고 있다. 머신러닝은 정찰 활동으로 얻은 사진이나 화상을 꼼꼼하게 살펴서 추려 내고 사후 보고서를 처리하고 사령관을 위해 전체 상황을 종합하여 전운을 소멸하는 데 일조한다. 머신러닝은 전투 로봇의 두뇌 작동에 힘을 보태 전투 로봇이 자신의 위치를 유지하거나 지형에 적응하거나 민간인 차량과 적의 차량을 구별하거나 목표물을 향해 곧장 나아가도록 돕는다. 미국 방위고등연구계획국DARPA의 알파독AlphaDog이라는 로봇은 병사들의 짐을 운반한다. 드론은 머신러닝의 도움을 받아 자동으로 비행할 수 있다. 비록 지금은 사람이 조종하는 부분이 있지만 앞으로의 발전 방향은 한 사람이 점점 더 많은 드론 무리를 감독하는 것이다. 미래의 군대는 머신러닝으로 조종되는 로봇이 사람 병사보다 많아서 인명 피해를 크게 줄일 것이다.

우리는 어디로 향하는가

기술 동향은 항상 이리저리 왔다 갔다 한다. 머신러닝의 특이한 점은 이러한 모든 변화, 즉 기술의 대유행과 급락 속에서도 흔들리지 않고 성장을 지속한다는 점이다. 머신러닝이 처음으로 큰 성공을 거둔 곳은 1980년대 말부터 주가의 등락을 예측한 금융 분야다. 그다음으로 머신러닝이 퍼진 분야는 기업의 데이터베이스에 대한 데이터 마이닝이었다. 1990년대 중반까지 직접 마케팅과 고객 관계 관리, 신용 등급 평가, 회계 부정 적발 같은 분야에서 머신러닝이 크게 성장하기 시작했다. 그 후 개별화를 자동화하는 요구가 인터넷과 전자 상거래 분야에서 빠르게 늘어나며 이 분야에 머신러닝이 적용되었다. 닷컴 회사의 몰락으로 머신러닝의 적용이 일시적으로 줄었을 때는 인터넷 검색과 광고 배치에 머신러닝을 사용하기 시작했다. 더 나아진 상황인지 아니면 더 나빠진 상황인지 애매하지만 머신러닝은 9·11 테러 이후 테러와 벌이는 전쟁의 최전방에 배치되었다.

웹 2.0의 시대가 되면서는 사회관계망의 데이터 마이닝부터 제품에 관해 블로거들이 어떤 말을 하는지 파악하는 일까지 머신러닝의 새로운 응용 분야가 생겼다. 이와 동시에 모든 유형의 과학자들이 대형 모형화를 채택하는 경우가 늘어났으며, 그중에서 분자생물학자와 천문학자가 최전선에서 돌격을 지휘한다. 주택 가격 붕괴는 간신히 예측되었다. 이것으로 나타난 주된 효과는 재능 있는 사람들이 월 스트리트 금융가에서 실리콘 밸리의 기술 분야로 환영받으며 이동한 것이다.

2011년 빅 데이터가 모방을 통해서 널리 전파되었으며 이로써 머신러닝은 곧바로 전 세계 미래 경제의 중심으로 인식되었다. 이제 머신러닝과 거리가 멀어 보이는 음악과 스포츠, 포도주 감정 등을 포함한 인간 활동 영역에서 머신러닝이 관여하지 않는 분야는 별로 없어 보인다.

이런 성장이 대단해 보이기는 하지만 앞으로 다가올 모습의 맛보기일 뿐이다. 머신러닝의 유용성에도 불구하고 현재 산업계에서 작동하는 머신러닝 세대의 능력은 매우 제한되어 있다. 지금 연구실에서 개발 중인 머신러닝 알고리즘이 세상으로 나가는 시기에는 "머신러닝에서 돌파구가 생기면 마이크로소프트 열 개의 가치가 있다."라는 빌 게이츠의 말도 겸손하게 들릴 것이다. 그리고 연구자들의 두 눈을 번뜩이게 만드는 착상이 결실을 맺는다면 머신러닝은 단지 문명의 새로운 시기가 아니라 지구 생명의 진화 역사상 새로운 단계를 열어 보일 것이다.

무엇이 이 일을 해낼까? 머신러닝이 이 일을 어떻게 해낼까? 현재 못하는 것은 무엇이며 다음 세대의 머신러닝은 어떤 모습일까? 머신러닝의 혁명은 어떤 식으로 펼쳐질까? 그리고 우리는 어떤 기회와 위험에 주의해야 할까? 바로 이런 점들이 이 책에서 다루는 내용이다. 계속 읽어 보시라!

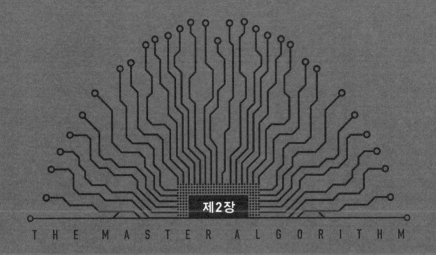

제2장

THE MASTER ALGORITHM

마스터 알고리즘은
어떻게 탄생하는가

머신러닝의 넓은 응용 범위보다 훨씬 더 놀랄 만한 것은 여러 분야의 일을 한 가지 똑같은 알고리즘으로 처리한다는 사실이다. 머신러닝 이외의 영역에서 두 가지 다른 문제가 있다면 당신은 두 가지 다른 프로그램을 작성해야 한다. 예를 들어 두 프로그램은 같은 프로그래밍 언어나 같은 데이터베이스 시스템처럼 구조의 일부를 동일하게 사용할 수 있지만, 예를 들어 장기를 두는 프로그램은 신용카드 거래를 처리할 때는 소용이 없다. 반면 학습에 필요한 적절한 데이터를 제공한다면 머신러닝은 같은 알고리즘으로 두 가지 일을 할 수 있다. 사실은 몇 가지 안 되는 알고리즘으로 머신러닝 응용 분야의 대다수를 해결한다. 앞으로 이들 소수의 알고리즘을 살펴볼 것이다.

예를 들어 짧은 방정식 하나로 표현할 수 있는 나이브 베이즈Naive Bayes라는 머신러닝 알고리즘을 살펴보자. 환자의 증상과 시험 결과, 특별한 조건의 보유 여부를 기록한 데이터베이스가 있을 때 나이브 베이즈는 1초도 안 되는 시간에 증상을 진단하는 법을 배울 수 있다. 때로는 의과대학에서 몇 년간 수련한 의사들보다 진단을 잘한다. 수천 인시thousands of person-hours(한 사람이 한 시간에 처리하는 일의 양—옮긴이)를 들여 구축한 전문 의료 시스템도 물리칠 수 있다. 같은 알고리즘이 처음에는 의료 진단과 관계없어 보이는 스팸분류기를 학습시키는 일에도 쓰인다. 최근접 이웃 찾기 알고리즘nearest-neighbor algorithms이라 불리는 또 다른 간단한 머신러닝 알고리즘은 필기체 인식에서 로봇 팔을 조정하고 당신이 좋아할 만한 책과 영화를 추천하는 일까지 거의 모든 분야에 사용되어 왔다. 이와 비슷한 능숙함으로 의사결정트리decision tree 알고리즘은 신용카드 거래 요청의 승인 여부를 결정하는 일과 DNA에서 이어 맞춤 접합 부위를 찾는 일, 체스 게임에서 다음 수를 선택하는 일을 해낸다.

같은 머신러닝 알고리즘이 끝도 없이 다양한 일을 할 수 있을 뿐만 아니라 이 알고리즘이 대체하는 프로그램에 비해서 놀랄 만큼 간단하다. 머신러닝 알고리즘은 대부분 몇 백 줄 분량이거나 멋으로 덧붙이는 부가 기능을 더한다 하더라도 아마 수천 줄 정도 될 것이다. 반면 이 머신러닝 알고리즘이 대체하는 프로그램은 수십만 줄 혹은 수백만 줄 분량이다. 게다가 머신러닝 알고리즘 하나가 무제한으로 다른 프로그램을 생성할 수 있다.

이렇게 적은 수의 머신러닝이 이렇게 많은 일을 한다면 '하나의 머신러닝 알고리즘이 모든 일을 할 수 있지 않을까?'라는 질문이 논리적으로 이어진다. 표현을 달리하면 '하나의 알고리즘이 데이터에서 배울 수 있는 모든 것을 다 배울 수 있을까?'가 된다. 성인의 두뇌에 담긴 모든 것과 진화로 창조된 모든 것, 과학 지식의 총합을 전부 배워야 하기 때문에 이것은 매우 어려운 주문이다. 하지만 사실 최근접 이웃 알고리즘과 의사결정트리 알고리즘, 베이즈 네트워크Bayesian networks, 나이브 베이즈의 일반형generalization 등 주요한 머신러닝은 다음과 같이 보편적이다. 즉 당신이 적절한 데이터를 충분히 제공한다면 머신러닝은 어떠한 기능이라도 임의적으로 가깝게 근사화할 수 있다. 이 말은 어떤 것이라도 학습한다는 말의 수학적 표현이다. 함정은 충분한 데이터가 무한대일 수 있다는 점이다. 앞으로 살펴보겠지만 한정된 데이터로 학습하려면 가정이 필요하고, 머신러닝은 각기 다른 가정을 하고, 이 가정들은 어떤 문제에 대해서는 좋지만 다른 문제에 대해서는 그렇지 않다.

하지만 알고리즘에 이러한 가정을 포함하는 대신, 가정을 데이터처럼 분명한 입력 항목으로 놓고 사용자가 가정의 적용을 선택하도록 하거나, 혹은 새로운 가정을 만드는 것까지 허용하면 어떨까? 입력으로 어떠한 데이터와 가정이라도 받아들여 그것에 내포된 지식을 출력하는 알고리즘이 존재할까? 나는 그렇다고 믿는다. 물론 우리는 가정에 한계를 세워야만 한다. 그렇지 않으면 찾을 지식 전체나 이와 근접한 것을 가정이라는 형태로 알고리즘에 입력하며 속일 수 있다. 하지만 입력의 크기를 제한하는 것부터, 머신러닝에서 현재 사용하는 가정보다 강력하지 않은 가정을 사용하는 것까지 이러한 일을 하는 방법은 많다.

그러면 질문은 다음과 같이 바뀐다. 아무리 약하게 가정해도 한정된 데이터에서 적절한 지식을 모두 얻어 낼 수 있는가? '적절한'relevant 이라는 말에 주목하자. 우리는 단지 이 세상의 지식에만 관심이 있을 뿐 존재하지 않는 세상에는 관심이 없다. 그러므로 보편적인 머신러닝을 발명하는 것은 우리 우주에서 가장 밑바탕에 있는 규칙성, 즉 모든 현상에서 나타나는 규칙성을 발견하고 규칙성을 데이터와 연결하는 효율적인 계산 방법을 찾아내는 것이다.

앞으로 살펴보겠지만, 물리학 법칙만 규칙성으로 사용해서는 계산이 효율적이어야 한다는 조건을 만족하지 못한다. 하지만 보편적인 머신러닝이 전용 specialized 머신러닝 알고리즘보다 더 효율적이어야 한다는 것을 의미하지는 않는다. 컴퓨터 과학에서 매우 자주 볼 수 있듯이 우리는 보편성을 살리기 위해 기꺼이 효율성을 희생한다. 이런 방식은 목표로 설정된 지식을 학습하는 데 필요한 데이터의 양을 정할 때도 적용된다. 즉 보편적 머신러닝은 전용 머신러닝 알고리즘보다 더 많은 데이터를 요구하지만 필요한 만큼 데이터를 확보했다면 문제없다. 데이터가 더 많아지면 많아질수록 이런 일이 더 많이 일어날 것이다.

이 책의 중심 가설이 여기에 있다.

세상의 모든 지식, 즉 과거, 현재, 미래의 모든 지식은 단 하나의 보편적 학습 알고리즘으로 데이터에서 얻어 낼 수 있다.

나는 이 머신러닝을 마스터 알고리즘 master algorithm 이라 부른다. 만약 이런 알고리즘이 가능하다면, 이 알고리즘을 발명하는 일은 역사상 가장 위대한 과학의 성취가 될 것이다. 사실 마스터 알고리즘이 우리의 마지막 발명품인 까닭은 한 번 발명된 이후에는 마스터 알고리즘이 발명할 수 있는 다른 모든 것을 발명해 나갈 것이기 때문이다. 우리가 해야 할 일은 마스터 알고리즘에 올바른 데이터를 충분히 제공하는 것뿐이다. 그러면 마스터 알고리즘이 관련된 지식을 발견할 것이다. 마스터 알고리즘은 동영상 데이터를 제공하면 보는 법을 배운다. 도서관을 제공하면 읽는 법을 배운다. 물리 실험 결과를 입력하면 물리 법칙을 찾아낸다. DNA 결정학 데이터를 제공하면 DNA의 구조를 발견한다.

이 말이 믿기지 않을 것이다. 어떻게 알고리즘 하나가 그렇게 많고 서로 다르고 어려운 일을 배울 수 있을까? 하지만 여러 곳에서 많은 증거가 마스터 알고리즘의 존재를 증언한다. 어떤 증거들이 있는지 살펴보자.

신경과학에서

2000년 4월 MIT 신경과학자팀이 과학 잡지 《네이처》에 특별한 실험 결과를 기고했다. 그들은 흰담비의 눈에서 나온 신경을 청각 피질(뇌에서 소리를 처리하는 부분)로 다시 연결하고 귀에서 나온 신경을 시각 피질로 다시 연결했다. 당신은 흰담비가 심각한 장애를 입을 거라고 생각하겠지만 결과는 그렇지 않았다. 청각 피질은 보는 법을 배웠고 시각 피질은 듣는 법을 배웠으며 흰담비는 멀쩡했다. 보통 포유류는 시각 피질이 망막에 대한 지도를 가지고 있어 망막에서 이웃한 영역에 연결된 신경들은 피질에서도 가까이 있다. 새로 신경이 연결된 흰담비는 그 대신 청각 피질에서 망막에 대한 지도를 작성했다. 시각 정보가 촉감 인식을 담당하는 체지각 피질로 새롭게 연결되면 체지각 피질도 보는 법을 배운다. 다른 포유류도 이런 능력을 지니고 있다.

선천적으로 맹인의 시각 피질은 다른 뇌 기능을 수행한다. 청각 장애인의 청각 피질도 같은 식으로 작동한다. 맹인은 머리에 장착된 카메라에서 나오는 영상 신호를 혀에 설치된 전극 배열로 보내는 방식을 이용하여 혀로 '보는 법'을 배울 수 있다. 높은 전압은 밝은 화소를 나타내고 낮은 전압은 어두운 화소를 나타낸다. 벤 언더우드Ben Underwood 는 박쥐처럼 반향 위치 측정echolocation to navigate 을 이용하여 길 찾는 법을 스스로 터득한 맹인 아이다. 혀를 차고 메아리를 들으며 주위에 부딪히지 않고 걸어 다니는 데다 스케이트보드를 타고 농구까지 해낸다. 이 모든 것은 여러 감각에 할당된 뇌의 영역이 단지 눈이나 귀, 코 등 입력에 따라 구분될 뿐이며 뇌는 전적으로 같은 학습 알고리즘을 사용한다는 증거다. 연합 영역은 여러 감각 영역에 연결됨으로써 그들의 기능을 획득하고 실행 영역은 연합 영역과 운동 영역을 연결하여 자신의 기능을 획득한다.

현미경으로 대뇌 피질을 자세히 들여다보면 같은 결론에 도달한다. 똑같은 연결 형태가 모든 곳에서 반복되어 나타난다. 대뇌 피질은 구별되는 여섯 개 층으로 이루어진 기둥, 시상이라 불리는 뇌의 다른 구조와 연결되는 피드백루프feedback loop 그리고 반복되는 형태의 연결부들 즉, 단거리 억제 연결부short-range inhibitory connections, 장거리 흥분 연결부longer-range excitatory connections 등으로 구성된다. 일정한 범위에서 각 부위의 대뇌 피질에 서로 다른 부분이 있지만 이 변화는 다른 알고리즘이라기보다는 같은 알고리즘에 다른 변수parameters나 다른 구성법setting이 적용되기 때문에 발생하는 것으로 보인다. 감각을 담당하는 영역의 시작 부분은 더 두드러진 차이를 보이지만 신경의 재연결 실험에서 나타나듯이 이러한 차이는 결정적이지 않다. 하지만 뇌에서 진화상 더 오래전에 형성된 부분이고 직접적으로 운동 조절을 담당하는 소뇌는 분명히 다른 뇌 영역과 다르고 매우 규칙적인 구조를 지니고 있으며 신경세포도 훨씬 작아서 적어도 운동 학습은 다른 알고리즘을 사용할 수도 있다고 생각된다. 그런데 소뇌가 손상되면 대뇌 피질이 소뇌의 기능을 인계받는다. 진화하면서 소뇌가 지금의 상태로 유지된 까닭은 대뇌가 하지 못하는 일이 있기 때문이 아니라 이 구조가 더 효율적이기 때문인 것이다.

두뇌의 구조 안에서 일어나는 계산은 모두 비슷하다. 두뇌에 담긴 모든 정보는 신경세포의 일정한 전기적 발화 형태를 보이며 같은 방식으로 표현된다. 학습 과정도 같다. 즉 기억은 함께 발화하는 신경세포 사이의 연결이 장기 전위 형성long-tern potentiation이라 알려진 생화학 과정을 거치며 강화되어 생긴다. 이 모든 것이 단지 사람에게만 해당되는 것이 아니고 다른 동물의 두뇌도 비슷하게 작동한다. 사람의 두뇌가 특이하게 크지만 다른 동물의 뇌 형성 원리와 같은 원리에 따라 형성된 것으로 보인다.

대뇌 피질의 일원성unity에 관한 다른 계통의 주장은 게놈의 빈약함poverty of the genome을 근거로 삼는다. 우리 두뇌의 연결 수는 게놈 속 염기 배열 숫자의 100만 배보다 크기 때문에 게놈이 두뇌가 어떻게 연결되어야 하는지를 하나하나 정하기는 물리적으로 불가능하다.

그런데 두뇌가 마스터 알고리즘이라는 가장 중요한 논거는 우리가 인식하고 상상하는 모든 것을 두뇌가 담당한다는 점이다. 두뇌가 배울 수 없는 무엇인가가 있다면 우리는 그것이 존재하는지 알 수 없다. 우리는 그저 보지 못하거나 단순히 불규칙한 것으로 여길 뿐이다. 어느 쪽이든 우리가 컴퓨터에 두뇌를 구현한다면 그 알고리즘은 우리가 배우는 모든 것을 배울 수 있다. 그러므로 마스터 알고리즘을 발명하는 방법 가운데 가장 인기 있는 길은 두뇌를 역설계reverse engineer하는 것, 즉 두뇌를 분석하여 모방하는 것이다. 제프 호킨스Jeff Hawkins는《생각하는 뇌, 생각하는 기계》On Intelligence에서 이 방법을 시도했다. 레이 커즈와일Ray Kurzweil은 특이점singularity, 즉 인간의 여러 지능을 크게 뛰어넘는 인공 지능의 출현에 대한 희망을 두뇌의 역설계에 걸고《어떻게 마음을 만드나》How to

Create a Mind에서 직접 시도해 보았다. 그러나 앞으로 살펴보겠지만, 두뇌의 역설계는 가능한 여러 가지 시도 중 하나일 뿐이다. 게다가 이것이 필연적으로 가장 유망한 방법도 아닌 까닭은 두뇌가 복잡한 현상이고 우리는 두뇌를 해독하는 데 여전히 아주 초기 단계에 있기 때문이다. 한편 우리가 마스터 알고리즘을 알아내지 못한다면 특이점이 짧은 시간 안에 일어나지는 않을 것이다.

모든 신경과학자가 대뇌 피질의 일원성을 믿는 것은 아니다. 확신을 갖기 전에 더 배워야 한다고 생각하는 사람도 있다. 두뇌가 배울 수 있는 것과 배우지 못하는 것이 무엇인가에 관해서도 논쟁 중이다. 하지만 우리는 아는데 두뇌는 배울 수 없는 것이 존재한다면 그것은 진화를 통해서 배운 것이 분명하다.

진화론에서

생명의 무한한 변화는 단 하나의 작용 원리, 즉 자연 선택natural selection의 결과다. 더욱 주목할 만한 것은 이 원리가 컴퓨터과학자들에게도 매우 친숙하다는 사실이다. 자연 선택은 우리가 해답에 대한 많은 후보를 시도해 보고 그중 가장 좋은 것을 선택해서 변경하고 필요한 만큼 이 과정을 반복하여 문제를 푸는 기법인 반복 탐색iterative search 과 비슷하다는 말이다. 한마디로 진화란 알고리즘이다. 빅토리아 시대의 컴퓨터과학자인 찰스 배비지Charles Babbage 가 한 말을 쉽게 풀면 '신이 창조한 것은 생물의 종이 아니라 생물의 종을 창조하는 알고리즘이다'가 된다. 다윈이《종의 기원》에서 결론으로 말한 '가장 아름다운, 수없이 많은 형태들'이라는 말은 모든 형태가 DNA 가닥에 표현되고 모든 다양한 형태가 이 가닥을 변경하고 결합하여 나온다는 것을 표현한 '가장 아름다운 단일성'이라는 말과는 어긋난다. 이 알고리즘으로 표현하기만 하면 당신과 나를 만들어 낼 수 있다는 것을 어느 누가 상상했겠는가? 진화를 통해 우리를 알 수 있다면 학습 가능한 모든 것을 강력한 컴퓨터에 진화를 구현하여 배우면 된다고 상상할 만하다. 실제로 자연 선택을 모방하여 진화하는 프로그램은 머신러닝의 인기 있는 분야다. 지금 진화는 마스터 알고리즘으로 가는 또 하나의 유망한 길이다.

진화는 충분한 데이터가 주어지면 간단한 머신러닝이 얼마나 많이 성취할 수 있는가를 보여 주는 최상의 본보기다. 진화에 입력되는 것은 지금까지 존재한 모든 생물체의 경험과 운명적인 삶이다(그런 데이터는 빅데이터다). 한편 진화는 지구상에서 가장 강력한 컴퓨터인 지구 자체에서 30억 년 이상 작동했다. 진화의 컴퓨터 버전은 원본보다 속도는 더 빠르고 데이터는 덜 요구해야 한다. 진화와 두뇌 중 어느 것이 더 나은 마스터 알고리즘의 모형일까? 이것이 머신러닝 분야에서 벌어지는 '선천적이냐, 후천적이냐'라는 논쟁이다. 선천적 요소와 후천적 요소가 우리를 만들 듯이 진짜 마스터 알고리즘도 두 요소 모두 포함할 것이다.

물리학에서

물리학자이자 노벨상 수상자인 유진 위그너Eugene Wigner는 1959년에 발표한 에세이에서 '자연과학에서 나타난 수학의 터무니없는 유효성' unreasonable effectiveness 이라는 표현을 쓰며 놀라움을 표시했다. 소규모 관찰에서 유도한 법칙이 관찰한 것과 멀리 떨어진 것에도 적용된다니 이 무슨 기적인가? 데이터를 이용하여 구한 법칙이 어떻게 수십, 수백 배 데이터보다 더 정확할 수 있는가? 부정확한 데이터로 만든 법칙이라면 법칙도 그만큼 부정확해야 하지 않는가? 무엇보다 간단하고 추상적인 수학 언어로 우리가 사는 무한히 복잡한 세상의 아주 많은 부분을 정확하게 나타낼 수 있는 까닭은 무엇인가? 운이 좋았고 우리가 알 수 없는 면이 있다는 점에서 위그너는 이것을 심오한 신비라고 생각했다. 그럼에도 불구하고 수학은 신비가 아니며 마스터 알고리즘은 수학의 논리적 확장이다.

세상이 단지 와글거리는 혼돈이라면 보편적인 머신러닝의 존재를 의심하는 이유가 있을 것이다. 하지만 우리가 경험하는 모든 것이 얼마 안 되는 간단한 법칙들의 산물이라면, 유도할 수 있는 모든 것을 단일 알고리즘이 유도할 수 있다는 주장은 그럴듯하다. 마스터 알고리즘이 해야하는 일은 불가능해 보일 정도로 긴 수학적 유도 과정을 관찰에 근거하여 도출하는 훨씬 짧은 유도 과정으로 대체하면서 법칙의 결론에 이르는 지름길을 제공하는 것이다.

예를 들어 우리는 물리 법칙이 진화를 낳았다고 믿지만 어떻게 낳았는지는 모른다. 대신 다윈이 했던 것처럼 관찰을 통해 자연 선택을 직접 유도할 수 있다. 이런 관찰에서 잘못된 추론을 수없이 반복할 가능성도 있지만 우리가 실제 세상에서 폭넓은 지식을 공급받고 또 그러한 지식이 자연 법칙과 일치하기 때문에 잘못된 추론은 일어나지 않는다.

물리 법칙의 특성 중에서 얼마나 많은 부분이 복잡함의 단계가 높은 생물학과 사회학같은 영역에 스며들었는가는 더 살펴봐야 하는 문제지만 카오스 이론의 연구 결과를 보면 매우 다른 시스템들에서 비슷한 양상을 보여 시선을 끄는 사례가 많고 이런 상황은 보편성 이론으로 설명할 수 있다. 만델브로트 집합Mandelbrot set은 매우 단순하고 반복되는 과정에서 무궁무진하게 다양한 형태가 어떻게 나오는가를 보여 주는 아름다운 사례다. 만약 세상의 산과 강, 구름, 나무들이 모두 그런 과정의 결과라면(프랙탈 기하학에서 이를 밝혔다) 이런 과정들은 결과들로부터 유도할 수 있는 단 하나의 원리에서 단지 변수값만 다르게 하여 나타난 과정일 것이다.

물리학에서 종종 같은 방정식들이 여러 가지 물리량에 적용되어 완전히 다른 분야, 즉 양자역학과 전자기학, 유체역학에서 나타나는 현상들을 설명한다. 파동 방정식과 확산 방정식, 푸아송 방정식은 우리가 한 분야에서 이것들이 어떻게 적용되는지 발견하면 다른 분야에서 더 쉽게 어떻게 적용되는지를 발견할 수 있고, 일단 한 분야에서 이 방정식을 푸는 방식을 배우면 다른 모든 분야에서도 풀 수 있는 방법을 알게 된다. 이 모든 방정식은 매우 간단하며 공간과 시간에 따른 값의 미분계수 몇 개를 공통으로 포함한다. 이들이 모두 만능 방정식master equation의 예이므로 마스터 알고리즘이 해야 할 일은 이것을 다른 데이터 집합data set에 어떻게 적용할 것인가를 알아내는 것이 전부라는 생각이 든다.

마스터 알고리즘이 가능하다는 주장의 또 다른 증거가 나오는 분야는 함수에서 최고값highest output을 출력시키는 입력값을 찾는 최적화optimization라는 수학 분야다. 예를 들어 최고의 수익을 내도록 주식을 사고파는 순서를 찾는 일은 최적화 문제다. 최적화에서는 간단한 함수들이 놀라울 정도로 복잡한 해답을 내놓는다. 최적화는 머신러닝을 포함하여 거의 모든 과학과 기술, 사업 분야에서 중요한 임무를 담당한다.

각각의 분야는 다른 분야의 최적화에서 정의된 제약 사항 안에서 최적화한다. 우리는 경제적 제약 조건 아래에서 행복을 최대화하는 시도를 하고, 경제적 제약 조건은 이용 가능한 기술이라는 제약 조건 아래에서 회사가 얻은 최고의 해답이며, 이용 가능한 기술은 생물학과 물리학의 제약 조건 아래에서 우리가 발견할 수 있는 최고의 해답이다. 생물학은 결국 물리학과 화학의 제약 조건 아래에서 진화에 따라 최적화된 결과이고, 물리 법칙은 그 자체가 최적화 문제의 해답이다. 존재하는 모든 것은 대단히 중요한 최적화 문제의 해답으로 오랜 세월을 거쳐 나온 것이고, 마스터 알고리즘도 그런 문제의 특성을 따를 것이다.

물리학자와 수학자만이 멀리 떨어진 분야 사이를 연결하는 예상 밖의 것을 찾는 유일한 존재는 아니다. 생물학자인 에드워드 윌슨Edward Wilson은 《통섭》Consilience을 통해 과학에서 인문학까지 모든 지식의 통합을 열정적으로 논의했다. 마스터 알고리즘은 이 통합의 결과다. 지식이 공통의 형태를 공유한다면 마스터 알고리즘은 존재할 것이고 그 역도 성립할 것이다.

그럼에도 불구하고 물리학은 단순함에서 독보적이다. 물리학과 공학이외 분야에서 수학의 실적은 오르내린다. 때로는 상당히 효과적이고 때로는 수학이 세운 모형은 너무 단순하여 유용하지 않다. 그런데 지나치게 단순화하려는 경향은 수학의 한계가 아니라 인간 지적 능력의 한계다. 두뇌의 하드웨어는 감각과 운동에 적합하며 수학을 하려면 언어를 위해 진화한 부분을 빌려야 한다. 컴퓨터는 그러한 제한이 없으며 빅데이터를 설명하는 매우 복잡한 모형을 쉽게 만들어 낸다. 머신러닝은 수학의 놀랄 만한 효율성이 데이터의 놀랄 만한 효율성과 만날 때 얻을 수 있다. 생물학과 사회학이 물리학만큼 단순하지 않겠지만 이 분야의 진실을 발견하는 도구는 물리학만큼 단순할 수 있다.

통계학에서

통계학의 한 학파는 하나의 단순한 공식이 모든 학습의 밑바탕에 있다고 주장한다. 베이즈 정리Bayes' theorem라 알려진 공식은 당신이 새로운 증거를 볼 때마다 당신의 믿음belief을 어떻게 갱신해야 하는지 알려 준다. 베이즈 머신러닝은 세상에 관한 몇 가지 가정으로 시작한다. 이 머신러닝이 새로운 데이터를 볼 때 이 데이터와 어울리는 가정은 옳을 가능성이 더 높아지고 데이터와 어울리지 않는 가정은 옳을 가능성이 줄어든다(혹은 불가능해지기도 한다). 충분한 데이터를 검토한 이후에는 단 하나의 가정이 유력해지거나 소수의 가정만이 유력해진다. 예를 들어 내가 주가 변동을 정확하게 예측하는 프로그램을 찾는 중인데, 후보 프로그램이 떨어진다고 예측한 주가가 올라간다면 그 후보 프로그램은 신용을 잃는다. 많은 후보 프로그램을 검토한 이후에는 소수의 후보만 남을 것이고, 그 후보들은 주식 시장에 관한 새로운 지식을 잘 모아 줄 것이다.

베이즈 정리는 데이터를 지식으로 바꾸는 장치다. 베이즈 정리를 다루는 통계학자의 이야기를 들어 보면 이것이 데이터를 지식으로 바꾸는

'유일하게' 올바른 방법이다. 만약 그들이 옳다면 베이즈 정리는 마스터 알고리즘이거나 마스터 알고리즘을 구동하는 엔진이다. 다른 통계학자들은 베이즈 정리가 사용되는 방식에 의구심을 제기하며 데이터에서 배우는 다른 방식을 선호한다. 컴퓨터가 나오기 이전에는 베이즈 정리가 매우 단순한 문제에만 적용될 뿐이고 보편적인 머신러닝을 위한 하나의 아이디어로 설득력이 없었다. 하지만 빅 데이터와 빅 컴퓨팅(컴퓨터를 대규모로 사용하여 계산하는 것—옮긴이)과 만나자 베이즈 정리는 광대한 가설의 세계에서 자기 자리를 찾고 인식 가능한 모든 지식 분야로 퍼져 나갔다. 베이즈 정리가 배울 수 있는 것에 한계가 있을지 없을지 불확실하지만 우리는 아직 그 한계를 발견하지 못했다.

컴퓨터 과학에서

나는 대학 4학년 때 중독성이 매우 강한 테트리스 게임을 하느라 여름한 철을 다 보냈다. 테트리스는 위에서 떨어지는 다양한 모양의 조각을 모아 붙여 한 덩어리로 만드는 게임인데 조각이 계속 쌓여서 화면의 맨 위에 닿으면 경기가 끝난다. 그 당시 나는 이 게임을 하는 것이 이론적인 컴퓨터 과학에서 가장 중요한 문제인 NP-완전NP-completeness(NP 집합에 속하는 결정 문제 중에서 가장 어려운 문제의 부분집합—옮긴이)에 처음으로 접한 것임을 알지 못했다. 단순히 즐기는 것과 아주 다르게 테트리스를 완전히 푸는 것('정말로' 정복하는 것)은 당신이 할 수 있는 일 중 아주 유용한 것으로 판명 났다. 당신이 테트리스를 풀 수 있다면 과학과 기술, 경영 분야에 존재하는 가장 어렵고 가장 중요한 수천 가지 문제를 단번에 해결할 수 있다. 근본적으로 이들이 '같은' 문제이기 때문이다. 모든 과학에서 가장 놀라운 사실이다.

단백질이 어떤 특성을 나타내는 모양으로 어떻게 접혀지는가를 알아내는 것과 DNA를 조사하여 일정 범위 내에 있는 종들의 진화 과정을 재구성하는 일, 명제논리학의 이론을 증명하는 일, 거래 비용을 고려하여 주식과 외환 등을 한 지역에서 사다 더 비싼 지역에서 파는 재정 거래의 기회를 포착하는 일, 2차원 그림에서 3차원 모양을 유도하는 일, 디스크에서 데이터를 압축하는 일, 정치에서 안정된 연합을 구축하는 일, 전단 변형된 흐름sheared flow에서 나타나는 난류를 모형화하는 일, 정해진 수익을 내도록 가장 안정된 투자 조합을 찾는 일, 여러 도시를 방문하는 가장 짧은 경로를 찾는 일, 마이크로칩 위에 부품을 배치하는 가장 좋은 설계안을 찾는 일, 생태계에 센서를 가장 잘 배치하는 일, 스핀유리spin glass(전자의 회전으로 발생하는 자기장의 방향이 보통 유리의 결정 방향이 제각각인 것처럼 전자마다 제각각인 물질—옮긴이)의 가장 낮은 에너지 상태를 찾는 일, 비행 일정과 수업 시간표와 공장 업무 일정을 짜는 일, 자원 배치와 도심 교통 흐름과 사회 보장 그리고 가장 큰 관심 사항인 당신의 테트리스 점수를 최적화하는 일 등 이런 모든 것이 NP-완전 문제이며 당신이 이 중 하나라도 효율적으로 해결한다면 위에 예시한 문제를 포함하여 NP 집합의 모든 문제를 효율적으로 풀 수 있다. 언뜻 매우 다르게 보이는 이 모든 문제가 실제로는 같은 문제라는 것을 어느 누가 짐작이나 하겠는가? 하지만 이들이 같은 문제라면 하나의 알고리즘이 모든 문제를 풀도록 학습할 수 있다는 주장(더 정확하게는 모두 효율적으로 해결할 수 있다는 주장)은 그럴듯해 보인다.

P와 NP문제는 컴퓨터 과학에서 가장 중요한 문제다(이 이름들은 불행히도 무엇인가를 연상하는 기호가 아니라 임의로 붙인 기호다). 우리가 문제를 효율적으로 풀 수 있으면 이 문제는 P에 속하고, 우리가 문제의 해답을 효율적으로 확인할 수 있으면 이 문제는 NP에 속한다. 유명한 P=NP는 효율적으로 확인 가능한 문제를 효율적으로 풀 수 있는가라는 질문이다. NP-완전성 때문에 이 질문에 답하기 위해 필요한 전부는 NP-완전에 속하는 하나의 문제만 효율적으로 풀리는지 아닌지 증명하는 것이다. NP는 컴퓨터 과학에서 가장 어려운 종류는 아니지만 분명히 가장 어려운 실제적인 문제다. 당신이 우주가 멸망할 때까지도 문제의 해답을 확인할 수 없다면 문제를 푸는 시도가 무슨 의미가 있겠는가? 인간은 NP 문제를 근사적으로는 잘 풀며, 역으로 테트리스처럼 흥미를 느끼는 문제는 NP 특성을 자주 보인다. 인공 지능은 NP-완전 문제에 발견적 해결 방법(복잡한 문제를 풀 때 시행착오를 반복 평가하여 자기 발견적으로 문제를 해결하는 방법—옮긴이)을 찾는 능력을 의미하기도 한다. 우리는 자주 NP-완전 문제를 고전적인 NP-완전 문제인 충족 가능성 문제로 범위를 축소하면서 해결책을 찾는다. 주어진 논리 공식이 참일 수 있는가, 혹은 자기 모순인가? 충족 가능성 문제를 풀 수 있는 머신러닝을 발명한다면 마스터 알고리즘이라고 주장할 만하다.

NP-완전 외에도 컴퓨터가 존재하는 것 자체가 마스터 알고리즘이 존재한다는 강력한 신호다. 당신이 타임슬립을 통해 20세기 초로 돌아가서 곧 발명될 기계가 인간이 활동하는 모든 영역의 문제를 해결한다고 말하면, 즉 모든 문제를 같은 기계가 해결한다고 하면 아무도 믿으려 하지 않을 것이다. 기계는 오직 한 가지 일만 할 수 있다고 말할 것이다. 재봉틀로는 타자를 치지 못하고 타자기로는 바느질을 할 수 없다고. 그러다가 1936년에 앨런 튜링Alan Turing이 지금은 튜링 기계라고 알려진, 테이프에서 기호를 읽기도 하고 테이프에 쓰기도 하는, 검출기와 테이프로 구성된 신기한 기계 장치를 상상했다. 논리적 연역으로 푸는 모든 인식 가능한 문제를 튜링 기계로 풀 수 있다. 더욱이 보편적 튜링 기계universal Turing machine라고 불리는 장치는 테이프에서 문제의 자세한 설명을 읽어서 어떤 것이라도 모의실험을 할 수 있다. 다시 말해 그 튜링 기계는 어떤 일도 할 수 있도록 프로그램된다.

학습 과정에서 튜링 기계가 연역을 수행한다면 마스터 알고리즘은 귀납을 수행한다. 마스터 알고리즘은 예제로 주어진 입력-출력 행동 방식을 읽어서 다른 어떤 알고리즘이라도 모의실험을 하도록 학습할 수 있다. 튜링 기계와 동등한 계산 모형이 많은 것처럼 보편적 머신러닝을 동등하게 묘사하는 방식도 다양할 것이다. 다만 여기서 주안점은 튜링이 범용 컴퓨터의 첫 번째 구현 방식을 찾은 것처럼 마스터 알고리즘의 첫 번째 구현 방식을 찾는 일이다.

머신러닝 vs 지식공학

마스터 알고리즘은 적어도 지지자만큼이나 회의론자가 많다. 무엇인가가 특효약같이 보이면 의심이 따라오기 마련이다. 가장 분명한 거부는 머신러닝의 숙적인 지식공학knowledge engineering에서 나온다. 지식공학 지지자는 지식은 자동으로 배울 수 없고 인간 전문가가 컴퓨터에 프로그램으로 입력해야만 한다고 믿는다. 확실히 머신러닝이 데이터에서 약간의 정보는 추출할 수 있지만 추출한 것 중에서 '진정한' 지식과 혼동할 만한 것은 전혀 없다고 주장한다. 지식공학자에게 빅 데이터는 새로운 석유가 아니다. 새로운 가짜 약이다.

인공 지능 초창기에 머신러닝은 인간의 지능을 가진 컴퓨터를 개발하는 확실한 길로 보였다. 튜링을 비롯한 사람들은 '단지' 그럴듯한 방법이라고 생각했다. 하지만 지식공학자들은 회의적이었고 1970년까지 머신러닝은 확실히 뒤로 제쳐 둔 상태였다. 1980년대 어느 한 시기에 기업과 국가가 지식공학에 대규모 투자를 하면서 지식공학이 세상을 막 차지하려는 듯 보였다. 하지만 사람들은 지식공학에 실망하게 되었고 그 대신 처음에는 조용히 성장하다가 나중에는 포효하는 기세로 흘러 들어오는 데이터를 기반으로 머신러닝 분야가 거침없이 성장하기 시작했다.

머신러닝의 성공에도 불구하고 지식공학자들은 여전히 의심을 품는다. 그들은 머신러닝의 한계가 분명히 드러날 것이고, 운명의 추는 다시 지식공학으로 되돌아올 것이라고 믿는다. MIT대학 교수이며 인공 지능 선구자인 마빈 민스키Marvin Minsky는 이 진영의 유력 인사다. 민스키 교수는 머신러닝이 지식공학의 대안이라는 것에 회의적일 뿐 아니라 인공 지능에서 보편화라는 아이디어를 적용하려는 어떠한 시도에도 회의적이다. 민스키 교수의 지능 이론은《마음의 사회》The Society of Mind에서 표현한 것처럼 "마음은 단지 지긋지긋한 것의 반복일 뿐이다."라는 말로 그 특징을 무정하게 묘사할 수 있을 것이다.《마음의 사회》는 수백 개의 아이디어와 그에 관한 짧은 글들로 이루어진 책이다. 인공 지능에 관한 이런 접근법은 효과가 없다. 컴퓨터가 행하는 우표 수집 같은 것이다. 머신 러닝을 사용하지 않고 지능을 갖춘 존재를 만들려면 무한대의 아이디어가 필요하다. 로봇이 인간의 능력을 모두 갖추었지만 학습 능력이 없다면 사람들은 그것을 먼지 구덩이에 처박아 둘 것이다.

민스키 교수는 인공 지능 역사상 가장 불명예스러운 실패 사례인 사이크 프로젝트Cyc project의 열렬한 지지자였다. 사이크의 목표는 필요한 지식을 컴퓨터에 전부 입력하여 인공 지능 분야의 문제를 해결하는 것이었다. 1980년대 프로젝트를 시작했을 때 프로젝트 책임자인 더글러스 레닛Douglas Lenat은 10년 안에 성공한다고 확신했다. 30년이 지난 후 사이크는 여전히 끝이 보이지 않을 정도로 커져 가는 가운데 상식적인 논의를 교묘히 피하고 있다. 역설적이게도 사이크가 읽을 수 있기 때문이 아니라 다른 방법이 없기 때문에 인터넷을 샅샅이 검색하여 사이크를 키워 나가는 방법을 레닛이 뒤늦게 수용했다.

기적이 일어나 필요한 것을 컴퓨터에 전부 입력하는 일을 마칠지라도 우리의 어려움은 이제 막 시작될 것이다. 수년간 많은 연구 모임에서 시각과 음성 인식, 언어 이해, 추론, 계획, 길 찾기, 조종 등의 알고리즘을 함께 모아 완전한 지능을 가진 존재를 만들려고 시도했다. 하지만 하나로 묶는 바탕 틀이 없어서 극복이 불가능한 복잡성이라는 벽에 부딪혔다. 너무 많은 동작부와 너무 많은 상호작용, 가엾은 인간 소프트웨어 기술자가 대처하기에는 너무 많은 오류가 있었다. 지식공학은 인공 지능이 단지 공학의 문제라고 믿지만 공학이 우리가 가야 할 남은 길을 다 데려다 줄 수 있는 수준에는 아직 도달하지 못했다. 1962년 케네디 대통령이 달에 가겠다는 연설을 했을 때 달에 가는 것은 공학의 문제였다. 하지만

1662년에는 공학만의 문제가 아니었다. 현재 인공 지능이 놓인 상황은 1662년대와 더 가깝다.

산업계에서 일부 틈새 영역을 제외하고는 지식공학이 머신러닝과 경쟁할 수 있을 것이라는 낌새가 없다. 더 적은 비용으로 데이터에서 지식을 추출할 수 있는데 왜 전문가들에게 더 많은 비용을 지불하며 느리고 힘들게 지식을 컴퓨터가 이해할 수 있는 형태로 바꾸도록 하겠는가? 전문가들이 모르는 것을 당신이 데이터에서 얻을 수 있다는 사실은 어떠한가? 그리고 데이터를 구할 수 없을 때는 지식공학의 비용이 이득을 능가하지 못한다. 농부가 씨를 뿌리고 알아서 자라도록 놓아두는 대신 옥수숫대를 하나하나 돌아가며 보살펴야만 한다고 상상해 보라. 우리는 모두 굶고 말 것이다.

언어학자인 노엄 촘스키Noam Chomsky도 머신러닝 회의론자다. 촘스키 교수는 어린이들이 문법을 배우기에는 충분하지 않은 문장만 듣고도 언어를 배우기 때문에 언어가 선천적이라고 믿는다. 이는 언어를 배우는 부담을 단지 진화에 넘기는 논리다. 마스터 알고리즘을 반대하는 증거가 되지 못하며, 마스터 알고리즘이 두뇌와 같다는 주장에 반대하는 것일 뿐이다. 더욱이 보편적인 문법이 존재한다면(촘스키 교수가 믿는 대로), 그 원리를 자세히 설명하는 것은 마스터 알고리즘을 자세히 설명하는 쪽으로 나아가는 단계가 된다. 이것이 사실이 아닌 유일한 경우는 언어가 다른 인지 능력과 공통점이 없을 때인데, 언어가 진화적으로 최근에 출현한 점을 고려할 때 타당해 보이지 않는 주장이다.

촘스키 교수의 '자극이 빈약하다'라는 주장을 정식으로 살펴보면 그것이 틀렸다는 사실을 논증할 수 있다. 1969년 짐 호닝Jim J. Horning은 확률적 문맥 자유 문법context-free grammar은 긍정적인 예시positive example(또는 양의 값을 지닌 예제)만으로 배울 수 있다는 것을 증명했고 더 강력한 증거들이 뒤따라 나오고 있다(문맥 자유 문법 혹은 문맥 무관 문법은 언어학자에게 가장 기본적인 것이며, 개연론에 의거한 문맥 자유 문법은 각 규칙이 얼마나 사용될 것인가를 모형화한다). 게다가 언어 학습은 진공 상태에서 발생하지 않는다. 아이들은 모든 단서를 부모나 환경에서 얻는다. 우리가 몇 년간 예시를 접하며 언어를 배울 수 있다면, 언어의 구조와 세상의 구조 사이에 유사성similarity이 존재하기 때문일 것이다. 이런 공통 구조가 우리가 관심을 갖는 것이며, 언어를 배울 수 있는 까닭으로 충분하다는 것을 호닝을 비롯한 학자들의 연구 결과로 알게 되었다.

촘스키 교수는 모든 통계적 학습statistical learning에 비판적이다. 그는 통계적 머신러닝으로 배울 수 없는 것들을 말하지만 그 목록은 50년이 지난 옛날 것이다. 촘스키 교수는 머신러닝을 행동주의와 동일시하는 것 같다. 행동주의behaviorism는 동물의 행동을 보상에 대한 반응으로 설명한다. 하지만 머신러닝은 행동주의가 아니다. 현대의 학습 알고리즘은 단지 자극과 반응의 상관관계뿐 아니라 풍부한 내적 표현도 배울 수 있다.

결국 실제 상황을 살펴보면 진실이 드러난다. 통계적 언어학습기는 제대로 작동하지만 손으로 프로그래밍한 언어 시스템은 작동하지 않는다. 첫 번째로 눈을 번쩍 뜨게 한 사건이 1970년대 미국 국방성 연구부서인 미국 방위고등연구계획국이 처음으로 대규모 음성 인식 프로젝트를 만들었을 때 일어났다. 모든 사람이 놀랍게도 촘스키가 조롱하던 간단한 순차적 머신러닝이 복잡한 지식 기반의 시스템을 가볍게 물리쳤다. 지금은 이와 같은 머신러닝이 아이폰에 쓰이는 음성 인식 프로그램인 시리Siri를 포함하여 거의 모든 음성인식기에 사용된다. IBM의 음성 담당 그룹 책임자인 프레드 젤리넥Fred Jelinek은 "내가 언어학자를 해고할 때마다 음성인식기의 성능이 좋아졌습니다."라는 유명한 재담을 했다. 컴퓨터 언어학은 지식공학이라는 수렁에 빠져 1980년대 말 거의 사멸하는 경험을 했다. 그 이후 머신러닝을 기반으로 하는 방법이 컴퓨터 언어학 분야를 휩쓸었고, 학술 발표에서 머신러닝을 다루지 않은 논문은 찾아보기 힘든 정도가 되었다. 통계 기법을 사용한 논문에서는 인간 수준에 가까운 정확도로 언어를 분석한 반면 손으로 작성한 프로그램을 사용한 방법은 한참 뒤처졌다. 기계 번역과 철자 교정, 품사 표시, 단어의 중의성 해소, 질문에 답하기, 대화, 요약 같은 분야의 최고 시스템은 학습 기법을 사용한다. TV 쇼《제퍼디!》의 컴퓨터 챔피언인 왓슨은 이런 기술이 없었으면 구현이 불가능했을 것이다.

이런 상황에 대해 촘스키 교수는 기술 성공 사례가 과학의 타당성을 증명하는 것은 아니라고 대응할 수도 있겠다. 하지만 당신이 세운 건물이 무너지고 당신이 만든 엔진이 돌아가지 않는다면 당신의 물리학 이론에 오류가 있는 것이다. 촘스키 교수는 언어는 자신이 정의한 '이상적인' 화자-청자에 초점을 맞추어야 한다고 생각하며, 이런 생각 때문에 자신이 언어 학습에 통계학이 필요하다는 주장을 무시할 수 있는 자격증이라도 가진 듯 여긴다. 더 이상 촘스키의 이론을 진지하게 받아들이는 실험주의자experimentalist가 별로 없다는 사실이 놀랍지 않다.

마스터 알고리즘에 반대하는 또 다른 주장은 심리학자 제리 포더Jerry Fodor에 의해 널리 알려진 개념으로 마음은 자기들끼리만 소통하는 몇 개의 요소로 구성된다는 것이다. 예를 들어 TV를 볼 때 당신의 '고차원 두뇌'는 TV가 평평한 면에서 빛이 깜빡거리는 것에 불과하다는 사실을 알지만 당신의 시각 시스템은 여전히 3차원 모양을 본다. 우리가 마음을 여러 개의 독립 요소로 쪼갤 수 있는 모듈 방식을 믿는다 하더라도 구성 요소마다 각기 다른 학습 알고리즘을 사용한다는 것을 의미하지는 않는다. 같은 알고리즘이 시각과 언어 정보에서 충분히 작동할 가능성도 있다.

민스키와 촘스키, 포더 같은 비판자들의 영향력이 우세한 적도 있었지만 다행스럽게도 그들의 영향력은 줄어드는 형세다. 그럼에도 불구하고 우리가 마스터 알고리즘으로 가는 길을 나설 때 그들의 비판을 마음에 새겨야 하는 이유가 두 가지 있다. 첫째, 지식공학자들은 머신러닝이 맞닥뜨린 문제와 같은 문제를 많이 접했고, 지식공학자들이 해결하지 못했다 하더라고 그들은 소중한 교훈을 많이 배웠다. 둘째, 학습learning과 지식knowledge은 놀라울 정도로 미묘하게 뒤얽혀 있다. 불행히도 두 진영은 자주 과거의 일을 들먹인다. 그들은 서로 다른 언어로 말한다. 머신러닝 측은 확률probability을 말하고 지식공학자 측은 논리logic를 말한다. 이 책의 뒷부분에서 이것을 어떻게 다루어야 할지 살펴본다.

머신러닝 vs 인지 과학

"당신의 알고리즘이 아무리 똑똑해도 배우지 못하는 것이 있다." 인공지능과 인지 과학 외의 분야에서 머신러닝을 반대하는 주장이다. 나심 탈레브Nassim Taleb는《블랙 스완》The Black Swan에서 머신러닝을 강력하게 난타했다. 당신이 지금까지 흰 백조만 보았다면 앞으로 검은 백조를 볼 확률은 0이라고 생각한다. 2008년의 금융 위기도 '검은 백조'였다.

현실에는 예측 가능한 일도 있고 예측 불가능한 일도 있으며 머신러닝의 첫째 임무는 둘 사이를 구분하는 것이다. 하지만 마스터 알고리즘의 목표는 알 수 있는 모든 것을 학습하는 것이고, 탈레브나 다른 사람들이 상상하는 것보다 범위가 훨씬 광대하다. 주택 가격 거품 붕괴는 검은 백조와 거리가 멀다. 오히려 널리 예견된 일이었다. 은행에서 사용한 모형은 거품 붕괴가 오는 것을 예견하지 못했지만, 은행 모형의 한계 때문이지 일반적인 머신러닝의 한계 때문은 아니었다. 머신러닝은 드물고, 이전에 보진 못한 사건들을 정확하게 예측하는 능력이 뛰어나다. 그런 능력이야말로 머신러닝 본연의 기능이라고 말할 수 있다. 당신이 한 번도 검은 백조를 본 적이 없다면 검은 백조가 존재할 확률이 얼마나 된다고 생각할까? 하지만 당신이 검은 개체가 뒤늦게 발견되는 종들을 알고 있을 때에는 검은 백조도 그런 종들의 한 사례가 될 확률이 더 높다고 생각할 것이다. 이것은 대충 살펴본 일부 예에 불과하다. 우리는 이 책에서 더 심오한 예를 많이 살펴볼 것이다.

이와 관련되어 자주 듣는 반대 의견은 "데이터는 인간의 직관intuition 을 대체할 수 없다."라는 말이다. 사실은 그 반대가 맞는 말이다. 인간의 직관은 데이터를 대체할 수 없다. 직관은 사실을 모를 때 사용하는 것이고, 당신은 사실을 모르기 때문에 직관이 소중하다. 하지만 증거가 눈앞에 있다면 거부할 이유가 없다. 통계 분석은 재능 있는 야구 스카우터를 능가하고(이에 관해 마이클 루이스Michael Lewis 가 《머니볼》Moneyball에서 인상 깊게 기록했다), 우리는 와인 시음에서 소믈리에를 능가한다. 그리고 우리는 매일 통계 분석이 해내는 새로운 일들을 접한다. 데이터가 범람하면서 증거와 직관의 경계선이 빠르게 이동하여 증거의 영역이 넓어지고 있다. 다른 모든 변혁처럼 견고하게 굳어진 고립된 방식은 극복되어야 한다. 만일 내가 Y사의 X업무 전문가라면 데이터로 무장한 사람에게 밀려나는 상황에 대비하여 나도 데이터로 무장하겠다. 산업계에는 이런 말이 있다. "최고 연봉을 받는 사람의 의견이 아닌 고객의 말에 귀를 기울여라." 당신이 권위 있는 미래학자가 되고 싶다면 데이터를 활용하라. 데이터와 싸우지 마라.

다른 주장을 하는 사람도 있다. "좋다, 머신러닝이 데이터에서 통계의 규칙성을 찾을 수 있다고 하자. 하지만 뉴턴의 법칙 같은 심오한 이론은 결코 발견하지 못할 것이다." 아직까지는 발견하지 못하지만 미래에는 발견할 것이라고 확신한다. 떨어지는 사과 이야기가 있지만, 과학의 심오한 진리는 낮게 매달린 열매가 아니다. 과학은 세 단계를 거친다. 브라헤Brahe, 케플러Kepler, 뉴턴Newton 단계다. 티코 브라헤가 밤마다 그리고 해마다 인내심을 발휘하며 행성의 위치를 기록한 것처럼 브라헤 단계에서는 많은 데이터를 모은다. 케플러 단계에서는 케플러가 행성의 운동에 관하여 수행한 것처럼 경험 법칙을 데이터에 끼워 맞춘다. 뉴턴 단계에서는 더욱 심오한 진리를 발견한다. 과학은 브라헤 단계와 케플러 단계가 대부분이다. 뉴턴의 순간은 드물다. 현재 빅 데이터는 수십억 명의 브라헤가 할 일을 해내고 머신러닝은 수백만 명의 케플러가 하는 일을 해낸다. 더 많은 뉴턴의 순간이 있을 거라면(그러기를 바란다) 그런 순간들은 훨씬 더 열중하는 미래의 과학자들에게서 나올 가능성만큼 미래의 머신러닝에서도 나올 것이고, 혹은 최소한 과학자와 머신러닝의 결합에서 나올 것이다(물론 노벨상은 핵심적인 통찰력을 발휘했든, 단지 버튼만 눌렀든 상관없이 과학자에게 돌아갈 것이다. 머신러닝은 노벨상을 받으려는 야망을 갖지 않는다). 우리는 이 책에서 그러한 알고리즘이 어떤 모습일지, 그리고 암 치료법 같은 것을 발견할지 살펴볼 것이다.

머신러닝 vs 머신러닝 실행자

우리는 마스터 알고리즘에 대한 강력한 반대, 가장 심각한 반대를 고려해야 한다. 지식공학자나 불만을 품은 전문가가 아니라 머신러닝 실행자들의 이야기다. 잠시 그들의 입장을 들어 보자. "하지만 마스터 알고리즘은 내 경험에 비추어 볼 때 가능해 보이지 않는다. 내가 많은 머신러닝 알고리즘과 그것의 수백 가지 변형을 여러 문제에 적용해 보면 문제가 달라지는 경우 다른 알고리즘이 더 잘 푼다. 어떻게 단 하나의 알고리즘이 모든 알고리즘을 대체한다는 말인가?"

이 의문에 답해 보자면 사실은 맞는 말이다. 하지만 많은 알고리즘의 수백 가지 변형을 시도하는 것보다 단 한 가지 알고리즘의 수백 가지 변형을 시도하는 것이 더 낫지 않겠는가? 각 알고리즘에서 무엇이 중요하고 무엇이 중요하지 않은가, 중요한 요소들은 어떤 공통점이 있는가, 중요 요소들이 어떻게 서로 보완할 수 있는가를 알아낸다면 마스터 알고리즘을 합성할 수 있다. 이것이 이 책에서 하고자 하는, 혹은 가능한 만큼 가까이 접근하려는 바다. 당신도 이 책을 읽으며 당신만의 착상을 떠올릴 것이다.

마스터 알고리즘이 얼마나 복잡할까? 수천 줄의 프로그램일까? 아님 수백만 줄? 우리는 아직 모르지만 머신러닝의 역사에는 간단한 알고리즘들이 매우 복잡한 알고리즘을 이겨 온 기쁜 사례가 있다. 인공 지능 선구자이자 노벨상 수상자인 허버트 사이먼Herbert Simon은 《인공 과학의 이해》The Sciences of the Artificial에서 개미가 있는 힘을 다해 해변을 지나 집으로 돌아오는 것을 생각해 보라고 했다. 개미의 경로는 복잡하지만 그것은 개미 자체가 복잡해서가 아니라 올라가야 할 언덕과 돌아가야 할 돌로 가득한 환경 때문이다. 가능한 모든 길을 프로그램으로 짜서 개미의 모형을 만든다면 우리는 실패라는 불운에 처하고 말 것이다. 머신러닝에서 복잡한 환경은 데이터다. 마스터 알고리즘이 해야 하는 모든 일은이 상황을 완전히 이해하는 것이고, 그래서 마스터 알고리즘이 간단한 것으로 판명된다 하더라도 놀라지 말아야 한다. 인간의 손은 간단하다. 가까이 붙어 있는 네 손가락과 이들과 떨어진 엄지로 이루어져 있지만 수많은 도구를 만들고 사용한다. 마스터 알고리즘과 다른 알고리즘의 관계는 손과 펜, 칼, 드라이버, 포크의 관계와 같다.

이사야 벌린Isaiah Berlin이 인상 깊게 썼듯이 여우처럼 세세한 일을 많이 아는 사색가도 있고, 고슴도치처럼 커다란 일 한 가지를 아는 사색가도 있다. 머신러닝에도 똑같이 적용된다. 나는 마스터 알고리즘이 고슴도치이기를 바란다. 하지만 여우라고 하더라도 우리가 바라는 만큼 빠른 시일 내에 잡을 수는 없다. 머신러닝 알고리즘의 가장 큰 문제는 후보로 여러 가지가 있다는 점이 아니다. 아직까지는 인간이 원하는 모든 일을 해결하지 못한다는 것이다. 머신러닝을 이용하여 더 심오한 진실을 발견하기 전에 먼저 우리는 머신러닝에 관한 심오한 진실을 발견해야만 한다.

마스터 알고리즘은 당신에게 무엇을 주는가

당신이 암에 걸렸고 전통 치료법인 수술과 화학 요법, 방사선 요법에 실패했다고 가정하자. 다음에 어떤 일이 일어나는가에 따라 당신이 살고 죽는 문제가 결정될 것이다. 첫 단계는 종양의 게놈 염기 서열을 알아내는 것이다. 매사추세츠 주 캠브리지에 있는 파운데이션 메디슨Foundation Medicine (전 세계에서 손꼽히는 암 유전체 관련 기업. 일반 환자 대상으로 암 유전체 테스트를 최초로 상용화했다.─옮긴이) 같은 회사들이 이 작업을 할 것이다. 그들은 당신의 종양 샘플을 받아서 유전체에 있는 암과 연관된 변이들의 목록을 보내 줄 것이다. 모든 암이 다 다르고 어떠한 약도 모든 암에 효과를 보이지는 않을 것이기에 이 목록이 필요하다. 암은 다른 부위에 퍼지면서 변형되고, 자연 선택에 따라 당신이 복용하는 약물에 저항력이 가장 큰 변형체가 계속 자라날 확률이 높다. 단 5퍼센트의 환자에게만 효과적인 약이 당신에게 맞을 수도 있거나, 그동안 시도한 적이 없는 약물들의 조합이 당신에게 맞는 처방일 수 있다. 어쩌면 당신의 암에 맞추어 특별히 제조된 신약이 필요할 수도 있고, 암의 적응을 차단하기 위해 순서를 맞춰 가며 약을 써야 할 수도 있다. 하지만 이러한 약들은 다른 사람에게는 나타나지 않고 당신에게만 나타나는 심각한 부작용을 일으킬 수도 있다. 어느 의사라도 당신의 의료 기록과 암의 유전 정보에 맞추어 당신에게 가장 적합한 처방을 예측하는 데 필요한 모든 정보를 다 처리할 수는 없다. 이 일은 머신러닝에 꼭 맞는 일이지만 아직은 머신러닝이 이런 수준에 이르지 못했다. 몇몇 머신러닝 알고리즘이 필요한 능력을 갖추었다고 하지만 여전히 부족하다. 마스터 알고리즘이라면 필요한 기능을 모두 갖춰야 한다. 생의학 서적을 샅샅이 뒤져서 얻은 지식과 방대한 규모의 환자와 약물 기록에 마스터 알고리즘을 적용하는 것이 우리가 암을 정복하는 방법이다.

보편적 머신러닝은 생사가 걸린 상황부터 일상까지 다양한 분야에서 매우 필요하다. 당신이 충분히 확인하고 선택할 만한 책이나 영화, 도구를 꼭 그대로 추천하는 이상적인 추천 시스템을 생각해 보라. 아마존의 알고리즘은 이상적 추천 시스템과 거리가 멀다. 부분적으로는 아마존의 알고리즘에 충분한 데이터가 없기 때문이다. 당신이 아마존에서 구매한 물품만 알고 있을 뿐이다. 하지만 당신이 요란스럽게 출생부터 지금까지 의식의 완전한 흐름을 제공한다 하더라도 아마존의 알고리즘은 어찌할 바를 모를 것이다. 어떻게 무수히 많은 당신의 선택들, 즉 만화경 같은 당신 삶의 모습을 이용하여 당신이 누구이며 무엇을 원하는가를 제대로 알려 주는 해답을 얻겠는가? 이것은 현재 머신러닝의 수준을 훨씬 넘는 일이지만, 데이터가 충분히 있을 때 마스터 알고리즘이라면 당신의 가장 친한 친구가 이해하는 정도까지 당신을 이해할 수 있어야 한다.

언젠가는 집집마다 로봇이 설거지를 하고 잠자리를 준비하고 아이들을 돌볼 것이다. 그런 시대가 얼마나 빨리 다가올 것인가는 마스터 알고리즘을 발견하는 일이 얼마나 어려운가에 달려 있다. 우리가 할 수 있는 최선이 인공 지능의 문제를 부분적으로 해결하는 여러 종류의 머신러닝 알고리즘을 결합하는 일이라면 우리는 곧 복잡성이라는 벽에 부딪히고 말 것이다. 이런 단편적인 접근법은 TV 쇼 《제퍼디!》의 챔피언을 이기는 일에는 효과적이지만 미래의 가정용 로봇housebot이 왓슨의 손자일 거라고 믿는 사람은 없다. 마스터 알고리즘이 단독으로 인공 지능이 못하는 일을 해결하는 것은 아니다. 공학이 수행할 뛰어난 위업이 여전히 있을 텐데 왓슨이 좋은 사례다. 하지만 80 대 20 법칙이 여기에도 적용된다. 마스터 알고리즘이 해결책의 80퍼센트를 담당하고 나머지 20퍼센트의 일은 인공 지능이 맡을 최선의 자리다.

마스터 알고리즘이 기술에 미치는 영향은 인공 지능에 머물지 않을 것이다. 보편적 머신러닝은 복잡성이라는 괴물을 대적할 경이로운 무기다. 앞으로는 너무 복잡하여 구축하지 못하는 시스템이 없을 것이다. 컴퓨터는 사람에게 더 적은 도움을 받으며 더 많은 일을 수행할 것이다. 컴퓨터는 같은 실수를 반복하지 않으며 사람처럼 연습을 통해 배울 것이다. 때로는 전설의 집사들처럼 우리가 표현하기 전에 원하는 것을 예측하기도 할 것이다. 컴퓨터가 우리를 더 똑똑하게 만든다면 마스터 알고리즘을 수행하는 컴퓨터는 우리를 천재처럼 보이게 해 줄 것이다. 기술의 발전은 컴퓨터 과학뿐만 아니라 다른 많은 분야에서도 눈에 띄게 빨라질 것이다. 그 결과 경제 성장이 빨라지고 빈곤이 급격히 감소할 것이다. 지식을 생성하고 확산하도록 돕는 마스터 알고리즘 덕분에 조직의 지능이 각 부분의 합보다 더 커질 것이다. 반복되는 일은 자동화되어 사람들은 더 흥미 있는 일을 맡을 것이다. 더 잘 훈련된 사람에 의해서든 컴퓨터에 의해서든, 혹은 둘의 결합에 의해서든 모든 일은 지금보다 잘 수행될 것이다. 주식 시장의 붕괴는 더 줄어들고 작아질 것이다. 지구 전체를 촘촘히 덮은 센서와 매 순간 센서의 출력을 이해하는 머신러닝 때문에 우리는 더 이상 함부로 행동하지 못할 것이다. 지구 환경도 변화의 방향이 바뀌어 시간이 지날수록 나아질 것이다. 당신의 모형은 다른 사람의 모형이나 기관의 모형과 정교한 게임을 벌이며 당신을 대신하여 세상과 협상할 것이다. 그리고 이 모든 일의 결과, 우리의 삶은 더 길어지고 더 행복하고 더 생산적인 방향을 향해 나아갈 것이다.

잠재적 영향이 매우 크기 때문에 성공 확률이 낮다 하더라도 마스터 알고리즘을 발명하기 위해 노력하는 것은 우리의 의무다. 시간이 오래 걸리더라도 보편적 머신러닝을 찾는 일은 직접적인 이익이 많다. 우선 통합하려는 관점으로 보면 머신러닝의 이해도를 높일 수 있다. 기업을 경영할 때 시장 상황을 제대로 분석하지 못하고 중요한 결정을 내리는 경우가 많다. 하지만 기술을 사용하기 위해 세부 사항까지 완벽하게 터득할 필요는 없어도 훌륭한 개념 모형conceptual model은 확보해야 한다. 예를 들어 라디오의 작동 과정은 알지 못해도 라디오 채널을 찾는 법이나 음량을 바꾸는 법은 알아야 한다. 우리는 머신러닝 전문가가 아닌 터, 머신러닝이 하는 일의 개념 모형은 모른다. 구글과 페이스북 혹은 최신 분석 도구들을 사용할 때 구동되는 알고리즘은 어느 날 밤 갑자기 집 앞에 나타난 검은 리무진과도 같다. 과연 타야 할까? 어디로 데려갈까? 하지만 지금은 손님석이 아니라 운전석에 앉아야 할 때다. 우리 손에 들어오는 대로 아무 알고리즘이나 쓰며 몇 년간 고생하다가 결국 처음 시작할 때 알아야 했다고 뒤늦게 발견하는 고통을 겪는 대신 각기 다른 머신러닝이 가정하는 내용을 알면 올바른 알고리즘을 선택할 수 있다. 머신러닝이 무엇을 최적화하는지 안다는 것은, 우리가 블랙박스 안에 무엇이 들었는지 아는 게 아니라 우리가 바라는 일을 최적화하도록 확실히 요구할 수 있다는 것이다. 특정한 머신러닝 알고리즘이 어떻게 결론에 이르는지 안다면 그 정보를 활용하는 법, 즉 무엇을 믿어야 하고 제조자에게 무엇이 돌아가고 다음에는 더 나은 결과를 얻는 방법을 터득할 것이다. 이 책에서 우리가 개념 모델로서 개발할 보편적인 머신러닝을 통해 이 모든 일을 인식의 과부하 없이 해낼 수 있다. 머신러닝의 근본은 간단하기 때문에 가장 안쪽에 들어 있는 러시아 인형을 꺼낼 때처럼 수학과 전문 용어의 층들을 하나씩 벗겨 내기만 하면 된다.

이러한 이득은 우리 개인의 삶과 전문가의 삶에 모두 적용된다. 어떻게 하면 내가 현대 사회에서 살아가며 남긴 흔적이라는 데이터를 가장 잘 이용할까? 모든 활동에는 두 가지 면이 있다. 당신이 성취하는 것은 무엇인가? 당신이 막 상호작용을 한 시스템에 무엇을 가르칠 것인가? 이 두 가지를 아는 것이 21세기에서 행복하게 살아가기 위한 첫 단계다. 머신러닝을 가르쳐라. 그러면 머신러닝이 당신에게 봉사할 것이다. 하지만 먼저 당신이 머신러닝을 이해해야 한다. 내가 하는 일에서 머신러닝이 할 수 있는 것은 무엇이고 할 수 없는 것은 무엇이며 내가 일을 더 잘하기 위해 어떻게 머신러닝을 이용할 수 있을까를 이해해야 한다. 컴퓨터는 도구이지 적수가 아니다. 머신러닝으로 무장한 관리자는 초월적 능력의 관리자supermanager가 되고 과학자는 초월적 능력의 과학자superscientist가 되며 기술자는 초월적 능력의 기술자superengineer가 된다. 미래를 차지할 사람은 자신의 독특한 전문 지식을 머신러닝이 가장 잘하는 것과 결합하는 법을 매우 깊은 수준으로 이해하는 사람이다.

마스터 알고리즘은 최고의 판도라 상자일 것이다. 컴퓨터가 우리를 노예로 만들 것인가, 혹은 아예 우리를 멸종시킬 것인가? 머신러닝이 독재자나 악독 기업의 시녀가 될 것인가? 머신러닝이 향하는 방향을 알면 무엇을 걱정해야 하고 무엇을 걱정하지 않아도 되고 머신러닝에 대해 무엇을 해야 하는지 이해하는 데 도움이 될 것이다. 슈퍼 인공 지능이 지각을 갖고 로봇 군대로 인간을 정복하는 영화 《터미네이터》의 시나리오는 우리가 이 책에서 알아 갈 머신러닝으로는 현실화될 가능성이 없다. 컴퓨터가 배울 수 있다는 사실이 컴퓨터가 스스로 의지를 획득한다는 것을 의미하지 않는다. 머신러닝은 우리가 정해 준 목표를 달성하는 법을 배운다. 그들은 목표를 바꾸는 일에 착수하지 않는다. 그것보다는 머신러닝이 더 나은 방법을 몰라서 이득보다는 해가 더 큰 방법으로 우리에게 봉사하려고 노력하는 것을 걱정해야 한다. 이에 대한 해결책은 머신러닝을 더 잘 가르치는 것이다.

무엇보다도 우리는 마스터 알고리즘이 악당의 손에서 무엇을 할지 걱정해야 한다. 첫째 방어선은 좋은 사람이 먼저 마스터 알고리즘을 얻도록 확실한 길을 마련하는 것이다. 누가 좋은 사람인지 분명하지 않을 경우 마스터 알고리즘을 확실히 공개하면 된다. 둘째 방어선은 머신러닝이 아무리 좋다고 하더라도 사용할 데이터가 좋은 만큼만 머신러닝이 좋아진다는 것을 인식하여 데이터를 제어하는 것이다. 데이터를 지배하는 자가 머신러닝을 지배한다. 인생을 데이터로 만드는 것에 반응하여 통나무집으로 숨어 들어가서는 안 된다. 숲도 센서로 가득하다. 대신 당신에게 중요한 데이터를 제어할 방안을 적극적으로 찾아야만 한다. 당신이 원하는 것을 찾아서 알려 주는 추천기를 갖추는 것은 좋은 일이다. 추천기가 없으면 길을 잃었다고 느낄 것이다. 하지만 추천기가 당신이 원하는 것을 갖다 줘야지 다른 누군가가 당신이 갖기 원하는 것을 가져와서는 안 된다. 데이터의 통제와 데이터에서 얻는 모형의 소유권은 21세기 정부와 기업, 단체, 개인 사이에서 분쟁이 일어나는 원인이다. 하지만 공익을 위하여 데이터를 공유하는 윤리 의무는 반드시 지켜야 한다.

머신러닝만으로는 암을 치료하지 못할 것이다. 암 환자도 미래의 환자를 위해 자신의 데이터를 공유함으로써 암 치료에 기여할 것이다.

또 다른 만물 이론이 될 것인가

현재 과학은 철저하게 쪼개져서 세부 영역들이 고유의 전문 용어를 쓰며 소수의 이웃 세부 영역만 들여다볼 수 있는 바벨탑이다. 마스터 알고리즘은 과학 전체에 대한 통합된 견해를 제시할 것이고, 모든 것에 대한 새로운 이론을 이끌어 갈 잠재력을 가지고 있다. 처음에는 이상한 주장으로 들릴지도 모른다. 머신러닝은 데이터에서 이론을 유도하는데 어떻게 마스터 알고리즘이 알아서 이론으로 발전할 수 있을까? 끈 이론string theory이 만물 이론the theory of everything(모든 물리 현상과 그 사이의 관계를 완벽하게 설명하는 이론 물리학의 한 가설―옮긴이) 아닌가? 그리고 마스터 알고리즘은 이와 전혀 다른 것이 아닌가?

이러한 질문에 대답하려면 과학 이론이 어떤 것이며 또 어떤 것이 아닌지를 이해해야 한다. 이론이란 세상이 어떤 모습으로 가능할지에 대한 제약들의 집합이지 세상에 대한 완전한 설명은 아니다. 완전한 설명을 얻으려면 이론과 데이터를 결합해야 한다. 예를 들어 뉴턴의 제2법칙을 살펴보자. 이 법칙에서 힘은 질량과 가속도의 곱이다. 즉 $F=ma$다. 이식은 특정 물체의 질량과 가속도 혹은 물체에 가해지는 힘이 얼마라고 알려 주지 않는다. 이 법칙은 물체의 질량이 m이고 가속도가 a라면 이물체에 가해지는 힘은 반드시 ma라는 것만 나타낸다. 이 법칙은 우주의

자유도를 얼마간 제거하지만 전부는 아니다. 상대성 이론과 양자역학, 끈 이론을 포함하여 다른 물리 이론도 마찬가지다. 사실 상대성 이론과 양자역학, 끈 이론은 뉴턴의 법칙을 더 정교하게 다듬은 이론이다.

이론의 힘은 세상을 얼마나 간단하게 설명해 주는가에 달려 있다. 뉴턴의 법칙으로 무장할 경우 모든 물체에 대하여 한 순간, 한 지점의 질량과 위치, 가속도만 알면 모든 시간 동안의 위치와 가속도를 알 수 있다. 그러므로 뉴턴의 법칙은 세상에 대한 설명을 우주의 현재와 과거, 미래의 역사에서 나타나는 구별 가능한 순간의 숫자 크기만큼 줄여 준다. 물론 뉴턴의 법칙들이 진정한 물리 법칙의 유일한 근사화는 아니므로 끈이론의 모든 문제점과 경험적으로 검증될 수 있는지에 대한 의문을 무시하고 그것들을 끈 이론으로 대체한다고 가정해 보자. 마스터 알고리즘 분야에서 우리가 이보다 더 잘할 수 있을까? 그렇다, 두 가지 이유가 있다.

첫째, 현실적으로 세상을 완전히 알아내기에 충분한 데이터를 확보하지 못한다. 불확정성 원리uncertainty principle를 무시하더라도 어느 한 시점에서 세상에 존재하는 모든 입자의 위치와 가속도를 정확하게 아는 것은 아주 약간이라도 실현 가능하지 않다. 그리고 물리학의 법칙은 혼돈 상태이기 때문에 불확실성은 시간이 지나면서 더 커지므로 물리 법칙은 매우 적은 사실만 알게 된다. 세상을 정확하게 알려면 일정한 시간마다 새로운 데이터가 필요하다. 물리 법칙은 좁은 영역에서 일어나는 일을 말해 줄 뿐이다. 이것은 물리 법칙의 힘을 급격하게 축소한다.

둘째, 어느 시점에 세상에 관한 완전한 지식을 갖는다 하더라도 물리 법칙은 세상의 과거와 미래를 알려 주지 못한다. 이런 예측에 필요한 계산량만 하더라도 상상할 수 있는 컴퓨터의 능력을 넘어서기 때문이다. 사실상 우주를 완전히 모의시험하려면 또 하나의 동일한 우주가 필요하다. 끈 이론이 물리학 밖에서는 실제 상황과 관련이 없는 이유다. 생물학과 심리학, 사회학 또는 경제학 이론은 물리 법칙의 당연한 귀결이 아니다. 그 이론들은 무에서 창조해야 했다. 우리는 그 이론들을 물리 법칙이 세포와 두뇌, 사회에 적용되었을 때 물리 법칙이 예측할 것의 근사치라고 여기지만 확인할 길은 없다.

한 분야에서만 강력한 이론과 달리 마스터 알고리즘은 모든 분야에서 강력하다. 마스터 알고리즘은 X라는 분야에서 그 분야의 지배 이론보다 덜 강력하지만 모든 분야에 걸쳐서 두루 강력하다. 전 세계의 모든 분야를 고려하면 마스터 알고리즘은 다른 어떤 이론보다 월등하게 강력하다. 마스터 알고리즘은 모든 이론의 보석이다. X이론을 구하기 위해 우리가 덧붙여야 하는 것은 그것을 유도하는 데 필요한 최소한의 데이터뿐이다(물리학의 경우 필요한 최소 데이터는 단지 수백 번의 핵심적 실험 결과다). 결론적을 말하면, 공평하게 살펴보았을 때 마스터 알고리즘은 우리가 얻게 될 만물 이론을 찾는 가장 좋은 출발점이다. 스티븐 호킹 박사한테는 죄송하지만 신의 마음에 관해 마스터 알고리즘이 끈 이론보다 더 많은 걸 알려줄 것이다.

마스터 알고리즘을 찾는 일이 기술적 오만의 완벽한 본보기라고 말하는 사람도 있을 것이다. 하지만 꿈꾸는 것이 오만은 아니다. 마스터 알고리즘이 철학자의 돌이나 영구 기관처럼 실현 불가능한 위대한 희망으로 판명 날 수도 있을 것이다. 혹은 어느 날 천재가 홀연히 나타나 문제를 해결할 때까지는 너무 어려워 포기한 채 방치되는, 바다에서 경도를 찾는 일과 더 비슷할 수도 있다. 더 가능성 있게는 돌을 하나하나 쌓아 올려 짓는 대성당처럼 여러 세대에 걸쳐 완성하는 과업일 수도 있다. 확인하는 유일한 방법은 어느 날 일찍 일어나 마스터 알고리즘을 찾아 여행길을 떠나는 것이다.

본선에 진출하지 못하는 후보들

그리하여 마스터 알고리즘이 존재한다면 과연 무엇일까? 확실한 후보로 보이는 것은 기억memorization이다. 보이는 모든 것을 단지 기억하라. 얼마 후 당신은 봐야 하는 모든 것을 다 보게 되고, 그리하여 알아야 하는 모든 것을 알게 된다. 이 방법의 문제점은 헤라클리토스가 말했듯이 같은 강물에 두 번 들어갈 수 없다는 사실이다. 당신이 볼 수 있는 것보다 봐야 하는 것이 훨씬 더 많다. 눈송이를 아무리 관찰해도 다음번 눈송이는 다른 모양이다. 빅뱅 때부터 지금까지 모든 곳에 존재했다 하더라도 당신이 본 것은 미래에 볼 수 있는 것의 아주 작은 부분에 불과하다. 지금부터 1만 년 전까지 지구상의 생명체를 목격하더라도 앞으로 무슨 일이 일어날지 예측하기에 충분하지 않다. 사람은 태어나서부터 내내 같은 도시에 살다가 다른 도시로 이사 가도 어찌 할 줄을 몰라 몸이 굳어버리지 않겠지만, 기억만 할 줄 아는 로봇은 멈춰 버릴 것이다. 게다가 지식은 단지 사실을 나열한 긴 목록이 아니다. 지식은 일반적으로 내적 구조를 가진다. '모든 사람은 죽는다'라는 명제는 사망 기록 70억 개보다 훨씬 간단명료하다. 기억은 이런 수준의 지식을 우리에게 주지 않는다.

또 다른 마스터 알고리즘 후보는 마이크로프로세서microprocessor다. 결국 당신의 컴퓨터 안에 있는 마이크로프로세서는 범용 튜링 기계처럼 다른 알고리즘을 실행하는 일을 하는 단일한 알고리즘으로 볼 수 있다. 그리고 상상할 수 있는 어떠한 알고리즘도 기억 장치와 속도의 한계 내에서 실행할 뿐이다. 사실상 마이크로프로세서에게 알고리즘은 또 다른 종류의 데이터일 뿐이다. 여기서 문제 되는 부분은 마이크로프로세서는 어떤 일도 스스로 할 줄 모른다는 점이다. 하루 종일 아무 일도 안 하고 앉아 있다. 마이크로프로세서가 수행하는 알고리즘은 어디에서 오는가? 인간 프로그래머가 알고리즘을 모두 만든다면 학습은 전혀 개입되지 않는다. 그럼에도 불구하고 마이크로프로세서는 마스터 알고리즘의 훌륭한 비유가 된다. 마이크로프로세서가 어떠한 특정 알고리즘에도 최적의 하드웨어가 되는 것은 아니다. 특정 알고리즘에 맞는 최적의 하드웨어는 특정 알고리즘에 매우 정확하게 맞추어 설계한 주문형 반도체applica-tion specific integrated circuit, ASIC다. 하지만 우리가 거의 모든 응용 분야에 마이크로프로세서를 사용하는 까닭은 유연성이라는 장점이 상대적인 비효율성을 능가하기 때문이다. 새로운 응용 분야마다 주문형 반도체를 제작해야 했다면 정보혁명은 결코 일어나지 않았을 것이다. 이와 비슷하게 마스터 알고리즘은 특정 지식 분야를 학습하는 데 최고의 알고리즘이 아니다. 최고는 이미 그 지식을 컴퓨터 프로그램으로 작성하여 입력한 알고리즘일 것이다(혹은 더 이상 데이터가 불필요하게 지식 전체를 담은 알고리즘). 중요한 점은 데이터에서 지식을 유도하는 것이다. 더 쉽고 비용도 덜 들기 때문이다. 머신러닝은 보편적일수록 좋다.

이보다 더 극단적인 마스터 알고리즘 후보는 간단한 노어 게이트NOR

gate다. 이것은 입력이 모두 0일 때만 출력이 1인 논리 소자다. 모든 컴퓨터는 트랜지스터로 만든 논리 회로logic gate로 구성되며 모든 계산은 논리곱과 논리합, 부정 논리 회로의 결합으로 나타낼 수 있다. 노어 게이트는 논리합 회로OR gate에 부정 회로NOT gate를 연결한 것이다. '나는 굶주리거나 아픈 상태가 아니면 행복하다'처럼 논리합의 부정이다. 논리곱과 논리합, 부정의 논리는 모두 노어 게이트로 구현할 수 있으므로 노어 게이트는 모든 논리 회로를 구현하고, 실제로 이것만 사용한 마이크로프로세서도 있다. 그래서 노어 게이트가 마스터 알고리즘이 되지 못할 까닭이 없을 것 같다. 과연 그럴까? 확실히 단순함으로는 노어 게이트를 이길 것이 없다. 하지만 불행히도 노어 게이트가 마스터 알고리즘이 아닌 것은 레고 조각이 보편적인 장난감이 아닌 것과 같다. 레고 조각은 장난감을 만드는 보편적인 구성 요소가 될 수 있지만, 레고 조각이 자발적으로 조립하여 장난감이 되지는 않는다. 페트리 네트Petri net(1960년대 독일의 카를 페트리Carl Petri가 고안했다. 동시성과 동기적인 사건을 표현하고 가시적 표현이 가능한 이산 시스템 모델이다.—옮긴이)나 셀룰러 오토마타Cellular automata (현재 셀의 상태와 이웃한 셀의 상태를 입력받아 다음 시간에 자기의 상태를 출력하는 유한 상태 기계를 모아 놓은 공간—옮긴이) 같은 간단한 계산 체계에도 똑같은 논의가 적용된다.

더 복잡한 후보를 살펴보자. 질문에 답하는 좋은 데이터베이스 엔진은 어떤가? 혹은 통계 도구 모음에 포함된 간단한 알고리즘은 어떤가? 이런 것들은 충분하지 않은가? 이런 것들은 좀 더 큰 레고 조각이지만 여전히 조각밖에는 안 된다. 데이터베이스 엔진은 새로운 것은 전혀 발견하지 못하고 아는 사실만 대답한다. 데이터베이스에 있는 모든 사람이 죽는다 하더라도 데이터베이스 엔진은 언젠가는 죽어야 하는 운명을 일반화하여 다른 사람들에게 적용하지 못한다(데이터베이스 공학자가 이런 생각을 접하면 창백해질 것이다). 통계학은 가설을 검증하는데, 먼저 누군가가 가설을 만들어야 한다. 통계 도구 모음으로 선형 회귀를 할 수 있고 다른 간단한 절차에 따라 문제를 풀 수 있지만, 데이터를 아무리 많이 입력해도 학습하는 범위는 매우 한정적이다. 더 좋은 도구 모음은 통계학과 머신러닝 사이의 중간 지대에 해당하지만 여전히 발견할 수 없는 지식이 매우 많다.

좋다, 이제 내가 생각하고 있는 후보를 자백하겠다. 마스터 알고리즘은 방정식 $U(X)=0$이다. 티셔츠에 써 넣을 크기일 뿐만 아니라 우표에도 적을 수 있다. 그렇지 않은가? $U(X)=0$는 단지 변수 X(매우 복잡할 수도 있다)의 함수 U(매우 복잡할 수도 있다)가 0과 같다는 것을 표시한다. 모든 방정식을 이 형태로 바꿀 수 있다. 예를 들어 $F=ma$는 $F-ma=0$과 동일하다. $F-ma$를 F를 변수로 하는 함수 U라고 하면 $U(F)=0$인 형태가 되는 것이다. 일반적으로 X는 어떠한 입력도 될 수 있고 U는 어떠한 알고리즘도 될 수 있어서 확실히 마스터 알고리즘이 이보다 더 일반적일 수는 없다. 그리고 우리가 가장 일반적인 알고리즘을 찾고 있었기 때문에 이것은 분명히 마스터 알고리즘이다. 물론 지금 농담을 하고 있지만, 이 특별한 실패 후보는 머신러닝에 내포된 실제 위험을 지적해 준다. 너무 일반적인 머신러닝에는 유용한 내용이 충분하지 않다.

머신러닝이 유용하기 위해서 보유해야 할 최소한의 내용은 무엇인가? 물리 법칙은 어떤가? 결국 세상의 모든 것은 물리 법칙을 따르고(우리는 그렇게 믿는다) 물리 법칙은 진화를 낳고 진화를 통해 두뇌가 탄생한다.

글쎄, 아마도 마스터 알고리즘이 물리 법칙에 내재될 수도 있지만 만약 그렇다면 분명히 드러낼 필요가 있다. 단지 데이터를 물리 법칙에 들이 붓는다고 새로운 법칙이 나오는 것은 아니다. 이에 관한 방식을 살펴보자. 어떤 분야의 만능 이론은 그 분야에서 쓰기 편리한 형태로 바뀐 물리 법칙일 뿐일 수도 있다. 그렇다면 그 분야의 데이터에서 이론으로 가는 지름길을 발견해 낼 알고리즘이 필요할 때 물리 법칙이 이런 일을 하는 데 어떤 도움을 줄 수 있는가는 분명하지 않다. 또 다른 문제는 물리 법칙이 여러 가지라면 그래도 마스터 알고리즘 하나가 많은 사례에서 여러 가지 물리 법칙들을 발견할 것이라는 점이다. 수학자들은 신은 물리 법칙을 어길 수 있지만 논리 법칙은 신이라도 거역할 수 없다고 말한다. 사실일 수 있지만 논리 법칙은 연역법을 위해 필요한 것이다. 우리가 필요한 것은 논리 법칙과 동등하게 신도 거역할 수 없는 것이지만 귀납법을 위한 것이다.

머신러닝의 다섯 종족

물론 마스터 알고리즘을 사냥하는 데 아무것도 없는 무에서 출발할 필요는 없다. 우리는 지금까지 수십 년간 머신러닝을 연구했다. 지구상에서 아주 똑똑한 사람들이 머신러닝 알고리즘을 발명하는 일에 인생을 바쳤고, 이미 보편적인 머신러닝을 손에 넣었다고 주장하는 사람들도 있다. 우리는 이러한 거인들의 어깨를 빌리겠지만 그들의 주장을 곧이곧대로 받아들이지는 않을 것이다. 이런 태도는 다음과 같은 질문을 제기한다. 마스터 알고리즘을 발견했을 때가 언제인지 어떻게 알 수 있을까? 그것은 하나의 머신러닝이 데이터 외에는 최소한의 입력만 받고 상황에 따라 변수만 바꾸면서 인간처럼 여러 가지 활동, 즉 영상과 문서를 모두 이해하고 생물학과 사회학 그리고 다른 여러 과학 분야에서 중요한 발견을 해낼 때다. 이런 기준으로 보자면 비현실적인 조건에서는 한 가지가 이미 존재하지만, 아직까지 마스터 알고리즘이 될 만큼 이 기준을 충족하며 작동한 머신러닝은 분명히 없다.

결정적으로 각각의 새로운 문제를 풀 때 마스터 알고리즘에게 무에서 출발하는 것을 요구하지 않는다. 그러한 기준은 어떠한 머신러닝이라도 달성하기에 너무 높을 것이고, 사람들도 분명히 그런 식으로는 하지 않는다. 예를 들면 언어는 진공 속에 존재하는 것이 아니다. 우리는 언어가 가리키는 세상에 대한 지식이 없으면 문장을 이해할 수 없다. 그러므로 읽기를 배울 때 마스터 알고리즘은 이전에 보고 듣고 로봇을 조종하며 배운 것에 의지할 수 있다. 이와 비슷하게 과학자도 모형을 데이터에 맹목적으로 맞추지는 않는다. 과학자는 문제와 관련되고 그 분야에서 배운 지식을 모두 동원할 수 있다. 그러므로 생물학에서 새로운 발견을 해낼 때 마스터 알고리즘은 이전에 배운 읽는 법을 활용하여 먼저 원하는 생물학 정보를 모두 읽는다. 마스터 알고리즘은 주는 데이터만 사용하는 수동적 소비자가 아니다. 마스터 알고리즘은 로봇 과학자 아담처럼 혹은 세상을 탐색하는 아이처럼 주위 환경과 교류하며 능동적으로 자신이 원하는 데이터를 찾는다.

마스터 알고리즘을 탐색하는 활동은 서로 다른 아이디어로 경쟁하는 머신러닝 분야의 종족이 여럿이라 복잡하기도 하지만 생동감도 있다.

주요 종족은 기호주의자와 연결주의자, 진화주의자, 베이즈주의자, 유추주의자 등이다. 종족마다 핵심 믿음과 가장 관심 있게 다루는 특별한 문제가 있다. 종족마다 자기와 관련된 과학 분야에서 얻은 여러 가지 아이디어를 기초로 각 종족의 문제에 대한 해답을 발견했고, 각 종족을 상징하는 마스터 알고리즘을 각자 보유하고 있다.

기호주의자symbolists는 모든 지능을 기호를 다루는 활동으로 귀결 짓는다. 수학자가 수식을 다른 수식으로 바꾸면서 방정식을 푸는 것과 같다. 기호주의자는 아무것도 없는 곳에서는 학습을 시작할 수 없다고 생각한다. 당신은 데이터와 함께 초기 지식이 필요하다. 기호주의자는 새로운 문제를 풀기 위하여 이미 존재하는 지식을 학습 과정에서 사용하는 방법과 단편적인 여러 가지 지식을 합치는 방법을 알아냈다. 그들의 마스터 알고리즘은 연역을 진행하는 데 필요한 지식 중 빠진 지식이 무엇인지 파악한 후 연역을 최대한 보편적으로 만드는 역연역법inverse deduction이다.

연결주의자connecrionists에게 학습은 두뇌가 하는 활동인 터, 우리가 해야 할 일은 두뇌를 역공학reverse engineer(완성된 제품을 분해하여 그 생산 방식과 적용 기술을 알아낸 뒤 복제하는 것 — 옮긴이)으로 알아내는 것이다. 두뇌는 신경세포의 연결 강도를 조절하여 학습하며, 주요 문제는 어떤 연결이 오류를 일으키는지 파악하여 올바르게 수정하는 것이다. 연결주의자의 마스터 알고리즘은 역전파법backpropagation이다. 이는 시스템의 출력을 목표값과 비교한 후 여러 층에 걸쳐 연결된 신경세포들의 연결 상태를 계속 바꾸어 시스템의 출력이 목표값에 더 가깝게 한다.

진화주의자evolutionaries는 모든 학습의 어머니는 자연 선택이라고 믿는다. 자연 선택이 우리를 만들었다면 어떤 것이라도 만들 수 있고, 우리가 해야 할 일은 자연 선택을 컴퓨터에서 모의실험하는 것이 전부다. 진화주의자가 달성하려는 핵심 과제는 학습하는 구조물이다. 역전파법처럼 변수를 조절하는 것에 더하여 이러한 조절값들을 세부 조정할 수 있는 두뇌를 창조한다. 진화주의자의 마스터 알고리즘은 유전자 프로그래밍 genetic programming이며, 자연이 생명체를 짝 지우고 점진적으로 발달시키는 방식과 같은 방식으로 컴퓨터 프로그램을 짝 지우고 발달시킨다.

베이즈주의자Bayesians는 불확실성에 주목한다. 학습된 지식은 모두 불확실하며 학습 자체는 불확실한 추론의 형태를 띤다. 그러므로 오류가 끼어 있는 듯하고 불완전하며 서로 모순된 정보들을 흘어 버리지 않고 잘 다루는 방법을 찾는 것이 과제다. 해결책은 확률 추론probabilistic inference 이며 마스터 알고리즘은 베이즈 정리와 그 정리의 파생 수식derivate 이다. 베이즈 정리가 새로운 증거를 우리의 믿음에 어떻게 끌어넣을지 알려 주고, 확률 추론 알고리즘이 가능한 한 가장 효율적으로 그 일을 수행한다.

유추주의자analogizers에게 머신러닝의 핵심은 상황들 사이의 유사성을 인식하여 다른 유사점들을 추론하는 것이다. 환자 둘이 비슷한 증상을 보인다면 그들은 같은 병에 걸렸을 것이다. 핵심 과제는 두 사물이 얼마나 비슷한가를 판단하는 일이다. 유추주의자의 마스터 알고리즘은 서포트 벡터 머신Support Vector Machine, SVM이며 어떤 경험을 기억할 것인가와 새로운 예측을 위해 그 경험들을 어떻게 결합할 것인가를 파악한다.

각 종족의 주요 문제에 대한 해법은 뛰어나며 어렵게 얻은 머신러닝 분야의 진전이다. 하지만 진정한 마스터 알고리즘은 한 가지가 아니라 다섯 가지 문제를 모두 해결해야 한다. 예를 들어 암을 치료하려면 세포의 신진대사망을 이해해야 한다. 어떤 유전자들이 다른 어떤 유전자를 통제하는가, 생성된 단백질이 어떤 화학 반응을 조절하는가, 유전자와 단백질이 혼합된 곳에 새로운 분자를 첨가하면 신진대사망에 어떤 영향을 미치는가를 이해해야 하는 것이다. 생물학자들이 수십 년 이상 고생스럽게 쌓아 올린 지식을 전부 무시하고 무에서 이 모든 것을 배우려는 시도는 어리석은 행위다. 개별 데이터만으로는 얻을 수 없는 결과를 얻기 위해 기호주의자는 DNA 염기 서열 분석기와 유전자 발현 미세 배열기, 그 밖의 여러 가지 장비에서 얻은 데이터를 생물학 지식과 결합하는 방법을 사용한다. 하지만 역연역법으로 얻는 지식은 순전히 정성적定性的이다. 우리는 누가 누구와 상호작용하는지 뿐만 아니라 얼마나 하는지를 배워야 하며 이런 일은 역전파법으로 할 수 있다. 그럼에도 불구하고 역연역법과 역전파법은 그것들이 발견한 상호작용과 변수들을 적용할 기본 구조가 없으면 길을 잃고 말지만 유전자 프로그래밍은 이 구조를 발견할 수 있다. 현시점에서 신진대사에 관한 완전한 지식과 환자의 모든 관련 데이터를 갖추었다면 그 환자의 치료법을 발견할 수 있을 것이다. 하지만 실제로 우리가 가진 정보는 항상 빠진 부분이 매우 많으며 여기저기 오류도 있다. 그런 상황에서도 우리는 진보해야 하며, 이때가 바로 확률 추론이 필요한 순간이다. 치료가 가장 힘든 경우 환자의 암은 이전에 보던 것과 매우 다르며 우리의 모든 지식은 쓸모없어진다. 이번에는 유사성에 기반을 둔 알고리즘이 겉으로는 매우 다르게 보이는 상황들 사이에서 유사성을 찾아내며 핵심적인 유사성에 모든 관심을 집중하고 나머지는 무시하면서 이 곤경에서 우리를 구해 준다.

이 책에서 우리는 이 모든 능력을 가진 단일한 알고리즘을 만들 것이다. 우리는 다섯 종족의 영역을 두루 탐색할 것이다. 그들이 만나고 협상하

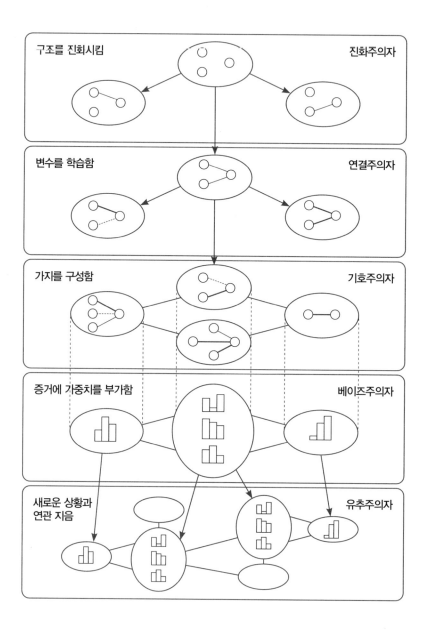

구조를 진화시킴　　　　　　　　　　　　　　　　진화주의자

변수를 학습함　　　　　　　　　　　　　　　　　연결주의자

가지를 구성함　　　　　　　　　　　　　　　　　기호주의자

증거에 가중치를 부가함　　　　　　　　　　　　베이즈주의자

새로운 상황과
연관 지음　　　　　　　　　　　　　　　　　　　유추주의자

고 작은 충돌을 벌이는 교차crossover 지점은 이번 여행의 가장 까다로운 부분이 될 것이다. 종족마다 다른 퍼즐 조각을 가지고 있으며 우리는 이것들을 모아야 한다. 머신러닝 개발자는 모든 과학자처럼 장님이 코끼리를 만지는 상황에 처해 있다. 어떤 사람은 코를 만진 뒤 뱀이라고 생각하고, 어떤 사람은 다리에 기대 보고 나무라 생각하고, 또 다른 사람은 상아를 만지고 황소라고 생각한다. 우리의 목표는 결론을 바로 내리지 않고 각 부분을 만지는 것이다. 모든 부분을 만지고 나서 코끼리의 전체 모습을 그려 볼 것이다. 모든 부분을 결합하여 하나의 해법을 어떻게 만들지는 분명하지 않다. 불가능하다고 여기는 사람들도 있지만 이것이 우리가 앞으로 할 일이다.

　우리가 만날 알고리즘은 앞으로 알게 될 이유 때문에 아직 마스터 알고리즘이 아니지만, 지금까지 어느 누가 도달한 것보다 마스터 알고리즘에 가깝다. 덕분에 우리는 이 탐험에서 크로이소스(BC 6세기 리디아 최후의 왕으로 큰 부자였다.—옮긴이)가 부러워할 만큼 큰 재산을 모을 것이다. 그럼에도 불구하고 이 책은 마스터 알고리즘이라는 대하소설의 1부에 불과하다. 2부의 주인공은 친애하는 독자인 당신이다. 당신의 사명은, 받아들이기로 선택한다면, 앞에 남아 있는 길을 다 걸어간 후 상을 가져오는 것이다. 나는 1부의 평범한 안내자로 당신을 여기에서 알려진 세상까지 데려갈 것이다. 지금 당신은 충분히 알지 못한다고, 혹은 알고리즘은 잘하는 것이 아니라고 저항하는가? 두려워 마라. 컴퓨터 과학은 아직 젊은 분야이며 물리학이나 생물학과 달리 변혁을 시작하는 데 박사 학위가 필요하지도 않다(빌 게이츠와 세르게이 브린, 래리 페이지 혹은 마크 주커버그를 보라). 중요한 것은 통찰력과 인내력이다.

자, 준비되었는가? 우리의 탐험은 가장 오래된 기원을 가진 종족인 기호주의자를 방문하는 것으로 시작한다.

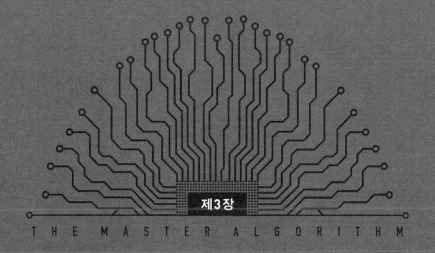

제3장

THE MASTER ALGORITHM

흄이 제기한
귀납의 문제

기호주의자의 머신러닝

당신은 합리주의자rationalist인가, 경험주의자empiricist인가?

합리주의자는 감각은 우리를 속이기 때문에 논리적 추론만이 지식에 도달하는 확실한 길이라고 믿는다. 경험주의자는 모든 추론은 틀릴 수 있으며 지식은 관찰과 실험에서 나와야만 한다고 믿는다. 프랑스인은 합리주의자인 반면 앵글로색슨족은 경험주의자다. 현자와 법률가, 수학자는 합리주의자인 반면 기자와 의사, 과학자는 경험주의자다. 《제시카의 추리 극장》(미국 CBS에서 1984년부터 12년간 방송된 추리 드라마—옮긴이)은 합리주의자가 좋아하는 범죄 추리물인 반면 《CSI: 과학수사대》는 경험주의자가 좋아하는 범죄 드라마다. 컴퓨터 과학에서 이론가와 지식 공학자가 합리주의자라면 해커와 머신러닝 전문가는 경험주의자다.

합리주의자는 첫 행동을 개시하기 전에 모든 것을 계획한다. 경험주의자는 여러 가지 시도를 해 보고 결과가 어떻게 나오는지 확인한다. 합리주의와 경험주의를 위한 유전자가 있는지 모르겠지만 동료 컴퓨터과학자들을 보면 성격인 것 같다. 뼛속까지 합리주의자여서 결코 다른 유형으로 살지 않는 사람도 있고 철저하게 경험주의자여서 영원히 그런 유형으로 남을 사람도 있다. 양측이 서로 대화하고 상대방의 결과를 끌어다 쓰기도 하지만 결국 그 정도로만 서로를 이해할 뿐이다. 마음속에서는 상대방이 부수적이며 흥미롭지 않다고 믿는다. 합리주의자와 경험주의자는 호모사피엔스가 출현한 이래 계속 존재해 온 것 같다. 사냥을 나서기 전 동굴 인류 밥은 동굴에 오랫동안 앉아서 사냥감이 어디에 있을지 고민한다. 한편 동굴 인류 앨리스는 밖으로 나가 차근차근 주변 지역을 탐색한다. 두 부류의 사람들이 아직까지 우리 주위에 있는 것으로 보아 어느 쪽이 더 낫다고 말하지 않는 게 안전할 듯하다. 머신러닝은 경험주의자의 최종 승리라고 생각하겠지만 사실은 더 미묘한 면이 있다.

합리주의 대 경험주의는 철학자들이 좋아하는 질문이다. 플라톤은 초기 합리주의자이고 아리스토텔레스는 초기 경험주의자다. 하지만 진짜 논쟁은 계몽 시대의 철학자들 사이에서 벌어졌다. 양측의 위대한 철학자 3인방을 보면 데카르트와 스피노자, 라이프니츠가 합리주의자였고 로크와 버클리, 흄은 이들과 맞서는 경험주의자였다. 합리주의자는 추론의 힘을 신뢰하여 점잖게 말하면 세월의 시험을 이겨 내지 못한 우주론을 지어 내기도 했지만, 그래도 미적분학과 분석기하학 같은 기초 수학 분야를 발명했다. 경험주의자는 전적으로 실용적이었고 과학적 방법에서 미국 헌법에 이르기까지 모든 곳에 영향을 미쳤다.

흄David Hume 은 가장 위대한 경험주의자이며 역사상 영어를 사용하는 철학자 중 가장 위대한 철학자다. 애덤 스미스와 찰스 다윈 같은 사상가들에게 핵심적인 영향을 주기도 했다. 흄은 기호주의자의 수호성인이라고 말할 수 있다. 흄은 1711년 스코틀랜드에서 태어나 인생의 대부분을 18세기 때 지적인 활동으로 활발했던 에든버러에서 보냈다. 다정한 성격이었지만 미신을 허무는 일에 많은 시간을 바친 까다로운 회의론자였다. 흄은 로크가 시작한 경험주의적 사고 체계를 경험주의가 논리적으로 귀결되는 결론까지 이끌었고, 가장 사소한 지식에서 가장 진보한 지식까지 모든 지식 위에 아직도 다모클레스의 칼처럼 매달려 있는 질문을 제기했다. '우리가 본 것에서 시작한 일반화를 보지 못한 것까지 적용하는 일을 어떻게 정당화할 수 있는가?' 모든 머신러닝은 이 질문에 답하려는 시도라 할 수 있다.

흄의 질문은 우리 여행의 출발점이기도 하다. 우리는 일상생활에 나타난 사례를 먼저 살펴보고 '세상에 공짜는 없다'라는 유명한 정리에 나타난, 흄이 제기한 질문의 현대적 전형을 살펴볼 것이다. 다음은 흄에 대한 기호주의자의 답변을 살펴볼 것이다. 그러면서 머신러닝에서 가장 중요한 문제인 과적합overfitting(학습 데이터에 대해 과하게 학습하여 실제 데이터에 대한 오차가 증가하는 현상) 혹은 실제로 존재하지 않는 환각 유형과 만날 것이다. 우리는 기호주의자가 이 문제를 어떻게 푸는지, 그리고 머신러닝이 현자의 돌을 이용하여 데이터를 지식으로 변화시키는, 일종의 연금술이 되는 과정을 살펴볼 것이다. 기호주의자에게 현자의 돌이란 바로 '지식'이다. 이후 네 개의 장에서는 다른 종족의 연금술사들이 제시하는 해법을 공부할 것이다.

데이트를 할 수 있을까, 없을까

당신은 정말로 좋아하는 여자 친구에게 데이트를 신청하고 싶다. 그런

데 당신은 거절당하면 매우 힘들어하는 성격이라 여자 친구의 승낙을 확신해야만 데이트를 신청한다. 오늘은 금요일 저녁이고 당신은 전화기를 보며 여자 친구에게 전화를 걸지, 말지를 결정하느라 고민이다. 얼마전 데이트 신청을 했더니 여자 친구가 안 된다고 한 일이 기억난다. 하지만 왜? 이전에 두 번은 된다고 했고 그보다 더 전에는 한 번 안 된다고 했다. 여자 친구가 외출하고 싶지 않은 날이 있는 것 같다. 아니면 춤추러 가는 것은 좋아하지만 저녁 식사 데이트는 싫어하는 걸까? 전화기를 내려놓고 아주 체계적으로 기억나는 일들을 적는다.

경우	주일	데이트 종류	날씨	오늘 밤 TV 프로그램	데이트 성사 여부
1	주중	저녁 식사	온화	따분함	거절
2	주말	클럽	온화	따분함	승낙
3	주말	클럽	온화	따분함	승낙
4	주말	클럽	쌀쌀함	좋음	거절
5	주말	클럽	쌀쌀함	따분함	?

그렇다면 오늘은 어떻게 될까? 데이트를 할 수 있을까, 없을까? 승낙과 거절을 구별하는 패턴이 있는가? 그렇다면 가장 중요한 사항인 오늘은 어떻게 예측할까?

결과를 정확히 예측하는 단 하나의 요소가 있는 것은 분명히 아니다. 어떤 주말에는 외출하는 걸 좋아했고 어떤 주말에는 싫어했다. 클럽에 가기를 좋아한 날도 있고 싫어한 날도 있다. 두 요소의 결합은 어떠한가? 혹시 주말에 클럽 가는 걸 좋아할까? 아니다. 경우 4는 그런 결합이 데이트 승낙과 어긋나는 상황이다. 아니면 온화한 주말 밤에만 외출하고 싶어 할까? 빙고! 그것은 잘 맞는다! 그렇다면 바깥 날씨가 싸늘하니 오늘 밤은 가망이 없어 보인다. 하지만 잠깐! TV에 재미있는 프로그램이 없을 때는 클럽 가는 걸 좋아한다는 조건은 어떠한가? 그것도 맞다. 그렇다면 오늘은 승낙이다! 서두르자. 너무 늦기 전에 전화를 걸자. 그런데 잠깐만, 이것이 바른 패턴이라는 것을 어떻게 알 수 있는가! 이전 경험에서 오늘 조건 두 개와 일치하는 경우들을 발견한다. 하지만 그것들은 서로 반대로 예측한다. 가만 있자, 날씨가 좋을 때만 클럽 가는 걸 좋아한다는 말인가? 아니면 TV에 볼 만한 것이 없는 주말에 외출하는가? 아니면….

이쯤 되면 당신은 절망한 나머지 종이를 구겨 휴지통에 던져 버린다. 알 길이 없다! 무엇을 할 수 있는가? 흄의 유령이 어깨 뒤에서 슬픈 표정을 지으며 고충을 이해한다는 듯 고개를 끄덕인다. '한 군데에서 얻은 일반화를 다른 것에도 적용할 수 있다는 보장은 없는 것이다.' 여자 친구가 어떤 대답을 할 것인가에 대해서 승낙과 거절 모두 그럴듯한 대답이다. 시간은 째깍째깍 가고 있다. 입맛이 쓰지만 당신은 동전을 꺼내 던질 준비를 한다.

당신만 끔찍한 진퇴양난에 처한 것이 아니다. 우리도 그렇다. 이제 막 마스터 알고리즘을 찾아 나섰는데 벌써 극복할 수 없는 장애물에 가로막혀 버린 듯하다. 미래에도 확실히 적용할 수 있는 것을 과거에서 배울 방법이 있을까? 만약 없다면 머신러닝은 가망 없는 대규모 사업인가? 그와 관련하여 인간의 모든 지식뿐만 아니라 모든 과학도 흔들리는 기반 위에 쌓아 놓은 것인가?

빅 데이터가 이 문제를 해결할 것 같지 않다. 당신이 슈퍼 카사노바가 되어 수백만 명의 여자와 각각 수천 번씩 데이트한다고 한들 당신의 주 데이터베이스는 여전히 '이 여자'가 '이번'에는 어떤 말을 할지 대답하지 못한다. 오늘이 정확히 그 여자가 승낙했던 이전 경우와 똑같은 상황, 즉 같은 요일과 같은 종류의 데이트, 같은 날씨, 같은 TV 프로그램이라도 승낙한다는 것을 의미하지는 않는다. 그 여자의 대답은 당신이 생각하지도 못하거나 접할 수 없는 요인에 의해 결정되기도 한다. 아니면 그 여자의 대답은 규칙성이나 이유 없이 임의적이라 대답에서 어떤 유형이라도 찾으려 애쓰는 당신은 다람쥐 쳇바퀴 돌듯 헛심만 쓸 뿐이다.

철학자들은 흄이 문제를 제기한 이후 계속하여 흄의 귀납 문제를 논쟁했지만 어느 누구도 만족할 만한 대답을 내놓자 못했다. 버트런드 러셀Bertrand Russell은 귀납론을 신봉하는 칠면조의 이야기로 이 문제를 설명했다. 칠면조가 농장에 온 첫날 아침 9시에 모이를 받았지만 뛰어난 귀납론자인 칠면조는 바로 결론을 내리지 않았다. 연속적으로 매일 아침 9시에 먹이를 받은 후 칠면조는 마침내 아침 9시에 항상 먹이를 받을 것이라고 결론 내렸다. 그러다가 성탄절 전날 아침이 되었고 칠면조는 목이 잘렸다.

흄의 문제가 무시해도 그만인 사소한 철학적 난제에 불과하다면 좋겠지만 우리는 무시할 수 없다. 예를 들어 구글의 사업은 당신이 검색창에 입력한 핵심 단어로 어떤 웹페이지를 찾는가를 얼마나 잘 예측하는가에 좌우된다. 구글의 중요 자산은 사람들이 과거에 입력한 검색어와 검색 결과 중 클릭한 링크의 방대한 이력이다. 그런데 어떤 사람이 이력에 없는 검색어 결합을 입력한다면 어떻게 하겠는가? 이력에 있다 하더라도 현재 사용자가 원하는 웹페이지가 이전에 검색한 사람들이 원한 페이지와 같다고 어떻게 확신할 수 있는가?

미래가 과거와 같을 거라고 단순하게 가정하는 것은 어떤가? 분명히 위험한 가정이다(귀납론자 칠면조에게는 통하지 않았다). 반면에 이런 가정이 없으면 모든 지식은 불가능하고 삶도 불가능하다. 불안정하더라도 우리는 살아남는 걸 선택한다. 그리고 이런 가정을 하더라도 우리는 곤경에서 벗어나지 못한다. 이런 가정은 '단순한' 경우는 다루게 해 준다. 즉 내가 의사이고 B라는 환자의 증상이 A라는 환자의 증상과 정확히 같을 경우 같은 진단을 내린다. 하지만 B라는 환자의 증상이 어느 누구의 증상과도 일치하지 않으면 나는 여전히 아무것도 모르는 상태에 놓인다. 우리가 전에 본 적이 없는 경우에도 일반화하는 것이 머신러닝이 푸는 문제다.

하지만 그것이 큰일은 아니지 않은가? 데이터가 충분하다면 대부분 '단순한' 경우라고 확인할 수 있지 않을까? 그렇지 않다. 앞 장에서 기억이 왜 보편적 머신러닝으로 작동하지 않는가를 간단히 살펴보았다면 이번 장에서는 더 정량적으로 확인할 수 있다. 1조 개의 기록이 있고 기록마다 부울Boolean 방식의 항목(각 항목은 예, 아니오를 묻는 질문의 대답이다) 1000개가 있는 데이터베이스를 예로 들어 보자. 이 데이터베이스는 상당히 크다. 가능한 경우의 수에 대하여 이 데이터베이스의 데이터는 몇 분의 몇 정도나 될까(계속 읽기 전에 추측해 보라)? 질문당 가능한 대답의 수가 2다. 질문이 두 개면 경우의 수는 2×2(예-예, 예-아니오, 아니오-예, 아니오-아니오)이고, 질문이 세 개면 2의 세제곱($2 \times 2 \times 2 = 2^3$)이고, 질문이 1000개면 2의 천제곱($2^{1000}$)이다. 당신의 데이터베이스에 담긴 기록 1조 개는 2^{1000}의 1퍼센트의 가질리온gazillionth 분의 1이다(가질리온 분의 1은 소수점 다음에 0이 286개 있고 그다음에 1이 오는 수다). 당신이 아무리 많은 데이터를 보유한다 하더라도, 즉 테라tera나 페타peta, 엑사exa, 제타zetta, 요타yotta 바이트라 하더라도 전체 경우의 수에 비하면 아무것도 보지 못한 셈이다. 결정을 내려야 할 새로운 경우가 데이터베이스에 이미 있을 확률이 너무 작아서 일반화가 없으면 결정하는 일에 아예 착수하지도 못할 것이다.

이 말이 추상적으로만 들린다면 당신이 대규모 전자 우편 서비스 제공자이고 수신 전자 우편마다 스팸인지 아닌지를 표시할 필요가 있다고 하자. 당신이 과거에 스팸메일 여부를 표시한 전자 우편 1조 통의 데이터베이스를 보유하고 있다고 해도 당신을 구해 주지 못할 것이다. 새로운 전자 우편이 정확히 과거 전자 우편의 사본일 확률은 0에 가깝기 때문이다. 스팸메일을 구별하는 더 보편적인 방안을 찾으려고 노력하는 것 외에는 선택의 여지가 없다. 흄에 따르면 이런 일을 할 방법은 없다.

'세상에 공짜는 없다'라는 정리

물리학자에서 머신러닝 연구자로 변신한 데이비드 월퍼트David Wolpert가 흄이 폭탄선언을 한 지 250년이 지난 후 흄의 문제를 수학적으로 우아하게 표현했다. '세상에 공짜는 없다'라는 말로 알려진 그의 정리는 머신러닝이 훌륭할 수 있는 수준에 한계선을 그었다. 그 한계선은 매우 낮아서 어떤 머신러닝도 임의로 하는 추측보다 나을 수 없다는 것이다. 그렇다면 우리는 짐을 싸서 집으로 돌아가야 한다. 마스터 알고리즘은 그저 동전 던지기밖에 안 되는 것이다. 그런데 어떻게 어떤 머신러닝도 동전 던지기를 이길 수 없다는 것인가? 그렇다면 스팸메일 제거 프로그램에서 곧 나올 자율 주행 자동차까지 매우 성공적인 머신러닝이 어떻게 세상에 가득 차 있는가?

'세상에 공짜가 없다'라는 것은 파스칼의 내기Pascal's wager가 실패하는 이유와 매우 비슷하다. 파스칼은 1669년에 출판된 《명상록》에서 우리는 기독교의 신을 믿어야만 한다고 강조했다. 신이 존재한다면 영생을 얻고, 신이 존재하지 않더라도 우리가 잃을 것은 작기 때문이다. 한동안은 복잡한 논쟁거리였지만, 프랑스의 철학자 디드로Denis Diderot가 지적했듯이 이슬람교의 종교지도자인 이맘도 알라를 믿으라고 할 때 같은 식으로 주장할 수 있다. 그리고 당신이 신을 잘못 선택한 것으로 판명된다면 당신이 치러야 할 대가는 영원한 지옥이다. 모든 사실을 감안하여 특정한 신을 뽑는 일은 아무 신이나 뽑는 것보다 나을 게 없다. 이것을 하라는 신이 있으면 반대로 저것을 하라는 신이 있는 법이다. 차라리 신에 대해 잊어버리고 종교의 속박 없이 삶을 즐기는 편이 낫다.

'신' 대신 '학습 알고리즘'으로, '영생' 대신 '정확한 예측'accurate prediction으로 바꾸면 '세상에 공짜는 없다'라는 정리를 얻는다. 당신이 가장 좋아하는 머신러닝 알고리즘을 선택해 보라(이 책에 많은 알고리즘이 있다). 그러면 나는 일부러 반대 입장을 취하는 사람으로서 그 알고리즘이 임의 예측보다 더 나은 결과를 내는 분야마다 교활하게도 같은 양만큼 더 나쁜 결과를 내는 환경을 만들어 낼 수 있다. 그 일을 위해 내가 할 일은 아직 학습하지 않은 모든 사건의 특성값을 반대로 뒤집어 놓는 것이다. 이미 학습한 사건의 특성값은 올바르기 때문에 두 사건을 섞어 놓고 모두 학습하면 머신러닝이 세상과 그 반대 세상을 구별할 길이 없다. 두 세상을 평균하면 임의 예측과 같아져 버린다. 그러므로 가능한 모든 세상에 대해 평균을 취하면, 즉 각각의 세상과 그 반대 세상을 짝 지으면 당신이 선택한 알고리즘은 동전 던지기와 같아진다.

하지만 머신러닝이나 마스터 알고리즘을 아직은 포기하지 마라. 우리는 가능한 모든 세계를 다루지 않는다. 우리가 사는 세계만 다룰 뿐이다. 우리가 이 세계에 관해 무엇인가를 알고 머신러닝에 집어넣는다면 머신러닝은 임의 추측보다 더 유리해진다. 이런 상황에 대해 흄은 그런 지식 자체가 추론을 통해 나왔기 때문에 틀릴 가능성이 있다고 대답할 것이다. 그렇다. 진화에 따라 지식이 두뇌에 새겨졌지만 틀릴 가능성은 우리가 감당해야 하는 위험 요인이다. 우리가 모든 추론의 기초로 삼을 만큼 반박의 여지가 없는 근본 지식이 존재하는가를 물을 수도 있다(데카르트의 '나는 생각한다. 그러므로 나는 존재한다'와 같은 것. 그런 지식을 머신러닝 알고리즘으로 바꾸는 방법을 찾는 일이 어렵다 하더라도). 내가 생각하기에 그 대답은 '예'이고 우리는 제9장에서 그런 지식을 만날 것이다.

'세상에 공짜는 없다'라는 정리의 실질적인 결론은 '지식이 없는 학습 같은 것은 없다'이다. 데이터만으로는 충분하지 않다. 무에서 출발하면 다만 무에 도달할 뿐이다. 머신러닝은 지식 펌프knowledge pump여서 데이터를 통해 많은 지식을 끄집어낼 수 있지만 그러기 위해서는 먼저 펌프에 마중물을 부어야 한다.

머신러닝은 수학자가 '불량 조건 문제'ill-posed problem라 부르는 것으로 여러 개의 해답이 존재할 수 있는 문제다. 불량 조건 문제의 간단한 예를 들어 보자. 합하여 1000이 되는 두 수는 무엇인가? 두 수 모두 양수라고 가정하면 가능한 대답은 500가지다. 1과 999, 2와 998, 그런 식으로 500가지가 있다. 불량 조건 문제를 푸는 유일한 방법은 다른 가정을 첨가하는 것이다. 만약 둘째 숫자가 첫째 숫자보다 세 배 더 크다고 한다면 해답은 250과 750이다.

기호주의자의 선두주자 격인 톰 미첼Tom Mitchell은 이것을 '치우침 없는 학습의 무용함'the futility of bias-free learning이라 부른다. 일상생활에서 '치우침'은 경멸적인 단어다. 선입견은 나쁘다. 하지만 머신러닝에서 선입견은 없어서는 안 된다. 선입견 없이는 학습이 불가능하다. 사실 선입견은 인간의 인식 기능에도 없어서는 안 되는데, 인간은 이미 두뇌 회로로 짜여 있고 우리는 선입견을 당연한 사실로 받아들인다. 의심할 만한 편견하고는 차원이 다른 편견이다.

아리스토텔레스는 지적 세계에서 감각으로 먼저 감지되지 않는 부분은 없다고 주장했다. 라이프니츠는 '여기에서 지성 자체는 제외한다'는 말을 덧붙였다. 인간의 두뇌가 텅 빈 석판이 아닌 까닭은 두뇌가 석판과 똑같지 않기 때문이다. 석판은 수동적이어서 당신이 무엇인가를 써야 하지만 두뇌는 입력되는 정보를 적극적으로 처리한다. 기억은 두뇌가 정보를 적는 석판이고 텅 빈 상태에서 시작한다. 반면 컴퓨터는 프로그램을 입력하기 전까지는 텅 빈 석판이다. 그 자체가 능동적인 과정인 프로그램이라도 무엇이든 일어나려면 먼저 기억 장치에 쓰여야만 한다. 우리의 목표는 알아야 할 모든 것을 알아낼 때까지 끝없이 데이터를 읽고 자기 자신을 확장하는 가장 간단한 프로그램을 알아내는 것이다.

머신러닝은 불가피하게 도박의 요소를 포함한다. '더티 해리' 시리즈의 첫 번째 영화에서 해리 역의 클린트 이스트우드는 계속 총을 쏘며 은행 강도를 추격한다. 쫓기던 강도는 떨어뜨린 총을 줍기 위해 뛰쳐나가야 할지 망설이는 상황에 처한다. '해리가 6발을 다 쏘았나? 아님 5발만?' 그때 해리는 동정하며(말하자면 그렇다) 말한다. "자신에게 한 가지만 물어봐. '운이 좋은가?'라고. 과연 그렇게 느끼나, 애송이?" 사실은 머신러닝 개발자가 매일 일하러 가며 자기 자신에게 물어야만 하는 질문이다. 오늘 내게 행운이 올 것 같은가? 진화와 마찬가지로 머신러닝도 매번 옳은 결과를 얻지는 못한다. 사실 실수가 나오는 것은 규칙이지 예외가 아닐 정도다. 하지만 괜찮다. 실패한 시도는 버리고 성공한 내용을 기초로 다시 만들어 나가면서 축적된 결과가 중요한 것이기 때문이다. 일단 새로운 지식을 하나라도 얻으면 앞으로 얻을 더 많은 지식을 유도하는 기초가 된다. 유일한 문제는 어디서 시작하는가이다.

지식 펌프에 마중물 붓기

1687년에 출간한 《프린키피아》에서 뉴턴은 세 개의 운동 법칙과 함께 추론 규칙 네 개를 밝혔다. 추론 규칙은 물리 법칙보다 훨씬 덜 알려졌지만 똑같이 중요하다. 핵심 규칙은 셋째 규칙으로 다음과 같이 이해하기 쉽게 표현할 수 있다.

뉴턴의 원리: 우리가 경험한 모든 일에 진실한 것은 우주의 모든 것에 진실하다.

평범하게 들리는 이 진술이 뉴턴의 과학혁명과 현대 과학의 핵심이라는 말은 과장이 아니다. 케플러의 법칙은 그 당시 알려진 태양계 행성인 여섯 개의 천체에 정확히 적용되었다. 뉴턴의 법칙은 우주의 모든 물질에 적용된다. 두 법칙 사이에 보이는 일반성의 차이는 믿기 어려울 정도이고 이는 뉴턴 원리의 직접적인 결과다. 이 하나의 원리는 그 자체만으로 경이로운 힘을 지닌 지식 펌프다. 이것이 없으면 자연의 법칙도 없을 것이고, 불완전한 조각보같이 좁은 영역에서만 유효한 규칙들의 모임이 있을 것이고, 영원히 완성하지 못한 채 모으는 작업이 계속될 것이다.

뉴턴의 원리는 머신러닝에 관한 최초의 불문율이다. 우리는 최대한 널리 적용될 수 있는 규칙들을 유도하고 데이터의 한계에 따라 필요할 때만 적용 범위를 줄인다. 처음에는 터무니없이 자신감 넘쳐 보이겠지만 지난 300년 동안 과학에서 유효했다. 뉴턴의 원리가 완전히 실패할 정도로 매우 다양하고 변덕스러운 우주를 상상할 수 있지만 우리가 사는 우주는 그렇지 않다.

하지만 뉴턴의 원리는 단지 첫 단계에 불과하다. 여전히 우리가 경험하는 것마다 이를 설명하는 규칙을 파악해야 한다. 기초 데이터에서 규칙성을 끌어내는 방법을 알아야 하는 것이다. 표준 해법은 우리가 진리의 '형식'form를 안다고 가정하여 머신러닝이 거기에 살을 붙이도록 하는 것이다. 예를 들어 데이트 문제에서 여자 친구의 대답이 한 가지 요소에 따라 정해진다고 가정하면 학습은 알려진 각 요소, 즉 요일, 데이트 종류, 날씨, TV 프로그램이 여자 친구의 대답을 매번 정확하게 예측하는지 점검하는 것이 된다. 물론 문제는 이들 중 어느 것도 정확히 예측하지 않는다는 점이다. 결국 당신은 도박을 하고 실패한다. 고민 끝에 당신은 가정을 조금 느슨하게 한다. 여자 친구의 대답이 두 요소의 조합으로 정해진다면? 네 가지 요소가 있고 각 요소는 두 가지 값을 가질 수 있으면 점검해야 할 항목 수는 24이다(네 가지 요소에서 두 개를 뽑는 가짓수 여섯 개에 각 요소당 두 가지 선택값을 갖는 요소, 두 개의 선택값 가짓수 네 개를 곱한다). 이제는 만족하는 조건이 많아 당황스럽다. 두 요소의 조합 중 네 가지가 데이트 승낙 조건으로 보인다! 이제 무엇을 해야 할까? 당신은 운이 좋다고 느낀다면 네 가지 중 단지 하나만 뽑고 최선의 선택이 되기를 바랄 수 있다. 하지만 더 사려 깊은 선택은 민주주의 방식이다. 선택 사항들이 올바르게 예측한 횟수를 비교하여 우승한 것을 선택한다.

두 요소의 조합이 모두 실패한다면 몇 개 요소의 조합이라도 모두 시도할 것이다. 머신러닝 개발자와 심리학자는 이것을 '조합 개념'conjunctive concept이라 부른다. 사전에 쓰인 낱말의 정의는 접합 개념이다. 의자는 앉는 부분과 등받이와 다리 몇 개로 구성된다. 이들 중 어느 하나라도 없애면 더 이상 의자가 아니다. 접합 개념은 톨스토이가 《안나 카레니나》의 첫 문장을 쓸 때 마음속에 있던 것이다. "행복한 가족은 모두 비슷하다. 불행한 가족은 나름대로 불행의 요인이 있다." 개인에게도 적용되는 말이다. 행복하려면 건강과 사랑, 친구, 돈, 좋아하는 일 등이 필요하다. 이 중 하나라도 없으면 불행이 따라온다.

머신러닝에서 개념에 맞는 사례를 긍정적 예(양의 예제)라고 하고, 개념에 반하는 예를 부정적 예negative example(음의 예제)라고 부른다. 영상에서 고양이 찾는 법을 학습할 때 고양이의 영상은 긍정적 예이고 개의 영상은 부정적 예다. 세계 문학에서 가족에 관한 데이터베이스를 구축한다면 안나 카레니나의 가족은 행복한 가족의 부정적 예이고 긍정적 예는 귀중하지만 드물 것이다.

제한된 가정에서 출발하여 데이터를 설명하지 못할 경우 점차 제한을 푸는 방식은 머신러닝에서 전형적이며, 보통 이 과정은 사람의 도움 없이 머신러닝이 자동으로 수행한다. 먼저 머신러닝은 하나의 요소를 모두 시험하고 그다음 두 요소의 조합을 모두 시험하고 그다음 세 요소의 조합을 모두 시험하는 식으로 계속해 나간다. 하지만 우리는 문제에 봉착한다. 개념의 조합은 수없이 많은데 다 시험할 만한 시간이 없다. 여기서 예로 든 데이트 물음은 약간 기만적인데 규모가 작은 문제이기 때문이다(변수가 네 개이고 예가 네 개다).

이제 당신이 온라인 데이트 서비스를 운영하고 연결시킬 짝을 찾아야 한다고 가정해 보자. 가입자가 50개의 예/아니오 질문에 답했다면 짝 후보는 각자 제출한 50가지 질문의 합인 100가지 특성치attribute로 묘사된다. 데이트를 진행하고 그 결과를 알려 준 커플에 기초해서 좋은 짝이라는 개념을 다양한 요소를 결합하여 정의할 수 있을까? 100가지 특성치로 가능한 경우의 수는 3^{100}이나 된다(각 항목당 세 가지 선택 사항은 예, 아니오 그리고 관련 없음이다). 당신이 운이 좋아서 매우 짧은 정의가 잭팟을 터뜨리지 않는 한 세상에서 가장 빠른 컴퓨터라도 당신이 계산을 끝마칠 때면 커플들은 이미 오래전에 떠났고 당신의 회사는 망했을 것이다. 규칙은 엄청 많은데 시간은 엄청 짧다.

다행히 한 가지 방법이 있다. 불신은 보류하고 '모든 짝은 좋다'라는 가정에서 시작하는 것이다. 그리고 얼마간의 특성을 보유하지 않은 모든 짝은 배제한다. 각 특성치에 대해 배제 작업을 진행하여 나쁜 짝은 가장 많이, 좋은 짝은 가장 적게 배제하는 특성치를 골라낸다. '남자가 외향적일 때만 좋은 짝이다' 같은 규칙을 얻을 것이다. 그 규칙에 다른 특성치를 돌아가며 붙여서 시험하여 남아 있는 나쁜 짝을 가장 많이, 좋은 짝을 가장 적게 배제하는 규칙을 찾는다. 이제 규칙은 '남자도 외향적이고 여자도 외향적일 때만 좋은 짝이다'가 될 것이다. 세 번째 특성치를 여기에 더하고, 이런 식으로 계속해 나간다. 일단 나쁜 짝을 모두 배제하고 나면 당신의 일은 끝난다. 당신은 긍정적 예는 모두 포함하고 부정적 예는 모두 배제한 규칙의 정의를 얻는다. 예를 들어 '둘 다 외향적이고 남자는 다정다감한 성격이고 여자는 냉담한 성격이 아닐 때만 좋은 짝이 된다' 라는 규칙을 얻는다.

이제 데이터는 모두 버리고 이 규칙만 가지고 있으면 된다. 이 규칙이 당신의 목적에 맞는 모든 것을 압축해 놓았기 때문이다. 이 알고리즘은 적절한 시간 안에 끝난다는 보장이 있고, 또한 이 책에서 우리가 접한 첫 번째 머신러닝이다.

세상을 다스리는 법

접합 개념은 문제 해결을 아주 많이 진척시키지는 못한다. 문제는 러디어드 키플링Rudyard Kipling이 말한 것처럼 종족의 이야기를 시로 읊는 방법은 아홉 가지뿐 아니라 60가지가 더 있고 모두 옳다는 점이다. 실제 규칙은 이접적disjunctive이다. 즉 의자는 다리가 네 개이기도 하고 하나이기도 하며 때로는 없는 것도 있다. 당신은 체스를 셀 수 없이 많은 방법으로 이길 수 있다. 비아그라라는 말이 들어 있는 전자 우편은 광고일 가능성이 높다. 공짜라는 말이 들어 있는 전자 우편도 마찬가지다. 게다가 모든 규칙에는 예외가 있다. 가족의 기능이 부족하지만 행복한 가족도 있다. 새는 날 수 있다. 하지만 펭귄이나 타조, 화식조, 키위는 날지 못한다(날개가 부러졌거나 새장에 갇혔거나 하여 날지 못하는 경우도 있다).

우리가 필요한 것은 단 하나의 규칙이 아니라 다음과 같이 규칙의 집합으로 정의된 개념을 배우는 것이다.

당신이 《스타워즈: 에피소드》 4편에서 6편까지 좋아한다면 《아바타》도 좋아할 것이다.

당신이 《스타트렉: 다음 세대》와 《타이타닉》을 좋아하면 《아바타》도 좋아할 것이다.

당신이 시에라 클럽 회원이고 공상과학소설을 읽는다면 《아바타》를 좋아할 것이다.

당신의 신용 카드가 어제 중국, 캐나다, 나이지리아에서 사용되었다면 분실된 것이다.

당신의 신용카드가 주중 오후 11시 이후에 두 번 사용되었다면 분실된 것이다.

당신의 신용카드가 1달러어치 가솔린을 구입하는 데 쓰였다면 분실된 것이다(이상한 규칙이라고 생각하겠지만, 예전에 신용카드를 훔친 도둑이 사용할 수 있는 것인지 확인하기 위해 가솔린을 1달러어치 구매했다).

우리는 전에 본, 접합 개념을 배우는 알고리즘을 사용하여 한 번에 하나씩 규칙을 학습하고 이를 모아 규칙의 모음sets of rules을 만들 수 있다.

개별 규칙을 학습한 후 이 규칙이 설명하는 긍정적인 예는 빼고 나머지 아직 설명하지 못하는 긍정적인 예를 다음 규칙이 설명하는지 시험하는 식으로 모든 것이 설명될 때까지 시험을 반복한다. 이것은 '분할 정복' divide and conquer의 예로 과학자가 연구계획법으로 사용하는 가장 오래된 전략이다. 하나의 규칙을 찾는 알고리즘을 고쳐 하나가 아닌 일정한 수 n개의 가정을 유지하면서 시험하는 방식으로 바꾸어 이 알고리즘을 개선할 수도 있다. 다음 단계에서는 다른 가정들을 포함해 시험하며 그때까지 최적인 n개의 규칙을 유지한다.

이런 식으로 규칙을 발견하는 것은 폴란드의 컴퓨터과학자인 리사르드 미할스키Ryszard Michalski의 아이디어다. 미할스키는 고향인 칼이슈가 폴란드, 러시아, 독일, 우크라이나에 차례로 점령되는 걸 보았기 때문에 다른 사람들보다 이접 개념disjunctive concept(또는 분리 개념)에 익숙했을 것이다. 1970년 미국으로 이민 와서는 톰 미첼, 하이미 카보넬Jaime Carbonell과 함께 머신러닝의 기호주의학회를 설립했다. 사실 그는 오만한 편이었다. 당신이 머신러닝학회에서 발표한다면 마지막에 그가 손을 들어 당신이 발견한 것은 자신의 옛 아이디어라고 지적할 가능성이 크다.

규칙의 모음은 어떤 상품을 더 준비해 둬야 할지 고민하는 소매상에 인기 있다. 소매상은 보통 분할 정복보다 철저하게 접근하여 각 상품의 구매를 더 적극적으로 추천하는 모든 규칙을 찾는다. 월마트는 이 분야의 선구자다. 초창기에 발견한 것 중에는 기저귀를 사는 고객은 맥주도 사려고 한다는 규칙이 있다. 아내가 남편에게 슈퍼마켓에 가서 기저귀를 사 오라고 하면 남편이 보상 심리로 맥주 한 팩을 산다는 것이다. 이런 사실을 알면 기저귀 옆에 맥주를 진열하여 맥주를 더 많이 팔 수 있다. 이런 일은 규칙을 찾는 활동을 하지 않으면 일어날 수 없는 것이다. 맥주와 기저귀 규칙은 도시 생활의 다양한 모습 중 하나일 뿐이라는 주장도 있지만 데이터 마이너들 사이에서는 전설적인 규칙으로 통한다. 어쨌든 이것은 미할스키가 1960년대 처음으로 규칙의 유도rule induction 에 관해 생각하기 시작했을 때, 마음속에 있었던 디지털 회로 설계 문제에서 한참 더 진행된 것이다. 당신이 새로운 머신러닝 알고리즘을 발명해도 그것이 쓰일 곳을 모두 상상하지는 못한다.

내가 실제 작동하는 학습 규칙을 처음 경험한 것은 대학원에 진학하려고 미국으로 막 이주해서 신용카드를 신청했을 때다. 은행에서 "당신이 현재 주소에서 산 기간이 충분하지 않고 이전 신용 기록이 없기 때문에 신용카드 신청을 받아들이지 못하는 점을 유감스럽게 생각합니다." 라고 쓴 편지를 보내 왔다. 그 순간 앞으로 머신러닝에 연구해야 할 일이 많다는 것을 알아차렸다.

무지와 환상 사이

규칙의 모음은 접합 개념보다 여러 면에서 더 강력하다. 실제로 당신이 규칙의 모음을 이용하여 어떤 개념도 제시할 수 있을 정도로 강력하다. 그 까닭을 아는 것은 어렵지 않다. 당신이 개념에 대해 모든 사항이 적힌 완벽한 목록을 주면 나는 각 사항을 규칙으로 만들 수 있다. 각 규칙은 그 사항의 모든 특성치를 규정하고, 이런 규칙의 모음은 개념의 정의가 된다. 이전의 데이트 예제에서 규칙 하나는 다음과 같을 수 있다. 따뜻한 주말 밤이고 좋은 TV 프로그램이 없는데 클럽에 가자고 제안한다면 여자 친구는 좋다고 말할 것이다. 표에는 소수의 예만 있지만 $2 \times 2 \times 2 \times 2 = 16$개의 모든 경우에 '데이트 승낙' '데이트 거절'이라는 결과치가 붙어 있을 경우 승낙이라는 긍정적 예를 이런 식의 규칙으로 바꾸면 효과 있는 규칙 모음이 될 것이다.

규칙 모음의 힘은 양날의 검과 같다. 한쪽으로는 데이터와 완벽하게 맞는 규칙의 모음을 항상 발견할 수 있음을 안다. 하지만 당신이 행운이 좋다고 느끼기 시작하기도 전에 아무 의미 없는 규칙의 모음을 발견한다는 매우 심각한 위기에 처해 있음도 깨닫는다. '세상에 공짜는 없다'라는 정리를 기억해 보라. 당신은 지식이 없으면 학습할 수 없다. 개념이 규칙의 모음으로 정의될 수 있다고 가정하는 것은 아무것도 가정하지 않는 것과 마찬가지다.

쓸모없는 규칙의 모음은 정확하게 긍정적인 예만 예측하고 그 밖의 것은 하나도 예측하지 못하는 경우다. 규칙의 모음은 100퍼센트 정확하게 보이지만 착각이다. 규칙의 모음은 새로운 예를 모두 부정으로 판단하고, 그러므로 긍정적인 것을 부정적인 것으로 틀리게 예측한다. 전체적으로 부정적 예보다 긍정적 예가 더 많은 경우라면 이 규칙의 모음은 동전 던지기보다 훨씬 나쁠 것이다. 스팸메일이라고 표시한 것과 똑같은 복사물이어야만 스팸메일이라고 분류하는 프로그램을 생각해 보자. 학습하기도 쉽고 이미 표시된 데이터에 대해서는 성능이 좋을 것처럼 보이지만 스팸메일 제거 프로그램이 전혀 없는 것과 같다. 불행히도 우리의 분할 정복 알고리즘은 이런 식으로 규칙 모음을 학습하기 쉽다.

호르헤 루이스 보르헤스Jorge Luis Borges의 소설 《기억의 천재 푸네스》

Funes the Memorious에 완벽한 기억력이 지닌 젊은이가 나온다. 처음에는 완벽한 기억력이 엄청난 행운처럼 보이지만, 사실은 무시무시한 저주다. 푸네스는 과거에 본 하늘의 구름은 언제 보았던 것이든 정확한 모양을 기억할 수 있지만 오후 3시 14분에 옆에서 본 개가 3시 15분에 앞에서 본 개와 같다는 것은 이해하기 어려워한다. 그는 거울에 비친 자기 얼굴을 볼 때마다 놀란다. 푸네스는 일반화를 할 수 없다. 그에게 두 사물은 마지막 하나까지 똑같아 보일 때만 같다. 제한 사항이 없는 규칙 학습 알고리즘은 푸네스와 같아서 역시 제대로 작동할 수 없다. 학습은 중요한 부분을 기억하는 만큼 세부 항목은 잊는 것이다. 컴퓨터는 궁극적으로 특수 재능을 지닌 학습장애인이다. 컴퓨터는 힘들이지 않고 모든 것을 기억할 수 있지만 우리는 그것을 기대하는 게 아니다.

문제는 사건을 전부 기억하는 데 머무르지 않는다. 머신러닝이 데이터에서 실제 세계와 맞지 않는 패턴을 발견할 때마다 우리는 머신러닝이 데이터에서 과적합을 도출했다고 말한다. 과적합은 머신러닝의 핵심 문제다. 실제로 이 주제에 대해 많은 논문이 작성되었다. 강력한 머신러닝은 기호주의든 연결주의든 혹은 다른 것이든 환각적 패턴을 조심해야만 한다. 이것을 피하는 유일하게 안전한 방법은 머신러닝이 배울 수 있는 범위를 엄격하게 제한하는 것이다. 예를 들면 배우는 범위를 짧은 접합 개념으로만 한정하는 것이다. 불행히도 그 방법은 데이터에서 볼 수 있는 실제 패턴을 머신러닝이 대부분 놓치는 터라 목욕물과 함께 아기까지 버리는 격이다. 좋은 머신러닝은 무지blindness와 환각hallucination 사이에 난 좁은 길을 영원히 걸어야 한다.

인간 역시 과적합 문제에 면역되어 있지 않다. 당신은 이것이 수많은 악의 근원이라고 말할 수도 있다. 쇼핑몰에서 라틴계 여자 아기를 보고 "저기 봐, 엄마. 아기 하녀야!"라고 무심결에 말한 백인 소녀의 경우를 살펴보자(실제 사건이다). 그 소녀가 아주 심한 편견을 가지고 태어나지는 않았다. 짧은 인생에서 보아 온 소수의 라틴계 하녀들을 과하게 일반화한 것이다. 세상에는 다른 직업을 가진 라틴계 여자들로 가득하지만 그 소녀는 아직 그들을 만나지 못했다. 우리의 믿음은 경험에 기반을 두며, 이는 세상에 대한 매우 불안전한 그림을 제공하고 성급하게 잘못된 결론을 내리게 한다. 똑똑하고 많이 알아도 과적합에 빠지는 일을 없애지는 못한다. 아리스토텔레스가 물체를 계속 움직이는 데 힘이 쓰인다고 말했을 때 그는 과적합에 빠진 것이다. 갈릴레오의 천재성은 방해받지 않는 물체는 운동을 지속한다는 사실을, 우주 공간에 나가 목격하지 않고도 직감으로 알았다는 점이다.

머신러닝 알고리즘은 데이터에서 어떤 패턴을 찾는 능력이 거의 무제한이기 때문에 과적합 문제에 특히 취약하다. 사람이 패턴 하나를 찾는 동안 컴퓨터는 수백만 개를 찾는다. 머신러닝에서 컴퓨터의 엄청난 힘, 즉 광대한 데이터를 처리하며 같은 작업을 지치지 않고 무한 반복하는 능력은 오히려 아킬레스건이기도 하다. 탐색할 시간이 충분하다면 당신은 놀랄 만한 일을 발견할 것이다. 1998년 베스트셀러에 오른 《바이블 코드》The Bible Code에서 주장하기를, 성경을 일정 간격으로 건너뛰며 읽으면 미래 사건을 예측하는 단서를 발견한다고 했다. 하지만 아쉽게도 충분히 긴 내용이라면 어떤 책이든 예측을 확실히 발견하는 방법은 수없이 많다. 이 책의 주장을 의심하는 사람들은 〈창세기〉에 로즈웰과 미확인 비행 물체가 언급된 것과 함께 모비딕과 대법원 판례에서 미래의 예측을 발견했다고 응수했다. 컴퓨터 과학의 창시자인 존 폰 노이만John von Neumann 은 "변수가 네 개면 코끼리 모양의 그래프에 맞는 수식을 구할 수 있고 변수가 다섯 개면 코끼리가 코를 실룩실룩 움직이는 모양을 나타내는 수식도 구할 수 있다."라는 유명한 말을 남겼다. 오늘날 머신러닝에서는 일상적으로 수백만 개의 변수를 사용하는 모형을 배우며, 이 세상의 모든 코끼리가 제각기 코를 움직여도 이를 묘사할 수 있다. 데이터 마이닝이란 데이터가 자백할 때까지 고문하는 것을 의미한다고 말할 정도다.

과적합 문제는 잡음noise 에 의해 더 심각해진다. 머신러닝에서 잡음은 데이터에 나타난 오류이거나 당신이 예측할 수 없이 무작위로 나타나는 사건이다. 여자 친구는 TV 프로그램이 재미없을 때 클럽에 가는 걸 좋아하는데 당신이 기억을 잘못하여 그날 밤 TV에 재미있는 프로그램이 있었고 세 번째 경우를 잘못 기록했다고 가정해 보자. 당신이 그날 밤은 예외로 처리하는 규칙의 모음을 구해 내려고 노력한다면 그것을 무시하는 경우보다 더 나쁜 해답을 얻을 것이다. 또는 보통은 승낙하다가 여자 친구가 전날 밤에 마신 술이 덜 깨어서 거절하는 경우를 가정해 보자. 술이 덜 깬 것을 당신이 알지 못한다면 이 경우가 예외적인 상황인 것을 모르며 이 거절을 설명하는 규칙 모음을 만드는 것은 실제로는 역효과를 낳는 셈이다. 차라리 처음부터 계속 거절이라고 잘못 분류한 경우가 더 낫다. 이번 경우는 더 나쁘다. 잡음은 일관성 있는 규칙 모음을 찾아내는 것을 불가능하게 만들 수 있다. 둘째 경우와 셋째 경우는 사실 구별할 수 없음을 주목하라. 그것들은 정확히 같은 특성치를 가지고 있다. 당신의 여자 친구가 둘째 경우에 승낙하고 셋째 경우에 거절했다면 두 개를 모두 설명하는 규칙은 없다.

과적합 문제는 가정이 너무 많고 가정들을 시험하여 솎아 낼 데이터는 충분하지 않을 때 발생한다. 나쁜 소식은 결합 규칙을 배우는 간단한 머신러닝이라도 가설의 수는 특성치의 수에 따라 기하급수로 늘어난다는 사실이다. 기하급수적 증가는 무시무시한 것이다. 대장균 하나가 15분마다 두 개로 분리될 수 있다. 영양분이 충분하면 대장균 무리는 하루 만에 지구 크기로 늘어날 수 있다. 알고리즘이 처리할 일의 수가 입력의 크기에 따라 기하급수로 증가하는 것을 컴퓨터과학자들은 조합 확산 combinatorial explosion 이라 부르며 이를 피할 방안을 찾으려 애쓴다. 머신러닝에서 가능한 사건의 수는 특성치 개수의 지수함수다. 특성치가 부울 방식의 값이라면 새로운 특성치가 생길 때마다 이전 사건에 대하여 예와 아니오를 연결하여 확장하므로 가능한 사건의 수는 두 배가 된다. 이어서 가능한 개념의 수는 가능한 사건 수의 지수함수다. 개념은 사건마다 긍정적(양의) 또는 부정적인(음의) 값을 부여하므로 한 사건을 더하면 긍정적(양의 값)으로 평가하는 개념과 부정적(음의 값)으로 평가하는 개념 두 개가 생기므로 가능한 개념의 수는 두 배가 된다. 그 결과 개념의 수는 특성치 수의 지수함수값의 지수함수값이 된다. 다른 말로 하면 머신러닝은 조합 확산의 조합 확산이 된다. 우리는 그냥 포기하고 이런 가망 없는 문제에 시간을 허비하지 말아야 할까?

다행히도 학습 과정에서 두 지수함수 중 하나를 없애서 지수함수 하나만 남는, 다루기 어려운 '보통'의 문제가 된다. 당신이 종이 한 장에 하나의 개념을 써서 가방 가득 채운 뒤 무작위로 하나를 꺼내 그것이 데이터와 얼마나 일치하는지 본다고 가정하자. 나쁜 정의가 1000개의 사례를 모두 옳게 예측하는 경우의 가능성은 동전을 던져 앞면이 1000번 연속하여 나오는 경우의 가능성보다 높지 않다. '의자는 다리가 네 개 있고 빨간 것이거나, 앉는 자리만 있고 다리는 없다'라는 개념은 몇 개의 사례와 일치할 수도 있지만 당신이 보아 온 모든 의자와 일치하는 것은 아니고, 다른 사물들과 일치하는 경우도 있지만 다른 모든 사물과 일치하는 것은 아니다. 그러므로 임의의 정의가 1000가지 예와 일치한다면 그 정의가 틀릴 확률은 극히 낮거나 적어도 실제로 옳을 정의에 매우 가까울 것이다. 그 정의가 100만 사례와 일치한다면 그것이 옳을 가능성은 실제적으로 확실하다. 옳지 않은 정의라면 어떻게 이렇게 많은 사례들과 일치할 수 있겠는가?

물론 실제 머신러닝 알고리즘은 가방에서 임의의 정의 하나만 꺼내지는 않는다. 가방 속의 정의 전체를 시험하려고 시도하며 아무것이나 선택하는 것은 아니다. 더 많은 정의를 시험할수록 그들 중 하나가 우연히 모든 사례와 일치할 가능성은 더 높아진다. 1000번 동전 던지기를 100만 번 시행한다면 적어도 한 번은 모두 앞면이 나오는 경우도 있고 100만 개의 가설은 그리 큰 수가 아니다. 예를 들어 100만이라는 숫자는 사례가 단지 13개의 특성만 있어도 나올 수 있는 접합 개념의 수(3^{13}, 특성당 세 개의 수준이 있는 경우 ─ 옮긴이)와 대략 같다(당신은 개념을 하나하나 모두 시험할 필요가 없다는 사실에 주목하라. 접합 머신러닝을 사용하여 발견한 최적의 개념이 모든 예를 설명한다면 하나하나 시험하여 얻은 것과 효과는 같다).

요점을 정리하면 다음과 같다. 학습은 당신이 보유한 데이터의 양과 당신이 고려하는 가설 수 사이의 경주다. 데이터가 많을수록 살아남는 가설의 수를 기하급수적으로 줄이지만, 많은 가설을 가지고 시작하면 나쁜 가설들이 여전히 남아 있는 채로 가설 검증이 끝날 수 있다. 경험으로 보건대 만약 머신러닝이 지수함수적인 가설 수를 고려하려고만 할 때(예를 들어 가능한 모든 접합 개념) 사례가 충분하고 특성치가 너무 많지 않다면 지수함수적으로 많은 양의 데이터가 이 가설 수를 상쇄하고 당신은 해답을 얻는다. 반면 만약 머신러닝이 이중으로 지수함수적인 숫자를 고려한다면(예를 들어 모든 가능한 규칙의 모음) 데이터는 지수함수 중 하나만 상쇄시키고 당신은 여전히 곤경에 빠진다. 얼마나 많은 데이터를 모두 옳게 예측하면 머신러닝이 선택한 가설이 실제 규칙과 매우 가깝다는 것을 확신할 수 있는가도 미리 파악할 수 있다. 다른 말로 가설들이 근사적으로 옳을 가능성이 있도록 하기 위해 얼마나 많은 데이터가 필요한지 미리 파악할 수 있다. 하버드대학의 레슬리 발리언트Leslie Valiant는 이런 종류의 분석법을 개발하여 컴퓨터 과학 분야의 노벨상인 튜링상을 수상했다. 아주 적절한 제목을 붙인 그의 책《옳은 것에 그럴듯하게 근사화하다》Probably Aproximately Correct에서 자세히 설명하고 있다.

당신이 믿을 만한 정확도

실제로 발리언트의 분석은 매우 비관적인 경향이 있어서 당신이 보유한 데이터보다 더 많은 데이터를 요구하는 경향이 있다. 그러면 머신러닝이 당신에게 알려 주는 것을 믿어야 할지 말아야 할지 어떻게 결정할까? 간단하다. 머신러닝이 본 적 없는 데이터로 검증할 때까지 아무것도 믿지 않으면 된다. 머신러닝이 가정하는 패턴이 새로운 데이터에서도 유효하다면 그 패턴을 믿을 수 있다. 그렇지 않다면 머신러닝이 과적합을 했다고 알아차릴 수 있다.

이것은 그저 과학적 방법을 머신러닝에도 적용한 것이다. 새로운 이론이 과거에 나타난 현상만 설명하는 것은 충분하지 않다. 그런 일을 하는 이론을 만들어 내는 것은 쉬운 일이기 때문이다. 이론은 새로운 예측도 해야만 하고 실험으로 검증한 이후에만 이론으로 받아들여져야 한다(게다가 실험 검증을 한 이후라도 잠정적으로 받아들인다. 앞으로 이론과 맞지 않는 새로운 증거가 여전히 나올 수도 있기 때문이다).

아인슈타인의 일반 상대성 이론도 태양이 먼 거리의 별에서 오는 빛을 휘게 한다는 일반 상대성 이론의 예측을 아서 에딩턴Arthur Eddington이 실험으로 검증한 이후에나 널리 받아들여졌다. 하지만 당신의 머신러닝을 신뢰할지 여부를 결정하기 위해 새로운 데이터를 얻을 때까지 기다리지 않아도 된다. 대신 당신은 이미 보유한 데이터를 무작위로 나누어, '학습 집합'training set은 선행 학습용으로 제공하고 '검증 집합'test set은 처음에는 숨겼다가 정확도를 검증할 때 사용한다. 감추어 둔 데이터에 대한 정확도는 금본위제와 같이 머신러닝을 평가하는 기반이다. 당신이 발명한 대단하고 새로운 머신러닝 알고리즘에 대해 논문을 쓸 수 있지만, 당신의 알고리즘이 이전의 알고리즘보다 감추어 둔 데이터에 대한 시험에서 눈에 띄게 더 정확하지 않으면 그 논문은 발행되지 못한다.

이전에 접하지 않은 데이터에 대한 정확도는 매우 엄중한 평가 기준이다. 사실 많은 과학적 가설이 이 시험을 통과하지 못하는 것처럼 머신러닝의 경우도 그러하다. 과학은 예측만을 위한 것이 아니기 때문에 시험에 통과하지 못했다고 쓸모없는 것은 아니다. 과학은 설명하고 이해하기 위한 것이기도 하다. 하지만 궁극적으로 당신의 모형이 새로운 데이터에 대하여 정확한 예측을 하지 못하면 당신이 근본 현상에 관하여 진실로 이해했거나 납득할 만한 설명을 얻었다고 확신할 수 없다. 그리고 머신러닝을 이전에 접하지 않은 데이터로 시험하는 일은 빠뜨릴 수 없는 필수 사항이다. 머신러닝이 과적합을 하는지 안 하는지를 알려 주는 유일한 방법이 이 시험이기 때문이다.

검증 집합으로 시험하여 얻은 정확도 역시 완전히 믿을 수 있는 보증 수표는 아니다. 전설처럼 내려오는 이야기에 따르면 초기 군사용으로 사용된 간단한 머신러닝이 각각 100개의 사진으로 구성된 학습 집합과 검증 집합의 시험에서 모두 100퍼센트 정확도로 탱크를 식별했다. 놀랍거나 아니면 의심스러운 결과가 아닌가? 나중에 밝혀지기를 탱크 사진이 탱크가 아닌 사진보다 모두 흐리게 나왔고 머신러닝은 모두 흐린 사진을 뽑았던 것이다. 우리에게는 더 큰 데이터 집합이 있지만 데이터 수집의 수준이 필요한 만큼 높지 않으므로 매수자 위험 부담 원칙에 따라 제공되는 데이터를 잘 확인해야 한다.

냉철한 실험 평가는 머신러닝이 햇병아리 상태에서 성숙한 상태로 성장하는 데 중요한 구실을 했다. 1980년대 후반까지 각 종족의 연구자들은 자신의 자랑거리만 신뢰하여 그들의 체계가 근본적으로 더 낫다고 믿으며 다른 진영과는 소통하지 않았다. 그러다가 레이 무니Ray mooney와 주드 샤블릭Jude Shavlik 같은 기호주의자들이 같은 데이터 집합에서 다른 알고리즘들을 체계적으로 비교하기 시작했다.

놀랍고 놀랍게도 분명한 승자가 없었다. 지금도 경쟁 관계는 계속되지만 교류는 훨씬 더 많다. 캘리포니아대학 어바인 캠퍼스의 머신러닝팀이 관리하는 실험 환경과 대규모로 수집된 데이터를 공용으로 사용하면서 머신러닝은 놀랄 만하게 진보했다. 보편적 머신러닝을 창조하려는 우리의 최대 희망은 여러 체계에서 얻은 착상들을 합성하는 데 달려 있다.

물론 당신이 과적합 문제의 여부를 아는 것만으로는 충분하지 않다. 처음부터 과적합을 피하는 것이 좋다. 그것은 우리가 데이터를 완벽하게 맞출 수 있어도 그렇게까지는 맞추지 않는 것을 의미한다. 우리가 발견하는 패턴이 실제로 존재하는지 알아보는 한 가지 방법은 통계적 유의성 검정을 하는 것이다. 예를 들어 300개는 맞히고 100개는 틀리는 규칙과 3개는 맞히고 1개는 틀리는 규칙은 연습용 데이터로 하는 시험에서 모두 75퍼센트 정확하지만, 첫째 규칙은 동전 던지기보다 낫고 둘째 규칙은 그렇지 않다. 찌그러지지 않은 정상 동전을 네 번 던졌을 때 앞면은 쉽게 세 번 나올 수 있기 때문이다. 규칙을 만들 때 어느 시점에서 정확도를 상당히 개선하는 조건을 발견하지 못하면 그 규칙이 부정적 예를 몇 개 설명한다고 해도 우리는 그냥 멈추어야 한다. 이렇게 하면 이 규칙이 검증 집합 시험에서 얻는 정확도는 더 낮아지지만 일반적인 규칙으로서는 더 정확해진다. 그리고 이것이 우리가 실제로 원하는 것이기도 하다.

하지만 아직은 우리가 낙승할 위치에 있는 것이 아니다. 내가 규칙 하나를 시도하고 그것이 400개의 예에서 75퍼센트의 정확도를 보이면 규칙을 신뢰할 수 있을 것이다. 하지만 100만 개의 규칙을 시험해 보았는데 그중 최고 규칙이 400개의 예에서 75퍼센트의 정확도를 보인다면 그 규칙을 신뢰할 수 없을 것이다. 그런 일은 우연히 일어나기 쉽기 때문이다. 이것은 당신이 뮤추얼 펀드를 고르는 문제와 같다. 클레어보이언트 펀드는 10년 연속 이 시장에서 최고의 성과를 냈다. 와, 펀드 매니저가 천재임에 틀림없다. 그렇지 않다면 어떻게 이런 일이 생기겠는가? 하지만 당신이 고를 수 있는 펀드가 1000개 있다면 모든 펀드가 화살을 던지는 원숭이에 의해 운영한다고 해도 한 펀드가 10년 연속 시장에서 최고의 성과를 낼 확률은 더 높다. 과학 문헌도 이런 문제로 시달린다. 유의성 검정 significance test 은 연구 결과가 출판할 만한지를 결정하는 금본위제와 같다. 하지만 여러 팀이 효율성을 찾고 있고 그중 단 한 팀만 발견했다면 효과가 없을 가능성이 크다. 당신이 견실해 보이는 논문을 읽으며 그 연구 결과가 효과가 없다는 생각이 전혀 안 들었다 하더라도 말이다. 한 가지 해법은 사람들이 실패한 모든 예들도 알 수 있도록 부정적 결과도 함께 출판하는 것이지만 그 방법은 받아들여지지 않는다.

머신러닝에서 우리는 유의성 검정 결과가 적절하게 나오도록 시험할 규칙의 수를 조절할 수 있지만 그렇게 하면 나쁜 규칙과 함께 좋은 규칙도 많이 버리는 경향이 나타난다. 더 나은 방법은 몇몇 잘못된 가정을 어쩔 수 없이 포함하지만 매우 낮은 유의성을 나타내는 것은 거부하여 그 수를 일정 한계 아래로 낮추면서 살아남은 가설들을 더 많은 데이터로 시험하는 것이다.

인기 있는 또 다른 방법은 더 단순한 가설을 선호하는 것이다. '분할 정복' 알고리즘은 은연중에 더 단순한 규칙을 선호하는데, 규칙이 긍정적 예를 설명할 경우 규칙에 더 이상 조건을 붙이지 않고 모든 긍정적 예를 다 설명하기만 하면 더 이상 규칙을 만들지 않기 때문이다. 하지만 과적합 문제와 싸우기 위해 더 단순한 규칙을 더 강력하게 선호하여 부정적 예를 다 설명하기 전이라도 조건을 더하지 않도록 해야 한다. 예를 들어 규칙의 길이에 비례하여 벌점을 부과하고 규칙의 정확도에서 그 벌점을 뺀 값을 평가 지표로 사용할 수 있다.

더 단순한 가설에 대한 선호는 '오컴의 면도날'Occam's razor이라는 말로 널리 알려져 있지만 머신러닝의 상황에서는 오해의 소지가 있다. 오컴의 면도날을 흔히 표현하는 "실체들은 필요 이상으로 중복되어서는 안 된다."라는 말은 데이터에 맞는 가장 간단한 이론을 선택하는 것을 의미한다. 그런데 증거들을 완벽하게 설명하지 않는 이론이 오히려 더 훌륭하게 일반화한다는 것을 근거로 이런 이론을 선호해야만 한다는 주장에 오컴은 당혹스러워할 것이다. 단순한 이론을 선호하는 까닭은 우리가 인식하기에 힘이 덜 들고 알고리즘이 계산하기에 더 쉽기 때문이지 그렇게 하는 것이 더 정확하다고 기대하기 때문은 아니다. 반면 우리의 가장 정교한 모형조차도 보통은 현실을 과도하게 단순화한다. 데이터를 완벽하게 맞추는 이론에서도 가장 간단한 이론이 일반화를 가장 잘한다는 보장이 없다는 것을 '세상에 공짜는 없다'라는 정리에 비추어 알고 있으며, 실제로 부스팅boosting 기법과 서포트 벡터 머신 같은 최고의 머신러닝 알고리즘은 쓸데없이 복잡해 보이는 모형을 학습한다(제7장과 제9장에서 이들이 효과 있는 까닭을 살펴볼 것이다).

당신의 머신러닝이 검증 집합 시험에서 실망스런 정확도를 보인다면 문제를 진단할 필요가 있다. 머신러닝이 무지한가, 아니면 환각을 보는가? 머신러닝은 이런 상황에서 '편중'bias과 '분산'variance이라는 기술 용어를 사용한다. 항상 한 시간이 늦는 시계는 편중이 높지만 분산은 낮다. 그와 달리 시계가 불규칙하게 빠르거나 느리면서 왔다 갔다 하지만 평균적으로는 시간이 정확히 맞는다면 분산은 높으나 편중은 작다. 당신이 술집에서 친구들과 술을 마시며 다트 놀이를 한다고 가정하자. 친구들이 모

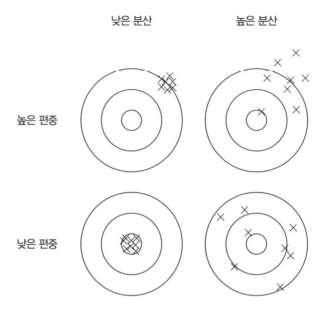

높은 편중

낮은 편중

르는 사이에 당신은 수년간 다트를 연습했고, 그래서 다트의 달인이 되었다. 당신이 던진 다트는 정확히 한가운데를 명중한다. 당신은 편중도 낮고 분산도 낮으며 이 상황은 위 그림의 왼쪽 아래에 나와 있다.

당신의 친구 벤도 꽤 잘하지만 술을 많이 마셨다. 그가 던진 다트 화살은 여기저기 사방으로 퍼졌지만 대체로 가운데를 맞추고 있다(그는 통계학자가 되었어야 했다). 이 경우 편중은 낮고 분산은 크다. 그림의 오른쪽 아래에 나와 있다. 벤의 여자 친구 애실리는 매우 안정적이지만 너무 높이 그리고 오른쪽으로 겨냥하는 경향이 있다. 애실리는 분산이 낮고 편중은 크다(왼쪽 위 그림). 다른 지방에서 방문한 코디는 다트를 해 본 적이 없다. 그의 화살은 모두 사방으로 퍼졌고 중심에서도 벗어났다. 그는 편중과 분산 모두 크다(오른쪽 위).

무작위로 변경된 학습 집합들로 머신러닝이 학습한 후에 예측하는 것들을 비교함으로써 머신러닝의 편중과 분산을 예상할 수 있다. 만약 머신러닝이 계속 같은 실수를 하면 문제점은 편중이다. 머신러닝을 더 유연하게 조정하든지 다른 머신러닝으로 바꾸어야 한다. 실수에 어떤 패턴이 없으면 문제점은 분산이다. 덜 유연한 머신러닝으로 시도하거나 더 많은 데이터를 구해 시험해야 한다. 머신러닝은 대부분 더 혹은 덜 유연하게 조절하는 손잡이가 있으며, 그런 것에는 유의성 검정의 합격점이나 모형 크기에 따른 벌점 등이 있다. 그런 손잡이를 약간 조정하는 것이 당신이 맨 먼저 의지할 방안이다.

귀납법은 연역법의 역이다

더 근본적인 문제는 머신러닝은 대부분 아는 것이 너무 적은 상태에서 학습을 시작하여 손잡이를 돌리는 것으로는 결승점에 도달하지 못한다는 점이다. 성인의 두뇌가 지닌 정도의 지식으로 안내받지 못하면 머신러닝은 쉽사리 방향을 잃는다. 머신러닝이 대부분 가정하는 것이지만 단지 당신이 진리truth의 형식을 안다고 가정하는(예를 들어 진리가 규칙의 작은 모음이라고 가정하는) 것은 크게 믿을 만한 것이 못 된다. 엄격한 경험주의자는 그 정도 형식이 새로 태어난 아기에게 있는 전부이며 두뇌의 구조에 새겨져 있다고 말할 것이고, 실제로 아이들이 과적합을 어른보다 더 많이 한다. 그런데 우리는 아이보다 더 빨리 배우는 머신러닝을 만들고자 한다(아이가 성년이 되는 18년은 긴 시간이고 게다가 대학은 포함하지 않은 기간이다). 마스터 알고리즘은 사람이 주든, 아니면 이전의 학습으로 얻든 상당한 규모의 지식을 확보하고 시작해야 하며, 데이터에서 새로운 일반화를 얻는 데 지식을 사용할 수 있어야 한다. 그것이 과학자들이 하는 방식이고 텅 빈 석판에서 출발한 것에 비하면 한참 많이 진행한 것이다. 이것은 '분할 정복' 귀납 알고리즘이 할 수 없는 것이다. 하지만 지식을 사용할 수 있는 규칙을 학습할 다른 방법이 있다.

핵심은 귀납법이 단지 연역법의 역이라는 사실을 깨닫는 것이다. 이는 뺄셈이 덧셈의 역이며 적분이 미분의 역이라는 것과 같다. 이 착상은 윌리엄 스탠리 제번스William Stanley Jevons 가 1800년대 말에 처음으로 제안했다. 영국과 호주 출신으로 팀을 이룬 스티브 머글턴Steve Muggleton 과 레이 번틴Wray Buntine 이 1988년 이 착상을 실제적인 알고리즘으로 구현했다. 잘 알려진 동작을 기초로 그 역을 파악하는 전략은 수학의 역사에서 유명하다. 이 전략을 덧셈에 적용하면 정수를 발명하는 길에 이른다. 음수 없이는 덧셈이 항상 역을 갖지 못하기 때문이다(3-4=-1). 비슷하게 이 전략을 곱셈에 적용하면 유리수를 발견하고 이 전략을 제곱에 적용하면 복소수에 도달한다. 이 전략을 연역법에 적용할 수 있을지 살펴보자. 연역 추론의 전통적인 예는 다음과 같다.

소크라테스는 사람이다.
모든 사람은 죽는다.
그러므로….

첫째 진술은 소크라테스에 대한 사실이고 둘째 진술은 사람에 대한 보편적인 규칙이다. 그럼 무엇이 따라올까? 당연히 보편적 규칙을 소크라테스에게 적용하여 '소크라테스는 죽는다'라는 진술이 따라온다. 대신 귀납 추론에서는 주어진 사실과 유도된 사실로 이들 사실을 추론하는 규칙을 찾는다.

소크라테스는 사람이다.
…….
그러므로 소크라테스는 죽는다.

'소크라테스가 사람이면 그는 죽는다'라는 규칙을 살펴보자. 이것도 해답이 되기는 하지만 소크라테스에게만 적용되므로 매우 유용한 것은 아니다. 하지만 이제 뉴턴의 원리를 적용하여 이 규칙을 일반화하고 모든 실체에 적용하면 '어떤 실체가 사람이면 그것은 죽는다'가 된다. 더 간결한 표현은 '모든 사람은 죽는다'이다. 물론 소크라테스 한 사람에게서 이 규칙을 추론한다면 성급하겠지만 우리는 다른 사람들에 대해서도 동일한 사실을 알고 있다.

플라톤은 사람이다. 플라톤은 죽는다.
아리스토텔레스는 사람이다. 아리스토텔레스는 죽는다.
그 외 다른 사람도 죽는다.

각 사실의 쌍에 대해 우리는 첫째 사실에서 둘째 사실을 추론하는 규칙을 만들고 뉴턴의 원리를 사용하여 규칙을 보편화한다. 같은 보편적 규칙이 반복하여 유도될 때 우리는 그 규칙이 사실이라고 확신할 수 있다.

지금까지 우리는 '분할 정복' 알고리즘이 할 수 없는 것은 어떤 것도 해내지 못했다. 하지만 소크라테스와 플라톤, 아리스토텔레스는 사람이라는 사실 대신 그들이 철학자라는 사실만 안다고 가정해 보자. 우리는 여전히 그들이 죽는다고 결론 내리고 싶으며 모든 사람은 죽는다는 주장을 이전에 추론하거나 혹은 들어서 알고 있다. 그러면 결론에 이르는 과정에 무엇이 없는가? 다른 규칙인 '모든 철학자는 사람이다'가 빠졌다. 이것은 유효한 일반적 진술이고(적어도 우리가 인공 지능을 완성하여 로봇도 철학을 하기 전까지는 맞는 말이다), 이 진술이 우리 추론의 빈 구멍을 메운다.

소크라테스는 철학자다.

모든 철학자는 사람이다.

모든 사람은 죽는다.

그러므로 소크라테스는 죽는다.

순전히 다른 규칙에서 새로운 규칙을 추론할 수도 있다. 모든 철학자는 사람이고 죽는다는 사실을 안다면 모든 사람은 죽는다는 것을 추론할 수 있다(하지만 죽는 것은 모두 사람이라고 추론할 수 없다. 고양이와 개처럼 다른 생명체도 죽기 때문이다. 반면에 과학자와 예술가 또한 사람이고 죽는다는 사실은 규칙의 진실성을 강화한다). 일반적으로 우리가 더 많은 규칙과 사실을 가지고 시작할수록 역연역법을 사용하여 새로운 규칙을 유도하는 더 많은 기회를 얻는다. 더 많은 규칙을 추론할수록 더 많은 규칙을 또다시 추론할 수 있다. 이것은 지식을 창출하는 선순환이며 과적합 문제와 계산 비용에 의해서만 제한될 뿐이다. 그런데 여기에서도 초기 지식이 도움이 된다. 메워야 할 구멍이 커다란 구멍 하나가 아니라 여러 개지만 작은 구멍이라면 우리의 귀납 과정은 덜 위험하고 과적합 문제를 일으킬 가능성도 더 작아진다(동일한 수의 예가 주어졌을 때 '모든 사람이 죽는다'라고 추론하는 것보다 '모든 철학자는 사람이다'라고 추론하는 것이 틀릴 위험이 적다).

역을 구하는 것은 역으로 하나만 존재하는 것이 아닐 때가 있어서 어려움에 부딪치곤 한다. 예를 들어 양수에는 제곱근이 둘 있다. 하나는 양수이고 하나는 음수다[$2^2=(-2)^2=4$]. 가장 유명한 사례는 함수를 미분한 후 다시 적분하면 상수항을 제외하고 원래 함수로 복귀한다는 것이다. 함수의 미분은 각 지점에서 함수가 얼마나 커질지 혹은 작아질지를 알려 준다. 이러한 변화값을 모두 더하면 원래 함수로 되돌아가지만 함수가 어디에서 출발했는가는 알지 못한다.

미분함수는 하나지만 그 적분함수의 상수항은 여러 가지가 올 수 있다. 고민을 피하기 위해 적분할 때 정해야 하는 상수값을 0으로 가정하여 적분된 함수를 하나로 정할 수 있다. 연역법의 역에도 비슷한 문제가 있고 뉴턴의 원리가 해결책 중의 하나다. 예를 들어 '모든 그리스 철학자는 사람이다'와 '모든 그리스 철학자는 죽는다'라는 진술에서 '모든 사람은 죽는다' 혹은 '모든 그리스 사람은 죽는다'라는 진술을 추론할 수 있다. 하지만 왜 더 완곡한 일반화에 만족해야 하는가? 예외를 접하지 않은 이상 모든 사람은 죽는다고 주장할 수 있다(레이 커즈와일은 곧 예외를 접할 것이라 한다. 바로 영생의 출현이다).

한편 역연역법은 새로운 약이 해로운 부작용을 일으킬지 예측하는 분야에 중요하게 쓰인다. 동물 실험과 임상 실험의 실패는 신약 개발에 많은 시간이 걸리고 수십억 달러의 비용이 드는 주요 요인이다. 알려진 독성 분자 구조를 일반화하면 유망한 후보 물질을 빨리 검증하는 규칙을 만들어 신약 후보를 걸러 낼 수 있다. 그렇게 하여 살아남은 신약 후보에 대한 동물 실험과 임상 실험의 성공 확률을 크게 높일 수 있다.

암 치료법 학습하기

역연역법은 생물학에서 새로운 지식을 발견하는 위대한 방법이며 암을 치료하는 첫 단계다. 유전 정보 전달의 중심 원리central dogma에 따르면 살아 있는 세포에서 일어나는 모든 현상은 유전자가 단백질을 사용하여 조정하고, 그 단백질을 합성하기 시작하는 것도 유전자다. 사실 세포는 작은 컴퓨터와 같고 DNA는 컴퓨터에서 돌아가는 프로그램으로 DNA를 바꾸면 피부세포가 신경세포가 될 수 있고, 쥐의 세포가 사람의 세포로 바뀔 수 있다. 컴퓨터 프로그램에서 모든 오류는 프로그램 작성자의 잘못이다. 하지만 세포에서 오류는 자발적으로 발생할 수 있다. 방사능이나 유전 물질의 복사 오류로 유전자가 다르게 바뀌고 유전자가 두 번 복사되는 사고가 생기기도 한다. 이런 변형이 생기면 대부분 세포가 조용히 죽지만 때로는 그 세포가 성장하기 시작, 통제 불가능하게 증식하여 암이 발생하기도 한다.

암 치료란 정상 세포에 해를 가하지 않으면서 악성 세포의 증식을 막는 것이다. 이렇게 하려면 정상 세포와 악성 세포의 차이점을 알아야 하는데, 특히 그들의 유전 정보가 어떻게 다른지 알아야 한다. 유전 정보의 차이에서 모든 차이가 나타난다. 다행히도 유전자 염기 서열 분석은 정립되었고 비용도 감당할 만하다. 이것을 사용하여 어떤 약이 발암 유전자에 효과를 발휘하는지 예측하는 방법을 알아낼 수 있다. 이 방법은 모든 세포에 무차별로 영향을 미치는 전통 항암 화학 요법과 대조된다. 어떤 약이 어떤 변형에 효과를 발휘하는가를 알려면 환자 기록과 암의 유전자 정보, 처방된 약, 치료 결과 등의 데이터가 필요하다. 가장 단순한 규칙은 유전자와 약 사이의 1 대 1 대응을 표시하는 것이다. 예를 들면 '만약 BCR-ABL 유전자가 있으면 글리벡을 사용하라'는 식이다(BCR-ABL 유전자는 백혈병을 일으키고 글리벡은 환자 열 명 중 아홉 명을 치료한다). 발암 유전자 염기 서열 분석과 치료 결과의 수집 분석이 표준 치료법이 된다면 이와 같은 규칙이 더 많이 발견될 것이다.

하지만 이것은 시작에 불과하다. 암은 여러 가지 변형이 함께 나타나거나 아직 발견되지 않은 약으로만 치료될 수도 있다. 다음 단계는 암의 유전자 정보와 환자의 유전자 정보, 의료 기록, 약의 부작용 등을 포함하는 더 복잡한 조건을 담은 규칙을 알아내는 것이다. 하지만 최종적으로 우리가 필요한 것은 현재 쓰이는 항암제나 효과가 있을 것으로 추측되는 약의 여러 가지 조합이 보여 줄 효과뿐 아니라 특정 환자의 변형된 암이 끼치는 영향을 컴퓨터에서 모의시험하게 해 주는 세포 전체에 관한 동작 모형이다. 그러한 모형을 구축하는 데 필요한 정보의 주요 원천은 DNA 염기 서열 분석기와 유전자 발현 미세 배열기, 생물학 문헌이다. 이것들을 결합하는 일은 역연역법이 빛을 발하는 영역이다.

제1장에서 언급한 로봇 과학자 아담은 이런 일의 예고편을 보여 준다. 아담의 목표는 효모균 세포가 작동하는 법을 밝히는 것이다. 아담은 효

모균에 대한 유전학 지식과 신진대사에 관한 지식, 효모균 세포의 유전자 발현에 대한 귀중한 데이터를 가지고 일을 시작한다. 아담은 역연역법을 사용하여 어떤 유전자가 어떤 단백질로 표현되었는지 가정을 세우고 이 가정을 시험하기 위하여 미세 배열기 실험을 설계하고 가정을 수정하고 검증 시험을 되풀이한다. 각 유전자가 발현되었는지 여부는 다른 유전자와 주위 환경 조건에 따라 결정되며 얽히고설킨 상호작용의 결과는 다음과 같은 규칙 모음으로 표현될 수 있다.

온도가 높으면 유전자 A가 발현된다.
유전자 A가 발현되고 유전자 B는 발현되지 않으면 유전자 C가 발현된다.
유전자 C가 발현되면 유전자 D는 발현되지 않는다.

우리가 둘째 규칙을 모르지만 첫째와 셋째 규칙을 알고, 또 고온에서 유전자 B와 D가 발현되지 않는다는 미세 배열 실험 데이터가 있다면 역연역법으로 둘째 규칙을 추론할 수 있다. 일단 이 규칙을 확보하고 미세 배열 실험으로 검증한다면 귀납 추론을 더 진행하는 기초로 이 규칙을 사용할 수 있다. 비슷한 방식으로 화학 반응을 끌어 모아 단백질의 작동 방식인 연쇄 반응 단계를 알아낼 수 있다.

하지만 어떤 유전자가 어떤 유전자를 조절하고 단백질이 어떻게 세포의 얽히고설킨 화학 반응을 조절하는가를 아는 것만으로는 충분하지 않다. 여러 가지 종류의 분자가 각각 얼마나 많이 생산되는가도 알아야 한다. DNA 미세분열법과 다른 실험들을 통해 이런 종류의 양적인 정보를 얻을 수 있지만, '이것 아니면 저것'이라는 논리 특성을 띤 역연역법은 이런 일을 잘 다루지 못한다. 이런 일은 다음 장에서 살펴볼 연결주의자의 방법이 필요하다.

스무고개 놀이

역연역법의 또 다른 한계는 계산량이 매우 많아서 대용량의 데이터를 처리하기 어렵다는 점이다. 이런 점 때문에 기호주의자가 선택한 알고리즘은 의사결정트리를 이용한 귀납법이다. 의사결정트리는 복수의 개념을 규정하는 규칙이 한 사건instance과 맞을 때 무엇을 할 것인가에 대한 답으로 볼 수 있다. 그러면 사건이 어떤 개념에 속하는지 어떻게 결정하는가? 부분적으로 가려진 물체에 평평한 면과 다리 네 개가 있다면 탁자인지 의자인지 어떻게 알 수 있을까?

한 가지 방법은 규칙을 불러 모으는 것이다. 정확도 수준을 낮추고 사건과 맞는 첫째 규칙을 선택하는 것이다. 다른 방법은 어느 규칙이 더 많은 사례를 설명하는지 투표를 실시하는 것이다. 반면 의사결정트리는 각 사건은 정확히 하나의 규칙으로 설명될 거라는 사전 원칙을 보장한다. 규칙들의 짝이 적어도 하나 이상의 특성치 시험에서 다르다면 각 사건은 하나의 규칙으로 설명할 수 있으며 이런 상황을 설명하는 규칙 모음은 의사결정트리로 나타낼 수 있다.

예를 들어 다음의 규칙들을 살펴보자.

세금 감면에 찬성하고 낙태에 반대한다면 당신은 공화당 지지자다.

세금 감면에 반대하면 당신은 민주당 지지자다.

세금 감면에 찬성하고 낙태에 찬성하고 총기 규제에 반대한다면 당신은 공화당도 민주당도 지지하지 않는 무당파다.

세금 감면에 찬성하고 낙태에 찬성하고 총기 규제에 찬성한다면 당신은 민주당 지지자다.

이들 규칙으로 다음과 같은 의사결정트리를 만들 수 있다.

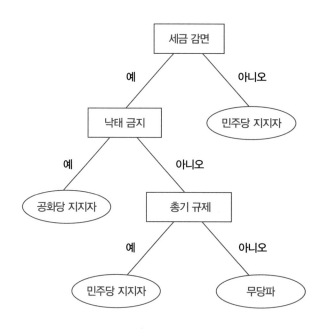

의사결정트리는 한 사례에 대하여 스무고개 놀이를 하는 것과 같다.

뿌리부터 시작해 각 지점에서 하나의 특성에 대한 값을 묻고 대답에 따라 이쪽 아니면 저쪽 가지로 나아간다. 잎사귀에 도달하면 예측된 개념이 나타난다. 뿌리에서 잎에 이르는 각 경로는 하나의 규칙에 대응한다. 당신이 이 설명을 듣고 고객 서비스 센터에 전화를 걸었을 때 통과해야 하는 여러 단계의 선택 과정을 떠올렸다면 그것은 우연이 아니다. 자동 전화의 선택 과정이 의사결정트리다. 전화선의 반대편에 있는 컴퓨터는 당신이 원하는 것을 파악하기 위해 스무고개 놀이를 하고 있으며 각 선택 메뉴가 스무고개의 질문 하나와 같다.

왼쪽 페이지의 의사결정트리에 따르면 당신은 공화당 지지자거나 민주당 지지자거나 무당파다. 당신은 둘 이상이거나 이 중에서 어느 쪽에도 속하지 않을 수 없다. 이런 특성을 가진 개념의 모음sets of concepts을 유형의 모음sets of classes이라 부르며, 이것을 예측하는 알고리즘이 분류기classifier다. 하나의 개념은 자연스럽게 두 개의 유형을 나타낸다. 개념 그 자신과 개념의 반대다(예를 들면 스팸메일과 일반 전자 우편). 분류기는 머신러닝에서 가장 널리 확산된 형태다.

의사결정트리는 분할 정복 알고리즘을 변형하여 만들 수 있다. 먼저 뿌리 단계에서 시험할 특성을 뽑는다. 다음은 각 가지로 내려가는 사례들에 집중하고 그 사례들을 시험할 특성을 뽑는다(예를 들면 세금 감면 찬성자와 낙태 반대자나 찬성자를 살펴본다). 우리가 유도한 새로운 단계마다 이런 일을 반복하여 한 가지에 속하는 모든 사례는 같은 유형이 되도록 한다. 같은 유형이 될 때 그 가지에 유형의 이름을 붙인다.

한 가지 핵심 질문은 '각 단계마다 시험할 가장 좋은 특성을 어떻게 뽑는가'이다. 정확하게 예측한 사례 수를 나타내는 정확도는 여기서 매우 좋은 기준은 아니다. 우리가 하고자 하는 일은 특정한 유형을 예측하는 것이 아니고 오히려 유형을 단계적으로 분리하여 각 가지를 '순수하게' 만드는 것이기 때문이다.

이런 상황은 정보 이론에서 다루는 엔트로피entropy 개념을 떠올린다. 사물이 모인 집합의 엔트로피는 무질서의 양을 나타낸다. 150명으로 구성된 집단에 공화당 지지자 50명, 민주당 지지자 50명, 무소속 50명이 있다면 이 집단의 정치 엔트로피는 최대다. 반면 모두 공화당 지지자라면 엔트로피는 0이다(정당 지지 상황만 본다면 그렇다). 그러므로 좋은 의사결정트리를 만들려면 각 가지에 포함되는 사례의 수로 가중치weight 를 주면서 모든 가지에 걸쳐 유형의 엔트로피가 평균적으로 가장 낮게 나오도록 하는 특성을 선택한다.

규칙을 유도하는 머신러닝 알고리즘과 마찬가지로 모든 학습 예제 training example 에 대하여 완벽하게 그 유형을 예측하는 의사결정트리의 유도를 원하지는 않는다. 그런 트리는 과적합이 될 가능성이 있기 때문이다. 이전처럼 과적합을 피하기 위하여 유의성 검정이나 트리의 크기에 벌점을 주는 방법을 사용할 수 있다.

특성치가 이산치라면 각 특성치마다 가지를 만드는 것은 괜찮지만 특성치가 연속치인 경우라면 어떠한가? 연속하는 변수의 모든 값에 가지를 만든다면 트리는 무한대로 커질 것이다. 간단한 해법은 엔트로피 관점에서 평가하여 소수의 핵심 기준값을 뽑고 이것들을 사용하는 것이다. 예를 들면 '환자의 체온이 섭씨 38도 이상인가, 미만인가?'라고 물을 수 있다. 이 질문의 답은 다른 증상과 합하여 환자가 감염되었는지 판단하기 위해 환자의 체온에 대해 알아야 하는 모든 정보일 것이다.

의사결정트리는 많은 분야에서 쓰인다. 처음에는 심리학에서 사용하다가 머신러닝에 적용되었다. 얼 헌트Earl Hunt와 그의 팀은 1960년대에 의사결정트리를 사용하여 사람이 새로운 개념을 획득하는 방법에 대한 모형을 만들었고, 그 후 헌트 교수의 대학원생이었던 존 로스 퀸란John Ross Quinlan이 체스 연구에 사용했다. 퀸란의 원래 목적은 킹과 룩이 남은 편과 킹과 나이트가 남은 편이 벌이는 종반전의 결과가 체스판에서 기물의 위치에 따라 어떻게 되는지 예측하는 것이었다. 처음에는 대단하지 않게 시작한 의사결정트리가 가장 널리 사용되는 머신러닝 알고리즘으로 성장했다. 그 이유를 찾는 것은 어렵지 않다. 의사결정트리는 이해하기 쉽고 빠르게 배울 수 있으며 지나치게 많은 미세 조정이 없어도 보통 매우 정확하기 때문이다. 퀸란은 기호주의학파에서 가장 유망한 연구자다. 전혀 동요하지 않는 성격이며 뼛속까지 호주 사람인 그는 매년 끈질기게 개선하고 논문을 아름다울 정도로 분명하게 써서 의사결정트리를 분류기 분야의 금본위로 만들었다.

당신이 무엇을 예측한다고 해도 누구인가 의사결정트리를 사용하여 예측할 확률이 높다. 마이크로소프트의 키넥트Kinect(마이크로소프트에서 개발한 동작 인식 게임 장치로 별도의 조정기 없이 사람의 신체와 음성을 감지해 TV 화면 안에 그대로 반영한다.—옮긴이)는 자체의 깊이 측정 카메라로 찍은 영상으로 사람 몸의 여러 부위 위치를 파악하기 위해 의사결정트리를 사용한다. 그리하여 몸의 움직임으로 엑스박스 게임기를 조정하게 해 준다. 2002년에 있었던 경연에서 의사결정트리는 대법원 판례를 네 개 중 세 개꼴로 정확하게 예측했다. 반면 전문가 집단이 정확하게 예측한 비율은 60퍼센트 이하였다. 이제 당신은 의사결정트리를 수천 명이

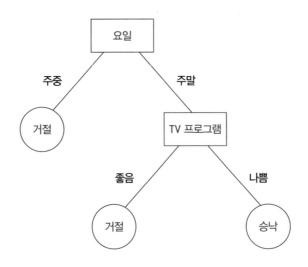

사용한다면 틀리지 않을 거라고 판단하여 데이트 신청을 하기 전에 여자 친구의 대답을 예측하는 의사결정트리를 그려 본다.

이 트리에 따르면 오늘 밤 여자 친구는 데이트를 수락하는 대답을 할 것이다. 당신은 깊이 숨을 들이마신 후 수화기를 들고 여자 친구에게 전화를 건다.

기호주의자의 믿음

기호주의자의 핵심 믿음은 모든 지성intelligence은 기호의 조작으로 귀결될 수 있다는 것이다. 수학자는 기호를 이리저리 옮기고 미리 정의된 규칙에 따라 기호를 다른 기호로 바꾸면서 방정식을 푼다. 연역을 수행하는 논리학자도 같다. 이런 가정에 따르면 지성은 구현되는 장소와 무관하다. 기호 조작을 칠판에 쓰면서 하든지, 트랜지스터를 켜고 끄면서 구현하든지, 신경세포를 발화시키든지, 팅커토이Tinkertoy(막대와 원형으로 구성된 조립식 장난감—옮긴이)를 가지고 놀면서 하든지 차이가 없다. 보편적 튜링 기계의 능력을 보유한 장치가 있다면 무엇이든 할 수 있다. 소프트웨어는 하드웨어에서 깨끗하게 분리할 수 있고, 당신의 관심사가 기계가 어떻게 학습할 수 있는지 파악하는 것이라면 새로운 PC를 사든지, 혹은 아마존의 클라우드 서비스를 이용하면 되니까 하드웨어를 걱정할 필요가 없다.

머신러닝 개발자 중에서 기호주의자는 기호를 조작하여 얻는 능력에 대한 믿음을 다른 컴퓨터과학자와 심리학자, 철학자와 공유한다. 심리학자인 데이비드 마르David Marr 는 모든 정보 처리 시스템은 뚜렷이 구분된 세 가지 단계를 연구해야 한다고 주장한다. 풀려는 문제의 기본 성질, 문제를 풀 때 사용하는 알고리즘과 표현 기법, 물리적으로 구현하는 방법 등 세 가지 단계가 있다. 예를 들어 덧셈은 어떻게 수행되는지와 상관없이 공리의 모음으로 정의할 수 있다. 숫자는 여러 가지 방법으로 표현할 수 있고(예를 들면 로마 숫자와 아라비아 숫자) 다른 알고리즘을 사용하여 더해질 수 있다. 이런 것은 주판이나 휴대용 전자계산기 혹은 매우 비효율적이지만 당신의 두뇌를 사용하여 실행할 수 있다. 학습은 우리가 마르의 단계에 따라 연구하면 성과를 낼 수 있는 인식 기능의 최고 사례다.

기호주의자의 머신러닝은 인공 지능의 지식공학학파에서 파생된 분파다. 지식 기반 시스템은 1970년대에 인상 깊은 성공을 거두고 1980년대에 급속히 확산되었다가 사라져 갔다. 주요 요인은 악명 높은 지식 획득 병목 현상knowledge acquisition bottleneck 때문이다. 전문가에게 지식을 얻어 내고 규칙으로 변환하는 작업은 그 자체가 너무 어렵고 노동집약적이며 실수를 범하기 쉽다. 예를 들어 환자의 과거 증상과 원인, 병의 진행 결과 등의 기록을 살펴보고 질병을 진단하는 법을 컴퓨터가 자동으로 학습하는 것이 의사들에게 끊임없이 문의하여 구축된 지식을 입력하는 방식보다 훨씬 쉽다는 것이 판명되었다. 갑자기 리사르드 미할스키와 톰 미첼, 존 로스 퀸란 같은 선구자들의 작업으로 새로운 돌파구가 열렸으며 기호주의는 그때부터 멈추지 않고 성장해 왔다(또 다른 중요한 문제는 지식 기반의 시스템이 불확실성을 다루는 데 어려움을 겪었다는 것이다. 제6장에서 이 문제를 더 다룬다).

기호주의자의 머신러닝은 그 기원과 지도 원리 때문에 다른 머신러닝 학파보다 머신러닝을 제외한 인공 지능 분야에 여전히 더 가깝다. 컴퓨터 과학을 대륙에 비유한다면 기호주의자의 머신러닝은 지식공학과 긴 경계선을 맞대고 있을 것이다. 지식은 양 방향으로 교류하여 손으로 입력한 지식은 머신러닝이 사용하고 머신러닝이 유도한 지식은 지식 데이터베이스에 더한다. 하지만 그 경계선은 합리주의자와 경험주의자를 구분하는 선과 일치하고 경계선을 넘는 일은 쉽지 않다.

기호주의는 마스터 알고리즘으로 가는 가장 짧은 길이다. 기호주의는 진화가 어떻게 일어나는지, 두뇌가 어떻게 작동하는지 파악하지 않아도 되며 베이즈주의의 복잡한 수학도 피한다. 규칙의 모음과 의사결정트리는 이해하기 쉬우며, 그래서 현재 머신러닝이 어디까지 학습했는지 알 수 있다. 덕분에 우리는 머신러닝이 옳은 부분과 틀린 부분을 쉽게 알 수 있으며 틀린 부분을 수정하여 머신러닝이 내놓은 결과를 쉽게 신뢰할 수 있다.

의사결정트리의 인기에도 불구하고 역연역법이 마스터 알고리즘을 구현하는 더 좋은 출발점이다. 역연역법은 지식을 쉽게 받아들여 처리하는 결정적인 특성이 있으며, 흄의 문제를 피하려면 이 특성이 필수적이다. 또한 규칙의 모음은 대다수의 개념을 표현할 때 의사결정트리보다 기하급수적으로 더 간단한 방법이다. 의사결정트리를 규칙의 모음으로 바꾸는 작업은 쉽다. 뿌리에서 잎에 이르는 가지는 하나의 규칙이고 더 이상의 추가 작업은 없다. 반면 규칙의 모음을 의사결정트리로 바꿀 때 최악의 경우 각 규칙을 작은 의사결정트리로 바꾸어야 하고, 그런 후 규칙 1의 잎을 규칙 2의 트리를 복사하여 교체해야 하고, 또 규칙 2를 복사한 모든 곳의 각 잎을 규칙 3의 트리를 복사하여 교체하는 등 계속 교체하면서 대규모로 확장된다.

머신러닝으로 역연역법을 수행시키는 것은 슈퍼 과학자를 보유하는 것과 같다. 이 슈퍼 과학자는 증거들을 체계적으로 살펴서 유도 가능한 지식을 평가하고 이 중 가장 강력한 지식을 모아 다른 증거들과 함께 사용하고 아직 발견되지 않은 더 많은 가설들을 만들어 내며 이 모든 작업을 컴퓨터의 속도로 해낸다. 적어도 기호주의자들의 취향에 역연역법은 깔끔하고 아름답다. 반면 역연역법은 심각한 결점이 있다. 가능한 추론의 가짓수가 방대하여 초기의 지식에 가깝게 머물지 않으면 망망대해에서 조난당하기 쉽다. 역연역법은 잡음에 쉽게 오류를 일으킨다. 전제나 결론 자체가 틀렸다고 한다면 어떤 것이 연역 과정에서 빠졌는지 어떻게 파악하겠는가? 가장 심각한 것은 실제 개념은 규칙의 모음으로 간결하게 정의되는 일이 거의 없다는 사실이다. 실제 개념은 흑이거나 백이 아니다. 그 사이에 넓은 회색 지대가 존재한다. 예를 들어 스팸메일이나 아닌 것 사이에도 다양한 전자 우편이 있다. 그러한 것들을 다루려면 분명한 그림이 보일 때까지 중요도를 달리 평가하고 작은 증거를 많이 모아야 한다. 병을 진단할 때 다양한 증상 중에서 어느 한 증상은 더 중요하게 여겨야 하는 경우도 있고 증거가 충분하지 않은 상황에서도 결정을 내려야 할 경우도 있다. 어느 누구도 고양이 영상의 화소를 하나 하나 보는 것으로 고양이를 인식하는 규칙의 모음을 만들어 내는 데 성공하지 못했다. 앞으로도 성공하는 사람은 없을 것이다.

특히 연결주의자는 기호주의자의 학습 방법에 매우 비판적이다. 연결주의자에 따르면 논리 규칙으로 정의할 수 있는 개념은 빙산의 일각에 불과하다. 형식적인 추론이 볼 수 없는 많은 일이 수면 아래에서 진행되고 있다. 마치 우리 마음에서 일어나는 일은 대부분 무의식으로 일어나는 것과 같다. 당신은 몸이 없는 자동 로봇 과학자를 만들어 그것이 의미 있는 산출을 낼 거라고 기대할 수 없다. 당신은 먼저 실제 두뇌와 같이 실제 감각 기관 같은 센서를 연결해 주고 실제 세상에서 성장하게 하고 때때로 발가락을 찧는 일도 해 주어야 할 것이다. 어떻게 그런 두뇌를 만들 것인가? 경쟁자를 역공학으로 모방해 보자. 자동차를 역공학으로 모방하려면 후드 아래를 들여다보아야 한다. 당신이 두뇌를 역공학으로 모방하려면 머릿속을 들여다보아야 한다.

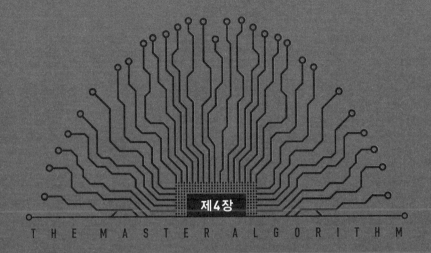

THE MASTER ALGORITHM

우리 두뇌는
어떻게 학습하는가

연결주의자의 머신러닝

헵의 규칙Hebb's rule 이라고 알려진 것은 연결주의에서 주춧돌 구실을 한다. 사실 이 학파의 이름은 '지식이란 신경세포neuron 사이의 연결에 있다'는 그들의 믿음에서 유래한다. 캐나다 출신의 심리학자 도널드 헵Donald Hebb은 1949년 발간된《행동의 조직》The Organization of Behavior에서 말했다. "신경세포 A의 축색돌기가 신경세포 B에 가까이 있고 반복해서 혹은 꾸준히 B의 발화에 참여한다면, 한쪽이나 양쪽 세포에서 어떤 성장 과정이나 신진대사의 변화가 발생하여 B를 발화시키는 세포들 중 하나로서 A세포의 효율성은 증가된다." 이것은 '함께 발화하는 신경세포는 함께 묶여 있다'라는 말로 표현된다.

헵의 규칙은 적당한 추측으로 심리학과 신경과학의 착상들을 합해 놓은 것이다. 결합association 으로 학습하는 것은 로크와 흄에서 시작하여 존 스튜어트 밀에 이르는 영국 경험론자들이 좋아하는 주제다. 윌리엄 제임스William James 는 《심리학의 원리》Principles of Psychology 에서 헵의 규칙과 놀랄 정도로 유사한 결합의 일반 원리를 명확하게 밝혔다. 여기서 신경세포는 두뇌의 작동 과정으로 대체되고, 발화 효율firing efficiency 은 흥분의 전달로 대체된다. 거의 같은 시기에 스페인의 위대한 신경과학자인 산티아고 라몬 이 카할Santiago Ramón y Cajal은 두뇌를 자세하게 관찰한 최초의 데이터를 만들고 있었다. 그는 얼마 전에 발명된 골지의 방법Golgi method을 사용하여 개별 신경세포를 염색하고 식물학자가 새로운 종류의 나무를 분류하는 것처럼 자신이 관찰한 것을 목록으로 만들었다. 헵이 활동할 당시 신경과학자들은 신경세포가 작동하는 원리를 어느 정도 이해했지만 신경세포의 연결 방식을 처음으로 제안한 사람은 헵이었다.

기호주의자의 학습에서는 기호와 그 기호가 나타내는 개념 사이에 1대 1의 대응이 있다. 이와 대조적으로 연결주의자의 개념 표현은 여러 곳에 흩어져 있다. 각 개념은 많은 신경세포로 나타내고 각 신경세포는 다른 많은 개념을 나타내는 데도 참여한다. 서로 흥분시키는 신경세포들은 헵이 말하는 세포 모임cell assembly을 형성한다. 개념과 기억은 두뇌에서 세포의 모임으로 나타낸다.

이런 모임의 각각은 두뇌의 여러 부위와 연결된 신경세포들을 포함할 수 있고 다른 모임들과 겹칠 수도 있다. '다리'라는 말과 관련된 신경세포의 모임은 '발'이라는 말과 관련된 신경세포 모임을 포함하고 '발'에 관련된 신경세포 모임은 발의 영상과 발이라는 말의 소리와 관련된 신경세포 모임을 포함한다. 기호주의 시스템에 '뉴욕'이라는 개념이 어디에 표현되느냐고 묻는다면 개념이 저장된 기억 장소의 정확한 위치를 가리킬 수 있다. 연결주의 시스템은 '개념은 모든 곳에 조금씩 저장되어 있다'라고 대답한다.

기호주의자 학습과 연결주의자 학습의 차이점은 기호주의는 순차적인sequential 반면 연결주의는 동시적parallel이라는 점이다. 역연역법에서 우리는 전제에서 목표 결론에 이르기 위해 필요한 규칙을 한 번에 한 단계씩 파악했다. 연결주의자 모형에서 모든 신경세포는 헵의 규칙에 따라 동시에 학습한다. 이 점이 컴퓨터와 두뇌의 특성이 다른 부분이다. 컴퓨터는 두 숫자를 더하거나 혹은 스위치를 점멸하거나 모든 일을 한 번에 하나의 작은 단계씩 처리하며, 이런 방식 때문에 무엇이라도 유용하게 일을 처리하려면 많은 단계를 거쳐야 한다. 대신 이러한 단계들은 트랜지스터가 초당 수십억 번씩 켜지고 꺼질 수 있기 때문에 매우 빠르게 처리된다.

이와 대조적으로 두뇌는 동시에 수십억의 신경세포가 작동하며 많은 계산을 수행한다. 하지만 신경세포는 1초에 기껏해야 1000번 정도 발화할 수 있기 때문에 각 계산이 느리다.

컴퓨터에 있는 트랜지스터의 수는 인간 두뇌의 신경세포 수를 따라잡고 있지만 두뇌는 연결 수에서 월등히 앞선다. 마이크로프로세서에서 트랜지스터는 보통 서너 개의 다른 트랜지스터하고만 직접 연결되고, 평면 반도체 기술의 한계 때문에 컴퓨터의 능력이 많이 제한된다. 이와 대조적으로 신경세포에는 수천 개의 신경접합부가 있다. 당신이 거리를 걷다가 아는 사람을 만난다면 그 사람을 알아차리는 데 10분의 1초 정도밖에 걸리지 않는다. 신경세포의 상태 변화 속도로 볼 때 100개 정도의 단계를 간신히 처리하는 시간이지만 이 100가지 단계로 당신의 두뇌는 전체 기억을 살펴보고 최적으로 맞는 것을 찾고 이것을 새로운 상황(다른 옷, 다른 조명, 그 외 다른 조건 등)을 고려하여 판단할 수 있다. 두뇌의 각 처리 과정은 매우 복잡하고 여러 곳에 분포한, 표현과 관련된 많은 정보를 처리해야 할 수도 있다.

그렇다고 우리가 두뇌를 컴퓨터로 모의시험할 수 없다는 것은 아니다. 결국 그것은 연결주의자의 알고리즘이 하는 일이다. 컴퓨터는 보편적인 튜링 기계이기 때문에 시간과 기억 용량을 충분히 제공한다면 다른 것들과 마찬가지로 두뇌의 계산brain's computation도 컴퓨터 모의시험으로 구현할 수 있다. 특히 컴퓨터는 1000개의 연결을 모의시험하는 것을 한 개의 연결을 1000번 반복하는 방법을 통해 부족한 연결 수lack of connectivity를 속도로 만회할 수 있다. 사실 두뇌와 비교하여 컴퓨터의 주된 제한 사항은 에너지 소비량이다. 두뇌가 작은 전등 하나를 켤 정도의 전력만 사용한다면 슈퍼컴퓨터 왓슨에 공급되는 전력량으로는 사무실 건물의 전등을 모두 켤 수 있다.

더구나 두뇌를 모의실험하려면 헵의 규칙보다 더 많은 지식을 알아야 한다. 두뇌가 어떻게 만들어지는가를 이해해야 한다. 각 신경세포는 작은 나무와 같아서 엄청난 수의 뿌리 같은 수상돌기와 가늘고 구불구불한 줄기 같은 축색돌기로 되어 있다. 두뇌는 이러한 나무가 수십억 그루 모인 숲과 같다.

하지만 이런 나무에는 특이한 점이 있다. 각 나무의 가지는 다른 수천 그루 나무의 뿌리와 연결되는 신경접합부가 있어 당신이 이제까지 보지 못한 대규모의 헝클어진 모습이다. 신경세포에 연결된 축색돌기는 짧은 것도 있고 대단히 긴 것도 있어서 두뇌의 한쪽 끝에서 다른 쪽 끝까지 연결하기도 한다. 두뇌에 있는 모든 축색돌기를 한 줄로 연결해 놓으면 지구에서 달까지 닿는다.

이 정글은 전기로 치직거린다. 전기 방전은 나무줄기를 타고 이동하여 주위의 다른 나무에 더 많은 전기 방전을 일으킨다. 때때로 정글 전체가 광란 상태로 흥분했다가 다시 안정 상태로 되돌아온다. 당신이 발가락을 꼼지락꼼지락 움직일 때는 활동 전위action potential라 부르는 전기 방전이 연이어 일어나 척수와 발을 지나 발가락 근육에 도착하여 근육이 움직이도록 명령한다. 동작 중인 두뇌는 이러한 전기 방전의 교향곡이다. 당신이 두뇌 속에 앉아서 이 책을 읽는 동안 무슨 일이 일어나는지 관찰할 수 있다면 가장 복잡한 공상과학의 대도시조차도 당신이 마주할 광경에 비한다면 태평스러워 보일 것이다. 결국 이런 신경세포 발화의 지극히 복잡한 형태가 나타내는 것이 바로 당신의 의식이다.

헵의 시대에는 신경접합부의 변화에 대한 분자생물학적 현상을 파악하는 것은 고사하고 신경접합부의 결합 세기나 변화를 측정하는 수단이 없었다. 지금 우리는 시냅스 전 신경세포가 발화한 후 시냅스 후 신경세포가 발화할 때 신경접합부가 자라는(혹은 형태가 새롭게 바뀌는) 것을 안다. 다른 모든 세포처럼 신경세포도 세포 안과 밖의 이온 농도가 다르며 이 때문에 세포막을 사이로 전위차가 생긴다. 시냅스 전 신경세포가 발화할 때 작은 주머니에서 신경 전달 물질 분자가 신경접합부의 갈라진 틈으로 방출된다. 이로 인해 시냅스 후 신경세포의 세포막 통로가 열리고 염소 이온과 나트륨 이온이 들어오며 그 결과 세포막 사이의 전압이 바뀐다. 만약 충분한 수의 시냅스 전 신경세포들이 짧은 시간동안 함께 발화하면, 전압이 갑자기 치솟고 활동 전위는 시냅스 후 신경세포의 축색돌기를 타고 전달된다. 이것 때문에 이온 통로의 반응도가 더 높아져서 새로운 통로가 나타나고 신경접합부를 강화한다. 우리가 아는 최대 지식의 범위에서 이것이 신경세포가 학습하는 방법이다.

다음 단계는 이 학습 방법을 알고리즘으로 바꾸는 것이다.

퍼셉트론의 성장과 쇠퇴

신경세포의 첫 공식 모형은 워렌 맥컬록Warren McCulloch과 월터 피츠Walter Pitts가 1943년 발표했다. 그것은 컴퓨터를 만드는 논리 게이트 회로와 많이 닮았다. 논리합 회로OR gate는 입력 중에 하나라도 켜지면 출력이 켜지고, 논리곱 회로AND gate는 모든 입력이 켜져야 출력이 켜진다. 맥컬록-피츠 신경세포는 활성화된 입력의 수가 일정한 한계점을 넘으면 켜진다. 한계점이 1이면 신경세포는 논리합 회로처럼 작동한다. 한계점이 입력의 수와 같으면 신경세포 모형은 논리곱 회로로 작동한다. 이에 더하여 맥컬록-피츠 신경세포는 다른 신경세포가 켜지는 것을 막을 수도 있다. 이는 억제성 신경세포나 부정 논리 회로NOT gate를 모형화한 것이다. 그리하여 신경세포망은 컴퓨터가 하는 모든 동작을 수행할 수 있다. 초기에 컴퓨터를 전자 두뇌라고 불렀는데 단지 비유에 불과한 것이 아니다.

맥컬록-피츠 신경세포가 하지 못하는 것은 학습이다. 신경세포 사이의 연결에 가변 가중치variable weight를 부여해야 하는데 그 결과 퍼셉트론 Perceptron(두뇌의 인지 능력을 모방하도록 만든 인위적 네트워크—옮긴이)이라 불리는 것이 탄생했다. 퍼셉트론은 1950년 말 코넬연구소 심리학자인 프랭크 로젠블랫Frank Rosenblatt이 발명했다. 활기 넘치는 카리스마 연설가 로젠블랫은 머신러닝의 초창기를 개척할 때 누구보다 많은 일을 했다. 퍼셉트론이라는 이름은 그의 모형을 음성, 문자 인식 등 지각perception과 관련된 일에 적용하려는 관심에서 나왔다. 그는 속도가 매우 느렸던 소프트웨어에서 퍼셉트론을 구현하기보다는 자신이 직접 장치를 만들었다. 가중치는 밝기를 조절하는 전등 스위치를 만들 때 사용하는 것과 같은 가변저항기로 구현하고, 학습과 관련된 가중치 조절은 저항기의 손잡기를 돌리는 전기 모터로 수행했다(구닥다리 같지만 지금 첨단 기술 이야기를 하는 것 맞다!).

퍼셉트론에서 가중치의 양수값은 흥분성 연결excitatory connection을 나타내고 가중치의 음수값은 억제성 연결inhibitory connection을 나타낸다. 퍼셉트론은 입력들의 가중치 합이 한계값을 넘으면 1을 출력하고 넘지 않으면 0을 출력한다. 우리는 가중치와 한계값을 조절함으로써 퍼셉트론이 수행하는 기능을 바꿀 수 있다. 물론 이런 동작은 신경세포가 작동하는 세부 사항을 많은 부분 무시하지만 우리는 가능한 한 상황을 단순하게 유지하기 원한다. 우리의 목적은 범용 머신러닝 알고리즘을 개발하는 것이지 두뇌의 실제 모형을 구현하는 게 아니다. 훗날 우리가 무시한 세부 사항이 중요한 것으로 판명되면 그때 가서 고려하면 되는 것이다. 하지만 상황을 단순하게 만든 추상화에도 불구하고 우리는 이 모형의 구성 요소와 신경세포의 구성 요소가 어떻게 관련되는지는 여전히 알 수 있다.

신경세포 입력의 가중치가 높을수록 이 가중치를 가진 신경접합부의

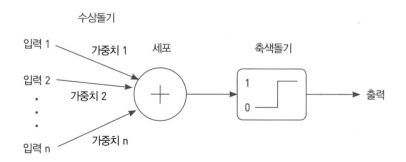

연결 정도는 더 강하다. 신경세포 몸체는 가중치가 적용된 입력들을 모두 더하고 축색돌기는 더한 입력에 대하여 계단함수를 적용한다. 앞 페이지의 그림에서 축색돌기를 나타내는 상자는 계단함수의 그래프를 보여 준다. 입력값이 낮으면 0을 출력하다가 입력이 한계값에 도달하면 바로 1을 출력한다.

두 개의 연속치 입력 x, y가 있는 퍼셉트론을 살펴보자(다른 말로 하면 x와 y는 단지 0과 1뿐만 아니라 어떠한 값도 될 수 있다). 그러면 각 예시는 평면의 한 점으로 표현되고 긍정적인 예(퍼셉트론이 1을 출력하는 예)와 부정적인 예(0을 출력함)의 경계는 직선이다.

직선인 까닭은 가중치 합이 한계값과 정확히 같아지는 점들의 집합이 경계이고 가중치 합은 선형함수이기 때문이다. 예를 들어 x의 가중치가 2이고 y의 가중치가 3이고 한계값이 6이면 경계는 방정식 2x+3y=6으로 정해진다. x=0이고 y=2인 점은 경계선 위에 있고 경계선 위에 계속 있으려면 두 계단 아래로 내려갈 때마다 오른쪽으로 3계단 가서 y에서

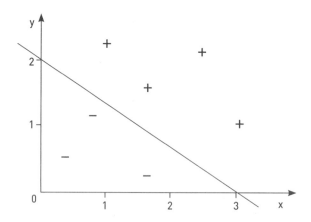

잃은 손실을 x에서 얻은 이득으로 보충해야 한다. 이렇게 얻은 점들은 직선을 이룬다.

퍼셉트론의 가중치는 어떻게 정할까? 모든 긍정적인 예가 한쪽에 오고 부정적인 예는 다른 쪽에 몰릴 때까지 경계선의 방향을 바꾼다. 1차원에서 경계는 점이고 2차원에서는 직선, 3차원에서는 평면, 3차원보다 높은 차원에서는 초평면hyperplane이다. 초공간hyperspace에서 사물을 시각화하는 것은 어렵지만 수학은 똑같은 방식으로 작동한다. n차원에는 n개의 입력이 있고 퍼셉트론에는 n개의 가중치가 있다. 퍼셉트론이 발화할지 안 할지를 결정하기 위하여 각 가중치를 해당 입력과 곱하고 이들을 합하여 한계값과 비교한다.

모든 입력이 1이라는 가중치를 가지고 한계값이 입력 수의 절반일 경우 입력의 절반 이상이 발화하면 퍼셉트론이 발화한다. 다른 말로 하면 퍼셉트론은 다수가 이기는 작은 국회와 같다(의원을 1000명까지 보유할 수 있으므로 사실 그렇게 작지 않다). 하지만 보통 모든 의원의 투표권이 같은 효력을 지니지 않기 때문에 완전히 민주적인 것은 아니다. 신경망neural network은 소수의 가까운 친구들이 페이스북 친구 1000명 이상보다 중요한 사회관계망과 더 비슷하다.

그래서 당신에게 가장 많은 영향을 미치는 친구가 가장 신뢰하는 친구다. 친구가 추천한 영화가 좋았다면 당신은 다음번에도 그 친구의 추천을 따를 것이다. 반면에 당신이 좋아하지 않는 영화에 대하여 입이 마르도록 칭찬한다면 그 친구의 의견을 무시해 버릴 것이다(우정도 약간은 시들해지지 않을까).

이것이 로젠블랫의 퍼셉트론 알고리즘이 가중치를 구하는 방법이다.

인지신경학자cognitive neuroscientist들이 가장 좋아하는 사고 실험인 할머니 세포grandmother cell를 생각해 보자. 할머니 세포란 당신의 두뇌에 있는 신경세포로서 할머니를 볼 때마다 발화하고 다른 때는 발화하지 않는다. 할머니 세포가 실제로 존재하는가는 아직 밝혀지지 않았지만 머신러닝에 사용하기 위하여 설계해 보자. 퍼셉트론이 당신의 할머니를 인식하는 법은 다음과 같다. 세포의 입력들은 영상의 화소거나 화소와 연관된 특징에 할당하는 값으로, 예를 들면 갈색 눈이면 1이고 아니면 0을 갖는다. 학습을 시작할 때, 특징과 신경세포를 잇는 모든 연결은 태어날 때 두뇌의 신경접합부에 할당되는 것처럼 임의의 작은 가중치가 할당된다. 이제 우리는 퍼셉트론에게 여러 가지 영상을 보여 준다. 어느 것은 할머니의 영상이고 다른 것은 아니다. 퍼셉트론이 할머니의 영상을 보고 발화한다면 혹은 다른 영상을 보고는 발화하지 않는다면 학습을 할 필요가 없다(망가지지 않았다면 고치지 마라). 하지만 퍼셉트론이 할머니의 영상을 볼 때 발화하지 못한다면 입력의 가중치 합을 더 높여야 한다는 것을 의미하므로 퍼셉트론이 발화하도록 입력의 가중치를 높인다(할머니의 눈이 갈색이라면 이 특성의 가중치를 높인다). 반대로 퍼셉트론이 발화하지 않아야 할 때 발화하면 활성 입력의 가중치를 낮춘다.

학습이 필요한 이유는 오류를 해결하기 위해서다. 시간이 지나면 할머니를 나타내는 특징들은 높은 가중치를 얻고 그렇지 않은 특징들은 낮은 가중치를 얻는다. 일단 퍼셉트론이 할머니를 볼 때마다 발화하고 그때만 발화하면 학습은 종료된다.

퍼셉트론은 많은 흥분을 불러일으켰다. 간단하지만 예제들을 통해 수행한 학습만으로 인쇄된 글자와 음성을 인식할 수 있었다. 코넬연구소의 로젠블랫 팀은 긍정적인 예와 부정적인 예를 나누는 초평면이 존재한다면 퍼셉트론이 이 초평면을 발견할 수 있다는 것을 증명했다. 로젠블랫 팀은 두뇌가 학습하는 원리를 밝혀내는 일이 손에 닿을 듯이 보였고, 그것으로 강력한 범용 머신러닝을 구현할 수 있을 것 같았다.

하지만 퍼셉트론은 곧 한계에 부딪혔다. 지식공학자들은 로젠블랫의 주장이 거슬렸고 모든 관심과 신경망의 연구비, 특히 퍼셉트론을 부러워했다. 지식공학자인 마빈 민스키는 로젠블랫의 브로닉스과학고등학교 동창이고 그 당시에는 MIT에서 인공 지능 연구 집단을 이끌고 있었다(알궂게도 그의 박사 학위 논문이 신경망에 관한 것이었지만 이에 대한 실망이 커져 갔다). 1969년 민스키와 세이모어 패퍼트Seymour Papert는 《퍼셉트론즈》Perceptrons를 발간했다. 이 책은 퍼셉트론이 학습하지 못하는 간단한 일들을 줄줄이 들며 제목으로 내세운 퍼셉트론 알고리즘의 단점을 상세하게 설명했다. 가장 간단한 그래서 가장 곤란하게 만드는 것은 배타적 논리합, 즉 XOR 기능을 구현하지 못하는 것이었다.

배타적 논리합은 입력의 하나만 진실일 때 진실로 출력하고 둘 다 진실일 때는 거짓으로 출력한다. 예를 들어 나이키의 가장 충성스런 고객이 10대 소년과 중년 여성이라고 하자. 다른 말로 하면 젊음과 여성의 배타적 논리합의 계산 결과가 참이면 당신은 나이키를 산다는 것이다. 젊으면 구매하고 여성이면 구매하지만 둘 모두 해당되면 구매하지 않는다. 또한 당신이 젊지도 않고 여성도 아니면 나이키 광고의 유력한 대상이 아니다. 배타적 논리합의 문제는 하나의 직선으로는 긍정적인 예와 부정적인 예를 나눌 수 없다는 점이다.

다음 그림은 실패한 두 후보의 해답을 보여 준다.

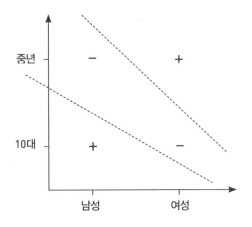

퍼셉트론은 선형 경계linear boundary만 학습할 수 있기 때문에 배타적 논리합은 배울 수 없다. 이 일조차 할 수 없다면 퍼셉트론은 두뇌가 학습하는 방법을 밝히는 좋은 모형이 아니거나 마스터 알고리즘의 가능성이 있는 후보도 아니다.

하지만 퍼셉트론은 단 하나의 신경세포 학습을 모형화한다. 민스키와 패퍼트는 서로 연결된 신경세포의 여러 층이 더 많은 것을 할 수 있다고 인정했지만, 두 사람은 그렇게 학습하는 방법을 발견하지 못했다. 어느 누구도 하지 못했다. 문제는 출력 층에 있는 신경세포가 일으킨 오류를 줄이기 위하여 숨겨진 층들에 있는 신경세포의 가중치를 바꾸는 명확한 방법이 없다는 점이다. 숨겨진 모든 신경세포는 복수의 경로를 통하여 출력에 영향을 미치고 모든 오류는 이를 낳는 1000개의 원천이 있다. 이 중 무엇을 탓해야 하나? 역으로 정확한 출력은 누구의 공로인가? 이런 신뢰 할당 문제credit- assignment problem는 복잡한 모형을 얻어 낼 때마다 나타나는 문제이고 머신러닝의 핵심 문제다.

퍼셉트론은 수학적으로만 보면 나무랄 데 없다. 즉 명료성은 눈이 부시지만 효과는 형편없다. 그 당시 머신러닝은 신경망과 관련되어 있었고, 연구자 대부분(자금제공자는 물론이고)이 지능을 갖춘 시스템을 구축하는 유일한 방법은 외부에서 프로그램을 짜 넣는 것이라고 결론지었다. 그 후 15년 동안 지식공학자는 무대의 중앙을 차지하려 했고 머신러닝은 역사의 잿더미에 처박힌 듯 보였다.

물리학자가 유리로 두뇌를 만들다

머신러닝의 역사가 할리우드 영화라면 악당은 마빈 민스키다. 그는 백설공주에게 독사과를 주어 가사 상태에 빠뜨린 사악한 왕비다(1988년에 쓴 에세이에서 세이모어 패퍼트는 농담조로 자신을 왕비가 백설공주를 죽이라고 보낸 사냥꾼에 비유했다). 백마 탄 왕자는 칼텍Caltech의 물리학자인 존 홉필드John Hopfield다. 1982년 홉필드는 통계물리학자에게 많은 사랑을 받은 이색적인 물질인 스핀유리와 두뇌 사이에 존재하는 놀랄 만한 유사성을 발견했다. 이로써 연결주의자의 부흥이 시작되었고, 몇 년 후 신뢰 할당 문제를 해결하는 최초의 알고리즘을 발명하면서 절정에 달했으며, 머신러닝이 인공 지능 분야에서 지배적인 패러다임으로 지식공학을 대체하는 새로운 시대가 열렸다.

　스핀유리는 유리 같은 성질을 지니고 있지만 실제로 유리가 아니라 자성 물질이다. 모든 전자는 스핀 때문에 작은 자석이며 스핀은 위쪽 혹은 아래쪽을 가리킨다. 철 같은 물질에서 전자의 스핀은 한 방향으로 정렬하려는 경향이 있다. 아래쪽 스핀을 지닌 전자가 위쪽 스핀을 지닌 전자에 둘러싸인다면 아래쪽 스핀을 지닌 전자는 위쪽 스핀을 가진 전자로 스핀이 바뀔 것이다. 철 덩어리의 스핀들이 대부분 한 방향으로 정렬하면 자석이 된다. 보통의 자석에서 주위 스핀들 사이 상호작용의 세기는 모든 짝에 대해 같지만 스핀유리는 상호작용의 세기가 다를 수 있다. 음의 상호작용이 나타나기도 하여 주위의 스핀들을 반대 방향을 향하게 만든다. 보통 자석의 에너지는 모든 스핀이 정렬되었을 때 가장 낮은 상태이지만 스핀유리에서는 그렇게 단순하지 않다. 사실 스핀유리의 가장 낮은 에너지 상태를 찾는 일은 어려운 최적화 문제가 모조리 귀결되는 NP-완전 문제다.

이러한 사유로 스핀유리는 전 범위에서 가장 낮은 에너지 상태로 반드시 안정화되지는 않는다. 빗물이 바다에 도달하는 대신 호수로 흘러가는 경우도 있듯이 스핀유리는 전체 범위의 최소 상태로 다가가는 대신 국소 최소점local minimum에 도착하기도 한다. 국소 최소점은 스핀을 변경하여 도달할 수 있는 어떤 상태보다도 낮은 에너지 상태다.

홉필드는 스핀유리와 신경망 사이의 흥미로운 유사성을 발표했다. 전자의 스핀은 신경세포와 많이 비슷하게 주변의 행동에 반응한다. 전자는 이웃의 가중치 합이 한계값을 넘으면 스핀을 위쪽으로 바꾸고 그렇지 않으면 아래쪽으로 바꾼다(혹은 그대로 유지한다). 이런 사실에 영감을 얻어 홉필드는 스핀유리의 방식대로 시간에 따라 변하는 신경망을 정의하고 신경망의 최소 에너지 상태가 기억이라고 상정했다. 그러한 각 상태마다 초기 상태들이 수렴되는 '끌림 영역'basin of attraction이 있고 이런 식으로 신경망은 패턴 인식을 할 수 있다. 예를 들어 기억 중 하나가 숫자 9

에 따라 형성된 흑백 화소들의 모양이고 신경망이 비뚤어진 9를 본다면 이 9는 이상적인 9에 수렴되고 신경망이 인식할 것이다. 갑자기 많은 물리 이론을 머신러닝에 적용할 수 있게 되었고, 통계물리학자들이 물밀듯이 이 분야로 몰려들어 신경망이 이전에 처박혀 있던 국소 최소점에서 빠져나오도록 도왔다.

하지만 스핀유리는 여전히 두뇌의 매우 비현실적인 모형이다. 예를 들면 스핀 상호작용은 대칭적이지만 두뇌 신경세포들 사이의 연결은 대칭적이지 않다. 또 다른 큰 문제는 홉필드의 모형이 실제 신경세포가 통계적이라는 사실을 무시한 점이다. 실제 신경세포는 입력들의 함수로서 결정론적으로 켜지거나 꺼지지 않고 오히려 입력의 가중치 합이 증가하면 신경세포가 발화할 가능성이 더 커지지만 확실한 것은 아니다. 1985년 데이비드 애클리David Ackley와 제프 힌튼Jeff Hinton, 테리 세이노브스키Terry Sejnowski는 홉필드가 밝혀낸 신경망의 결정론적 신경세포를 확률론적 신경세포로 교체했다. 신경망의 여러 상태는 일정한 확률로 분포하고 더 높은 에너지 상태는 더 낮은 에너지 상태보다 기하급수로 확률이 작다. 사실 신경망이 특정한 상태에 있을 확률은 열역학에서 잘 알려진 볼츠만 분포Boltzmann distribution를 따르기 때문에 자신들의 신경망을 볼츠만 기계라고 불렀다.

볼츠만 기계는 감각seneory 신경세포와 은닉hidden 신경세포가 혼합되어 있다(예를 들면 각각 망막과 두뇌랑 비슷하다). 볼츠만 기계는 사람과 똑같이 교대로 깨었다가 잠이 들었다가 하면서 학습한다. 깨어 있는 동안 감각 신경세포는 데이터가 지시하는 대로 발화하고, 은닉 신경세포는 신경망의 동적 상태와 감각 입력에 따라 점진적으로 바뀐다. 예를 들어 신경망에 9라는 영상을 보여 주면 영상의 검은 화소에 대응하는 신경세포는 켜지고 나머지는 꺼지며 은닉 신경세포는 화소값에 주어진 볼츠만 분포에 따라 무작위로 발화한다. 잠을 자는 동안 볼츠만 기계는 감각과 은닉 신경세포가 자유롭게 작동하게 놓아두고 꿈을 꾼다. 새로운 날이 밝기 바로 전에 볼츠만 기계는 꿈을 꾸는 동안 보였던 상태의 통계값들을 어제 활동과 비교하고 연결에 할당된 가중치를 변경하여 그 값들이 일치하도록 한다. 만약 두 신경세포가 낮 동안에 함께 발화하는 경향이 있고 자는 동안에는 덜 발화하면 그들의 연결에 대한 가중치는 올라간다. 그 반대면 가중치는 내려간다. 매일 이렇게 하면 감각 신경세포 사이의 예측된 상관성이 점진적으로 발전하여 실제와 일치한다. 이 시점에서 볼츠만 기계는 데이터를 설명하는 훌륭한 모형을 배우고 신뢰 할당 문제를 효과적으로 해결한다.

제프 힌튼은 그다음 10여 년 동안 볼츠만 기계의 여러 가지 변형을 만드는 시도를 계속했다. 심리학자에서 컴퓨터과학자로 변신했고, 모든 디지털 컴퓨터에서 사용하는 논리 연산의 발명가인 조지 부울George Boole 의 손자의 손자인 힌튼은 전 세계 연결주의자의 지도자다. 그는 누구보다 오랫동안 그리고 열심히 두뇌가 어떻게 작동하는가를 이해하려고 노력했다. 그는 어느 날 집에 들어오면서 대단히 흥분하여 "내가 해냈다고! 두뇌가 어떻게 작동하는지 알아냈다고!"라고 소리쳤다. 딸의 대답은 "아, 아빠, 제발 그만 하세요!"였다. 힌튼이 최근 열정을 쏟는 대상은 딥 러닝deep learning(컴퓨터가 스스로 데이터를 이용하여 사람처럼 스스로 학습할 수 있도록 인공 신경망을 기반에 두고 구현한 머신러닝 기술—옮긴이)이다. 딥 러닝은 이 장의 뒷부분에서 다룰 것이다. 그는 역전파의 개발에도 참여했

180

다. 역전파는 신뢰 할당 문제를 해결하는 일에 볼츠만 기계보다 더 나은 알고리즘이며 다음에 살펴볼 것이다. 볼츠만 기계는 신뢰 할당 문제를 이론으로는 풀 수 있지만 실제로는 학습이 매우 느리고 어려움이 많아 응용 분야에 적용하기에는 대부분 비실용적이다. 다음 돌파구는 또 다른 과도 단순화 문제oversimplification를 제거하는 것과 관련되어 있다. 과도 단순화 문제는 맥컬록과 피츠까지 거슬러 올라간다.

세상에서 가장 중요한 곡선

신경세포는 주변과 관련하여 단 두 가지 상태 중 하나에 있을 수 있다. 즉 발화하거나 발화하지 않는다. 그런데 이런 식으로만 생각하면 미묘하지만 중요한 사실을 놓치고 만다. 활동 전위는 유지 시간이 짧다. 뾰족한 모양의 전압 파형voltage spike은 1초의 몇 분의 1 정도의 짧은 시간 동안 유지되며 곧 휴식 상태로 되돌아간다. 하나의 뾰족한 전압 파형은 수신 신경세포에 영향을 거의 주지 못한다. 수신 신경세포를 깨우려면 뾰족한 전압 파형 여러 개가 가깝게 붙어서 연이어 도달해야 한다. 일반적인 신경세포는 자극이 없을 때 가끔 뾰족한 전압 파형을 내보내다가 자극이 쌓이면 더욱더 자주 뾰족한 전압 파형을 발생시키고, 발휘할 수 있는 최대의 속도에 도달하면 자극을 더 주어도 파형의 발생 속도는 더 이상 빨라지지 않는다.

신경세포는 논리 회로보다는 전압 주파수 변환기와 더 비슷하다. 전압에 따른 주파수의 곡선은 다음의 그림과 같다.

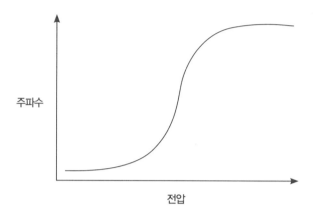

S자를 옆으로 길게 늘인 것같이 보이는 이 곡선은 다양한 이름으로 알려졌는데 지수함수, 시그모이드 곡선 혹은 S자 곡선이라 부른다. 세상에서 가장 중요한 곡선이므로 꼼꼼히 살펴보기를 권한다. 처음에는 입력이 커지면 출력이 천천히 증가하는데 아주 천천히 증가하여 일정한 값을 유지하는 것으로 보인다. 그러다가 더 빠르게 변하기 시작하고 매우 빠르게 변하다가 점차 더 천천히 변하여 다시 일정한 값이 된다. 트랜지스터의 입력과 출력 사이의 관계를 나타내는 전달 곡선도 S자 곡선이다. 컴퓨터와 두뇌의 많은 부분에 이런 S자 곡선이 적용된다. 물론 S자 곡선은 거기서 끝나지 않는다. S자 곡선은 모든 종류의 상태 전이phase transition를 나타내는 곡선이다. 가해진 자기장에 따른 전자 스핀 변화의 확률함수와 철의 자석화, 하드디스크에 정보를 쓰는 동작, 세포에서 이온 채널의 열림, 얼음의 액화, 물의 기화, 초기 우주의 급속한 팽창, 진화론의 단속평형설, 과학에서 일어나는 패러다임 전환, 신기술 확산, 다인종 이웃에서 벗어나려는 백인들의 교외 이주, 소문, 유행병, 혁명, 제국의 쇠퇴

등 아주 많은 예가 있다. 급격한 변화 시점인 티핑 포인트도 똑같이 S자 곡선이라고 부를 수 있다. 지진은 이웃한 지질구조판 두 개의 상대적인 위치에서 나타난 상태 전이다. 한밤에 집에서 들리는 '딱' 소리는 벽 속의 구조판이 미세하게 위치를 바꾸며 나는 소리일 뿐이니 겁먹을 필요 없다. 슘페터는 경제는 하강과 상승을 하며 발전한다고 말했다. S자 곡선은 창조적 파괴를 나타낸다. 재정 이득과 손실이 당신의 행복에 미치는 영향은 S자 곡선을 따르는 터, 엄청나게 큰 건에는 진땀 빼지 마라.

헤밍웨이의 소설 《태양은 다시 떠오른다》에서 마이크 켐벨은 어떻게 파산했느냐는 질문에 간단히 대답한다. "두 가지 상황이 있었다. 서서히 그러다가 갑자기 파산했다." 리먼브라더스의 파산도 같은 식으로 말할 수 있다. 이런 방식이 S자 곡선의 본질이다. 미래학자 폴 사포Paul Saffo는 S자 곡선 찾기로 미래를 예측한다. 당신이 샤워기 물의 온도를 딱 맞추지 못할 때, 즉 처음에는 너무 차갑다가 너무 뜨겁게 바뀔 때는 S자 곡선을 탓하라. 팝콘을 튀길 때 S자 곡선을 따르는 과정을 살펴보자. 처음에는 아무 일도 일어나지 않다가 옥수수 알갱이 몇 개가 터지다 더 많이 터지고 갑자기 폭죽이 터지듯 전부 터진다. 그러다 몇 개가 더 터지고 드디어 먹을 준비가 된다. 당신 근육의 모든 움직임도 S자 곡선을 따른다. 천천히 그러다가 빨리, 다시 천천히 움직인다. 만화영화도 디즈니의 만화영화 제작자들이 근육의 움직임을 알고 따라 하기 시작하면서 새로운 자연스러움을 얻었다. 한 물체에 고정되었다가 의식과 함께 다른 물체로 이동하는 우리의 눈도 S자 곡선을 따른다. 기분이 바뀌는 것도 상태 전이다. 탄생과 사춘기, 사랑에 빠지는 일, 결혼하기, 임신하기, 일자리 얻기, 실직, 새로운 곳으로 이사하기, 승진, 은퇴, 죽음도 상태 전이다. 우주에서 현미경의 세계로, 그리고 일상적인 일에서 인생을 바꾸는 일로 변하는 세상은 상태 전이가 펼쳐지는 광대한 교향곡이다.

S자 곡선은 효과 있는 모형으로서 단지 중요한 것이 아니다. 이것은 또한 수학에서 팔방미인이다. S자 곡선의 중간 부분을 확대해 보면 직선에 가깝다. 우리가 선형적이라고 생각하는 많은 현상이 사실은 S자 곡선이다. 어떤 것도 무한으로 커질 수 없기 때문이다. 상대성 때문에 그리고 뉴턴 법칙에 반하여 가속도는 힘에 따라 선형적으로 증가하지 않고 원점을 지나는 S자 곡선을 따른다. 전자 회로나 필라멘트가 녹을 때까지 전구의 저항에 흐르는 전류도 전압에 따라 크기가 정해지지만 역시 S자 곡선을 따른다(필라멘트가 녹는 현상도 또 다른 상태 전이다). S자 곡선을 축소해 보면 계단함수와 비슷하여 입력의 한계값에서 출력이 갑자기 0에서 1로 바뀐다. 그래서 입력 전압 범위를 바꾼 S자 곡선은 디지털 컴퓨터와 증폭기, 라디오 동조기 등 모든 아날로그 장치에 사용되는 트랜지스터의 동작을 나타낸다. S자 곡선은 초기 부분에서 사실상 지수함수이고 후기의 포화 상태 시점에서는 지수함수적으로 감소하는 것에 가깝다.

누군가 지수함수적인 성장을 말한다면 당신 자신에게 이렇게 물어보라. 얼마나 빨리 이 성장이 S자 곡선을 따를 것인가? 인구 폭발은 언제 점차 작아질 것인가? 무어의 법칙(반도체 칩 하나에 들어가는 트랜지스터의 수가 18개월마다 두 배로 증가한다. ─옮긴이)은 언제 김이 빠질 것인가, 혹은 언제 더 이상 두 배로 증가하는 특이점이 일어나지 않는가? S자 곡선을 미분하면 종 모양의 곡선이 된다. 천천히, 빠르게, 천천히 변하는 S자 곡선의 미분은 낮고, 높고, 낮은 값이다. 위로 향하는 S자 곡선 다음에 아래로 향하는 S자 곡선을 시차를 두고 연결하면 정현파sine wave에 가까운 곡선을 얻는다. 사실 모든 함수는 S자 곡선의 합으로 상당히 가깝게 근사화할 수 있다. 함수가 증가하면 S자 곡선을 더하고 함수가 감소하면 S자 곡선을 뺀다. 어린이의 학습은 꾸준히 개선하는 것이 아니라 S자 곡선이 이어진 모양으로 나아진다. 기술 변화도 마찬가지다. 눈을 가늘게 뜨고 뉴욕의 스카이라인을 보면 S자 곡선이 연결되어 지평선을 따라 펼쳐져 있다. 물론 자세히 보면 날카로운 부분이 보이겠지만 그것은 고층 빌딩의 날카로운 모서리일 뿐이다.

우리에게 가장 중요한 점은 S자 곡선이 신뢰 할당 문제에 새로운 해결책을 제시한다는 것이다. 세상이 상태 전이의 교향곡이라면 S자 곡선으로 세상의 모형을 만들어 보자. 그것이 우리 두뇌가 하는 일이다. 두뇌는 내부의 상태 전이 시스템을 외부 상태 전이 시스템에 맞춘다. 퍼셉트론의 계단함수를 S자 곡선으로 교체하고 무슨 일이 일어나는지 살펴보자.

초공간에서 등산하기

퍼셉트론 알고리즘의 오류 신호는 있음 아니면 없음이다. 즉 옳거나 틀리거나 뿐이다. 그것은 많은 신경세포로 구성된 신경망일 경우 별로 효과적이지 않다. 당신은 출력 신경세포가 틀리면 틀렸다는 것을 알 수 있다(이런, 그분은 당신 할머니가 아니었다). 하지만 두뇌 깊은 곳에 있는 신경세포는 어떠한가? 그런 신경세포가 옳거나 혹은 틀리다는 것이 도대체 어떤 의미일까? 신경세포의 출력이 양자택일이 아니고 연속되는 값을 갖는다면 상황이 달라진다. 먼저, 우리는 출력 신경세포가 얼마나 틀렸는지 알 수 있다. 실제 출력과 올바른 값 사이의 차이를 아는 것이다. 그리고 신경세포가 발화해야 할 때(아, 할머니!라고 해야 할 때) 오류가 있으면 이산치 출력은 전혀 발화하지 않지만 연속치 출력이라 조금이라도 발화할 수 있다면 전혀 발화하지 않는 것보다 낫다. 더 중요한 점은 그 오류값으로 은닉 신경세포를 조정할 수 있다는 것이다. 출력 신경세포가 더 많이 발화해야 하는 상황에서 출력 신경세포에 연결된 A라는 신경세포가 더 많이 발화한다면 우리는 A와 출력 신경세포의 연결을 더 강화해야 한다. 그런데 B라는 신경세포가 A를 억제한다면 B는 덜 발화하도록 해야 한다. 이런 식으로 조절해 나가야 하는 것이다. 자신에게 연결된 모든 신경세포에서 받은 회신을 근거로 각각의 신경세포는 얼마나 많이 혹은 적게 발화할지를 결정한다. 자신이 어떻게 작동해야 하는지 알고, 자신에게 연결된 입력 신경세포의 활동을 확인하면서 신경세포는 모든 입력 신경세포와 맺는 연결을 강하게 하거나 약하게 한다. 나는 더 많이 발화해야 하는데 B라는 신경세포가 나를 억제한다면? B에 할당된 가중치를 낮춘다. C라는 신경세포가 발화하지만 나와 연결이 약하다면? 연결을 강화한다. 신경망의 뒷부분에서 신호를 받는 나의 '고객' 신경세포는 내가 수리를 마친 후 다음번에 내가 얼마나 잘하는지 알려 줄 것이다.

머신러닝의 망막은 새로운 영상을 볼 때마다 신경망이 결과를 출력할 때까지 신경망을 따라 신호를 계속 전달한다. 이 출력을 기대치와 비교하면 오류 신호를 얻고 이 오류 신호는 신경망의 여러 층을 거쳐 다시 되돌아가 망막에 이른다. 되돌아온 신호와 이 신호를 일으킨 입력에 근거하여 각 신경세포는 연결의 가중치를 조절한다. 신경망이 당신의 할머니와 다른 사람들의 영상을 더욱더 많이 보면 가중치는 점차 둘 사이를 구분해 주는 값으로 수렴한다. 역전파로 알려진 이 알고리즘은 퍼셉트론 알고리즘보다 경이적으로 강력하다. 하나의 신경세포는 직선만 학습할 수 있었다. 은닉 신경세포가 충분히 있다면 다층 퍼셉트론multilayer perceptron이라 불리는 신경망은 제멋대로 구불구불한 경계선도 표현할 수 있다. 이로써 역전파는 연결주의자에게 마스터 알고리즘이 되었다.

역전파는 자연과 기술 양쪽에서 매우 흔한 전략이다. 산 정상에 이르려고 서두른다면 당신이 찾을 수 있는 가장 가파른 기울기로 오를 것이다. 이런 상황을 나타내는 기술 용어는 기울기 상승gradient ascent 최적화 (정상으로 올라가려고 한다면) 혹은 기울기 하강gradient descent 최적화(계곡 밑을 찾는다면)이다. 예를 들어 세균은 포도당 분자의 농도가 높아지는 쪽으로 이동하여 먹이를 찾을 수 있고 독의 농도가 낮아지는 쪽으로 이동하여 독을 피할 수 있다. 비행기 날개에서 배열 안테나까지 모든 종류의 사물을 기울기 하강으로 최적화할 수 있다. 역전파는 다층 퍼셉트론에서 이 일을 수행하는 효과적인 방법이다. 가중치를 계속 조절하여 오류를 낮추고 조절이 모두 실패하면 멈춘다. 역전파를 사용하면 각 신경세포의 가중치를 아무것도 없는 데서 어떻게 조절할 것인가를 알아내지 않아도 된다. 아무것도 없는 데서 시작하는 것은 너무 느린 방식인데 이를 피할 수 있게 된다. 이전에 다른 신경세포들을 어떻게 조절했는가를 기반으로 그 신경세포들과 연결된 신경세포를 조절하는 방식을 통해 층마다 하나씩 조절할 수 있다. 비상 사태 때문에 머신러닝 도구 중 한 가지를 제외하고 전부 버려야 한다면 기울기 하강은 당신이 꼭 보유하고자 하는 도구일 것이다.

그러면 역전파가 머신러닝의 문제를 해결하는가? 큰 규모의 신경망을 한 곳으로 모아 놓기만 하면 우리는 신경망이 마술 같은 능력을 발휘하기를 기다렸다가 은행 가는 길에 두뇌가 어떻게 작동하는가를 규명한 공로로 노벨상을 받는다는 소식을 들을 수 있을까? 안타깝게도 인생은 그렇게 쉽지 않다. 당신의 신경망에 오직 하나의 가중치만 있고 이 가중치에 따른 오류값의 그래프가 다음과 같다고 가정해 보자.

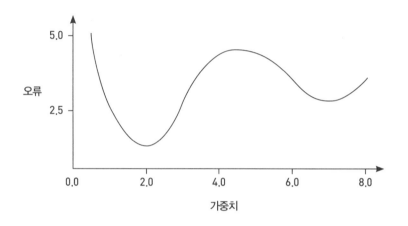

오류가 가장 낮은 최적의 가중치는 2.0이다. 신경망이 0.75의 가중치로 최적화를 시작했다면 역전파는 언덕을 굴러 내려가는 공처럼 몇 단계 만에 최적치에 도달할 것이다. 하지만 5.5에서 시작했다면 역전파의 최적화는 7.0으로 굴러가서 거기에 고착될 것이다. 가중치가 단계별로 서서히 변하는 역전파는 전체 범위에서 오류가 가장 낮은 곳을 찾는 방법을 모르고 국소 최소값은 제멋대로여서 마치 당신의 할머니를 모자로 잘못 인식하는 것처럼 나쁜 성능을 보일 수도 있다. 가중치가 하나라면 0.01씩 증가시키며 꼼꼼하게 가중치를 시험하여 최적값을 찾을 수도 있을 것이다. 하지만 가중치가 100만 개나 수십억 개는 고사하고 수천 개만 되더라도 이 방법은 선택할 수 있는 방법이 아니다. 시험 횟수는 가중치 수에 따라 기하급수로 늘어나기 때문이다. 이 경우 전체 범위에서 가장 작은 값은 상상할 수 없을 정도로 광활한 초공간 어딘가에 숨어 있으며, 이것을 찾는 것은 그냥 운이 좋을 때다.

당신이 납치되어 눈을 가린 채 히말라야 어딘가에 버려졌다고 상상해 보자. 머리는 지끈거리고 기억력도 아주 훌륭하지는 않다. 당신이 아는 것은 에베레스트 산 정상에 도달해야 한다는 게 전부다. 당신은 어떻게 하겠는가? 앞으로 한 걸음 내디뎠더니 거의 협곡 아래까지 미끄러져 내려간다. 간신히 숨을 고른 후 좀 더 체계적으로 움직여야겠다고 결심한다. 발끝으로 주위를 확인하여 가장 높은 부분을 발견하고 조심조심 그곳으로 발을 내딛는다. 같은 동작을 똑같이 반복한다. 조금씩 조금씩 더 높이 더 높이 올라간다. 얼마 후 당신이 갈 수 있는 모든 곳이 내려가는 길이라면 그 자리에 멈춘다. 이것이 기울기 상승을 적용한 사례. 히말라야 산맥에 에베레스트 산만 있고 에베레스트 산이 완전한 원뿔이라면 이 방법은 기적같이 성공할 것이다.

하지만 더 일어날 가능성이 높은 것은 주위가 모두 내리막인 곳에 도달했을 때 아직도 정상에서 매우 멀리 떨어진 경우다. 당신은 단지 큰 산기슭의 작은 언덕에 서 있을 뿐이고 더 이상 움직일 수 없어진 것이다. 이 상황은 3차원 공간을 제외하면 초공간의 산을 오르는 역전파에 일어나는 일이다. 당신의 신경망에 단 하나의 신경세포만 있다면 한 번에 한 단계씩 더 좋은 가중치로 올라가면서 정상에 도달할 것이다. 하지만 다층 퍼셉트론의 경우 지형은 매우 굴곡져서 가장 높은 봉우리를 발견하는 것은 운이 좋을 때나 가능하다.

이것이 민스키와 패퍼트를 포함한 여러 사람들이 다층 퍼셉트론을 학습시키는 방법을 찾지 못한 요인이다. 그들은 계단함수를 S자 곡선으로 교체하고 기울기 하강을 적용하는 방법을 생각했겠지만 곧 오류의 국소 최소점이라는 문제에 부딪혔다. 그 당시 연구자들은 컴퓨터 모의실험을 신뢰하지 않았다. 그들은 알고리즘의 동작에 관한 수학적 증명을 요구했고, 역전파에 관한 수학적 증명은 없었다. 하지만 우리가 깨달은 것은 지역 최소점은 그런대로 쓸 만하다는 점이다. 오류를 나타내는 그림은 가파른 봉우리와 깊은 골짜기가 많아 종종 호저의 가시처럼 보이지만 절대적인 최저 골짜기를 찾는다면 실제로는 문제가 되지 않는다. 국소 최소점 어느 것이라도 낮은 값을 가지고 있을 것이다. 사실 국소 최소점은 더 바람직한 면도 있는데, 전체 범위의 최소점보다 데이터를 과도하게 짜 맞출 가능성이 덜하기 때문이다.

초공간은 양날의 검이다. 한편으로는 공간의 차원이 더 높을수록 표면이 더 복잡하고 국소 최적점local opima이 더 많을 가능성이 높다. 다른 한편으로는 국소 최적점에 고착되려면 차원의 모든 축에서 고착되어야 하기 때문에 3차원보다는 다차원에서 고착되기가 더 어렵다. 초공간에는 아무 곳이든 정상으로 향하는 산길이 여기저기 있다. 그래서 사람 셰르파의 도움을 조금 받으면 역전파는 종종 완벽하게 좋은 가중치의 집합을 얻을 수 있다. 그곳은 아래로 내려가기만 하면 도달 가능한 바다가 아니라 신비한 계곡에만 숨어 있는 지상낙원일 수도 있다. 하지만 초공간에 지상낙원이 수백만 개가 있고 그곳으로 통하는 산길이 수십억 개나 있다면 초공간에 대해 불평만 할 일은 아니다. 그렇지 않은가?

하지만 역전파가 찾아낸 가중치에 지나친 의미를 부여하지 않도록 조심하라. 그저 좋은 정도인 가중치가 매우 많을 수 있다는 점을 기억하라. 다층 퍼셉트론의 학습은 출발점이 약간만 다르더라도 전혀 다른 해답에 도달할 수 있다는 점에서 혼란스런 과정이다. 이런 현상은 작은 차이가 초기 가중치에 있을 때와 학습 데이터에 있을 때 똑같이 나타나며 단지 역전파뿐 아니라 모든 강력한 머신러닝 알고리즘에도 나타난다.

S자 곡선을 빼고 각 신경세포가 입력의 가중치 합을 그냥 출력하게 하면 국소 최적점의 문제를 없앨 수 있다. 그러면 오류를 표시하는 그림은 매우 매끄러워지고 단 하나의 최소값인 전 영역의 최소값만 생긴다. 하지만 선형함수들의 선형함수는 여전히 선형함수여서 선형 신경세포들의 신경망은 하나의 신경세포보다 나을 것이 없다. 선형 두뇌는 그 크기가 얼마가 되든지 회충보다 둔하다. S자 곡선은 둔한 선형함수와 극도로 민감한 계단함수의 중간이며 훌륭한 선택항이다.

퍼셉트론의 복수

역전파는 샌디에이고 캘리포니아대학의 심리학자인 데이비드 럼멜하트David Rumelhart가 제프 힌튼과 로널드 윌리엄스Ronald Wiliams의 도움을 받아 1986년에 발명했다. 그들은 다른 것들과 함께 역전파가 배타적 논리합도 배울 수 있다는 것을 보여 주어 연결주의자들이 민스키와 패퍼트를 조롱할 수 있게 했다. 나이키의 예를 상기해 보자. 젊은 남자와 중년 여성이 가장 유력한 나이키 신발 구매자다. 우리는 이런 상황을 신경세포 세 개로 나타낸다. 신경세포 하나는 젊은 남자를 볼 때 발화하고 다른 하나는 중년 여성을 보면 발화하고 세 번째 신경세포는 둘 중 하나만 발화하면 발화한다. 그리고 역전파로 적절한 가중치를 얻을 수 있으며, 이로써 나이키를 구매할 가능성을 포착하는 장치를 만드는 데 성공한다(마빈 민스키 교수, 그러니 그만 반대하시오).

초기에 역전파의 능력을 설명할 때 테리 세이노브스키와 찰스 로젠버그Charles Rosenberg는 다층 퍼셉트론이 낭독을 하도록 훈련했다. 그들의 넷토크NETtalk는 글을 훑어보고 문맥에 따라 올바른 음소를 선택하고 이를 음성합성기로 보낸다. 지식공학 시스템은 할 수 없었지만 넷토크는 새로운 단어들에 대해 일반화를 정확히 적용할 뿐만 아니라 사람같이 말하는 법을 배웠다. 세이노브스키는 연구 모임에서 넷토크의 발전 과정을 들려주는 카세트테이프를 틀어 청중을 사로잡았다. 넷토크는 처음에는 재잘거리는 소리였다가 차츰 의미가 통하기 시작하더니 나중에는 가끔 오류를 범하기는 하지만 부드럽게 말한다(유튜브에서 'Sejnowski nettalk'를 검색하면 샘플을 찾을 수 있다).

신경망의 첫 번째 성공은 주식 시장을 예측하는 일이었다. 신경망은 방해되는 부분이 많이 섞여 있는 데이터에서 작은 비선형 특성들을 감지할 수 있기 때문에 선형 모형보다 더 좋은 성능을 보였으며 금융계에서 유행했다. 전형적인 투자 기금은 많은 주식 종목에 대해 개별적으로 신경망을 학습시켜 가장 유망한 주식 종목을 고르게 하고 인간 분석가가 그들 중에서 어느 종목에 투자할지를 정하게 한다. 하지만 일부 투자 기금은 전 과정을 머신러닝에 맡겨 주식 종목을 사고팔게 한다. 이런 기금이 정확히 얼마나 성과를 냈는지는 철저하게 비밀로 유지되지만, 헤지 펀드hedge fund(국제 증권 및 외환 시장에 투자해 단기 이익을 올리는 민간 투자 자금—옮긴이)가 머신러닝 전문가들을 계속 놀라운 속도로 휩쓸어 가는 건 우연이 아닐 것이다.

비선형 모형은 주식 시장 너머 멀리 떨어진 영역에서도 중요하다. 모든 분야의 과학자들은 그들이 할 수 있는 것이 선형 회귀이기 때문에 이를 사용하지만 그들이 연구하는 현상은 비선형인 경우가 더 많고 다층 퍼셉트론이 이런 현상들을 모형화할 수 있다. 선형 모델은 상태 전이를 다루지 못한다. 신경망은 스펀지가 물을 빨아들이듯이 상태 전이를 빨아들인다.

신경망의 초기 성공을 보여 주는 또 다른 사례는 자동차 운전 학습이다. 운전자 없는 차가 처음으로 대중에게 알려진 것은 미국 방위고등연구계획국이 개최한, 2004년과 2005년의 자율차량경연대회였다. 하지만 이보다 10년 전에 카네기멜론대학의 연구자들이 이미 다층 퍼셉트론을 훈련하여 동영상으로 도로를 감지하고 적절하게 운전대를 돌리게 함으로써 자동차를 운전하는 데 성공했다. 카네기멜론의 자동차는 매우 흐릿한 영상(화소 수가 30×32)과 지렁이 같은 벌레의 뇌보다 작은 두뇌와 사람 부조종사의 몇 번 안 되는 도움만으로 미국 대륙을 횡단했다(이 연구는 '손을 사용하지 않고 미국 횡단하기'라고 불린다). 이것이 최초의 진정한 자율 주행 자동차는 아닐 수도 있지만 10대 운전자들과 비교해서 절대 뒤지지 않은 솜씨였다.

역전파의 응용 분야는 셀 수 없을 정도로 많다. 명성이 높아지면서 역전파의 역사도 알려졌다. 과학에서 종종 나타나는 경우처럼 역전파도 한 번 이상 발명된 사실이 드러났다. 프랑스의 얀 르쿤Yann Lecun과 다른 사람들이 럼멜하트와 같은 시기에 역전파를 발명했다. 역전파에 관한 논문이 1980년대 초 선두적인 인공 지능학회에서 거절당했는데, 검토 위원에 따르면 민스키와 패퍼트가 이미 퍼셉트론이 작동하지 않는다는 것을 증명했기 때문이었다. 럼멜하트는 아메리카를 발견한 사람은 콜럼 버스라고 인정받는 것처럼 역전파를 발명했다고 인정받는다. 콜럼버스 가 아메리카를 처음 발견한 것은 아니지만 콜럼버스 이후의 사람은 누 구도 아메리카의 발견자로 인정받지 않는 상황과 같다. 또한 하버드 대 학원생 폴 웨보스Paul Werbos가 1974년 박사 학위 논문으로 유사한 알고 리즘을 제안했다는 것이 밝혀졌다. 가장 역설적인 사실은 두 명의 제어 이론 학자인 아서 브리슨Arthur Bryson과 위치 호Yu-Chi Ho가 이보다 앞선 1969년에 같은 알고리즘을 발명했는데 같은 해에 민스키와 패퍼트가 《퍼셉트론즈》를 출간했다는 점이다. 사실 머신러닝 역사 자체가 왜 머 신러닝 알고리즘이 필요한지를 보여 준다. 과학 문헌에서 연관된 논문 을 자동으로 찾아 주는 알고리즘이 1969년에 있었다면 수십 년의 시간 낭비를 피했을 것이고 사람들의 발견 활동을 촉진했을 것이다.

퍼셉트론의 역사에 나타난 역설적인 사건들 중에서 가장 슬픈 일은 프랭크 로젠블랫이 1969년 체사피크 만에서 보트 사고를 당해 자기 창 조물의 둘째 장(민스키가 아니라 자신이 옳았다는)을 보지 못하고 죽은 사 건일 것이다.

세포의 완전한 모형

살아 있는 세포는 비선형 시스템의 정수다. 세포는 복잡하게 얽히고설킨 화학 반응들을 거쳐 원재료를 최종 산물로 바꾸면서 자신의 모든 기능을 수행한다. 이전 장에서 본 역연역법 같은 기호주의자의 방법을 사용하여 이 화학 반응들의 복잡한 관계 구조를 발견할 수 있지만 세포의 완전한 모형을 만들려면 정량적인 학습이 필요하다. 즉 여러 유전자의 발현도와 연결되고, 환경 변수들과 내부 변수들의 관계를 나타내고, 또 여러 가지 다른 일을 나타내는 변수들을 학습하고 이를 수치로 표현해야 한다. 이런 것이 어려운 과제인 까닭은 이들 수량들의 관계가 간단한 선형 관계는 아니기 때문이다. 오히려 세포는 서로 맞물린 피드백 루프를 사용하여 안정성을 유지하며, 이런 피드백 루프로 매우 복잡한 행동 방식이 나타난다. 역전파는 비선형 동작을 효율적으로 파악하는 능력 때문에 이런 문제를 잘 처리한다. 세포의 신진대사 진행 과정을 완전히 파악하고 연관된 변수들을 충분히 관찰한다면 이론상 역전파는 직접적인 원인들의 함수로 각 변수를 예측하는 다층 퍼셉트론을 통해 세포의 자세한 모형을 학습할 수 있다.

하지만 미래에 예견할 수 있는 사실은 우리가 세포의 복잡한 신진대사 과정에 관하여 다만 부분적인 지식을 보유할 것이고, 우리가 알고 싶어 하는 변수들의 일부만 관찰할 수 있으리라는 점이다. 이렇게 정보가 부족하고 획득한 정보들 사이에 서로 맞지 않는 부분이 포함된 상황에서 유용한 모형을 학습하려면 베이즈 방법이 필요하며, 우리는 제6장에서 깊이 알아볼 것이다. 현재 이용 가능한 특정 환자에 대한 예측 모형도 같은 상황이어서 이용할 수 있는 증거에는 반드시 오류가 섞여 있으며 게다가 증거는 충분하지도 않다. 이런 경우 베이즈 추론이 가장 좋은 방법이다. 좋은 소식은 암 치료가 목표라면 종양 세포가 기능하는 모든 세부 사항을 반드시 이해할 필요는 없으며 다만 정상 세포를 해치지 않으면서 종양 세포를 억제하기만 하면 충분하다는 것이다. 제6장에서는 우리가 알지 못하고 알 필요가 없는 것들을 피하면서 목표를 향하여 학습의 방향을 잡아 나가는 법도 살펴볼 것이다.

얽히고설킨 세포 대사 과정의 구조를 데이터와 기존의 지식으로 유도하기 위하여 역연역법을 먼저 적용할 수 있지만 역연역법으로 검토할 경우의 조합 수는 구성 항목 수의 증가에 따라 폭발적으로 늘어나는 만큼 이에 대처할 전략이 필요하다. 신진대사의 복잡한 과정은 진화를 거치며 설계되었기 때문에 이것을 머신러닝 알고리즘으로 모의시험하는 것이 우리가 추구할 길일 것이다. 다음 장에서는 바로 그런 방법을 살펴볼 것이다.

두뇌 속으로 더 깊이 들어가기

역전파가 시중에서 대대적으로 사용되기 시작할 때 연결주의자들은 하드웨어가 허락하는 한까지 점점 더 큰 네트워크를 빨리 학습하여 인공 두뇌에 도달할 것을 희망했다. 하지만 그런 일은 일어나지 않았다. 하나의 은닉 계층을 가진 네트워크를 학습하는 것은 훌륭했지만 그 일 이후 상황은 곧 매우 어려워졌다. 네트워크가 특정 응용 분야를 위하여 두세 개 층으로 주의 깊게 설계되었을 때만 작동했다(예를 들어 글자 인식). 그 이상의 층이 있는 경우 역전파의 작동은 실패했다. 층을 늘리면서 오류 신호는 강이 점점 더 작은 지류로 나뉘어 인식되지 못할 개별 빗방울까지 나뉘듯 점점 더 옅게 퍼져 나갔다. 두뇌처럼 수십 개나 수백 개의 은닉 층이 있는 네트워크를 학습하는 것은 먼 꿈만 같은 일로 남았고, 다층 퍼셉트론에 대한 열광은 1990년대 중반까지 서서히 수그러들었다. 강경한 핵심 연결주의자들은 계속 고수했지만 머신러닝 분야의 관심은 다른 곳으로 옮겨 갔다(제6장과 제7장에서 다른 분야를 살펴볼 것이다).

하지만 연결주의는 다시 유행하고 있다. 우리는 이전보다 더욱 층이 많은 네트워크를 학습하고 있으며 이들 머신러닝 알고리즘은 영상 인식과 음성 인식, 신약 개발 등의 영역에서 새로운 기준을 세우고 있다. 딥 러닝이라는 새로운 분야는 《뉴욕 타임스》 1면에 나온다. 딥 러닝을 자세히 들여다보면 놀랍게도 신뢰할 만하지만 오래된 역전파라는 엔진이 여전히 원기 왕성하게 돌아가고 있다. 무엇이 바뀌었나? 비평가는 많이 바뀌지 않았다고 말한다. 정확히 그들이 계속 옳았다는 것이다!

사실 연결주의자는 진정한 진보를 이루었다. 롤러코스터 같은 파란만장한 연결주의자의 역사에서 최근에 나타난 발전의 주역들 중에 소박하고 조그마한, 자동부호기autoencoder라는 장치가 있다. 이것은 다층 퍼셉트론의 일종으로 입력과 똑같은 것을 출력한다. 당신 할머니의 사진을 입력하면 할머니와 같은 사진이 출력된다. 처음 접했을 때는 바보 같아 보인다. 그런 기묘한 장치가 무슨 소용이 있을까? 핵심은 은닉 층을 입력과 출력 층보다 훨씬 작게 만들어 신경망이 입력을 은닉 층에 그대로 복사하는 일과 은닉 층이 출력 층에 그대로 복사하는 일을 모두 할 수 없게 하는 것이다. 은닉 층이 작으면 흥미로운 일이 일어난다. 신경망은 입력을 더 적은 정보량으로 부호화해야 하고, 그러면 이 정보는 은닉 층에서 표현할 수 있게 되며, 이런 정보를 다시 원래 크기로 복호화複號化한다. 예를 들면 자동부호기는 100만 화소의 할머니 영상을 단지 글자 수가 세 개인 '할머니'나 자신이 발명한 짧은 부호로 부호화하는 것을 배울 수 있고, 동시에 '할머니'라는 부호를 늙고 자상한 할머니의 원래 영상으로 복원하는 법을 학습하게 된다. 그리하여 자동부호기는 문서 압축 프로그램과 다르지 않다. 스스로 입력을 압축하는 방법을 알아내고, 또 잡음이 끼고 뒤틀린 영상을 멋지고 깨끗한 영상으로 바꿀 수 있는 두 가지 장점을 가지고 있다.

자동부호기는 1980년대에 알려졌지만 은닉 층이 단 하나여도 학습을 수행하기는 매우 어려웠다. 많은 정보를 소량의 정보로 압축하는 방법을 알아내는 일은 지독히 어려운 문제다(부호 하나로 당신의 할머니를 나타내고 조금 다른 부호로 당신의 할아버지를 나타내고 또 다른 부호로 제니퍼 애니스톤 등을 나타내야 한다). 초공간의 풍경은 훌륭한 봉우리가 하나만 있기에는 너무 기복이 심하여 은닉 층은 입력에 대하여 너무도 많은 배타적 논리합을 수행하는 것을 배워야 한다. 그래서 자동부호기는 진정한 인기를 얻지 못했다. 발견하는 데 10년이 넘게 걸린 계책은 은닉 층을 입력과 출력 층보다 더 크게 만드는 것이었다. 헉? 실제로 이것은 계책의 절반이다. 다른 절반은 몇몇을 제외한 모든 은닉 층이 지정된 시간에 꺼지도록 하는 것이다. 이런 방식은 여전히 은닉 층이 입력을 단순히 복사하는 것을 방지하며 학습을 매우 쉽게 한다. 우리가 다른 입력을 나타내는 데 다른 비트를 할당하면 입력들은 더 이상 같은 비트에 대하여 경쟁할 필요가 없다. 또한 신경망에는 이제 더욱 많은 변수가 있게 되므로 당신이 다루는 초공간에는 더욱 많은 차원이 있고 국지적 최대값에서 벗어날 더욱 많은 길이 생긴다. 이것은 멋진 계책으로 드문드문한 자동부호기sparse autoencoder라 불린다.

하지만 우리는 아직 어떠한 딥 러닝도 보지 못했다. 그다음 명석한 생각은 드문드문한 자동부호기들을 클럽 샌드위치처럼 겹겹이 쌓아 올리는 것이다. 첫 번째 자동부호기 입장에서는 두 번째 자동부호기의 입출력 층이 은닉 층이 되고 이런 식으로 두 번째 자동부호기 입장에서는 그 이후 자동부호기의 입출력 층이 은닉 층이 된다. 신경세포는 비선형적이기 때문에 각 은닉 층은 이전 은닉 층에서 수행한 결과를 바탕으로 더 정교한 표현을 만들어 낸다. 여러 가지 얼굴 영상을 입력하면 첫 번째 자동부호기는 얼굴의 윤곽과 눈, 코, 입 등 얼굴 각 부분을 부호화하고, 두 번째 자동부호기는 이런 정보를 이용하여 코끝이나 눈의 홍채 등 얼굴에 나타나는 특징을 부호화하고, 세 번째 자동부호기는 누구의 코와 눈인지를 학습하고, 다음번 자동부호기는 이런 식으로 점점 더 정교하게 학습해 나간다. 마지막으로 맨 마지막 층은 기존의 퍼셉트론이 올 수 있으며 아래층에서 제공하는 높은 수준의 특징으로 당신의 할머니를 인식하며 단 하나의 은닉 층에서 제공하는 정교하지 않은 정보만 사용하는 경우나 한꺼번에 모든 층으로 역전파를 실행하는 경우보다 훨씬 쉽게 학습이 가능하다.

《뉴욕 타임스》에 소개되는 영광을 얻은 구글 브레인 프로젝트의 신경망은 아홉 개 층의 자동부호기와 다른 성분들이 샌드위치 구조로 유튜브 동영상에서 고양이를 찾아내는 일을 배운다. 이것에는 10억 개의 연결이 있어 그 당시까지 학습한 가장 큰 신경망이었다. 구글 브레인 프로젝트의 주연급 참여자인 앤드루 응_{Andrew Ng}이 인간의 지성은 단 하나의 알고리즘으로 응결되며 우리가 할 일은 그것을 파악하는 것뿐이라는 주장의 지지자라는 것은 놀라운 일이 아니다. 붙임성 있지만 강력한 야망을 지닌 응은 드문드문한 자동부호기를 쌓아 올린 구조가 이전의 어떤 것보다 인공 지능의 문제를 해결할 가능성이 높다고 믿는다.

겹겹이 쌓아 올린 자동부호기만 딥 러닝은 아니다. 볼츠만 기계를 기반으로 한 종류도 있고, 대뇌 피질의 시각 영역에 대한 모형을 기반으로 하는 합성곱 신경망_{Convolutional Neural Network, CNN}도 있다. 하지만 주목할 만한 성공에도 불구하고 이 모든 신경망은 여전히 두뇌와 전혀 다르다. 구글 신경망은 고양이 얼굴이 정면으로 보여야 인식할 수 있다. 사람은 고양이가 어떤 자세를 취해도 인식하고 얼굴을 알아보기 힘들 때도 인식할 수 있다. 구글 신경망은 여전히 매우 얕다. 전체 아홉 개 층 가운데 세 개 층만 자동부호기다. 다층 퍼셉트론은 운동을 조절하는 소뇌를 나타내는 그런대로 괜찮은 모형이지만 대뇌 피질은 소뇌와 다르다. 대뇌 피질은 그 자체에 오류를 되돌려서 전달할 연결 부위가 없지만 신비롭게도 학습이 실제 일어나는 곳이다. 제프 호킨스는 《생각하는 뇌, 생각하는 기계》에서 대뇌 피질의 구조와 가까운 설계 알고리즘을 옹호했지만, 지금까지 나온 알고리즘 중 어느 것도 딥 러닝 신경망의 경쟁 상대가 되지 못한다.

이런 상황은 우리가 두뇌를 더 이해하면 바뀔 것이다. 인간 유전체 규명 계획에 자극을 받아 새로운 분야인 커넥토믹스에서는 두뇌에 있는 모든 신경접합부의 연결 상황을 표시하는 지도를 만들고 있다. 유럽연합은 모든 신경접합부의 연결 상황을 완벽히 묘사하는 모형의 수립 과제에 10억 유로를 투자한다. 미국도 같은 목적으로 브레인 이니셔티브 BRAIN Initiative 계획에 2014년 한 해 동안 1억 달러를 투자했다.

그럼에도 불구하고 기호주의자들은 마스터 알고리즘에 도달하려는 이런 방식에 매우 회의적이다. 두뇌의 모든 영역에 걸쳐 신경접합부를 보여 주는 영상 데이터가 모두 있더라도 이런 영상들을 보고 연결선을 그리는 작업은 손으로는 불가능하므로 역설적이지만 이런 일을 할 더 좋은 머신러닝 알고리즘이 필요하다. 이보다 더 나쁜 상황은 두뇌의 지도를 완성한다 하더라도 그것이 무엇을 의미하는지 몰라 여전히 곤란한 처지에 머물 것이라는 점이다. 예쁜꼬마선충 C. elegans 의 신경계는 302개의 신경세포로만 구성되고 1986년에 완전히 지도로 만들어졌으나 어떻게 작동하는가는 여전히 부분적으로만 파악되었다. 일차적인 세부 사항의 늪에서 의미를 파악하려면 두뇌의 생물학 조건에만 해당되거나, 진화 과정에 나타난 기이한 점들은 제거하는 더 높은 차원의 개념이 있어야 한다. 새의 깃털을 역공학으로 분석하여 비행기를 만들지는 않는다. 우리가 만든 비행기는 날개를 퍼덕이지 않는다. 대신 비행기는 비행 물체에 모두 적용되는 공기역학의 원리에 기반을 두고 설계한다. 우리는 두뇌 이해에 필요한 생각의 원리를 여전히 파악하지 못했다.

커넥토믹스는 지나친 시도일 것이다. 역전파가 마스터 알고리즘이며 우리는 역전파의 규모를 늘려 나가기만 하면 된다고 말하는 연결주의자도 있다. 하지만 기호주의자는 이런 생각을 경멸한다. 기호주의자는 인간은 할 수 있지만 신경망은 하지 못하는 일을 긴 목록으로 제시한다. 상식적 추론 commonsense reasoning 을 살펴보자. 이것은 그동안 한데 모아서 본 적이 없는 정보의 조각을 결합해 보는 과정을 거치며 추론한다. 메리가 점심으로 신발을 먹었는가? 아니다. 메리는 사람이고 사람은 먹을 수 있는 것만 먹으며 신발을 먹을 수 없기 때문이다. 기호주의 시스템은 이런 추론을 하는 데 아무런 어려움을 겪지 않는다. 연관된 규칙을 이어 붙이기만 하면 된다. 하지만 다층 퍼셉트론은 그렇게 하지 못한다. 일단 다층 퍼셉트론이 학습을 마치면 고정된 기능을 반복하여 수행할 뿐이다. 신경망은 구성하는 일을 못하는데, 구성은 인간 인지 능력의 큰 부분을 차지한다. 또 다른 큰 문제는 규칙 모음과 의사결정트리같은 기호주의 모형과 인간은 자신의 추론을 설명할 수 있는 반면 신경망은 아무도 이해하지 못하는 숫자들의 거대한 덩어리라는 것이다.

하지만 인간의 두뇌가 신경접합부를 조절하는 방식으로 배우지 않는 다른 능력들도 지녔다면 도대체 이런 능력들은 어디에서 온 것일까? 당신이 마법을 믿지 않는다면 이 물음의 해답은 진화일 수밖에 없다. 당신이 연결주의에 회의적이고 확신을 밝힐 용기가 있다면 아기가 태어나면서 알고 있는 모든 것을 어떻게 진화를 통해 얻었는지 밝히는 일은 당신의 임무가 아니겠는가? 이것이 선천적이라고 생각하면 할수록 당신의 임무는 더 커진다. 하지만 당신이 이것을 밝히고 컴퓨터가 이를 할 수 있도록 프로그램을 구현한다면 당신이 최소한 마스터 알고리즘의 한 종류를 발명했음을 부인하는 것은 무례한 일이 될 것이다.

THE MASTER ALGORITHM

진화, 자연의
학습 알고리즘

진화주의자의 머신러닝

로봇 공원robotic park 은 정글과 도심 그리고 다른 지역으로 구성된 3만 제곱킬로미터 공간의 중앙에 있는 대규모 로봇 공장이다. 정글을 둘러싼 벽은 역사상 가장 높고 두꺼우며 초소와 탐조등, 회전 포탑이 빼곡히 설치되어 있다. 이 벽의 목적은 두 가지다. 무단침입자를 막고 공원의 거주자, 즉 생존을 위해 싸우고 공장을 관리하는 수백만 대의 로봇이 나가지 못하게 하는 것이다.

승리한 로봇은 공장 안에 길게 줄지어 설치된 3차원 프린터로 재생산한다. 로봇은 서서히 더 똑똑해지고 더 빨라지고 더 치명적인 무기로 변해 간다. 로봇 공원은 미국 육군이 운영하며 로봇을 궁극적인 '군인'으로 성장시키는 것이 목적이다.

로봇 공원은 아직 존재하지 않지만 언젠가 생길 것이다. 나는 몇 년 전 이 공원 개념을 미국 방위고등연구계획국의 연수회에서 사고 실험thought experiment 으로 제안했고, 군의 고위 장성이 '실현 가능한 제안'이라며 놀라는 기색 없이 받아 주었다. 이미 군인들의 훈련을 위해 마을 주민들을 포함한 모든 구성 요소를 갖춘 아프가니스탄 마을 모형을 캘리포니아

사막에 운영하고 궁극적인 전사를 만드는 데 1, 2조 원의 비용은 그리 많은 게 아니라는 것을 고려한다면 그 장성의 적극적인 태도는 놀라운 일이 아닐 것이다.

로봇 공원으로 가는 첫 단계는 이미 이루어지고 있다. 호드 립슨Hod Lipson 교수의 코넬대학 창의적 기계 연구소에서는 당신이 이 책을 읽는 동안에도 환상적인 형태의 로봇들이 기어가고 날아가는 법을 배우고 있다. 고무 블록으로 만든 탑 모양의 로봇이 미끄러지듯 나아가기도 하고 잠자리 날개를 단 헬리콥터 모양의 로봇도 있으며 모양을 바꾸는 팅커토이 같은 로봇도 있다. 이러한 로봇들은 인간 공학자가 설계하지 않았다. 지구상에 다양한 생명체를 낳은 과정과 같은 진화를 통하여 창조되었다. 처음에는 로봇들이 컴퓨터 모의실험 과정에서 진화하지만 일단 실제 세상에서 구현해 볼 만하게 능숙한 모습을 보이면 실물 형태의 로봇이 자동으로 3차원 프린터를 통해 제작된다. 이런 로봇들은 아직 세상을 접수할 정도로 완벽하게 준비되지는 않았지만, 모의실험하는 부품으로 가득한 원생액primordial soap에서 나와 먼 길을 거쳐 왔다.

이러한 로봇들이 진화하는 알고리즘은 19세기에 찰스 다윈이 발명했다. 그 당시에는 핵심 요소들이 여전히 발견되지 않은 탓도 있어서 다윈은 진화를 알고리즘으로 생각하지 않았다. 제임스 왓슨James Watson 과 프랜시스 크릭Francis Crick이 1953년 핵심 요소를 발견하자 진화가 등장하는 두 번째 무대가 마련되었다. 진화가 체내에서 일어나는 대신 컴퓨터 모의실험 같은 가상 환경에서 일어나자 10억 배나 빨라졌다. 이 분야의 예언자는 혈색 좋은 얼굴에 항상 웃는 모습을 띤 미국 중서부 출신의 존 홀랜드John Holland였다.

다윈의 알고리즘

초창기의 머신러닝 연구자들처럼 홀랜드도 신경망에서 연구를 시작했으나 미시건대학 대학원생일 때 로널드 피셔Ronald Fisher의 고전적인 논문인 《자연 선택의 유전 이론》을 읽고 나서 다른 방향으로 관심을 돌렸다. 현대 통계학의 아버지이기도 한 피셔는 그 논문에서 진화에 대한 첫 번째 수학 이론을 만들어 냈다. 홀랜드는 그 논문이 눈부실 정도로 훌륭하긴 하지만 진화의 정수를 빠뜨렸다고 느꼈다. 피셔는 개별 유전자를 따로 떼어서 생각했지만 유기체의 적합성(또는 적응성)은 모든 유전자의 복잡한 기능에서 나오는 것이다. 유전자가 독립적이라면 개별 유전자의 변종들이 독립적으로 나타나면서 빠르게 최대 적응점maximum fitness point 으로 수렴하고 거기서 계속 평형을 유지한다. 하지만 유전자들이 상호작용을 한다면 진화, 즉 최대 적응점을 찾는 것은 훨씬 더 복잡해진다. 1000개의 유전자가 있고 각 유전자마다 두 가지 변종이 있다면 유전체에 가능한 상태는 2^{1000}가지이고 우주에서 그 모든 경우를 시험할 만큼 크거나 오래된 행성은 없다. 하지만 지구에서 진화는 적응을 상당히 잘하는 유기체들을 만들어 냈으며 다윈의 자연 선택 이론은 적어도 정성적으로라도 그 방법을 설명한다. 홀랜드는 다윈의 이론을 알고리즘으로 만들기로 결심했다.

하지만 먼저 홀랜드는 학교를 졸업해야 했다. 사려 깊게 홀랜드는 학위 논문을 위해 순환 경로가 있는 부울 회로(순서 논리 회로)라는 전통적인 주제를 선택했고 1959년 세계 최초로 컴퓨터 과학 분야에서 박사 학위를 취득했다. 아서 버크스Arthur Burks는 홀랜드의 박사 학위 지도교수였지만 홀랜드가 박사 학위와 성격이 다른 진화론적 계산에 관심을 갖는 것을 지지했으며, 미시건대학에서 교수 자리를 얻도록 도움을 주었고, 진화론적 계산은 컴퓨터 과학이 아니라고 생각한 대학의 선배 교수들이 공격했을 때 홀랜드를 방어했다. 버크스 자신은 홀랜드의 연구 방향에 아주 개방적이었는데 자체 재생산 기계의 가능성을 증명한 존 폰 노이만의 절친한 공동 연구자였기 때문이다. 1957년 노이만이 암으로 죽었을 때 노이만의 과제를 마무리하는 일을 버크스가 맡았다. 노이만이 그러한 기계가 가능하다는 사실을 증명한 것은 그 당시 유전학과 컴퓨터 과학의 초보 상태를 고려하면 매우 대단한 업적이었다. 하지만 노이만의 자동 장치는 완전히 똑같은 자체 복사일 뿐이었다. 진화하는 자동 장치는 홀랜드가 나타나서야 구현되었다.

홀랜드의 창조물에 대하여 알려진 사실에 따르면 유전 알고리즘genetic algorithm의 핵심 입력은 적합성 함수fitness function다. 후보 프로그램과 달성할 목표가 주어지면 적합성 함수는 목표에 도달한 정도를 숫자로 표시하여 프로그램에 점수를 할당한다. 자연 선택에서 적합성이 이런 방식으로 해석될 수 있을지 여부는 의문이다. 날개가 비행에 적합한지를 따지는 것은 타당하다고 직관적으로 판단되는 반면 진화 전체의 목표는 알려진 것이 없다. 그럼에도 불구하고 머신러닝에서 적합성 함수 같은 것을 채택하는 일은 쉬운 결정이다. 환자를 진찰하는 프로그램이 필요하다면 데이터베이스에 등록된 환자의 60퍼센트를 정확하게 진찰하는 것은 55퍼센트만 정확하게 진찰하는 것보다 더 좋으며, 그러므로 정확하게 진단한 경우의 비율은 적합성 함수로 사용할 수 있다.

이것과 관련하여 유전 알고리즘은 선발 번식selective breeding과 매우 비숫하다. 다윈은 자연 선택이라는 더 어려운 개념으로 나아가는 징검다리로 선발 번식을 설명하며 《종의 기원》을 시작한다. 우리가 당연하게 생각하는 작물과 길들인 동물은 세대와 세대를 거치면서 우리의 목적에 가장 잘 맞는 유기체를 선택하고 짝 지은 결과다. 그래서 크기가 가장 큰 옥수수와 가장 달콤한 과일 나무, 털이 가장 텁수룩한 양, 가장 튼튼한 말이 나왔다. 유전 알고리즘도 생명체 대신 프로그램을 키우는 점 외에는 같은 식으로 작동하고, 한 세대는 생명체의 생애라는 시간 대신 컴퓨터에서는 몇 초밖에 안 된다.

유기체를 선택하고 짝 짓는 인간의 임무는 유전 알고리즘의 동작 과정에서는 적합성 함수가 압축하여 수행한다. 하지만 더 감지하기 힘든 부분은 자연의 임무다. 매우 잘 적응되지는 않은 개체에서 시작하여, 혹은 완전히 임의의 개체로 시작하여 유전 알고리즘은 적합성에 따라 선택할 수 있는 변종들을 내놓아야 한다. 자연은 어떻게 이런 일을 할까? 다윈은 알지 못했다. 이런 점 때문에 알고리즘의 유전 요소가 포함되었다. DNA가 염기쌍의 나열로 유기체를 나타내듯이 우리는 비트의 나열로 프로그램을 나타낸다. 0과 1 대신 DNA의 기본 구성 요소는 아데닌, 티민, 시토신, 구아닌 네 가지다. 하지만 이것은 표면상의 차이다. 변화는 DNA 서열에 있든 비트 열$_{\text{bit string}}$에 있든 여러 가지 방법으로 만들어 낼 수 있다. 가장 간단한 접근법은 점 돌연변이$_{\text{point mutation}}$로 비트 열에서 하나를 임의로 바꾸거나 DNA 사슬에서 염기 하나를 바꾸는 것이다. 하지만 홀랜드에게 유전 알고리즘의 진정한 힘은 더 복잡한 무엇인가에 있다. 바로 성$_{\text{sex}}$이다.

성의 순수한 본질만 남기고 벗겨 내면(킥킥거리지 마시기를) 유성 생식

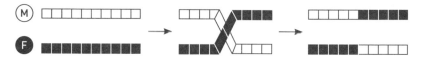

은 염색체의 교차라 불리는 과정을 통하여 모계와 부계에서 온 염색체
들이 서로 맞바꾸고 교체된다.

염색체 교차로 새로운 염색체 두 개가 생긴다. 윗부분은 모계 염색체
이고 아랫부분은 부계 염색체인 것이 하나 생기고 다른 하나는 윗부분,
아랫부분이 반대다.

유전 알고리즘은 이 과정을 흉내 낸다. 각 세대에서 유전 알고리즘은
적응을 가장 잘하는 개체와 짝짓기를 시행한다. 즉 두 부모 비트 열의 임
의 지점에서 교차를 실시하여 두 개의 자식 비트 열을 만든다. 점 돌연변
이들을 새로운 비트 열에 적용한 후 유전 알고리즘이 가상의 세계에 풀
어 놓는다. 각 비트 열은 적합성 점수를 얻고, 이러한 과정이 반복된다.
각 세대는 이전 세대보다 더 잘 적응한다. 이 과정은 목표 적합성에 도달
하거나 제한 시간이 다 지나면 끝난다.

스팸메일을 걸러 내는 규칙을 진화로 만들어 본다고 가정하자. 만 개
의 단어가 학습 데이터에 있다면 각 후보 규칙은 한 단어당 두 개의 비트
를 할당하여 2만이 된 하나의 비트 열로 표현할 수 있다. 무료라는 단어
와 연결된 두 비트 중 첫 번째 비트는 무료라는 단어를 포함한 전자 우편
이 규칙에 부합한다고 허용되면 1이 되고 허용되지 않으면 0이 되는 것
이다. 두 번째 비트는 반대다. 무료라는 단어를 포함하지 않은 전자 우편

이 규칙에 부합한다고 허용되면 1이 되고 허용되지 않으면 0이 된다. 그러므로 두 비트가 모두 1이면 전자 우편은 무료라는 말을 포함하든 포함하지 않든 상관없이 규칙에 부합한다고 허용되고, 이 규칙은 무료라는 말에 어떤 조건도 달지 않는 셈이다. 그런데 두 비트가 모두 0이라면 어떤 전자 우편도 규칙과 부합하지 않는다. 한 비트와 다른 비트가 항상 실패를 표시하기 때문에 모든 전자 우편이 스팸메일을 걸러 내는 필터를 통과한다. 요약하면 전자 우편에 포함된 단어와 빠진 단어의 전체 형태가 규칙에 의해 허용될 때만 전자 우편은 규칙과 일치한다. 규칙의 적합도는 전자 우편을 정확하게 분류해 낸 비율로 나타낼 수 있다. 임의 조건을 지닌 규칙을 나타내는 개별 비트 열로 시작하여 유전 알고리즘은 세대별로 가장 적합한 비트 열을 반복 교차시켜 돌연변이를 만들면서 더욱더 좋은 규칙으로 진화시킬 수 있다. 예를 들어 "전자 우편에 '무료'라는 말이 있으면 이것은 스팸메일이다."라는 규칙과 "전자 우편에 '쉽다'라는 말이 있으면 스팸메일이다."라는 규칙이 있다고 하자. 이런 단어들을 나타내는 두 비트 중 어느 하나라도 교차점이 두 비트 사이에 오지 않고 교차가 이루어지면 "전자 우편에 '무료'와 '쉽다'라는 말이 있으면 스팸메일이다."라는 더 잘 맞는 규칙을 얻을 것이다. 이 교차로 만든 다른 규칙은 두 조건이 모두 없으며 "모든 전자 우편은 스팸메일이다."가 되지만 이 규칙은 다음 세대에서 많은 자손이 생길 것 같지 않다.

우리의 목표가 가능한 한 최고의 스팸메일을 걸러 내는 도구를 만드는 것이지 실제 자연 선택을 충실히 모의시험하는 것이 아니기 때문에 필요에 맞게 알고리즘을 수정하는 등 자유롭게 조작할 수 있다. 유전 알고리즘이 흔히 하는 조작은 영생을 허용하는 것이다(너무 나쁘게도 실제 삶에서는 영생을 구현할 수 없다). 이런 식으로 매우 적합성이 높은 개체는 자기 세대 안에서만 경쟁하는 것이 아니라 자식 세대와 손자 세대, 증손자 세대 등 이후 아래 세대와도 경쟁하며, 경쟁은 적합성이 가장 높은 개체로 남을 때까지 계속된다. 반면 실제 세상에서는 가장 높이 적응한 개체가 할 수 있는 것은 자신의 유전자 중 절반만 많은 자식에게 전달하는 것이다. 자손은 적응력이 덜 높을 텐데, 자손의 유전자 중 절반은 다른 부모에게서 유전되기 때문이다. 영생은 이런 퇴보를 방지하며 운이 따른다면 알고리즘이 목표한 적합성에 더 일찍 도달하도록 한다. 물론 적응력을 자손의 숫자로 측정하면 역사상 가장 적응력이 높은 사람은 칭기즈칸 같은 사람들이기 때문에(칭기즈칸은 남자 200명 중 1명의 조상이다) 실제 세상에서 영생이 금지된 것이 나쁘지만은 않아 보인다.

스팸메일을 검색하는 규칙 하나가 아니라 모든 규칙을 진화시키려고 한다면 n개 규칙의 집합을 n×20000개의 비트로 된 비트 열로 나타낼 수 있다(이전처럼 데이터에 있는 1만 단어를 가정하여 규칙 하나당 2만 비트를 할당한다). 어떤 단어에 00값을 할당하는 규칙들은 이전에 살펴보았듯이 이 규칙에 해당되는 전자 우편이 하나도 없기 때문에 규칙 집합에서 바로 없어질 것이다. 이 집합의 규칙과 맞는 전자 우편은 스팸메일로 분류되고, 맞지 않으면 정상 전자 우편으로 분류된다. 적합성 척도로 올바르게 전자 우편을 분류한 비율을 여전히 사용할 수 있지만 과적합 문제를 피하려면 규칙 집합에 있는 스팸메일이라고 정하는 규칙의 숫자에 비례하는 벌점을 이 비율에서 빼는 방안을 써야 할 것이다.

중간 단계 개념intermediate concept 의 규칙이 진화하도록 하고 성능 시험을 하는 시기에는 이들 규칙을 연결하는 방식으로 더 훌륭한 결과를 얻을 수 있다. 다음과 같은 규칙을 예로 들 수 있다. "전자 우편에 '대출'이라는 말이 포함되면 신용 사기 전자 우편이고, 전자 우편이 신용 사기 전자 우편이면 스팸메일이다." 규칙을 적용한 결과에 더 이상 스팸메일만 있는 것이 아니기 때문에 중간 결과를 표시하는 추가 비트를 비트 열에 포함해야 한다. 물론 컴퓨터는 신용 사기라는 말을 문자 그대로 사용하지 않고 이 개념을 표시하는 어떤 비트 열을 출력하지만 이 정도면 우리의 목적에 충분하다. 홀랜드가 분류기 시스템classifier system이라고 부른 이런 종류의 규칙 집합은 그가 창립한 진화주의자라는 머신러닝 종족의 주력 부대다. 다층 퍼셉트론처럼 분류기 시스템은 신뢰 할당 문제에 직면한다. 즉 중간 단계 개념을 지닌 규칙의 적합성은 무엇인가? 홀랜드는 이 문제를 해결하려고 물통 릴레이 알고리즘bucket brigade algorithm, BBA이라 불리는 것을 고안했다. 그럼에도 불구하고 분류기 시스템은 다층 퍼셉트론보다 넓게 사용되지 못한다.

피셔의 책에 나온 간단한 모형에 비하면 유전 알고리즘은 상당한 도약이다. 다윈은 수학 능력이 부족하다고 한탄했지만 그가 한 세기 후에 살았다면 수학 능력 대신 프로그램 작성 솜씨를 갈망했을 것이다. 사실 자연 선택을 방정식 모음으로 파악하려면 매우 어렵다. 하지만 자연 선택을 알고리즘으로 표현하는 것은 다른 성격의 문제이며 풀기 힘든 다른 문제들에도 알고리즘은 해결의 빛을 비출 수 있다. 화석 기록에서 종들은 왜 갑자기 출현하는가? 초기 종에서 서서히 진화했다는 증거는 어디 있는가? 1972년 나일즈 엘드리지Niles Eldredge와 스티븐 제이 굴드Stephen Jay Gould는 캄브리아기의 생명의 폭발Cambrian explosion처럼 갑작스런 변화가 짧은 기간 동안 일어나고 오랜 정체기가 있는 과정을 반복하는 단속평형의 연속punctuated equilibria으로 진화가 진행된다고 주장했다. 이 주장으로 열띤 논쟁이 불붙었고 비판자들은 이 이론에 '천방지축 진화'evoution by jerks라는 별명을 붙였고 엘드리지와 굴드는 점진주의gradualism를 '굼벵이 진화'evoution by creeps라고 응수했다. 유전 알고리즘을 연구하면 천방지축에 신빙성을 주게 된다. 10만 세대에 걸쳐 유전 알고리즘을 작동하고 1000세대에 한 번씩 개체 집단을 관찰하면 시간에 따라 나타낸 적합성의 그림은 갑자기 개선된 부분이 있고 그 이후는 더 오랜 시간 현상 유지만 이어지는 형태이며, 들쑥날쑥 높이가 고르지 않은 계단처럼 보일 것이다. 그 까닭을 밝히는 것은 어려운 일이 아니다. 일단 알고리즘이 전체 적합도의 한 봉우리인 국소 최대값에 도달하면, 운 좋은 변형이나 교차로 더 높은 봉우리를 향하는 경사에 개체를 옮겨 놓기 전까지는 오랫동안 국소 최대값에 머물 것이다. 더 높은 봉우리로 향하는 경사에서 개체는 번식하고 세대를 거쳐 경사를 올라갈 것이다. 그리고 현재의 봉우리가 높을수록 이런 일이 일어나려면 더 오랜 시간이 흘러야 한다. 물론 자연에서 일어나는 진화는 이것보다 더 복잡하다. 한 가지 이유는 환경의 변화다. 환경이 물리적으로 변하거나 다른 유기체들이 스스로 진화하고, 적합성 봉우리에 있던 유기체가 갑자기 다시 진화해야 하는 압력을 받는 등 주변 환경이 바뀌는 경우도 있다.

탐험과 개발 사이의 딜레마

유전 알고리즘과 다층 퍼셉트론이 얼마나 다른지에 주목하자. 역전파는 어느 한 시점에서 하나의 가설을 확인하고, 가설은 국소 최적값에 도달할 때까지 점차적으로 바뀐다. 유전 알고리즘은 한 단계에서 가설 집합의 전체 구성원을 확인하고 이 방식은 교차법 덕분에 한 세대에서 다음 세대로 넘어갈 때 크게 도약할 수 있다. 역전파는 초기 가중치가 임의의 작은 값으로 설정되면서 시작하여 마지막에 어떤 값으로 정해지면서 끝난다. 유전 알고리즘은 그와 대조적으로 임의의 선택으로 가득하다. 어떤 가설이 살아남고 교차되는지(더 적응력이 높은 가설이 후보가 될 확률이 높겠지만), 비트 열의 어느 부분이 교차되고 어느 비트가 돌연변이를 일으킬지는 임의로 선택된다. 역전파는 신경망의 미리 정해진 구조에 대한 가중치를 학습을 통하여 구한다. 신경망이 촘촘할수록 경우의 수가 더 많아지겠지만 학습하기도 더 어려워진다. 유전 알고리즘은 구조에 관한 일반 형태 외에는 미리 가정하는 사항이 없다.

이런 까닭에 유전 알고리즘은 역전파보다 국소 최적값에 머무는 경우가 덜하고 원리적으로는 새로운 것을 더 잘 도출할 수 있다. 하지만 유전 알고리즘의 분석은 훨씬 더 어렵다. 유전 알고리즘이 술주정뱅이처럼 휘청거리며 아무렇게나 가는 장소 대신 의미 있는 장소에 도달할지 어떻게 알 수 있을까? 열쇠는 구성 요소의 관점에서 생각하는 것이다. 비트 열에서 어느 부분이든 유용한 구성 요소가 될 가능성이 있으며, 두 비트 열을 교차할 때 이러한 구성 요소들은 서로 합하여 더 큰 구성 요소가 되고 그 결과 이익의 원천이 된다. 홀랜드는 구성 요소가 발휘하는 힘을 경찰에서 그리는 몽타주로 설명했다. 컴퓨터가 없던 시대에는 그림을 그리는 경찰관이 목격자가 들려준 용의자의 특징을 잡아서 여러 모양의 입과 눈, 코, 턱 등을 조합해 초상화를 그렸다. 얼굴을 열 가지 부위로 나누고 각 부위마다 열 가지 모양이 있으면 이것으로 100억 개의 서로 다른 얼굴을 합성할 수 있으며, 이는 지구상의 인구보다 많다.

머신러닝이 가장 잘하는 일은 다른 컴퓨터 분야와 마찬가지로 폭발적인 조합의 양을 처리할 때 당신을 불리하게 만드는 방향 대신 유리하게 만드는 방향으로 가는 것이다. 유전 알고리즘이 똑똑한 점은 각 비트 열이 기하급수로 늘어날 가능성을 내재한 스키마schema라는 구성 요소를 보유한다는 것과, 그래서 탐색이 보이는 것보다는 훨씬 더 효율적이라는 것이다. 효율적인 까닭은 비트 열의 모든 부분 집합은 적응력을 보일 가능성이 있는 특성들이 조합된 스키마이고 비트 열의 부분 집합은 기하급수로 크기 때문이다. 구성 요소는 비트 열 중에서 구성 요소에 해당하지 않는 비트를 *로 표시하여 나타낼 수 있다. 예를 들어 110인 비트 열에는 ***과 **0, *1*, 1**, *10, 11*, 1*0, 110이라는 구성 요소가 있다. 포함할 비트의 선택이 다를 때마다 다른 구성 요소를 얻는다. 각 비트에 대하여 포함한다와 포함하지 않는다는 두 가지 선택이 가능하므로 전체 구성 요소의 수는 2^n이다. 역으로 특정한 구성 요소는 전체 집합의 여러 비트 열에서 나타날 수 있고, 나타날 때마다 간접적으로 평가된다. 어떤 한 구성 요소가 다음 세대로 생존해 나갈 확률은 적응력에 비례한다고 가정해 보자.

홀랜드는 이 경우 특정 구성 요소가 나타난 비트 열들이 한 세대에서 평균보다 적응을 잘할수록 그 특정 구성 요소를 지닌 비트 열들이 다른 비트 열보다 다음 세대에 많이 나타나는 것을 보여 주었다. 유전 알고리즘이 겉으로 비트 열을 조작하는 동안 속에서는 구성 요소라는 훨씬 더 넓은 영역에서 탐색 활동을 벌이는 것이다. 시간이 지나면 적응을 더 잘하는 구성 요소가 전체 비트 열 집합을 주도하고 술주정뱅이와 다르게 유전 알고리즘은 이럭저럭 목표에 도달한다.

머신러닝과 삶에서 매우 중요한 문제는 탐험과 개발 사이 딜레마 exploration-exploitation dilemma 다. 효과가 있는 것을 발견하면 그것만 계속 사용해야 할까? 아니면 시간 낭비가 될 수 있지만 더 나은 해법을 얻을 수도 있다는 것을 알고 새로운 시도를 해야 할까? 목동이 될까 아니면 농부가 될까? 새로운 사업을 시작할까 아니면 현재 사업을 계속할까? 한 사람과 사귈까 아니면 여러 사람과 자유롭게 사귈까? 중년의 위기는 오랜 세월 안주하다가 탐험을 갈망할 때 찾아온다. 당신은 충동적으로 도박에 평생 모은 돈을 걸고 백만장자가 되려고 라스베이거스로 날아간다. 처음 마주친 카지노에 들어가 쭉 늘어선 슬롯머신 앞에 선다. 게임을 하고 싶은 슬롯머신은 당신에게 평균적으로 가장 좋은 보상을 주는 것이겠지만 어느 것인지 아직 모른다. 알아보기 위해 슬롯머신마다 충분히 시험해 본다. 하지만 너무 오래 시험하면 돈을 잃은 슬롯머신에서 돈을 낭비한 셈이다. 역으로 섣불리 행동하여 처음 몇 번 우연히 좋게 보였지만 사실은 최선이 아닌 슬롯머신을 고른다면 그날 밤 내내 그 슬롯머신과 게임하면서 돈을 낭비할 것이다. 이것이 탐험과 개발 사이 딜레마이다. 당신이 경기를 할 때마다 최고의 보상을 준, 지금까지 발견한 최선의 수를 반복할지 아니면 더 나은 보상을 준다는 정보가 있는 다른 수를 시도할지 그 사이에서 선택해야만 한다.

홀랜드는 슬롯머신이 두 개 있을 때 최적의 전략은 기하급수로 더 편중된 동전을 던져서 어느 머신으로 게임할지 결정하는 것이라는 사실을 밝혀냈다(하지만 이 전략으로 성공하지 못해도 나를 고소하지는 마시라. 마지막에는 항상 카지노가 이긴다는 사실을 기억하시라). 슬롯머신이 좋아 보일수록 그 슬롯머신으로 경기해야 하지만 결국 다른 쪽 슬롯머신이 최선이라고 판명될 경우를 대비하여 다른 쪽을 완전히 포기하지는 마라. 유전 알고리즘은 마을의 모든 카지노에 있는 슬롯머신에서 같은 시간에 노름하는 노름꾼들의 우두머리와 같다. 두 개의 구성 요소가 같은 비트들을 포함하지만 *10과 *11처럼 비트 중 적어도 하나가 다르면 두 구성 요소는 서로 경쟁한다. 경쟁하는 구성 요소 n개는 n개의 슬롯머신과 같다. 경쟁하는 구성 요소가 모인 집합은 카지노이고, 유전 알고리즘은 모든 카지노를 살피며 이기는 슬롯머신을 동시에 파악한다. 이때 유전 알고리즘이 쓰는 최적의 전략은 더 나아 보이는 슬롯머신을 기하급수로 더 자주 선택하여 시험하는 것이다.

《은하수를 여행하는 히치하이커를 위한 안내서》에서 외계 종족이 궁극의 질문에 답하려고 슈퍼컴퓨터를 만들었다. 오랜 시간 후 컴퓨터는 '42'라는 답을 내놓는다. 하지만 컴퓨터가 외계 종족은 궁극의 질문 또한 모른다고 지적하자 외계 종족은 궁극의 질문이 무엇인지 알아내고자 더 큰 컴퓨터를 만든다. 다른 말로 지구 행성이라 알려진 이 컴퓨터는 불행히도 수백만 년 동안 수행한 계산을 끝내기 바로 몇 분 전에 우주 고속도로를 내기 위해 파괴된다. 우리는 궁극의 질문이 무엇인지 짐작할 뿐이지만 이런 질문이었을 것이다. 어느 슬롯머신으로 노름해야 하지?

최적 프로그램의 생존

처음 몇 십 년 동안 유전 알고리즘 진영은 존 홀랜드와 제자들, 그 제자들의 제자들이었다. 1983년경 유전 알고리즘이 풀어낸 가장 큰 문제는 가스 파이프라인 제어의 학습이었다. 하지만 신경망이 복귀하던 때와 거의 같은 시기에 진화론적 계산에 관한 관심이 본격적으로 일어나기 시작했다. 유전 알고리즘에 관한 첫 번째 국제 학회가 1985년 피츠버그에서 열렸고, 유전 알고리즘의 변형들이 캄브리아기 생명의 폭발같이 쏟아져 나왔다. 이런 변형들 중에는 진화를 더 자세하게 모형화하는 시도도 있었고 (결국 유전 알고리즘의 기초는 매우 거친 근사화로 밝혀졌다), 다른 변형들은 진화론식 착상을 컴퓨터 과학의 개념과 교차하는 등 매우 다른 방향으로 나아갔다. 이런 식으로 교차한 것을 다윈이 들었다면 어리벙벙했을 것이다.

존 코자John Koza는 홀랜드의 가장 뛰어난 제자였다. 그는 1987년 이탈리아에서 열린 학술 회의에 참석하고 캘리포니아로 돌아오는 비행기 안에서 영감이 떠올랐다. 왜 '만약 A라면 B이다'라는 규칙과 가스 파이프라인 제어기 등 비교적 간단한 것을 진화시키는 대신 완성된 컴퓨터 프로그램을 진화시키지 않는가? 그것이 목표라면 왜 표현 수단으로 비트 열을 고집하겠는가? 프로그램은 호출하는 하위 프로그램으로 구성된 트리 형태이기 때문에 이러한 하위 프로그램을 직접 교차하는 것이 하위 프로그램을 억지로 비트 열에 집어넣고 임의의 위치에서 교차하여 완벽하게 훌륭한 하위 프로그램을 파괴하는 위험을 무릅쓰는 것보다 낫다.

예를 들어 태양에서 평균 거리 D만큼 떨어진 행성이 한 번 공전하는 데 걸리는 시간 T를 계산하는 프로그램을 진화를 통하여 구한다고 하자.

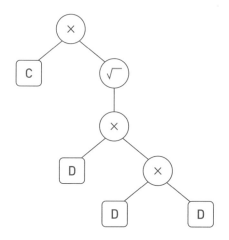

케플러 제3법칙Kepler's third law에 따라 T는 D의 세제곱의 제곱근에 시간과 거리를 나타내는 단위에 따라 값이 달라지는 상수 C를 곱하여 구한다. 유전 알고리즘은 케플러가 한 것처럼 티코 브라헤가 행성의 운동을 관찰하고 작성한 데이터를 검토하여 이 법칙을 발견할 수 있어야 한다. 코자의 접근법에서 D와 C는 프로그램 트리의 잎에 해당하고 두 가지를 결합하는 동작인 곱하기나 제곱근 구하기는 내부 동작점에 해당한다. 위 그림의 프로그램 트리는 정확하게 T를 계산한다.

코자가 유전자 프로그래밍이라 부른 방법에 따라 부분 트리 두 개를 임의로 맞바꾸어 두 개의 프로그램을 교차한다. 예를 들어 다음 그림에서 두 트리를 교차시켜 밝은 색으로 표시된 두 부분의 트리가 연결되면 자식 프로그램으로서 T를 계산해 내는 올바른 프로그램이 나온다.

우리는 프로그램의 출력과 학습 데이터에 대한 올바른 결과 사이의 차이로 프로그램의 적합성(혹은 적합성의 결여 정도)을 측정할 수 있다. 예

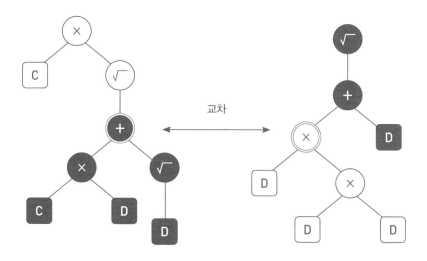

를 들어 프로그램이 지구의 공전 주기로 300일을 출력했다면 적합성에
서 65점을 빼야 한다. 임의 프로그램 트리의 전체 집합에서 시작했다면
유전자 프로그래밍은 교차와 돌연변이, 생존 등을 사용하여 적합성을
만족할 때까지 더 나은 프로그램으로 서서히 진화시킨다.

물론 행성의 공전 주기 계산은 매우 단순한 문제이며 곱하기와 제곱
근 구하기만 포함한다. 일반적으로 프로그램 트리는 조건문, 순환, 반복
등 프로그램 작성에 필요한 구성체를 모두 포함한다. 유전자 프로그래
밍으로 무엇을 할 수 있는가를 더 잘 이해하기 위해, 하나의 예로서 로봇
이 어떤 목표를 달성할 때 수행해야 하는 일련의 행동을 파악해 보자. 사
무실 로봇에게 복도 끝 벽장 안에 있는 스테이플러를 가져오라고 요청
했다 하자. 로봇은 복도를 따라 이동하기와 문 열기, 물건 집어 올리기
등 목표를 달성하기 위해 필요한 행동이 포함된 커다란 행동 모음을 숙
지하고 있다. 또한 이런 개별 행동은 여러 가지 부분 행동으로 구성되어

있다. 즉 물체를 향하여 로봇 손을 움직이거나 잡을 만한 곳을 찾아 잡는 행동 등이 있다. 로봇은 이전 행동의 결과에 따라 다음 부분 행동의 수행 여부를 결정하기도 하고 여러 번 부분 행동을 반복하기도 할 것이다. 해결할 과제는 올바른 행동과 부분 행동의 조합을 구성하고 각 행동에 로봇 손을 얼마나 멀리 움직일 것인가 등의 크기와 방향 같은 변수값을 할당하는 것이다. 유전자 프로그래밍은 원자 수준의 기본 행동과 기본 행동의 조합에서 출발하여 바람직한 목표를 달성하는 복잡한 행동을 조립해 낼 수 있다. 수많은 연구자가 이런 방식으로 로봇 축구 선수를 위한 전략을 진화시켰다.

비트 열 대신 프로그램 트리를 교차한 결과 어떠한 크기의 프로그램도 나올 수 있었고, 그래서 학습이 더 유연해졌다. 하지만 전반적으로는 진화가 더 오래 진행될수록 트리가 점점 더 커지는 거대화 경향이 나타났다(뚱보 생존survival of the fattest 으로도 알려져 있다). 그렇더라도 인간이 작성한 프로그램도 다를 바 없다는 사실과(마이크로소프트의 윈도우는 4500만 줄의 코드로 되어 있고 계속 증가하는 중이다), 적합성 함수에 복잡도라는 벌점을 주는 간단한 방법을 인간이 만든 소프트웨어에는 적용할 수 없다는 점에서 진화주의자는 위안을 얻을 것이다.

유전자 프로그래밍의 첫 번째 성공은 1995년에 전자 회로 설계에서 거두었다. 트랜지스터와 저항, 축전기 같은 전자 소자 더미에서 시작한 코자의 시스템은 댄스 음악의 저음부를 보강해 주는 장치 등에 쓰는 저역통과 필터low-pass filter의 한 종류를 이전에 나온 특허와 동일하게 재발명했다. 그 이후로 코자는 특허받은 장치들을 다시 발명하는 일에 재미를 붙여 열 개 이상의 장치를 재발명했다. 이후 중요한 사건은 유전자 프로그래밍으로 설계한 공장 최적화 시스템이 2005년 미국 특허상표국에서 수여한 특허를 취득한 일이다. 튜링 테스트(앨런 튜링이 제안한, 컴퓨터가 생각하는지 여부를 판정하는 시험. 키보드와 화면으로 대화하는 사람들이 참가자 중 컴퓨터가 시키는 대로 대화하는 대리자를 찾지 못하면 통과한다. — 옮긴이)가 대화자들 대신 특허심사관을 속이는 시험이었다면 2005년 1월 25일은 역사적인 날이었을 것이다.

코자는 조용히 연구하는 분야 밖에서도 눈에 띄게 자신감을 드러냈다. 코자는 유전자 프로그래밍을 발명 기계, 즉 21세기의 실리콘 에디슨으로 보았다. 코자와 진화주의자들은 유전자 프로그래밍이 학습을 통해 어떤 프로그램도 만들어 내는 만큼 마스터 알고리즘을 뽑는 독점 내기(이긴 사람이 돈을 차지)에 참가할 수 있을 것으로 믿었다. 2004년 그들은 인간의 창조물과 경쟁할 만한 유전자 창작물을 기리기 위해 휴미상Humie Awards을 제정했고, 지금까지 39개의 유전자 창작물이 이 상을 받았다.

성의 임무는 무엇인가

유전 알고리즘은 성공 사례도 보여 주고 점진주의 대 단속평형설 같은 논의에 영감을 제시하기도 했지만, 진화에서 성이 맡은 임무는 무엇인가라는 커다란 수수께끼를 풀지 못하고 있다. 진화주의자는 교차를 대단히 중요하게 생각하지만 다른 종족들은 교차에 노력을 들일 가치가 없다고 생각한다. 홀랜드의 어떤 이론적 결과도 교차가 효과적이라는 점을 보여 주지 못한다. 돌연변이도 시간이 지나면 전체 집단에 최적의 구성 요소가 나타날 횟수를 기하급수로 증가시킨다. 그리고 '구성 요소'라는 직관적 착상은 매력적이긴 하지만 유전자 프로그래밍을 사용할 때라도 곧 문제에 부딪힌다. 더 큰 구성 요소가 진화하면 교차하면서 분해될 가능성도 더 커진다. 게다가 적응력이 매우 높은 개체가 나타나면 그 개체의 자손이 전체 집단에 빠르게 퍼지며 전체적인 면에서는 적응력이 덜한 개체에 갇혀 있는 잠재력이 더 좋은 구성 요소를 몰아내는 경향이 있다. 이렇게 되면 적응력 챔피언을 찾는 활동은 실질적으로 그 아류를 찾는 것으로 축소된다.

연구자들이 집단 전체에서 다양성을 보존하는 많은 기법을 고안하고 있지만 지금까지 그 결과는 확고한 결론을 내리는 데 충분하지 않다. 분명히 기술자들은 구성 요소를 광범위하게 사용하지만 구성 요소들을 결합하려면 많은 공학적 작업이 필요하다. 기존의 방식으로 그저 구성 요소들을 한데 모은다고 해결될 문제가 아니며 교차라는 방법으로 성공할 수 있을지도 불분명하다.

성을 없애면 진화주의자의 방식에 힘을 불어넣는 수단으로 돌연변이만 남을 것이다. 집단 전체의 크기가 유전자 수보다 훨씬 크다면 점 돌연변이가 모두 나타날 수도 있으며, 그러면 탐색은 언덕 오르기hill climbing의 형태가 된다. 즉 한 단계 변형된 모든 유전자를 시험하고 이 중에서 최선을 선택한 뒤 다음 단계를 변형하며 시험을 반복한다(빔 탐색beam search이라 부르는 방식으로 최적의 변형을 여러 개 선택하고 반복하는 방식도 있다). 기호주의자는 이런 방식을 진화주의의 한 형태라고 생각하지 않으면서도 특히 규칙을 학습할 때 항상 이 방법을 사용한다. 국소 최댓값이라는 덫에 걸리지 않기 위해 언덕 오르기는 무작위(경사 아래로 움직이는 상황을 어느 정도의 확률로 포함한다) 재출발(어느 정도 시간이 지난 후 임의 상태로 건너 뛰고 거기에서 다시 시작한다)을 도입할 수 있다. 이것은 문제에 대한 좋은 해법을 발견하기에 충분한 방법이다. 여기에 교차를 더했을 때 얻는 이 득이 계산량이 추가로 늘어나는 비용을 능가할지는 아직 해결되지 않은 문제로 남아 있다.

성이 자연에 널리 퍼져 있는 까닭을 아직은 어느 누구도 확실히 알지 못한다. 몇몇 이론이 나왔지만 널리 받아들여지는 이론은 없다. 이들 중 대표적인 이론은 '붉은 여왕 가설'Red queen hypothesis이며 매트 리들리Matt Ridley가 지은 같은 이름의 책을 통해 널리 알려졌다. 소설 《거울나라의 앨리스》Through the Looking Glass에서 붉은 여왕이 앨리스에게 말한다. "당신이 같은 자리를 지키려면 최선을 다해 뛰어야 한다."

이와 비슷하게 유기체는 기생 동물과 끊임없이 군비 경쟁을 벌이고 있으며, 이때 성은 종족 전체의 다양성을 유지하는 데 기여하여 세균 한 종류가 전체 종족을 감염시키는 사태를 방지한다. 이것이 성이 지닌 임무라면 적어도 학습된 프로그램이 프로세서의 점유 시간과 메모리를 놓고 컴퓨터 바이러스와 경쟁하기 전까지 성은 머신러닝과 무관하다(흥미롭게도 대니 힐리스Danny Hillis는 기생 생물 같은 기능을 유전 알고리즘에 고의적으로 넣으면 유전자 프로그래밍이 어려움을 만났을 때 차츰차츰 극복하여 국소 최적값에서 탈출하는 데 도움이 될 것이라고 주장했지만, 지금까지 이런 시도는 아무도 하지 않았다).

크리스토스 파파디미트리오Christos Papadimitriou와 동료들은 성이 적응력을 최적화하지 않고 그들이 만든 용어인 혼합성mixability을 최적화한다는 점을 밝혀냈다. 혼합성이란 유전자가 다른 유전자와 결합했을 때 평균적으로 잘 작동하는 능력이다. 이런 특성은 자연 선택에서 나타나는 경우처럼 적합성 함수를 알지 못할 때나 혹은 시간에 따라 변할 때 유용할 수 있지만, 머신러닝과 최적화에서는 언덕 오르기가 더 좋은 성능을 보이는 경향이 있다.

유전자 프로그래밍의 문제는 거기서 끝나지 않는다. 실제로 이 방법의 성공 사례조차도 진화주의자가 생각하는 것만큼 유전의 특성에서 나온 것 같지 않아 보인다. 유전자 프로그래밍을 상징하는 성공 사례인 회로 설계circuit design를 살펴보자. 상대적으로 간단한 설계조차도 대규모 탐색 과정이 필요하기 때문에 설계 결과의 얼마만큼이 유전적 장점 덕택이 아니라 무지막지한 탐색 덕택인지는 분명하지 않다. 이구동성으로 문제점을 지적하는 비판자가 늘어나자 코자는 1992년에 발간한《유전자 프로그래밍》Genetic Programming에서 유전자 프로그래밍이 부울 방식의 회로 합성 문제에서 임의로 회로를 만들어 내는 방식들을 물리치는 실험 결과를 실었다. 하지만 승리의 격차는 작았다.

그 후 1995년 미국 캘리포니아의 레이크 타호에서 열린 국제머신러닝 학술대회ICML에서 케빈 랑Kevin Lang은 코자와 같은 실험 과제에서 언덕 오르기가 유전자 프로그래밍을 때때로 큰 격차로 물리친 결과를 담은 논문을 발표했다. 코자와 다른 진화주의자들은 머신러닝 분야의 주무대인 ICML에 논문을 발표하려고 여러 차례 시도했지만 실험 검증 부분이 충분하지 않다는 이유로 계속 거절당하자 절망이 커져 갔다. 논문이 거절당하는 바람에 이미 불만이 쌓였던 코자는 랑의 논문을 보자 분노의 둑이 터져 버렸다.

코자는 랑의 결론을 반박하고 ICML 논문 심사관들의 과학적 만행을 비난하는 23쪽 분량의 논문을 두 단의 ICML 논문 형식으로 작성했다. 그리고 논문의 복사본을 학술 회의가 열리는 강당의 모든 의자에 올려놓았다. 랑의 논문과 코자의 반응 중 어느 것이 최후의 결정타였는지는 관점에 따라 의견이 다를 것이다. 어쨌든 타호 사건을 계기로 진화주의자는 머신러닝 분야의 나머지 진영과 최종 결별을 하고 집을 나갔다. 유전자 프로그램 개발자들은 자신만의 학술 회의를 시작했고 유전 알고리즘 학술 회의와 결합하여 유전과 진화 컴퓨팅 학술 회의GECCO를 결성했다. 머신러닝의 주류는 이 분야를 대체로 잊었다. 슬픈 결말이지만 역사에서 성 때문에 결별하는 일이 처음은 아니지 않은가.

성은 머신러닝에서 성공을 거두지 못했지만 다른 방식으로 기술의 진화에 두드러진 소임을 했다는 것으로 위안을 준다. 포르노물은 이전 시대에서는 인쇄물과 사진 그리고 비디오의 보급은 말할 것도 없고 월드 와이드 웹의 칭찬받지 못하는 킬러 애플리케이션(새로운 기술의 보급에 결정적 계기가 되는 응용 분야―옮긴이)이었다. 사실 바이브레이터는 손에 들고 쓰는 첫 번째 전기 제품으로 휴대전화보다 한 세기나 앞서 나왔다. 스쿠터는 전쟁 후 유럽, 특히 이탈리아에서 급격히 유행했다. 젊은 연인들이 스쿠터를 타고 가족의 눈을 피해 멀리 가서 연애를 즐길 수 있었기 때문이다. 100만 년 전 호모에렉투스가 불을 발견했을 때 연애를 촉진하는 용도는 확실히 불의 킬러 애플리케이션 중 하나였다. 이와 동일하게 사람 같은 로봇을 현실화하려는 주요 추진 동력은 섹스봇 산업일 것이다. 성은 기술의 진화에서 수단이라기보다는 오히려 목적으로 보인다.

자연에서 '학습'을 배우는 두 종족

진화주의자와 연결주의자는 중요한 공통점이 있다. 둘 다 자연에서 영감을 받아 학습 알고리즘을 설계한다는 것이다. 그 후부터 양쪽의 길이 갈라진다. 진화주의자는 학습 구조에 집중한다. 변수들을 최적화하여 진화된 구조를 미세 조정하는 일은 진화주의자에게 중요하지 않다. 반면 연결주의자는 연결부만 많고 손으로 만들 만한 간단한 구조를 선호하며 가중치 학습이 모든 일을 하도록 한다. 이것이 '선천적 요인 대 후천적 요인'의 머신러닝 판 논쟁이며 양쪽 모두 설득력 있는 논거가 있다.

한편 진화는 놀랄 만한 일을 많이 만들었다. 그중 가장 놀랄 만한 것은 당신이다. 교차를 채택하든지 안 하든지 진화하는 구조는 마스터 알고리즘의 필수적인 부분이다. 두뇌는 무엇이라도 배울 수 있지만 두뇌를 진화시키지는 못한다. 우리가 두뇌의 구조를 완전히 이해한다면 하드웨어로 두뇌를 만들 수는 있겠지만 여전히 갈 길이 매우 멀다. 컴퓨터로 진화를 모의실험하여 도움 받는 것은 쉬운 일이다. 하지만 우리는 이보다 더 로봇의 두뇌를 진화시키고 어떤 센서라도 달려 있는 시스템, 슈퍼 인공 지능을 진화시키고 싶어 한다. 이러한 과제를 수행하는 더 나은 방안이 존재한다면 인간의 두뇌 방식을 고집할 까닭이 없다.

한편 진화는 속도가 몹시 느리다. 유기체의 전체 생애로 얻는 정보는 그 유기체의 유전자 정보, 즉 후손의 숫자로 가늠할 수 있는 유전체의 적합성뿐이다. 그런 식으로 오랜 시간 정보를 사용하지 못하는 것은 정보의 엄청난 낭비이며, 신경망 학습은 말하자면 필요할 때 바로 정보를 획득하면서 이런 낭비를 피한다. 제프 힌튼 같은 연결주의자들이 즐겨 지적하듯이 감각으로 곧장 얻을 수 있는 정보를 유전체에 넣고 다니는 방식이 유리한 점은 아무것도 없다. 새로 태어난 생명체가 눈을 뜰 때 세상에 대한 시각 정보가 물밀듯이 들어온다. 두뇌는 이 시각적 세상을 조직화해야만 한다. 유전체에 써 넣을 필요가 있는 것은 조직화를 수행할 기계의 구조다.

선천적 요인 대 후천적 요인이라는 논쟁과 마찬가지로 진화주의와 연결주의 어느 편에도 완전한 해답은 없다. 열쇠는 두 진영을 결합할 방안을 찾는 것이다. 마스터 알고리즘은 유전자 프로그래밍도 역전파도 아니지만 구조 학습과 가중치 학습이라는 양쪽의 핵심 요소를 포함해야만 한다. 일반적인 견해로는 선천적인 자연이 먼저 자신의 소임, 즉 두뇌를 진화시키고 그다음 후천적인 양육이 이어 받아 정보로 두뇌를 채운다.

우리는 이것을 머신러닝 알고리즘에서 쉽게 재현할 수 있다. 먼저 네트워크 구조를 학습한다. 예를 들어 언덕 오르기를 사용하여 어떤 신경을 어느 신경과 연결해야 할지를 결정한다. 네트워크와 새롭게 가능한 연결은 덧붙이고, 가장 성능을 향상시키는 연결은 유지하고, 새로운 연결을 시험하는 일은 반복한다. 그런 후 역전파를 이용하여 연결의 가중치를 학습하면 당신의 새로운 두뇌는 사용할 준비를 끝마친다.

이제 자연적인 진화와 인공적인 진화 양쪽 모두에 중요하고 예민한 부분이 남아 있다. 학습을 진행하면서 최종 구조만이 아니라 모든 후보 구조의 가중치를 학습할 필요가 있다는 점이다. 어느 후보 구조가 삶의 투쟁에서(자연의 경우) 혹은 시험 데이터에서(인공의 경우) 과업을 얼마나 잘 수행해 내는지 알아보기 위해서다. 매 단계에서 우리가 선택하고자 하는 구조는 가중치 학습 이전이 아니라 학습 이후에 최고로 잘 적응하는 구조다. 그러므로 선천적인 구조는 후천적인 양육보다 먼저 나오지 못한다. 대신 다음 차례의 선천적 구조 학습을 위한 무대를 마련하는 후천적 양육 학습과 다음 차례의 양육 학습을 위한 무대를 마련하는 선천적 구조 학습이 교대로 반복된다. 선천적 구조는 후천적 양육을 위해 진화한다. 두뇌 피질의 연합 영역은 감각 영역의 신경 학습이 이루어진 후 이를 기반으로 진화하며 형성된다. 감각 영역이 없다면 연합 영역은 불필요하다.

새끼 거위들은 주변의 엄마를 따르지만(진화된 행동) 먼저 엄마를 알아봐야 한다(학습으로 얻은 기능). 새끼 거위들이 알에서 깨어나 첫 번째로 본 것이 당신이라면 콘라드 로렌즈Konrad Lorenz가 인상적으로 보여 주었듯이 새끼 거위들은 엄마 거위 대신 당신을 따를 것이다. 새로 태어난 두뇌는 이미 환경의 특징에 맞게 준비되었지만 명확하게 고정된 것은 아니다. 대신 예상되는 입력에서 환경의 특징들을 추출하도록 두뇌는 진화 과정을 거치며 최적화되었다. 이와 비슷하게 구조와 가중치 양쪽을 반복하여 학습하는 알고리즘으로 만들어지는 매 단계의 새로운 구조는 이전 차례에서 학습한 가중치에서 암암리에 유도되는 결과물이다.

모든 가능한 유전체 중에서 생존하는 유기체에 남는 것은 매우 적다. 유전체 적합성의 전체 모습은 일반적으로 낮은 적합성을 나타내는 광대한 평지에 높은 적합성을 가리키는 가파른 봉우리가 가끔 있는 풍경과 같아서 진화가 일어나기는 매우 힘들다. 당신이 미국 대륙 한복판인 캔자스에서 눈을 가린 채 출발한다면 어디로 가야 로키 산맥에 다다를지 알 수가 없을 것이고, 로키 산맥의 기슭과 우연히 마주쳐서 올라가기 전까지는 오랜 시간 헤맬 것이다. 하지만 진화를 신경망 학습과 결합한다

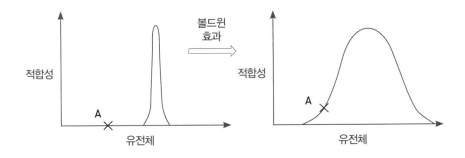

면 재미있는 일이 일어난다. 당신이 평평한 땅에 있지만 산기슭에서 너무 멀리 떨어지지 않았다면 신경망 학습은 당신을 산기슭으로 데려다 줄 수 있고, 산기슭에 더 가까이 있을수록 데려다 줄 가능성이 더 높다. 이것은 눈을 가린 안대를 벗고 지평선을 훑어볼 수 있는 것과 같다. 당신이 캔사스 주의 위치타에 있을 때는 도움이 안 되겠지만 덴버에 있다면 멀리서나마 로키 산맥을 볼 것이고 그 방향을 향해 갈 것이다. 이제 덴버는 당신이 눈을 가렸을 때보다는 훨씬 더 적합한 곳으로 느껴진다. 실제 효과는 적합성 봉우리를 넓히는 것으로 위 그림의 A 지점과 같이 이전에는 봉우리를 찾아가기 매우 힘든 장소가 봉우리를 향한 길을 찾기 쉬운 장소로 바뀐 것이다.

생물학에서는 이런 효과를 1896년 이것을 제안한 제임스 마크 볼드윈의 이름을 따서 '볼드윈 효과'Baldwin effect라고 부른다. 볼드윈 방식의 진화에서는 가장 먼저 배운 행동은 나중에 유전적으로 고정된다. 개와 비슷한 포유동물이 헤엄치는 법을 배울 수 있다면 익사할 경우보다 물개로 진화할 가능성이 크다. 그러므로 개체의 학습은 라마르크설에 의지하지 않더라도 진화에 영향을 준다는 것을 알 수 있다. 제프 힌튼과 스티븐 놀런Steven Nowlan은 신경망 구조를 진화시키는 유전 알고리즘을 사용하고 적합성은 개체 학습을 허용할 때만 시간이 지나면서 증가한다는 것을 관찰하여 머신러닝에서 볼드윈 효과를 입증했다.

가장 빨리 학습하는 자가 승리한다

진화는 훌륭한 구조를 찾고, 신경망 학습은 구조를 학습시킨다. 이 조합은 우리가 마스터 알고리즘을 찾을 때 따라야 하는 가장 쉬운 과정이다. 선천적 요인 대 후천적 요인의 논쟁이 2500년간 끊임없는 우여곡절을 겪었고 여전히 치열하게 진행 중이라는 사실에 익숙하다면 이러한 해법에 놀랄 수도 있다. 하지만 컴퓨터의 관점에서 생명 현상을 보면 많은 것이 분명하게 보인다. 선천적 요인인 자연은 컴퓨터에서 돌아가는 프로그램이고 후천적 요인인 양육은 컴퓨터에 입력되는 데이터다. 어느 것이 더 중요한가는 터무니없는 질문이다. 프로그램과 데이터 중 어느 하나라도 없으면 출력되는 결과가 없으며, 출력의 60퍼센트는 프로그램에서 나오고 40퍼센트는 데이터에서 나온다는 식으로 작동하지 않는다. 머신러닝에 익숙하다면 그런 단편적인 사고방식을 거부한다.

그럼 우리가 왜 이 시점까지 자연의 가르침을 구현하지 못했는지 의아하게 생각할 수도 있다. 자연의 두 가지 마스터 알고리즘인 진화와 두 뇌를 결합한 것은 확실히 우리가 찾을 수 있는 전부다. 하지만 불행히도 지금까지 우리가 확보한 것은 자연이 어떻게 학습하는가에 대한 매우 조잡한 밑그림 정도다. 여러 응용 분야에 쓸 만할 정도로 훌륭하기는 하지만 여전히 실체의 흐릿한 그림자에 불과하다. 예를 들어 배아의 성장은 생명 현상의 결정적인 부분이지만 머신러닝에서 이와 유사한 구실을 하는 것은 아직 없다. 유기체는 유전체의 매우 직접적인 기능인데 우리는 중요한 무엇인가를 이 부분에서 놓치는 것 같다. 구현하지 못하는 또 다른 이유는 자연이 학습하는 방법을 완전히 파악할지라도 여전히 부족한 점이 있기 때문이다. 한 가지는 자연의 학습 속도가 너무 느리다는 점이다. 진화는 학습하는 데 수십억 년이 걸렸고 두뇌는 평생 걸린다. 문화보다 못하다. 나는 평생 동안 배운 내용을 책 한 권으로 응축할 수 있고 당신은 몇 시간 만에 읽을 수 있다. 그런데 머신러닝 알고리즘은 몇 분이나 몇 초 내에 배울 수 있어야 한다. 진화를 촉진하는 볼드윈 효과든, 인간의 학습을 촉진하는 언어로 하는 의사소통이든, 아니면 빛의 속도로 유형을 발견하는 컴퓨터든 가장 빨리 배우는 쪽이 승리한다. 머신러닝은 지구 생명체가 벌이는 군비 경쟁의 가장 최신의 분야이고 더 빠른 하드웨어는 문제를 해결하는 방정식의 절반밖에 안 되며, 다른 절반은 더 똑똑한 소프트웨어로 채워야 한다.

무엇보다 머신러닝의 목표는 어떤 수단을 사용하든지 최고의 학습 알고리즘을 찾는 것인데 진화와 두뇌로는 이 목표를 달성할 것 같지 않다. 진화의 산물은 명백한 단점이 많다. 예를 들어 포유류의 시신경은 망막 뒤가 아니라 앞에 붙어 있어 필요하지도 않고 분명히 좋지도 않은 맹점이 가장 선명한 시력의 영역인 중심와fovea 바로 옆에 있다. 분자생물학에서 파악한 살아 있는 세포의 활동은 뒤죽박죽이어서 분자생물학자는 세포 활동에 대해 아무것도 모르는 사람만 지적 설계를 믿을 수 있을 거라고 비꼬듯 말한다. 두뇌 구조에도 이와 유사한 단점들이 있어 보인다.

두뇌는 단기 기억량이 매우 적다는 것 등 컴퓨터에는 없는 제약점이 많고 그런 단점들을 계속 가지고 있어야 할 까닭이 없다. 더욱이 대니얼 카너먼이 《생각에 관한 생각》Thinking, Fast and Slow에서 자세히 설명했듯이, 우리는 사람들이 지속적으로 잘못된 일을 하는 것으로 보이는 상황을 많이 알고 있다.

연결주의자나 진화주의자와 대조적으로 기호주의자와 베이즈주의자는 자연의 모방을 신뢰하지 않는다. 대신 그들은 기본 원칙에서 머신러닝이 무엇을 해야 하는가를 알아내고자 한다. 사람에 대해서도 무엇을 해야 하는가라는 것을 알아내야 한다. 예를 들어 암 진단을 학습하고자 한다면 그저 '이것이 자연이 하는 방식이니 똑같이 해 보자'라는 방식은 충분하지 않다. 위험한 요인이 너무도 많다. 실수는 곧 생명을 앗아 간다. 의사들은 가능한 범위에서 실패할 염려가 없는 가장 확실한 방법으로 진단해야 한다. 수학자들이 정리를 증명할 때 이용하는 것과 유사한 방법을 사용하거나, 그만큼 엄밀할 수 없다 하더라도 최대한 엄밀한 방법을 사용해야 하는 것이다. 의사는 오진단의 가능성을 최소화하려는 노력으로 증상을 평가해야 한다. 더 정확하게 말하자면, 실수의 대가가 클수록 실수할 가능성을 더 줄여야 한다(예를 들어 종양이 없는데 있다고 추론하는 진단보다 거기에 정말 있는 종양을 발견하지 못하는 일이 훨씬 더 나쁠 가능성이 높다). 의사는 그저 좋아 보이는 진단이 아니라 '최적'의 결정을 내려야 한다.

이것이 과학과 철학의 많은 부분에서 나타나는 긴장된 순간이다. 설명적 이론descriptive theory과 규범적 이론normative theory 사이의 대립, 다시 말해 '이것은 이렇게 된다'와 '이것은 이렇게 되어야 한다' 사이의 대립에서 나타나는 긴장이다. 그런데 기호주의자와 베이즈주의자는 어떻게 배워야만 하는가를 아는 일과 우리가 어떻게 배우는가를 이해하는 일이 상관없는 게 아니므로(상관이 많을 것 같다) 어떻게 배워야만 하는가를 아는 일은 배우는 과정을 이해하는 데도 도움이 된다고 주장한다. 특히 생존에 중요하고 진화하는 데 오랜 시간이 걸린 행동들은 최적의 상태에서 멀리 떨어지지 말아야 한다. 우리는 글로 쓰인 확률 문제는 매끄럽게 못 풀지만, 목표물을 맞히려고 손과 팔을 움직일 때 순간적으로 어떤 동작을 선택해야 하는가라는 문제는 매우 잘 해결한다.

많은 심리학자가 인간 행동의 양상을 설명하려고 기호주의자나 베이즈주의자의 모형을 사용한다. 기호주의자는 처음 몇 십 년 동안 인지심리학을 주도했다. 1980년대와 1990년대는 연결주의자가 지배했지만 지금은 베이즈주의자가 떠오르고 있다.

가장 어려운 문제들, 예를 들어 암 치료와 같이 진정으로 해결하려고 했지만 하지 못한 문제들에 관하여 순전히 자연에서 영감을 얻는 접근법은 데이터가 엄청나게 있어도 성공하기에는 정보가 너무 부족해 보인다. 이론상으로는 교차를 사용하거나 사용하지 않는 구조 탐색과 역전파를 통한 변수 학습을 합하면 세포의 신진대사망을 완전하게 모형화할 수 있지만 실제로는 정체를 일으킬 국소 최적값이 너무 많다. 더 큰 규모의 지식을 동원하여 필요에 따라 이들을 결합하거나 재결합하고 틈새를 채우는 역연역법을 사용하면서 추론해야 한다. 또한 암을 최적으로 진단하며 암을 치료하는 최고의 약을 발견한다는 엄밀한 수준의 목표를 세우고 학습할 필요가 있다.

최적의 학습은 베이즈주의자의 최대 목표이고, 이들은 자신이 최적의 학습에 도달하는 방법을 알아냈다고 조금도 의심하지 않는다. 그럼 이들을 만나러 다음 장으로….

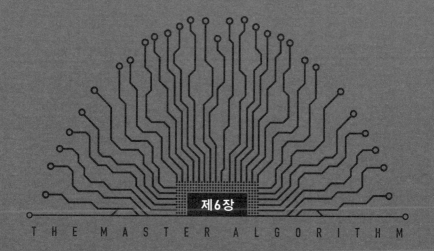

베이즈 사제의
성당에서

베이즈주의자의 머신러닝

대성당의 육중한 형체가 어둠 속에 서 있다. 스테인드글라스 창문에서 쏟아져 나온 불빛이 복잡한 방정식을 거리와 건물에 드리운다. 성당에 다가가니 안에서 연이어 외치는 구호가 들린다. 라틴어나 수학 용어같이 들리는데 귀에 꽂은 통역기는 '크랭크를 돌려라! 크랭크를 돌려라!'라는 뜻이라고 알려 준다. 성당에 들어가자마자 이 구호는 "아아아아!"라는 만족하며 내는 소리와 "사후 확률! 사후 확률!"^{The posterior! The posterior!}이라고 웅성거리는 소리와 섞인다. 무리들 사이를 비집고 들여다보니 제단에 놓인 커다란 석조 명패에 3미터 크기의 공식이 적혀 있다.

$$P(A|B)=P(A) \times P(B|A)/P(B)$$

무슨 공식인지 몰라서 응시하고 있는데 구글 글라스가 '베이즈 정리'라는 말을 반짝 떠올린다. 이제 무리는 "데이터를 더 많이! 데이터를 더 많이!"라고 반복하여 외치기 시작한다. 제물로 바쳐질 희생자들이 인파에 떠밀려 거침없이 제단 앞으로 밀려간다. 갑자기 희생자들 사이에 끼여 있는 자신을 발견한다. 하지만 너무 늦었다. 크랭크가 서서히 덮치자 비명을 지른다. "안 돼! 데이터가 되기 싫어! 놓아 줘어어어어!"

당신은 땀에 젖은 채 잠에서 깬다. 허벅지에는 《마스터 알고리즘》이라는 책이 놓여 있다. 악몽을 떨쳐내려고 읽다가 멈춘 곳으로 돌아가 다시 읽는다.

세상을 움직이는 정리

최적 학습에 도달하는 길은 많은 사람이 들어 본 공식에서 출발한다. 바로 베이즈 정리다. 하지만 여기서는 전혀 새로운 각도에서 살펴보고 당신이 일상생활에서 사용되는 사례들을 보며 추측할 수 있는 것보다 훨씬 더 강력하다는 사실을 깨달을 것이다. 근본적으로 베이즈 정리란 새로운 증거를 얻었을 때 가설에 대한 믿음의 정도를 갱신하는 간단한 규칙일 뿐이다. 증거가 가설과 일치한다면 가설이 옳을 가능성이 올라간다. 만약 아니라면 내려간다.

예를 들어 당신이 후천성 면역 결핍증인 에이즈 검사를 했고 양성이라는 결과가 나왔다면 에이즈에 걸렸을 확률이 높아진다. 여러 차례 검사하여 결과를 많이 얻은 경우처럼 더 많은 증거가 있다면 일은 더욱 흥미로워진다. 조합의 수가 폭발적으로 늘어나는 사태를 피하면서 상황을 모두 고려하려면 상황을 단순화시키는 가정이 필요하다. 환자에 대해 내릴 수 있는 여러 가지 진단을 모두 내리는 것처럼 많은 가설을 한꺼번에 고려한다면 상황은 훨씬 더 흥미로워진다. 적절한 시간 안에 환자의 증상에서 진단할 수 있는 병들의 확률을 모두 계산하려면 지능적인 묘수가 많이 필요할 것이다.

우리가 이런 모든 일을 해내는 방법을 안다면 베이즈주의자의 머신러닝 방법을 배울 준비가 된 것이다. 베이즈주의자에게 학습이란 베이즈 정리의 또 다른 응용일 뿐이다. 학습 모형 전부는 베이즈 정리의 가설이고 학습 데이터는 베이즈 정리의 증거에 해당한다. 데이터가 더 많아지면서 어떤 모형은 더 잘 맞고 어떤 모형은 덜 정확하기도 하다가 이상적인 하나의 모형이 분명한 승자로 드러날 것이다. 베이즈주의자는 교묘할 정도로 영리한 여러 종류의 모형을 발명했다.

자, 이제 시작해 보자.

토머스 베이즈Thomas Bayes는 자기도 모르는 사이에 새로운 종교의 중심 인물이 된 18세기 영국의 성직자다. 어떻게 이런 일이 일어날 수 있는지 의문이 드는 것은 당연한 일이며 예수에게도 이런 일이 일어났다는 것을 안다면 의문은 풀릴 것이다. 예수는 자신을 유대인 신념의 정점이라고 보았지만 우리가 알다시피 사도 바울이 예수가 중심인 기독교를 창시했다. 비슷하게 베이즈주의는 베이즈가 태어나고 50년 후에 태어난 프랑스 사람 라플라스Pierre-Simon de Laplace가 주창했다. 베이즈는 가능성chance에 관한 새로운 사고방식을 처음으로 발표한 사제였고, 그러한 직관들을 베이즈의 이름이 들어간 정리로 만든 사람은 라플라스였다.

역사상 가장 위대한 수학자인 라플라스는 뉴턴의 결정론에 대해 그가 지녔던 꿈으로 잘 알려져 있다.

"자연을 움직이는 모든 힘과 사물이 만들어 낸 각각의 상황을 모두 이해하는 지성이 충분히 거대하여 이 모든 데이터를 분석할 수 있다면 우주의 가장 커다란 천체들과 가장 가벼운 원자들의 운동을 같은 공식으로 파악할 것이다. 그러한 지성에게는 불확실한 것이 없으며 과거와 마찬가지로 미래도 명확히 드러날 것이다."

역설적으로 들리는 말이다. 라플라스는 확률 이론의 아버지이기도 하기 때문이다. 그는 확률이 계산으로 귀결되는 상식이라고 믿었다. 그가 확률을 탐색한 근본 이유는 마음 한가운데 흄의 질문이 자리 잡았기 때문이다. 예를 들어 우리는 어떻게 내일 다시 해가 떠오르는 것을 아는가? 오늘까지 매일 해가 떠올랐지만 계속 그럴 거라는 보장은 없다. 라플라스의 대답은 두 부분으로 되어 있다.

첫 번째는 우리가 지금은 무차별성의 원리principle of indifference 혹은 이유 불충분의 원리principle of insufficient reason라고 부르는 것이다. 어느 날, 말하자면 태초에(라플라스에게는 5000년 전쯤이었다) 깨어나 아름다운 오후가 지나고 지는 해를 본다고 하자. 다시 해가 떠오를까? 전에 떠오르는 해를 본 적이 없었고 해가 떠오를지 어떨지 믿을 만한 특별한 까닭이 없다. 그러므로 해가 뜨거나 뜨지 않는 두 상황은 똑같이 일어날 가능성이 있다고 여겨야 하고, 해는 절반의 확률로 다시 떠오를 거라고 말해야 한다.

하지만 라플라스는 더 나아가 과거로 미래를 추측할 수 있다면 해가 떠오르는 모든 날은 해가 계속 떠오를 거라는 확신을 키워야 한다고 주장했다. 5000년이 지난 후 해가 내일 다시 떠오를 거라는 확률은 1에 매우 가까워야 하지만, 1이 아닌 것은 우리가 완전히 확신할 수 없기 때문이다. 생각으로 하는 이 실험을 통해 라플라스는 해가 n번 떠오른 후 다시 떠오르는 확률을 (n+1)/(n+2)로 추정하는 연속성의 규칙을 이끌어 냈다. n이 0일 때 이 확률은 2분의 1이다. n이 증가하면 확률도 증가하여 n이 무한대에 접근할 경우 확률은 1에 접근한다.

이 규칙은 더 일반적인 원리에서 유래한다. 당신이 낯선 행성에서 한밤중에 깨어난다고 상상해 보라. 볼 수 있는 것은 별이 반짝이는 하늘이 전부지만, 태양이 어느 시점엔가 떠오를 거라고 믿는 것은 행성이 자전하면서 항성 주위를 공전하기 때문이다. 그러므로 태양이 떠오를 것이라는 추측이 맞을 확률은 절반보다 높아야만 한다(말하자면 3분의 2). 이것을 태양이 떠오르는 사건의 사전 확률이라고 부른다. 아직 어떤 증거도 보기 전이기 때문이다. 이것은 당신이 전에는 이 행성에 없었기 때문에 과거 이 행성에서 태양이 떠오른 횟수에 근거한 게 아니다. 당신이 가진 우주 지식에 근거하여 어떤 일이 일어날지 예측한 것이다.

이제 별들이 빛을 잃기 시작하자 지구에서 얻은 경험상 이 행성에 태양이 떠오를 거라는 확신이 커진다. 당신의 확신은 증거를 보고 난 이후에 생겼으므로 이제는 사후 확률이다. 하늘이 밝아 오기 시작하면 사후 확률은 한 단계 더 도약한다. 마침내 태양이 지평선 위에 나타나고,《루바이야트》(이란의 시인 오마르 하이얌의 4행 시집—옮긴이)의 첫 번째 연에 나오듯 '빛의 올가미로 술탄의 탑'을 잡을 것이다. 환상을 보는 것이 아니라면 태양이 떠오른다는 것은 이제 확실하다.

여기서 결정적인 질문은 더 많은 증거가 모이면 사후 확률은 어떻게 바뀌어야 하는가이다. 그 대답은 베이즈 정리다. 베이즈 정리를 원인과 결과라는 측면에서 생각할 수 있다. 일출로 별들은 흐릿해지고 하늘은 밝아진다. 그러나 별이 흐려지는 것보다 하늘이 밝아지는 것이 더 확실

한 증거다. 별들은 안개가 끼면 한밤중에도 흐려질 수 있기 때문이다. 그래서 일출의 확률은 별들이 빛을 잃어 가는 것보다 하늘이 밝아 오는 것을 본 이후에 더 커져야 한다. 수학적 표기로 나타내면 하늘이 밝아지는, 동이 트는 사건이 일어난다는 조건에서 일출이 일어날 조건부 확률인 P(일출|동이 틈)는 별빛이 흐려지는 사건이 일어난다는 조건에서 일출이 일어날 조건부 확률인 P(일출|흐려진 별빛)보다 더 커야 한다. 베이즈 정리에 따르면 어떤 원인에서 어떤 결과가 일어날 가능성이 더 높을수록 그 결과가 나타났을 때 그것이 원인일 가능성은 더 높다. 행성이 태양에서 꽤 멀리 떨어져 있어 일출 후에도 여전히 별이 빛나는 경우처럼 P(동이 틈|일출)가 P(흐려진 별빛|일출)보다 더 높다면 P(일출|동이 틈)는 P(일출|흐려진 별빛)보다 더 높다.

하지만 이것이 전부는 아니다. 원인이 없을 때도 같은 결과가 발생하는 사건을 관찰한다면 결과가 발생하는 사건은 그 원인이 있었다는 큰 증거가 되지 못한다. 베이즈 정리에서는 이런 경우 P(원인|결과)가 P(결과), 즉 결과의 사전 확률(원인에 대한 어떤 지식도 없는 상태의 확률)이 커짐에 따라 작아지도록 되어 있다. 마지막으로 다른 조건들이 동일하면 원인의 사전 확률이 클수록 원인의 사후 확률도 크게 나와야 한다. 이런 내용을 모두 합한 것을 베이즈 정리는 다음과 같이 표현한다.

$$P(원인|결과) = P(원인) \times P(결과|원인)/P(결과)$$

이 공식에서 원인을 A로, 결과를 B로 바꾸고 식을 간략히 하려고 곱하기 기호를 생략하면 대성당의 3미터짜리 공식과 같다.

이것은 증명이 아니라 정리에 대한 설명일 뿐이다. 하지만 증명은 놀랍도록 간단하다. 베이즈 추론이 인기 있는 분야인 의료 진단의 사례를 들어 이 증명을 설명할 수 있다. 당신이 의사이고 지난달에 100명의 환자를 진찰했다고 가정하자. 환자 중 14명이 독감에 걸렸고 20명은 열이 있었고 11명은 독감에 걸리고 열도 있었다. 그러므로 독감에 걸렸을 때 열이 나는 조건부 확률은 14명 중 11명꼴이며 14분의 11이다. 조건을 걸면 전체 크기가 줄어드는데, 이 경우 전체 환자에서 독감에 걸린 환자로 줄었다. 모든 환자를 포함하는 전체에서 열이 있는 확률은 100분의 20이다. 독감에 걸린 환자 내에서는 열이 있는 확률은 14분의 11이다. 독감에 걸리고 열이 나는 확률은 독감에 걸린 확률에 열이 나는 확률을 곱하여 구한다. $P(독감, 발열)=P(독감) \times P(발열|독감)=14/100 \times 11/14=11/100$. 이것을 다른 방식으로도 똑같이 구할 수 있다. $P(독감, 발열)=P(발열) \times P(독감|발열)$. 두 식의 우변은 모두 $P(독감, 발열)$와 같으므로 $P(발열) \times P(독감|발열) = P(독감) \times P(발열|독감)$이다. 양변을 $P(발열)$로 나누면 $P(독감|발열)=P(독감) \times P(발열|독감)/P(발열)$를 얻는다. 바로 이것이다! 이 식은 원인 자리에 독감이 있고 결과 자리에 발열이 있는 베이즈 정리다.

인간은 적어도 언어 추리가 연관되면 베이즈 추론을 매우 잘하는 것은 아니라는 점이 밝혀졌다. 문제는 인간은 원인의 사전 확률을 무시하는 경향이 있다는 사실이다. 당신이 에이즈 바이러스 검사에서 양성 판정을 받았고 양성으로 잘못 판정할 확률이 1퍼센트밖에 안 된다면 겁에 질려야만 할까? 처음에는 에이즈에 걸렸을 확률이 99퍼센트로 보인다. 이럴 수가! 하지만 냉정을 찾고 베이즈 정리를 차근차근 적용해 보자.

P(에이즈 바이러스|양성)=*P*(에이즈 바이러스)×*P*(양성|에이즈 바이러스)/*P*(양성). *P*(에이즈 바이러스)는 전체 인구에서 에이즈 바이러스를 보균한 사람들의 비율이고 미국에서는 0.3퍼센트다. *P*(양성)는 당신이 에이즈 바이러스를 보유했건 하지 않았건 상관없이 검사 결과 양성으로 나올 확률이다. 이것을 1퍼센트라고 하자. *P*(에이즈 바이러스|양성)=0.003×0.99/0.01=0.297. 계산 결과는 0.99와 매우 다르다. 전체 인구에서 에이즈 바이러스를 보균한 사람은 매우 드물기 때문이다.

검사 결과 양성으로 나오면 당신이 에이즈에 걸렸을 확률은 일반인의 확률보다 100배 정도 늘어나지만 여전히 절반보다 작다. 에이즈 검사 결과가 양성으로 나온다면 침착하게 다른 검사, 즉 더 정확한 검사를 받는 것이 올바른 대처법이다. 당신이 괜찮을 가능성은 높다.

우리는 보통 원인에 대한 결과의 확률을 알고 있지만, 우리가 알고 싶은 확률은 결과가 나왔을 때 결과의 원인에 대한 확률이기 때문에 베이즈 정리가 유용하다. 예를 들어 우리는 독감 환자의 몇 퍼센트가 열이 나는지 알지만, 우리가 진정으로 알고자 하는 것은 열이 있는 환자가 독감에 걸렸을 확률이 얼마나 되는가이다. 이처럼 베이즈 정리는 한 지점에서 다른 지점으로 가게 해 준다.

하지만 베이즈 정리의 중요성은 이것을 훨씬 뛰어넘는다. 순박해 보이는 베이즈 정리가 베이즈주의자에게는 수많은 결론과 응용 분야가 나오는 기반이며 머신러닝에서는 뉴턴 운동 제2법칙 *F=ma*에 해당된다. 그들은 마스터 알고리즘이 무엇이든 반드시 베이즈 정리를 '단지' 계산으로 구현한 것이리라 믿는다. 내가 베이즈주의자들의 주장에서 단지라는 말에 작은따옴표를 붙여 주의를 환기시키는 까닭은 컴퓨터로 베이즈 정리를 구현하는 작업이 앞으로 우리가 살펴볼 여러 가지 사유 때문에 아주 간단한 문제를 제외하고는 모든 경우에서 지독히 어렵다는 점을 드러내고 싶기 때문이다.

베이즈 정리가 통계학과 머신러닝의 기반이 된다는 주장은 단순히 계산상의 어려움뿐만 아니라 극심한 논쟁으로도 오랫동안 시달림을 당했다. 그 까닭을 의아해하는 것도 당연하다. 독감의 경우에서 보았듯이 조건부 확률의 개념이 지닌 중요성이 분명하지 않은가? 사실 아무도 공식 자체에 문제를 제기하지는 않는다. 논쟁거리는 어떻게 베이즈주의자들이 그 정리에 있는 확률들을 구할 것이며 그러한 확률들은 무엇을 의미하는가이다. 통계학자가 확률을 적법하게 추정하는 유일한 방법은 해당 사건이 얼마나 자주 일어나는지 횟수를 세는 것이다. 예를 들어 열이 날 확률은 0.2인데, 관찰한 환자 100명 중 20명이 열이 났기 때문이다. 이것이 확률에 대한 '빈도주의자'frequentist의 해석이고 통계학의 주류 학파 이름도 여기서 따왔다.

하지만 일출의 예와 라플라스의 무차별성 원리에서 다른 방식으로 확률을 논의한 점에 주목하자. 그때 우리는 불분명한 것으로 확률을 도출했다. 해가 뜰 거라는 확률을 2분의 1이나 3분의 2 혹은 다른 값으로 사전에 추정하는 것을 정확히 무엇으로 정당화할 수 있는가? 베이즈주의자의 대답은 확률이란 횟수가 아니라 주관적인 믿음의 정도라는 것이다. 그러므로 확률값을 어떻게 정할지는 당신에게 달렸고, 베이즈 추론에서 얻을 수 있는 것은 당신의 사후 믿음을 구하기 위해 당신의 사전 믿음을 새로운 증거들로 갱신하라는 것이 전부다(이것은 '베이즈의 크랭크 돌리기'로 알려져 있다). 이 아이디어에 대한 베이즈주의자들의 헌신은 종교에 가깝다. 200년간 계속됐고 지금까지도 늘어만 가는 공격을 견딜 만큼 말이다. 그리고 베이즈 추론을 수행하기에 충분히 강력한 컴퓨터의 등장과 대규모 데이터 덕분에 베이즈주의자는 다시 우위를 점하기 시작했다.

모든 모형은 틀리지만 그중에는 유용한 모형도 있다

실제로 열이 있는지 여부만으로 독감을 진단하는 의사는 없다. 기침과 인후염, 콧물, 두통, 오한 등 전체 증상을 모두 고려하여 진단한다. 그래서 우리가 정말로 계산해야 하는 확률은 P(독감 | 발열, 기침, 인후염, 콧물, 두통, 오한…)다. 베이즈 정리에 따르면 이 확률은 P(발열, 기침, 인후염, 콧물, 두통, 오한… | 독감)에 비례한다. 하지만 이제 문제에 부딪힌다. 어떻게 이 확률을 추정해야 하는가? 만약 각 증상이 부울 변수(증상이 있거나 없거나 둘 중 하나의 값을 가진다)이고 의사는 n개의 증상을 고려한다면 환자는 2^n개라는 증상의 조합 중 하나의 증상을 보일 수 있다. 만약 증상이 20개이고 데이터베이스에는 환자 1만 명의 기록이 있다면 대략 100만 가지 증상의 조합에서 조그만 부분만의 데이터가 있는 것이다.

상황이 더욱 나쁜 것은 특정한 증상의 조합에 대한 확률을 정확히 추정하려면 적어도 그 조합의 증상을 열 번은 관찰해야 한다는 점이다. 그렇게 하려면 데이터베이스에는 환자 1000만 명의 기록이 있어야 한다. 증상을 10개 더 늘리면 지구상의 인구보다 더 많은 환자의 기록이 필요하다. 증상이 100개라면 어떤 방식인지 모르겠지만 마법으로 데이터를 얻을 수 있다고 하더라도 문제는 여전하다. 세상에 있는 모든 하드디스크를 동원해도 확률값을 저장할 공간이 부족하다는 것이다. 그래서 전에 본 적이 없는 조합의 증상을 지닌 환자가 병원에 오면 어떻게 진단해야 할지 모를 것이다. 우리는 조합 확산이라는 숙적과 다시 정면으로 부딪히고 말았다.

그러므로 우리는 인생에서 언제나 해야만 하는 일, 즉 타협을 한다. 우리는 꼭 추정해야 하는 확률의 수를 일정한 범위 내로 줄이는 단순화 작업simplifying이 가능하도록 가정을 세운다. 매우 간단하고 인기 있는 가정은 원인에서 나오는 모든 결과가 서로 독립적이라고 여기는 것이다. 서로 독립적인 예를 들면 독감에 걸렸다는 사실을 이미 알 경우 발열과 기침은 아무런 상관이 없을 때가 있다. 수학적으로 말하면 P(발열, 기침|독감)는 P(발열|독감)$\times P$(기침|독감)와 같다. 이런 확률들은 관찰 횟수가 적더라도 추정하기 쉬우므로 이 가정은 눈길을 끌 만하다. 사실 우리는 이전에 발열에 대하여 이렇게 했고 기침이나 다른 증상에 적용해도 다른 점이 없을 것이다. 필요한 관찰 횟수는 더 이상 증상의 수에 따라 기하급수로 늘어나지 않는다. 실제로는 전혀 늘어나지 않는다.

지금까지는 전체가 아닌 독감에 걸렸을 때만 발열과 기침이 독립적이라고 이야기한 점에 주목하라. 열이 난다면 기침할 가능성이 훨씬 더 많기 때문에 당신이 독감에 걸린 여부를 모른다면 발열과 기침은 서로 연관이 많다. P(발열, 기침)는 P(발열)$\times P$(기침)와 같지 않다. 우리가 말하고자 하는 전부는 당신이 독감에 걸린 사실을 우리가 안다면 당신에게 열이 있는지 없는지를 아는 것은 당신이 기침을 하는지 안 하는지에 대하여 추가 정보를 주지 않는다는 것이다. 이와 같이 태양이 이제 곧 떠오를지 모르는 상태에서 별빛이 희미해지는 것을 본다면 동이 틀 거라는 기대가 커진다. 하지만 일출이 임박했음을 안다면 별빛이 희미해진다고 일출에 대한 기대가 더 올라가지는 않는다.

우리가 이런 속임수에 넘어가지 않는 것은 오직 베이즈 정리 덕택이라는 점에 유의하라. P(독감|발열, 기침, 그 외)를 추정할 때 베이즈 정리에 따라 먼저 P(발열, 기침, 그 외|독감)를 사용하는 방법을 쓰지 않고 직접 추정한다면 증상들과 독감인 경우, 독감 아닌 경우로 구성하는 조합에 대하여 각각의 확률을 구해야 하고 그 가짓수는 기하급수로 크다.

베이즈 정리를 사용하고 원인이 조건으로 주어졌을 때 결과들은 서로 독립적이라고 가정하는 머신러닝 알고리즘을 '나이브 베이즈 분류기' Naive Bayes classifier 라고 부른다. 이렇게 부르는 이유는 서로 독립적이라는 가정이 아주 순진한 가정이기 때문일 것이다. 실제로 당신이 독감에 걸렸다는 사실을 이미 알 때라도 열이 있으면 기침할 가능성이 높다. 열이 있으면 더 지독한 독감에 걸릴 가능성이 높기 때문이다. 하지만 머신러닝은 실제가 아닌 가정을 하고도 무사히 일을 잘해 내는 기술이다. 통계학자 조지 박스George Box 는 "모든 모형은 틀리지만 그중에는 유용한 모형도 있다"라는 유명한 말로 이 상황을 묘사했다. 추정에 필요한 충분한 데이터를 확보할 수 있는 과도하게 단순한 모형은 추정에 필요한 데이터를 충분히 확보할 수 없는 완벽한 모형보다 낫다. 매우 틀리지만 동시에 매우 유용하기도 한 모형도 있다는 사실이 놀랍다. 경제학자 밀턴 프리드먼Milton Friedman 은 매우 유명한 에세이에서 가장 작은 것으로 가장 잘 설명하기 때문에 예측이 올바르다면 가장 과도하게 단순화된 이론이 최고라고 주장했다.

프리드먼의 주장이 내게는 무모한 군사 작전 같아 보이지만, 아인슈타인의 명언과 반대로 과학은 종종 상황을 단순화함으로써 진보하고 그런 다음 단순함에서 조금 벗어난다는 점을 설명한다.

나이브 베이즈 알고리즘을 누가 발명했는지는 아무도 확실히 말하지 못한다. 1973년 패턴 인식에 관한 책에서 인용 없이 언급되었지만 1990년대가 되어서야 비로소 급격히 인기를 얻었다. 이때 연구자들은 놀랍게도 이 알고리즘이 훨씬 더 복잡한 머신러닝보다 종종 더 정확한 경우를 발견했다. 그 당시 나는 대학원생이었고 늦게야 내 실험에 나이브 베이즈 알고리즘을 포함하기로 결정했는데, 한 가지 알고리즘을 제외하고 내가 비교하는 다른 모든 알고리즘보다 더 나은 성능을 보여 충격을 받았다. 다행히 한 가지 예외는 내 학위 논문을 위해 개발한 알고리즘으로 그것이 없었다면 나는 지금 이 자리에 있지 못했을 것이다.

나이브 베이즈는 이제 매우 널리 사용된다. 예를 들어 스팸메일을 걸러 내는 많은 프로그램의 기반이 나이브 베이즈다. 이런 일은 모두 유명한 베이즈주의자이면서 의사이기도 한 데이비드 헤커먼David Heckerman이 스팸메일을 질병으로 다루자는 착상을 내면서 시작되었다. 이 질병의 증상에는 전자 우편에 담긴 단어들로 비아그라나 공짜라는 말이 해당되고, 친한 친구의 이름은 정상적인 전자 우편임을 나타낸다. 스팸메일 발송자가 무작위로 단어를 골라서 전자 우편을 만들어 낸다면 정상 전자 우편과 스팸메일을 나누는 일에 나이브 베이즈 분류기를 사용할 수 있다. 물론 이것은 웃기는 가정이다. 단지 문법에도 맞지 않고 내용도 없는 스팸메일이나 올바르게 걸러낼 것이다.

그런데 그해 여름 스탠퍼드 대학원생이었던 메란 사하미Mehran Sahami가 마이크로소프트 리서치(1991년 마이크로소프트사가 전산학에 대한 여러 가지 주제와 문제를 연구하기 위해 설립한 연구 부서—옮긴이)에서 인턴사원으로 근무하는 동안 이 나이브 베이즈 분류기를 시험해 훌륭한 성과를 거두었다. 빌 게이츠가 헤커먼에게 어떻게 했는지 묻자 헤커먼은 스팸 메일을 알아보기 위하여 메시지의 세부 사항을 이해할 필요는 없으며 어떤 단어들이 포함되었는지 살펴보는 방법으로 전자 우편의 핵심을 파악하면 충분하다는 점을 지적했다.

기본적인 검색 엔진도 문의에 대한 답으로 어떤 웹페이지를 보여 주어야 할지 정하기 위하여 나이브 베이즈 분류기와 매우 비슷한 알고리즘을 사용한다. 주요 차이점은 스팸메일인가 아닌가를 추정하는 대신 관련 있는가 없는가를 추정하려고 노력하는 부분이다. 나이브 베이즈 분류기가 적용된 예측 문제 목록은 실제로 보면 끝이 없을 정도다. 구글의 연구 부서장인 피터 노빅Peter Norvig이 언젠가 나에게 나이브 베이즈 분류기는 구글에서 가장 널리 쓰이는 머신러닝이고 구글이 하는 일의 구석구석에 머신러닝이 적용된다고 말했다. 나이브 베이즈 분류기가 구글 직원들에게 인기 있는 이유를 이해하기는 어렵지 않다. 놀랄 만한 정확도 외에 규모가 큰 작업도 처리하기 때문이다. 나이브 베이즈 분류기를 학습시키는 일은 각 특성attribute이 유형class에 얼마나 자주 함께 나타나는지를 세는 문제일 뿐이며 디스크에서 데이터를 읽은 시간보다 오래 걸리지 않는다.

당신은 재미 삼아 나이브 베이즈 분류기를 구글보다 훨씬 더 큰 규모로 사용할 수 있다. 예를 들면 전체 우주를 모형화하는 것이다. 당신이 전지전능한 신의 존재를 믿는다면 우주를 거대한 나이브 베이즈 분포로 모형화할 수 있다. 이 분포에서 일어나는 모든 일은 신의 의지 아래 서로 독립적이다. 물론 단점은 신의 마음을 읽을 수 없다는 것이지만 제8장에서 사례의 유형을 알지 못해도 나이브 베이즈 모형을 학습시키는 방법을 알아볼 것이다.

처음에는 그렇게 보이지 않겠지만 나이브 베이즈 분류기는 퍼셉트론 알고리즘과 밀접하게 관련되어 있다. 퍼셉트론은 가중치들을 더하고 나이브 베이즈는 확률들을 곱하지만, 로그를 적용하면 후자는 전자의 형태로 바뀐다. 두 개 다 '만약 …이라면 …이다'라는 간단한 규칙들의 일반화로 볼 수 있다. 여기서 전제들은 '다 맞음 아니면 다 틀림'의 성격이 아니라 결론에 많이 일치하기도 하고 적게 일치할 수도 있다. 머신러닝 알고리즘들이 밀접하게 관련된 모습에서 마스터 알고리즘의 가능성을 은연중에 느낄 수 있는데 나이브 베이즈 분류기와 퍼셉트론이 연관된 모습은 그 느낌을 주는 한 사례다. 당신은 베이즈 정리를 의식적으로는 알지 못하겠지만(지금은 의식하겠지만) 두뇌에 있는 100억 개나 되는 신경세포 하나하나를 어느 정도는 베이즈 정리의 작은 사례로 볼 수 있다.

나이브 베이즈 분류기는 언론 기사를 읽는 머신러닝의 훌륭한 개념 모형이다. 이것은 각 입력과 출력을 짝 짓는 연관성을 드러내며 종종 이 연관성은 뉴스를 읽을 때 머신러닝이 하는 일을 파악하는 데 필요한 전부다. 물론 두뇌가 단순히 신경세포가 아닌 것처럼 머신러닝이 단순히 짝 사이의 연관성은 아니다. 진짜 동작은 더 복잡한 패턴을 찾을 때 나타난다.

예브게니 오네긴에서 시리까지

1913년 제1차 세계대전이 일어나기 1년 전, 러시아의 수학자 안드레이 마르코프Andrei Markov가 확률을 시에 적용한 논문을 발표했다. 이 논문에서 러시아 문학의 고전인 푸슈킨의 《예브게니 오네긴》Evgenii Onegin을 마르코프 연쇄Markov chain라고 부르는 것을 이용하여 모형화했다. 각 글자가 나머지 글과 독립적으로 무작위로 발생되었다고 가정하는 대신 가장 기본적인 순차 구조를 도입했다. 각 글자의 확률은 바로 앞에 있는 글자에 의존한다. 예를 들어 모음과 자음은 교대로 나타나는 경향이 있으며, 그래서 자음이 나왔다면 다음 글자는(문장 부호나 빈 공간을 무시하면) 글자들이 독립적이라면 나오는 빈도보다 훨씬 더 높은 빈도로 모음이 나온다는 점을 보였다. 이것이 대단해 보이지 않을 수도 있지만 컴퓨터가 나오기 전이라 글자를 손으로 세려면 시간이 오래 걸리던 시절에는 마르코프의 착상은 아주 새로웠다. 《예브게니 오네긴》의 i번째 글자가 모음이면 모음 i라는 부울 변수가 진실의 값을 가지고, 자음이면 거짓의 값을 가진다고 정하여 아래와 같은 사슬 모양의 그림으로 마르코프 모형을 표현할 수 있다. 이 그림에서 두 지점 사이에 있는 화살표는 두 지점의 변수들 사이의 직접적인 의존 관계를 표시한다.

마르코프는 글의 모든 지점에서 변수의 확률은 같다고 가정했다(틀리

지만 유용한 가정이다). 그러므로 우리는 세 가지 확률, 즉 P(모음 i=진실) 와 P(모음 i+1=진실|모음 i=진실), P(모음 i+1=진실|모음 i=거짓)만 추정하면 된다[확률의 총합은 1이므로 이 세 가지 확률을 구하면 P(모음 1=진실) 와 그 외 다른 확률들을 바로 구할 수 있다]. 나이브 베이즈 분류기로 작업하면 추정해야 할 확률의 수가 급증하지 않으면서도 원하는 만큼 변수를 늘릴 수 있지만 실제로 변수들은 서로 의존한다.

모음 대 자음의 확률만 구하는 것이 아니라 각 글자 뒤에 따라오는 알파벳별로 확률을 구한다면 오네긴과 같은 통계적 특성을 가진 새로운 글을 만들어 내는 재미있는 놀이도 할 수 있다. 즉 첫 번째 글자를 선택한 후 첫 번째 글자에 기초하여 두 번째 글자를 선택하고 이후 계속 이런 식으로 선택한다. 그 결과는 물론 횡설수설하는 내용이겠지만 다음 글자를 바로 전 글자에만 의존하는 대신 이전의 여러 글자에 의존하면 전체적으로는 의미 없어도 부분적으로는 그럴듯하여 술 취한 사람이 장황하게 두서없이 말하는 것처럼 들리기 시작한다. 여전히 튜링 테스트를 통과하기에는 충분하지 않지만 이러한 모형들은 인터넷 웹페이지가 처음에 어떤 언어로 쓰여 있든지 전부(또는 거의) 영어로 볼 수 있게 해 주는 구글 번역기 같은 기계 번역 시스템의 핵심 요소다.

구글을 탄생시킨 알고리즘인 페이지랭크PageRank 자체도 마르코프 연쇄다. 래리 페이지의 착상은 다른 웹페이지가 많이 연결하는 웹페이지는 적게 연결하는 페이지에 비해 더 중요하고, 중요한 페이지의 연결은 다른 페이지의 연결보다 더 중요하다는 것이다. 이런 착상에 따르면 무한대로 뒤로 회귀해야 하지만 마르코프 연쇄로 이 문제를 다룰 수 있다. 인터넷 사용자가 웹페이지에 연결된 링크를 무작위로 선택하여 이 페이

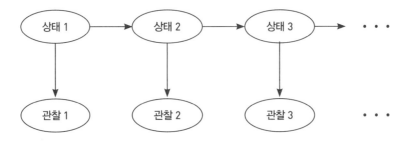

지 저 페이지 찾아다닌다고 상상해 보자.

이 마르코프 연쇄에서 상태는 글자가 아니라 웹페이지여서 아주 더 큰 문제가 되지만 적용되는 수학은 같다. 한 페이지의 점수는 인터넷 이용자가 머무는 시간의 비율이거나 이 값과 동등한 것으로 오랫동안 여기저기 방문하다가 이 페이지에 도착하는 확률로 나타낸다. 마르코프 연쇄는 많은 곳에서 다루고 수학에서 매우 집중적으로 연구한 주제지만 여전히 발전이 매우 제한적인 확률 모형이다.

우리는 위의 그림과 같이 이 모형에서 한 단계 더 나아갈 수 있다.

그림의 상태들은 이전과 같이 마르코프 연쇄를 형성하지만 우리는 상태들을 보지 못하고 관찰들로 상태들을 추론해야만 한다. 이것을 은닉 마르코프 모형Hidden Markov Model, 줄여서 HMM이라 부른다(감추어진 것은 모형이 아니라 상태이기 때문에 약간 오해를 불러일으킬 만한 용어다). HMM은 시리 같은 음성 인식 시스템의 핵심이다. 음성 인식에서 은닉 상태는 글로 쓰인 단어이고, 관찰은 시리에 전달되는 소리이고, 목표는 소리에서 단어를 추론하는 것이다. 이 모형에는 두 가지 요소가 있다. 하나는 마르코프 연쇄처럼 현재 단어가 주어졌을 때 다음에 올 단어의 확률이고, 다른 하나는 어떤 단어를 발음했을 때 들을 수 있는 여러 소리의 확률이다 (어떻게 추론하는지는 매력적인 문제이며 '추론 문제'에서 다룬다).

당신은 시리 외에도 HMM을 휴대전화로 통화할 때마다 사용한다. 당신이 말한 낱말이 비트의 흐름이라는 형태로 공중으로 날아가고 전달 도중에 비트가 손상되기 때문에 HMM을 사용하여 처리한다. 너무 많은 비트가 심하게 훼손되지 않는 한 전달하려는 비트(은닉 상태)를 수신된 비트(관찰)로 파악하는 일을 HMM이 수행한다.

HMM은 또한 전산생물학자들이 애용하는 도구다. 단백질은 아미노 산이 연이어 결합된 구조이며 DNA도 염기가 연이어 결합된 구조다. 예를 들어 단백질이 어떻게 접어지면서 3차원 모양을 형성하는지 예측하려면 아미노산은 관찰로 취급하고 각 위치에서 접어지는 형태는 은닉 상태로 취급할 수 있다. 비슷하게 DNA에서 유전자 전사가 시작되는 위치와 다른 많은 특성을 알아내는 일에 HMM을 사용할 수 있다.

상태와 관찰이 이산 변수가 아니라 연속 변수라면 HMM은 칼만 필터 Kalman filter 로 알려진 것이 된다. 경제학자들은 국내 총생산량과 통화 팽창, 실업률 등 시간에 따라 변하는 양에서 잡음과 같은 오류 성분을 제거하기 위하여 칼만 필터를 사용한다. '진짜' 국내 총생산량 값은 은닉 상태다. 각 시점에서 진짜 값은 관찰된 값과 비슷해야 하고 동시에 경제가 갑자기 바뀌는 일은 드물기 때문에 이전 시점의 진짜 값과도 비슷해야 한다. 칼만 필터는 이 두 가지 사이에서 균형을 유지하고 관찰된 값과도 여전히 조화를 이루면서 더 매끄러운 곡선을 출력한다. 순항 미사일이 목표물을 향해 날아갈 때 진로를 유지하는 것은 칼만 필터다. 칼만 필터 가 없었으면 인간은 달에 가지 못했을 것이다.

모든 것은 연결되어 있다, 직접 연결되지는 않지만

HMM은 모든 종류의 서열을 모형화하기에 훌륭하지만 기호주의자의 조건문에 있는 유연성에는 아직도 많이 못 미친다. 기호주의자의 조건문인 '만약 …이라면 …이다'에서는 어떤 것도 전건antecedent으로 올 수 있고 후건consequent은 이어지는 어떤 규칙에서도 다시 전건이 될 수 있다. 하지만 실제로 그런 임의 구조를 허용한다면 학습해야 할 확률의 가짓수가 폭발적으로 늘어난다. 오랫동안 아무도 원을 사각으로 만드는 것처럼 불가능한 일을 해내는 방법을 몰랐으며, 연구자들은 신뢰도confidence 추정치를 규칙에 덧붙이거나 이런저런 방식으로 규칙을 결합하는 임기응변식 방법에 의지했다. 만약 A가 B를 0.8의 신뢰도로 암시하고 B는 C를 0.7의 신뢰도로 암시한다면 A는 C를 0.8×0.7의 신뢰도로 암시할 것이다.

이런 임기응변식 방법의 문제는 매우 심각하게 빗나갈 가능성이 있다는 점이다. 두 개의 완벽하게 합리적인 규칙인 '만약 물 뿌리는 장치가 켜져 있으면 잔디는 젖는다'와 '만약 잔디가 젖어 있으면 비가 온 것이다'에서 터무니없는 규칙인 '만약 물 뿌리는 장치가 켜져 있으면 비가 온 것이다'를 추론할 수 있다. 더 서서히 정체가 드러나는 문제점은 신뢰도로 평가하는 규칙들을 사용할 경우 증거를 중복하여 셈하기 쉽다는 것이다. 당신이 《뉴욕 타임스》에서 외계인이 착륙했다는 기사를 읽었다고 상상해 보자. 오늘이 만우절이 아니더라도 장난 기사일 것이다. 그런데 똑같은 기사 제목을 《월 스트리트 저널》과 《USA 투데이》, 《워싱턴 포스트》에서도 본다. 당신은 오손 웰스의 악명 높은 라디오 방송 《우주 전쟁》이

드라마인 줄 깨닫지 못한 청취자처럼 어쩔 줄 몰라 허둥대기 시작한다. 하지만 만약 당신이 작은 활자로 쓰인 기사를 확인하여 네 신문 모두 《연합 통신》에서 기사를 얻었다는 것을 알면 장난 기사일 거라고 의심하며 이번에는 《연합 통신》 기자의 짓으로 추측할 것이다. 규칙 시스템은 이렇게 파악할 방법이 없으며 나이브 베이즈 분류기에도 없다. 나이브 베이즈 분류기가 '《뉴욕 타임스》에서 보도함'과 같은 특징을 뉴스의 사실 여부를 알려 주는 지표로 사용한다면 나이브 베이즈 분류기가 할 수 있는 전부는 '《연합 통신》에서 보도함'이라는 말을 더하는 것밖에 없으며 이것은 언론 매체만 하나 더 추가하는 꼴로 사태를 악화시킬 뿐이다.

1980년대 초기에 로스앤젤레스 캘리포니아대학의 컴퓨터 과학 교수인 주데아 펄Judea Pearl이 새로운 방식을 발명하면서 새로운 돌파구가 생겼다. 바로 베이즈 네트워크Bayesian network다. 펄은 전 세계에서 알아주는 매우 유명한 컴퓨터과학자이며 그의 방법이 머신러닝과 인공 지능, 그 외 많은 분야를 휩쓸었다. 그는 2012년에 컴퓨터 과학 분야의 노벨상인 튜링상을 수상했다.

펄은 각 변수가 직접적으로 의존하는 변수들이 몇 개 안된다면 확률 변수들 사이에 존재하는 연관성들의 네트워크가 복잡하더라도 괜찮다는 사실을 깨달았다. 이러한 연관성들이 어떠한 구조도 가질 수 있다는 점 외에는 마르코프 연쇄나 HMM에서 보았던 그림과 비슷한 그림으로 나타낼 수 있다(화살표가 폐회로를 형성하지 않는 한 구조에 제한은 없다). 펄이 즐겨 제시한 사례는 도난경보기다. 집의 경보기는 강도가 침입할 때 울려야 하지만 지진이 발생했을 때도 울릴 수 있다(펄이 사는 로스앤젤레스에서 지진은 강도 사건만큼 자주 발생한다). 당신이 늦은 밤까지 일하는데

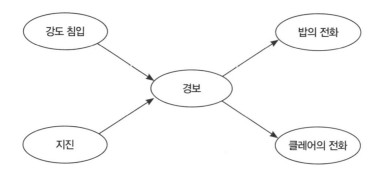

이웃인 밥이 전화를 걸어 당신 집의 도난경보기가 울리는 소리를 들었다고 하고 다른 이웃인 클레어는 듣지 못했다고 한다면 경찰을 불러야 할까? 연관성을 나타내는 그림이 위에 있다.

이 그림에서 한 지점에서 다른 지점으로 화살표가 있으면 첫 번째 지점을 두 번째 지점의 부모parent of the second라고 부른다. 경보의 부모는 강도 침입과 지진이고, 경보는 밥 전화와 클레어 전화의 유일한 부모다. 베이즈 네트워크는 각 변수와 부모들의 값에 따른 조합에 확률을 부여한 표가 딸려 있는 연관성 그림이다. 강도 침입과 지진에는 부모가 없기 때문에 각각 하나의 확률만 필요하다. 경보에 관해서는 네 개의 확률이 필요하다. 강도 침입이나 지진이 없을 때 경보가 발생하는 경우의 확률과, 강도 침입이 있고 지진이 없을 때 경보가 발생하는 경우의 확률 등이 있다. 밥의 전화에 관하여 우리는 두 가지 확률이 필요하고(경보가 있는 경우와 없는 경우) 클레어의 경우도 같다.

여기서 결정적인 부분은 밥의 전화는 강도 침입과 지진에 의존하지만 경보를 통해서만 연관성이 있다는 점이다. 밥의 전화는 '경보'가 있을 때

'강도 침입과 지진에 조건부로 독립적'이고 클레어의 전화도 마찬가지다. 경보가 울리지 않는다면 이웃들은 조용히 잠들고 강도는 방해받지 않고 침입한다. 또한 경보가 울렸을 때 밥과 클레어가 전화 거는 것은 서로 독립적이다. 이러한 독립 구조가 없으면 2^5=32가지 확률을 알아야 하고, 각 경우는 다섯 개 변수로 표현 가능한 상태들 중 하나다(마지막 경우는 나머지로 구할 수 있으므로 당신이 세부 사항에 엄격한 사람이라면 구할 필요가 있는 확률은 31개라고 말할 것이다). 조건부 독립성conditional independence 때문에 구할 필요가 있는 것은 전부 1+1+4+2+2=10개이고 68퍼센트가 줄었다. 이 감소 비율은 이것처럼 작은 사례일 경우에만 해당되고 변수가 100개나 1000개면 감소 비율은 거의 100퍼센트에 가깝다.

생물학자 배리 커머너Barry Commoner가 제시하는 생태학의 첫째 법칙은 모든 것은 다른 모든 것과 연결되어 있다는 것이다. 그것이 옳을 수도 있겠지만 조건부 독립성이 제공하는 감소의 은혜가 없다면 그 법칙은 세상을 이해하는 것은 불가능하다는 사실을 보여 준다. 모든 것은 연결되어 있지만 다만 간접적으로 연결되어 있다. 나에게 영향을 미치려면 몇 킬로미터 떨어진 곳에서 발생한 일은 비록 빛의 전파만으로 영향을 미친다 하더라도 먼저 내 주변에 영향을 주어야 한다. 누군가 재치 있게 말했듯이 모든 것이 당신에게 일어나지 않는 까닭은 공간 때문이다. 다른 말로 표현하면 공간의 구조는 조건부 독립성을 제공하는 한 가지 예다.

강도 침입의 예에서 32개의 확률을 모두 포함한 표는 결코 분명하게 표현되지 않지만 더 작은 표들의 모음과 그림의 구조에 확률들이 내재한다. P(강도 침입, 지진, 경보, 밥의 전화, 클레어의 전화)를 구하기 위해 해야 할 일은 P(강도 침입)와 P(지진), P(경보|강도 침입, 지진), P(밥의

전화|경보), P(클레어의 전화|경보)를 모두 곱하는 것이 전부다. 어떠한 베이즈 네트워크라도 똑같다. 어떤 한 상태들의 조합에 대한 확률을 구하려면 개별 변수들의 표에서 해당 항목들의 확률을 모아 곱하기만 하면 된다. 그러므로 조건부 독립성이 유지된다면 더 간단한 표현으로 바꾼다고 놓치는 정보는 없다. 이런 식으로 이전에는 전혀 관찰하지 못했던 상태를 포함하여 매우 특별한 상태의 확률들을 쉽게 계산할 수 있다. 베이즈 네트워크는 머신러닝이 매우 드물게 일어나는 사건, 즉 나심 탈레브가 '검은 백조'black swans라 부른, 사건을 예측할 수 없다는 오해가 거짓임을 보여 준다.

돌이켜 생각해 보면 나이브 베이즈 분류기와 마르코프 연쇄, HMM(은닉 마르코프 모형)은 모두 베이즈 네트워크의 특별한 경우다. 나이브 베이즈 분류기는 아래 그림과 같다.

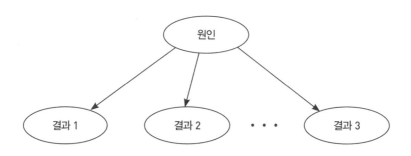

마르코프 연쇄는 현재라는 조건 아래에서 미래는 과거에 대하여 조건부 독립이라는 가정을 구현한다. HMM은 조건부 독립에 더하여 각 관찰은 해당하는 상태에만 의존한다고 추정한다. 베이즈주의자에게 베이즈 네트워크는 기호주의자에게 논리가 차지하는 위치와 같다. 즉 어지러울 정도로 다양한 상황을 공통어처럼 멋지게 표현하고 그 모든 경우에서 한결같이 작동하는 알고리즘을 만들어 낸다.

베이즈 네트워크를 생성 모형generative model, 즉 세계의 상태를 확률적으로 생성하는 방안으로 볼 수 있다. 먼저 강도 침입과(또는) 지진이 있는지 독립적으로 정하고, 그 결정에 기초하여 경보가 울리는 여부를 결정하고, 이에 기초하여 밥과 클레어가 전화하는 여부를 결정한다. 베이즈 네트워크는 이야기를 들려준다. A가 발생하면 B가 일어나고 동시에 C도 발생하고 B와 C가 함께 D를 일으킨다. 특정한 이야기의 확률을 계산하려면 한 줄로 연결된 사건들의 확률을 모두 곱하기만 하면 된다.

베이즈 네트워크의 매우 흥미로운 응용 분야는 유전자들이 살아 있는 세포 안에서 서로를 어떻게 조절하는지에 대한 모형을 만드는 것이다. 수십억 달러의 비용이 개별 유전자와 특정 질병 사이의 1 대 1 관계를 밝히는 데 사용되었지만 성과는 실망스러울 정도로 미약하다. 돌이켜 보면 이런 결과는 놀라운 일이 아니다. 세포의 행동은 유전자와 환경 사이의 복잡한 상호작용의 결과이므로 단일 유전자가 지닌 예측력에 한계가 있다. 하지만 베이즈 네트워크를 사용하고 필요한 데이터가 있다면 이러한 상호작용을 알아낼 수 있으며, DNA 미세 배열이 널리 확산되면서 이런 연구는 더 확산되는 추세다.

데이비드 헤커먼은 선도적으로 스팸메일을 걸러 내는 일에 머신러닝을 적용한 이후 베이즈 네트워크를 적용하여 에이즈를 물리치는 싸움에 관심을 기울였다. 에이즈 바이러스는 빠르게 변이를 일으켜서 하나의 백신이나 약으로 오랫동안 묶어 놓기 어렵기 때문에 상대하기 힘든 적이다. 헤커먼은 이 상황이 스팸메일을 걸러 내는 검출기가 벌였던 고양이와 쥐의 추격전과 같다는 점을 알아차렸으며 그때 배운 교훈을 적용하기로 결심했다. 가장 취약한 부분을 공격하는 것이다. 스팸메일에서 취약한 부분은 고객에게 서비스 대가를 받기 위해 사용해야만 하는 인터넷 파일 주소가 포함된 곳이다. 에이즈 바이러스의 경우 취약점은 바이러스를 손상시키지 않고서는 변하지 못하는 바이러스 단백질의 작은 영역들이다. 헤커먼이 면역 체계를 훈련시켜 그 부분들을 알아보게 하고 그런 부분이 보이는 세포를 공격하도록 한다면 그것은 바로 에이즈 백신을 개발한 것이었다. 헤커먼 팀은 베이즈 네트워크를 사용하여 취약한 부분을 발견하는 일을 도왔고 면역 체계가 그런 영역들만 공격하도록 가르치는 백신 전달 과정을 개발했다. 전달 과정은 쥐에서 작동했으며 지금 임상 실험을 준비 중이다.

조건부 독립성을 모두 고려한 후에라도 베이즈 네트워크의 어떤 지점에서는 여전히 너무 많은 부모가 있는 상황이 종종 일어난다. 어떤 네트워크는 화살표가 매우 밀집되어서 인쇄하면 종이가 까매질 정도다[물리학자 마크 뉴먼Mark Newman은 이 그림을 '리디클로그램'(터무니없는 그림)이라 부른다]. 의사는 환자의 병 하나만이 아니라 혹시 있을지도 모르는 병을 동시에 모두 진단해야 하고 각 질병은 여러 가지 증상의 모체가 된다. 발열은 독감 외에도 수많은 조건에서 발생할 수 있지만, 조건들의 모든 가능한 조합에 대하여 각 조합이 발생한 조건에서 독감이 걸렸을 확률을 예측하려는 시도는 끝내기 어렵다.

하지만 남은 게 없는 것은 아니다. 각 지점에서 모든 부모 상태들에 대한 조건부 확률을 정하는 표 대신 더 간단한 분포를 학습할 수 있다. 가장 인기 있는 선택 사항은 논리합의 확률론적 형태다. 즉 어떤 원인도 단독으로 발열을 일으킬 수 있지만 각 원인은 보통은 원인이 되기에 충분하더라도 발열을 일으키지 않을 확률값을 지닌다. 헤커먼과 연구자들은 이런 방식으로 수백 종의 전염병을 진단하도록 베이즈 네트워크를 학습시켰다. 구글은 웹페이지에 올릴 광고를 자동으로 선택하기 위하여 애드센스 시스템AdSense system에서 이런 종류의 거대한 베이즈 네트워크를 사용한다. 이 네트워크는 모두 1조 개의 문구와 검색 문의로 학습한 내용을 기반으로 300만 개가 넘는 화살표를 사용하여 100만 가지 변수와 1200만 개의 단어와 글귀를 연결시킨다.

가벼운 이야기를 하자면 마이크로소프트의 엑스박스 라이브는 베이즈 네트워크를 사용하여 게임 참가자들을 평가하고 비슷한 기량을 지닌 게임 참가자들의 대결을 주선한다. 게임 결과는 상대방의 실력 수준에 따른 확률함수이고, 베이즈 정리를 사용해 경기 결과에서 선수의 기량을 추론할 수 있다.

추론 문제

불행히도 이 모든 것에 커다란 암초가 있다. 베이즈 네트워크로 확률 분포를 간단하게 나타낼 수 있다고 해서 이것을 사용하여 효과적으로 추론도 할 수 있는 것은 아니다. P(강도 침입|밥의 전화, 클레어의 전화 없음)를 계산한다고 하자. 베이즈 정리에 따르면 이 값은 P(강도 침입)$\times P$(밥의 전화, 클레어의 전화 없음|강도 침입)$/P$(밥의 전화, 클레어의 전화 없

음)이거나 동일하게 P(강도 침입, 밥의 전화, 클레어의 전화 없음)/P(밥의 전화, 클레어의 전화 없음)다. 모든 상태에 대한 확률을 구한 표가 있다면 이러한 확률들은 이 표의 해당 항목들을 더하여 구할 수 있다. 예를 들어 P(밥의 전화, 클레어의 전화 없음)는 밥이 전화하고 클레어는 전화하지 않은 모든 항목의 확률을 더한 값이다. 하지만 베이즈 네트워크는 완벽한 표를 제공하지 않는다. 항상 개별적인 표로 완벽한 표를 완성해야 하지만 그 작업에는 기하급수적인 시간과 공간이 필요하다. 우리가 진정 원하는 것은 완벽한 확률 표를 작성하지 않고 P(강도 침입|밥의 전화, 클레어의 전화 없음)를 계산하는 것이다. 요약해 말하자면 베이즈 네트워크로 추론하는 문제다.

많은 경우에서 이렇게 할 수 있고 기하급수적인 폭발적 증가를 피할 수 있다. 당신이 칠흑같이 어두운 밤에 한 줄로 행군하는 소대를 이끌고 적의 영토를 통과하는 중이며 소대원이 모두 따라오는지 확인하려 한다고 가정하자. 당신은 멈추어 서서 소대원들을 직접 셀 수 있지만 시간을 너무 낭비하게 된다. 더 똑똑한 해법은 당신 뒤 첫 번째 군인에게 묻는 것이다. "너의 뒤에 군인이 얼마나 있는가?" 모든 군인이 맨 뒤에 있는 군인이 "없습니다."라고 대답할 때까지 자기 뒤 군인에게 똑같은 질문을 한다. 맨 뒤에서 두 번째 군인은 "하나."라고 대답하고 그다음 군인은 자신 뒤에 있는 군인 숫자에 하나를 더해 대답하며 첫 번째 군인까지 거슬러 올라온다. 이제 당신은 행군을 멈추지 않고서도 함께 있는 군인이 몇 명인지 알게 된다.

시리는 마이크로 들어온 소리에서 당신이 '경찰에 전화를 걸어라'라고 말했을 확률을 계산하기 위하여 똑같은 아이디어를 사용한다. '경찰에 전화를 걸어라'를 한 줄로 이어져서 책의 한 페이지를 지나가는 단어 소대라고 생각해 보자. '걸어라'는 자신의 확률을 알고자 하지만 그러기 위해서는 '전화를'의 확률을 알아야 하고, 이어서 '전화를'은 '경찰에'의 확률을 알아야 한다. '경찰에'는 자신의 확률을 계산하고 그 값을 '전화를' 쪽으로 전달하고, '전화를'도 같은 계산을 한 다음 '걸어라' 쪽으로 결과를 전달한다. 이제 '걸어라'도 문장 속의 모든 단어에서 적절하게 영향을 받은 자신의 확률을 구했지만 여덟 가지 가능성에 대한 완전한 표를 작성할 필요가 전혀 없었다(여덟 가지는 첫 번째 단어가 '경찰에'인 경우와 아닌 경우, 두 번째 단어가 '전화를'인 경우와 아닌 경우, 세 번째 단어가 '걸어라'인 경우와 아닌 경우 등으로 만든 조합의 수다). 실제로 시리는 첫 번째 단어가 '경찰에'인가, 아닌가만 고려하는 것이 아니라 각 위치에 올 수 있는 모든 단어를 고려하지만 알고리즘은 똑같다. 아마도 시리는 소리에 근거하여 첫 단어가 '경찰에'인지 아니면 '경차에'인지, 그리고 두 번째 단어가 '전화를'인지 '전하를'인지, 세 번째 단어가 '걸어라'인지 '걸으라'인지 생각한다. 개별적으로 가장 가능성 있는 단어는 '경찰에, 전하를, 걸어라'일 수도 있다. 하지만 그 세 단어를 연결하면 '경찰에 전하를 걸어라'는 의미가 맞지 않는 문장이 된다. 그래서 다른 단어를 고려하여 '경찰에 전화를 걸어라'라고 결론을 내린다. 시리는 전화를 걸고 운이 좋게도 경찰이 제시간에 당신의 집에 도착하여 강도를 잡는다.

그림이 사슬 모양 대신 트리 모양이라도 똑같은 생각이 여전히 효과 있다. 당신이 소대 대신 대대 전체를 지휘한다면 모든 중대장에게 뒤에 있는 병사의 수를 묻고 그들의 대답을 다 합할 수 있다. 중대장마다 이어서 자신의 소대장들에게 묻는 식으로 계속 이어진다. 하지만 그림이 폐

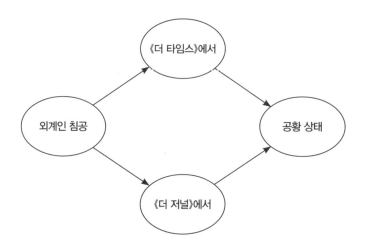

회로를 형성한다면 곤경에 처한다. 또한 두 소대에 속하는 연락 장교가 있다면 그를 두 번 세는 경우가 발생한다. 사실 연락 장교 뒤의 모든 병사도 두 번 세게 된다. 이런 일은 '외계인이 침공했다'라는 시나리오에서 혼란 상태에 빠질 확률을 구할 때 발생하는 상황이다.

한 가지 해법은 '《더 타임스》가 보도한다'와 '《더 저널》이 보도한다'를 네 가지 값을 가지는 하나의 다중 변수로 결합하는 것이다. 둘 모두 보도하는 경우 이 변수의 값은 '예-예'가 되고 《더 타임스》만 외계인 침공을 보도하고 《더 저널》은 안 하면 '예-아니오'가 되는 식이다. 이렇게 하면 그림은 세 개의 변수로 된 사슬 형태로 바뀌고 모든 것이 잘 진행된다. 하지만 새로운 뉴스 공급원을 더할 때마다 다중 변수의 값이 가지는 가짓수는 두 배로 늘어난다. 새로운 뉴스 공급원이 두 개가 아니라 50개라면 다중 변수는 2^{50}개의 값을 가진다. 이 방법으로는 이런 식의 해법만 존재하고 이보다 더 나은 방법은 아직 발견되지 않았다.

베이즈 네트워크는 보이는 화살표와 함께 보이지 않는 화살표도 같이 있기 때문에 문제는 보이는 것보다 더 나쁘다. 강도 침입과 지진이 사전에는 서로 독립적이지만 경보가 울리면 두 사건이 얽힌다. 경보가 울리면 당신은 강도 침입을 의심하지만 이제 막 라디오에서 지진이 있었다는 뉴스를 들으면 경보가 울린 것은 지진 때문이라고 생각한다. 지진으로 경보가 설명되고 강도 침입의 가능성은 줄어들기 때문에 두 사건은 서로 연관성을 갖게 된다. 베이즈 네트워크에서 같은 변수의 모든 부모 상태는 이런 식으로 상호연관성을 지니고 네트워크를 따라 사건이 계속 진행되면서 더 많은 상호연결성이 생기며 종종 전체 그림에는 원래 그림보다 화살표가 훨씬 더 많이 밀집된다.

추론에 관한 결정적인 질문은 나무처럼 보이는 그림에 줄기가 너무 두꺼워지지 않으면서도 상호의존성을 다 표시할 수 있는가이다. 줄기에 있는 다중 변수가 너무 많은 값을 갖는다면 나무는 제어할 수 없을 정도로 커져 버려《어린 왕자》에 나오는 바오밥나무처럼 행성을 전부 덮어 버린다. 생명의 나무에서 각각의 종은 가지지만 가지 내부를 들여다보면 각 생명체에는 두 명의 부모와 네 명의 조부모, 일정한 수의 자식 등이 있다. 가지의 두께는 종의 인구다. 가지가 너무 두꺼워질 때 유일한 선택 사항은 근사적 추론에 만족하는 것이다.

펄이 베이즈 네트워크에 관한 책에서 제안한 하나의 해법은 네트워크 구조에 폐회로가 없다고 가정하고 각 지점의 확률이 수렴될 때까지 계속 앞과 뒤로 왔다 갔다 하는 것이다. 이것은 빙빙 도는 신뢰 전파loopy belief propagation로 알려졌는데 이렇게 부르는 두 가지 이유가 있다. 하나는 이 방법이 폐회로가 있는 그림에서도 작동하기 때문이고, 다른 하나는 머리가 돈 듯한 발상이기 때문이다. 놀랍게도 이 방법이 많은 경우에 매우 잘 작동하는 것으로 판명 났다. 예를 들어 이것은 이동 통신에서 메시지의 비트들을 확률변수로 여기고 영리한 방법으로 부호화하는 최첨단 기술에서 사용된다. 하지만 빙빙 도는 신뢰 전파는 또한 틀린 대답으로 수렴하거나 수렴하지 못하고 영원히 왔다 갔다 할 수도 있다. 물리학에서 나왔으나 머신러닝에 도입된 후 마이클 조던Michael Jordan과 다른 연구자들이 크게 확대한 또 다른 해법은 다룰 수 없는 분포를 다룰 수 있는 분포로 근사화하고, 최대한 가깝게 근사화하기 위해 근사화된 분포의 변수들을 최적화시키는 방식이다.

　그런데 가장 인기 있는 선택 사항은 우리의 슬픔을 술잔에 넣어 버리고 정신 못 차릴 정도로 취하여 밤새도록 비틀거리며 돌아다니는 것이다. 기술 용어로 마르코프 연쇄 몬테카를로Markov chain Monte Carlo라고 부르고 줄여서 MCMC라 한다. 몬테카를로라는 말이 붙은 까닭은 같은 이름의 카지노에 방문하는 것 같은 기회를 포함하기 때문이고, 마르코프 연쇄가 붙은 까닭은 각 단계가 오직 이전 단계하고만 연관되는 일련의 단계를 거치는 과정을 포함하기 때문이다. MCMC 방식의 착상은 소문난 술꾼처럼 최종적으로는 네트워크의 각 상태를 방문한 횟수가 상태의 확률에 비례하도록 이 상태에서 저 상태로 건너뛰면서 무작위로 걷는 것이다. 그런 다음 예를 들어 강도 침입의 확률을 강도 침입이 있었던 상태를 방문한 횟수의 비율로 나타낸다. 얌전한 마르코프 연쇄는 안정된 분포로 수렴하고 일정 시간 후에는 항상 거의 같은 답을 내놓는다. 예를 들어 카드 한 벌을 섞을 때 어느 정도 시간이 지나면 카드가 섞이는 모든 순서 중 어느 하나가 나타날 확률은 처음 섞인 상태에 상관없이 모두 동일하다. 그러므로 만약 n가지 가능한 순서가 있으면 각 경우의 확률은 n분의 1이다. MCMC의 묘수는 베이즈 네트워크 분포로 수렴되는 마르코프 연쇄를 설계하는 것이다. 한 가지 쉬운 방법은 변수들을 계속 반복하여 순환하면서 이웃 상태가 주어진 경우의 조건부 확률에 따라 각 변수를 뽑는 것이다.

사람들은 MCMC를 모의실험의 한 종류라고 말하기도 하지만 그렇지 않다. 마르코프 연쇄는 어떤 과정도 모의실험하지 않는다. 대신 우리는 그 자체로는 순차적인 모형이 아닌 베이즈 네트워크에서 표본들을 효과적으로 생성하기 위하여 MCMC를 고안해 냈다.

MCMC의 기원은 물리학자들이 중성자가 원자와 충돌하여 연쇄 반응을 일으킬 확률을 추정해야 했던 맨해튼 프로젝트까지 거슬러 올라간다. 하지만 최근 몇 십 년 동안 MCMC는 역사상 가장 중요한 알고리즘의 하나로 평가받을 만큼 혁명적인 변화를 일으켰다.

MCMC는 확률 계산에만 훌륭한 것이 아니라 어떠한 함수의 적분이라도 훌륭히 해낸다. MCMC가 없다면 과학자들은 분석적으로 적분이 가능한 함수나 사다리꼴 적분 근사법을 적용할 수 있는 까다롭지 않은 저차원 적분만 사용해야 한다. 과학자들은 MCMC를 사용하여 힘든 계산은 컴퓨터에 맡기고 자신은 자유롭게 복잡한 모형을 만든다. 또한 베이즈주의자는 MCMC 덕택에 그들의 방법이 다른 어떤 것보다 인기를 높여 간다고 말할 것이다.

MCMC의 단점은 종종 참기 힘들 정도로 수렴하는 데 오랜 시간이 걸리거나 아직 수렴하지 않았는데 수렴한 것처럼 보여 당신을 속이기도 하는 것이다. 실제 확률 분포는 봉우리가 솟듯 좁은 범위에서 높은 값을 갖는데 극소의 확률값을 갖는 넓은 황무지에서 갑자기 에베레스트 산이 듬성듬성 올라온 모습이다. 그러면 마르코프 연쇄는 가장 가까운 봉우리로 수렴하여 거기에 머물러서 매우 편향된 확률값을 추정한다. 술에 취한 사람이 우리가 원하는 대로 도시 전체를 돌아다니는 대신 술 냄새를 따라 가장 가까운 술집으로 들어가 밤새도록 그곳에 머무는 것과 같다. 반면 마르코프 연쇄 대신 더 간단한 몬테카를로 방법에서 하듯이 독립적인 표본을 그냥 발생시킨다면 따라갈 술 냄새도 못 맡을 것이며, 첫 번째 술집도 찾지 못할 것이다. 도시의 지도에 다트를 집어던져서 정확히 술집에 꽂히기를 바라는 것과 같다.

베이즈 네트워크로 추론할 때 단순히 확률만 계산하지는 않는다. 제시된 증거에 관한 가장 그럴듯한 설명을 찾는 일도 포함한다. 예를 들어 증상을 가장 잘 설명하는 질병이나 시리가 들은 소리를 가장 잘 설명하는 단어를 찾는다. 단순히 매 단계마다 가장 그럴듯한 단어를 뽑는 것과 다르다. 소리가 제시되었을 때 개별적으로 가장 그럴듯한 단어라도 '경찰에 전화를 걸어라'의 사례처럼 다른 소리들과 함께 들리는 상황이 없을 가능성도 있기 때문이다. 그런데 비슷한 종류의 알고리즘들도 이런 과제를 해낸다(사실 그 알고리즘들을 대부분의 음성인식기가 사용한다). 가장 중요한 점은 추론할 때 단지 여러 가지 결과에 대한 확률들뿐만 아니라 결과들과 연관된 비용(기술 용어로 표현하면 유용성)도 고려하여 최선의 결정을 내려야 한다는 것이다. 당신의 상사가 내일까지 어떤 일을 하라고 요청하는 전자 우편을 무시하는 비용이 스팸메일 하나 보는 비용보다 훨씬 크다. 종종 스팸메일처럼 매우 그럴듯하게 보일 때라도 전자 우편을 걸러 내지 않는 편이 낫다.

무인 자동차와 그 외 다른 로봇들은 확률적 추론에 대한, 실제로 존재하는 아주 적절한 사례다. 무인 자동차는 이곳저곳을 운전해 가면서 동시에 지형에 관한 지도를 작성하고 점점 더 확신을 가지며 지도에서 자신의 위치를 파악한다. 최신 연구에 따르면 런던의 택시 운전사들도 기억과 지도 작성에 연관된 대뇌 영역인 해마가 런던의 도시 구조를 학습하면서 후천적으로 더 커진다고 한다. 런던의 택시 운전사들도 비슷한 확률적 추론 알고리즘을 사용할 것이다. 다른 점이 있다면 인간 알고리즘 동작에는 음주가 도움이 되지 않는다는 것이다.

베이즈 방식 학습하기

우리는 이제 추론 문제를 어느 정도 해결하는 방법을 배웠으므로 데이터로 베이즈 네트워크를 학습시키는 방법을 배울 준비가 되었다. 베이즈주의자에게 학습이란 단지 또 다른 종류의 확률적 추론이기 때문이다. 당신이 해야 할 일은 가설을 가능성 있는 원인으로 보고 데이터는 관찰된 결과로 여기면서 다음의 베이즈 정리를 적용하는 것이 전부다.

$$P(가설|데이터)=P(가설)\times P(데이터|가설)/P(데이터)$$

가설은 베이즈 네트워크 전체만큼 복잡할 수도 있거나 동전의 앞면이 나올 확률처럼 간단할 수도 있다. 후자의 경우 데이터는 단지 동전 던지기의 결과다. 예를 들어 동전 던지기를 100번 하여 앞면이 70번 나왔다

면 빈도주의자는 앞면이 나올 확률을 0.7로 추정할 것이다. 최대 가능성 원리maximum likelihood principle를 따른 결과다. 즉 앞면이 나오는 확률이 가능성 있는 모든 값 중에서 0.7이라면 동전을 100번 던질 때 앞면이 70번 나올 가능성이 가장 높다. 가설의 가능성은 P(데이터|가설)이고 최대 가능성 원리에 따라 우리는 이 값이 최대가 되는 가설을 선정해야 한다. 그런데 베이즈주의자는 더 미묘한 일을 한다. 그들은 어떤 가설이 진짜인지 우리가 확실히 알 수 없으므로 단지 0.7 같은 값 하나를 선택하지 말고 모든 가능한 가설의 사후 확률을 계산해야 하며, 예측할 때는 계산해 놓은 모든 사후 확률을 고려해야 한다고 지적한다. 모든 가설의 확률을 합하면 1이 되어야 하므로 한 가설이 더 가능성이 크면 다른 것들의 가능성은 낮아진다. 베이즈주의자에게 진실 같은 것은 없다. 그저 가설들의 사전 확률 분포가 있고 데이터를 본 이후에는 베이즈 정리에 따라 사후 확률 분포를 얻는 것이 전부다.

이것은 과학이 연구하는 방식에서 과격하게 벗어난 길이다. '실제로 코페르니쿠스나 프톨레미나 모두 옳지 않으니 행성의 미래 궤적은 한 번은 지구가 태양 주위를 돈다고 가정하여 구하고, 다른 한 번은 태양이 지구를 돈다고 가정하여 구한 후 평균을 내자'라고 이야기하는 것과 같다.

물론 이것은 가중치를 부여한 후 구한 평균이고 이때 가설의 가중치는 가설의 사후 확률이며 데이터를 더 잘 설명하는 가설의 가중치가 더 크다. 그래도 베이즈주의자가 되는 것은 절대로 확신한다는 말을 하지 말아야 하는 것을 의미한다.

말할 필요도 없이 단 하나의 가설 대신 여러 가설을 다루는 것은 매우 어려운 일이다. 베이즈 네트워크를 학습하는 경우, 모든 가능한 그림 구조와 각 구조의 변수들에서 가능한 모든 값을 포함하여 모든 가능한 베이즈 네트워크에 대하여 평균을 취해서 예측을 해야 한다. 변수들의 평균을 폐쇄 공식으로 구할 수 있는 경우도 있지만 구조가 변하면 그런 행운은 사라진다. 예를 들자면 마르코프 연쇄의 진행에 따라 하나의 네트워크에서 다른 네트워크로 건너뛰며 전체 네트워크에 대하여 MCMC를 수행하는 것에 의지해야만 한다. 이 모든 복잡함과 계산량을 객관적인 실체objective reality 같은 것은 없다는 베이즈주의자의 논란이 많은 개념과 함께 따져 보면 빈도주의가 지난 20세기의 과학을 지배해 온 이유를 이해하는 것은 어려운 일이 아니다.

하지만 베이즈 방식을 선호하는 몇 가지 주요한 까닭과 한 가지 장점이 있다. 한 가지 장점은 대부분 시간 동안 거의 모든 가설의 사후 확률이 작으므로 안심하고 무시할 수 있다는 것이다. 사실 가장 가능성 있는 가설 하나만 고려해도 보통은 매우 훌륭한 근사값을 얻는다. 동전 던지기 문제에 대한 사전 확률 분포에 관하여 앞면이 나올 개수의 모든 확률이 똑같다고 가정하자. 연속으로 앞면이 나오면 그 사건의 영향으로 확

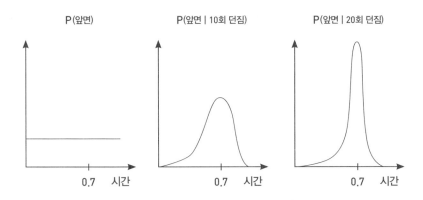

률 분포는 결과를 가장 잘 맞히는 가설에 더욱 집중된다. 예를 들어 h가 앞면이 나오는 확률을 나타내고 동전 던지기 시간의 70퍼센트 동안 앞면이 나왔다면 앞쪽 그림과 같은 확률 분포를 얻을 것이다.

매번 동전 던지기가 끝나면 사후 확률은 다음번 동전 던지기의 사전 확률이 되고 동전 던지기가 진행되면서 h=0.7이라는 것이 점점 더 확실해진다. 가능성이 가장 높은 단 하나의 확률(이 경우는 h=0.7)만 취한다면 베이즈 접근법은 빈도주의자의 접근법과 매우 유사해지지만 결정적인 차이가 하나 있다. 베이즈주의자는 가능성을 나타내는 P(데이터|가설) 뿐만 아니라 사전 확률인 P(가설)를 고려한다[데이터에 대한 사전 확률 P(데이터)는 모든 가설에 대하여 동일하므로 승자를 선택하는 일에 영향을 주지 않아서 무시될 수 있다]. 모든 가설의 사전 확률이 동일하다고 가정하면 베이즈 접근법은 이제 최대 가능성 원리로 요약된다. 그래서 베이즈주의자는 빈도주의자에게 이렇게 말할 수 있다. "보시오, 당신이 하는 일은 우리가 하는 일의 특별한 경우지만 적어도 우리는 분명하게 가정을 세웁니다." 그리고 가설들의 사전 확률이 동일하지 않다면 사전 확률이 동일할 것이라고 은연중에 가정하는 최대 가능성 원리는 틀린 대답을 내린다.

이것이 이론상의 논의로만 보일 수도 있다. 하지만 이것은 엄청나게 현실적인 결과를 낳는다. 동전 던지기를 한 번만 시행했고 앞면이 나왔다면 최대 가능성 원리에 따라 앞면이 나올 확률은 1이 되어야만 한다. 이것은 매우 정확하지 않으며 한심할 정도로 뒷면이 나올 경우에 대비하지 않은 것이다. 동전 던지기를 많이 보고 나면 추측은 더욱 믿을 수 있지만 실제로는 데이터의 양이 크다 하더라도 동전 던지기, 즉 시행을 충분히 보지 못하는 경우가 많다.

supercalifragilisticexpialidocious라는 단어가 학습 데이터용 스팸 메일에서는 나온 적이 없었는데 메리 포핀스에 대해 이야기하는 전자 우편에 한 번 나온다고 가정해 보자. 그러면 최대 가능성 확률 추정치를 가진 나이브 베이즈 스팸메일 분류기는 이 단어를 포함하는 전자 우편은 비록 다른 단어들이 스팸메일! 스팸메일!이라고 외쳐도 스팸메일이 될 수 없다고 결정한다. 반면 베이즈주의자는 그 단어가 스팸메일에 나올 확률이 낮지만 0이 아닌 값을 매겨서 다른 단어들이 그 확률을 이길 수 있도록 할 것이다.

우리가 베이즈 네트워크의 변수값뿐만 아니라 그것의 구조도 학습하려고 시도한다면 문제를 더욱 악화시킬 뿐이다. 이런 경우는 언덕 오르기를 시도할 때 나타난다. 기울기 상승은 빈 네트워크(화살표가 없다)에서 시작하여 가능성을 가장 많이 증가시키는 화살표를 덧붙이고, 화살표를 덧붙여도 더 이상 가능성을 증가시키지 않을 때까지 계속 덧붙인다. 불행히도 이것은 대규모로 과적합을 빠르게 일으켜서 데이터에 나오지 않은 모든 상태에는 0인 확률을 할당하는 네트워크가 만들어진다.

베이즈주의자는 훨씬 더 흥미로운 일을 할 수 있다. 베이즈주의자는 문제에 관한 전문가의 지식을 반영한 사전 분포를 사용할 수 있다. 이것이 흄이 제기한 문제에 대한 그들의 대답이다. 예를 들어 의료 진단을 하는 베이즈 네트워크 설계를 시작할 때 의사들을 면담할 수 있다. 의사들에게 어떤 증상이 그들이 생각하기에 어떤 병과 관련이 있는지 물은 후 해당 부위에 화살표를 그려 넣는다. 이것은 '사전 네트워크'이고 이후에 다른 네트워크들이 사전 분포에서 화살표를 더하거나 빼는 숫자로 이들 네트워크에 벌점을 부과할 수 있다. 하지만 의사들은 실수를 할 수 있으므로 데이터로 보완해야 한다. 화살표를 더하여 늘어난 가능성이 벌점보다 크면 우리는 화살표를 더한다.

물론 빈도주의자들은 이런 상황을 알고 있으며 한 예로 그들은 더 복잡한 네트워크가 받는 벌점을 가능성 값에 곱하는 것으로 이런 상황에 대응한다. 하지만 이 부분에서 빈도주의자와 베이즈주의자는 구분되지 않으며 점수를 받는 함수를 '벌점이 가해진 가능성'이라 부르든지, 아니면 '사후 확률'이라 부르든지 취향의 문제일 뿐이다.

몇몇 사안에서 빈도주의자와 베이즈주의자의 사고방식이 일치함에도 불구하고 확률의 의미에 대한 철학적 차이점이 존재한다. 확률을 주관적인 것으로 보는 관점에 대해 많은 과학자가 메스꺼워하지만 주관적으로 보지 않으면 사용할 수 없는 많은 곳에서 확률을 이용하게 해 준다. 당신이 빈도주의자라면 한 번 이상 일어날 수 있는 사건만 확률을 추정할 수 있다. 그래서 '힐러리 클린턴이 젭 부시를 다음 대통령 선거에서 이길 확률이 얼마인가?' 같은 질문에는 대답할 수 없다. 그들이 서로 겨루는 선거는 전혀 없었기 때문이다. 하지만 베이즈주의자에게 확률이란 믿음의 주관적인 정도이므로 자유롭게 학습된 추측을 할 수 있고 추론을 구하는 미적분 계산의 도움으로 모든 추측이 일관성을 유지한다.

베이즈주의자의 방법은 베이즈 네트워크나 특별한 경우를 학습하는 데만 적용되는 것은 아니다(역으로 이름이 같아도 베이즈 네트워크가 베이즈주의자의 전유물은 아니다. 방금 보았듯이 빈도주의자도 이것을 학습할 수 있다). 사전 분포를 어떠한 유형의 가설(규칙의 모음과 신경망, 다른 프로그램 등)에도 적용하고 그 후에 가설의 데이터 조건부 가능성 함수로 사전 분포를 갱신할 수 있다. 베이즈주의자의 관점은 당신이 어떤 표현 방식을 선택하는지는 당신에게 달려 있지만 선택 후에는 베이즈 정리를 사용하여 학습시켜야만 한다는 것이다.

1990년대에 베이즈주의자는 연결주의자들이 연구 성과를 발표하는 무대인 신경정보처리시스템학술대회NIPS를 여봐란듯이 장악해 버렸다. 이른바 우두머리라 할 만한 사람들을 꼽자면 데이비드 맥케이David Mackay 와 래드포드 닐Radford Neal, 마이클 조던이었다. 칼텍에 다니고 존 홉필드 의 학생이며 나중에는 영국 에너지와 기후변화부의 최고 과학 자문관이 되는 맥케이는 베이즈 방법으로 다층 퍼셉트론을 학습시키는 방법을 발 표했다. 닐은 연결주의자들에게 MCMC를 소개하고, 조던은 연결주의자 들에게 다변적 추론variational inference을 소개했다.

마침내 베이즈주의자들은 다층 퍼셉트론의 신경 세포들을 결국 모두 통합해 낼 수 있으며 그 결과 베이즈주의를 참고하지 않아도 일종의 베 이즈주의 모형이 나온다는 점을 발표했다. 긴 시간이 걸리지 않아 NIPS 에 제출되는 논문 제목에 '신경'이라는 단어가 있으면 논문이 거절될 것 이라고 쉽게 예상할 수 있는 상황이 되어 버렸다. 그 학술 대회의 이름을 신경정보처리시스템NIPS이 아니라 베이즈정보처리시스템BIPS으로 바꾸 어야 한다는 농담이 생겼다.

마르코프가 증거를 평가한다

그런데 베이즈주의자들의 지배까지 도달하는 과정 중에 재미있는 일이 벌어졌다. 베이즈주의자의 모형을 사용하는 연구자들은 확률을 불법적으로 조정하면 더 나은 결과를 얻는 일을 계속 목격했다. 예를 들어 음성 인식에서 P(단어들)를 어느 정도 올리면 정확도가 개선되었는데 그렇게 하면 더 이상 베이즈 정리를 따르는 것이 아니었다. 어떻게 된 일인가? 범인으로 밝혀진 것은 발생 모형들이 독립성에 관하여 잘못된 가정을 한 것이었다. 단순화된 그림 구조는 모형을 학습 가능하게 하고 그대로 유지할 만한 가치가 있었지만 현재 하는 일을 위해 최적의 변수값을 학습하면 그 변수들이 확률과 상관없이 더 개선된다. 말하자면 나이브 베이즈 분류기의 진정한 강점은 유형을 예측하게 하는 특징들을 모아놓아 유용한 정보가 많은 소규모 집합을 제공한다는 것 그리고 대응하는 변수들을 학습하는 빠르고 안정된 방법을 제공한다는 것이다.

스팸 필터에서 각 특징은 스팸메일에 들어 있는 특정한 단어의 출현이고 이에 대응하는 변수는 얼마나 자주 나타나는가이다. 정상 우편에 대해서도 특징과 변수에 대한 상황은 비슷하다. 이런 관점에서 보면 나이브 베이즈 분류기는 독립성의 가정이 많이 틀리는 여러 경우에서조차 최적의 예측이 가능하다는 면에서 최상이라고 할 수 있다. 내가 이러한 점을 깨닫고 1996년 이에 관한 논문을 발표하자 나이브 베이즈 분류기에 대한 사람들의 의심은 눈 녹듯이 사라졌고 나이브 베이즈 분류기의 인기가 높아졌다. 하지만 이것도 다른 종류의 모델이 등장하는 과정의 한 단계였다. 이 모델은 지난 20년 동안 계속하여 머신러닝에서 베이즈 네트워크를 교체하고 있다. 바로 마르코프 네트워크다.

마르코프 네트워크는 특징들과 이에 대응하는 가중치가 모인 것으로 이들은 함께 확률 분포를 정의한다. 특징에는 '노래는 발라드다'처럼 간단한 특징도 있고 '이 노래는 색소폰의 반복 악절과 하행하는 코드 진행이 있는 힙합 가수가 부른 발라드다'처럼 정교한 경우도 있다. 판도라(인터넷 라디오 방송—옮긴이)는 당신을 위해 연주하는 노래를 고르려고 음악 게놈 프로젝트라 부르는 특징들의 커다란 모음을 사용한다. 특징들을 마르코프 네트워크에 연결했다고 가정해 보자. 당신이 발라드를 좋아한다면 해당 특징의 가중치feature weight는 올라가고 당신이 판도라를 틀었을 때 발라드를 들을 가능성은 더 높아진다. 또한 당신이 힙합을 좋아한다면 그 특징의 가중치 또한 올라간다. 이제 당신이 가장 듣고 싶어 하는 노래는 두 가지 특징을 모두 갖춘 노래, 즉 힙합 가수가 부른 발라드다. 당신이 발라드와 힙합 가수 노래가 따로 분리된 노래는 좋아하지 않고 둘이 결합된 노래만 즐겨 듣는다면 더욱 정교한 특징인 '힙합 가수가 부르는 발라드'가 당신이 원하는 것이다. 판도라의 특징들은 사람 손으로 작성되었지만 우리는 규칙 유도와 비슷한 언덕 오르기를 사용하여 특징들에 관해 마르코프 네트워크 또한 학습시킬 수 있다. 어느 쪽이든 기울기는 가중치를 학습하는 좋은 방법이다.

베이즈 네트워크처럼 마르코프 네트워크도 그림으로 나타낼 수 있는데 화살표 대신 방향 표시가 없는 곡선을 사용한다. '힙합 가수가 부른 발라드'의 '발라드'와 '힙합 가수가 부른'이라는 특징들처럼 두 변수가 어떤 특징에서 함께 나타나면 두 변수는 연결되고 이 연결은 서로 직접 연관이 있다는 것을 나타낸다.

마르코프 네트워크는 컴퓨터 비전(비디오카메라로 포착한 정보를 컴퓨터로 처리하는 일—옮긴이)을 포함하여 많은 영역에서 걸쇠와 같은 기능을 수행한다. 예를 들어 무인 자동차는 촬영한 영상을 도로와 하늘, 교외 풍경 등으로 나누어야 한다. 각 화소를 색깔에 따라 셋 중 하나로 분류하는 방법도 있지만 거의 제대로 작동하지 않는다. 영상에는 오류 신호도 많이 섞여 있는 데다 장면이 수시로 바뀌어서 도로 위에 돌들이 뿌려져 있고 하늘에 길의 일부가 떠 있는 환각을 자동차가 보기도 한다. 하지만 영상에서 이웃한 화소들은 보통 같은 물체의 부분들이라는 사실을 알고 있으므로 이에 대응하는 특징들을 도입할 수 있다. 이웃하는 화소의 짝에 대하여 두 화소가 같은 물체에 속하면 이 짝에 사실이라는 특성을 부여하고 다른 물체에 속하면 거짓이라는 특성을 부여한다. 이렇게 하면 도로와 하늘이라는 크고 연속적인 구성 요소를 지닌 영상이 될 가능성이 크고 연속적인 구성 요소가 없는 영상이 될 가능성보다 훨씬 더 크며, 그래서 차는 도로 위에 있어 보이는 가상의 돌들을 피하려고 왼쪽, 오른쪽으로 휙휙 방향을 계속 틀지 않고 똑바로 나아간다.

마르코프 네트워크는 데이터 전체의 가능성을 최대화하거나 우리가 알고 있는 것이 주어진 경우 우리가 예측하고자 하는 것의 조건부 가능성을 최대화하도록 학습시킬 수 있다. 시리의 경우 데이터 전체의 가능성은 P(단어들, 소리들)이고 우리가 관심을 가지는 조건부 가능성은 P(단어들|소리들)이다. 후자를 최적화할 때 P(소리들)는 무시할 수 있는데 이 확률은 우리가 목표에 집중하지 못하도록 방해할 뿐이다. 그리고 P(소리들)를 무시하기 때문에 이것이 제멋대로 복잡해져도 상관없다. 이것은 HMM의 비현실적인 가정, 즉 소리는 온전히 해당 단어와만 연관성이 있고 주위에서 어떤 영향도 받지 않는다는 것보다 훨씬 더 낫다. 사실 시리가 주목하는 것의 전부가 당신이 방금 말한 단어를 파악하는 것이라면 확률에 관하여 걱정할 필요조차 없을 것이다. 소리와 연결되는 단어들의 특징에 주어진 가중치들을 합산할 때 올바른 단어의 점

수를 틀린 단어의 점수보다 높게 주기만 하면 되고 안전하게 하려면 그냥 아주 높은 점수를 주면 된다.

다음 장에서 살펴보겠지만 유추주의자들은 논리적 결론에 도달하기 위하여 이런 방식의 추론을 사용했다. 새로운 세기의 처음 10년 동안은 유추주의자들이 신경정보처리시스템학술대회를 장악했다. 지금은 연결주의자들이 딥 러닝이라는 깃발 아래 다시 한번 학회를 주도하고 있다. 연구란 돌고 돈다고 말하는 사람들도 있지만 한 번 돌 때마다 진보를 향하여 나아가는 나선형에 더 가깝다. 머신러닝에서 그 나선형은 마스터 알고리즘으로 수렴한다.

논리와 확률이라는 불행한 짝

베이즈주의자와 기호주의자는 둘 다 학습에 관하여 자연이 가르쳐 주는 방식보다는 원리를 우선하는 접근법을 신뢰하기 때문에 당신은 둘 사이가 매우 좋다고 생각할 것이다. 하지만 전혀 그렇지 않다. 기호주의자들은 확률을 좋아하지 않고 농담으로 "전구를 교체하려면 베이즈주의자 몇 명이 필요할까? 그들은 확신하지 못한다. 그리고 보니 그들은 전구가 나갔는지도 확신하지 못한다."라고 말한다. 더 진지하게 기호주의자는 우리가 확률에 지불하는 높은 대가를 지적한다. 추론은 갑자기 훨씬 더 비싸지고 모든 숫자는 이해하기 어렵고 사전 조건들을 다루어야만 하고 좀비 같은 가설의 무리가 영원히 우리를 따라다닌다. 바로바로 지식의 단편들을 찾아내는 능력은 기호주의자에게는 매우 소중하지만 베이즈주의자의 방식에서는 찾아볼 수 없다.

가장 심각한 점은 우리가 배울 필요가 있는 많은 상황에 확률 분포를 연결하는 방법을 알지 못한다는 것이다. 베이즈 네트워크는 변수들의 벡터에 관한 분포지만 몇 개만 예를 들자면, 네트워크와 데이터베이스, 지식 창고, 언어, 계획, 컴퓨터 프로그램에 관한 분포는 어떻게 구할 것인가? 이 모든 것을 논리로 쉽게 다룰 수 있는 터, 이런 것들을 학습하지 못하는 알고리즘은 분명히 마스터 알고리즘이 아니다.

이번에는 베이즈주의자가 논리의 깨지기 쉬운 점을 지적한다. '새들은 날아다닌다'라는 규칙이 있다면, 한 마리라도 날지 못하는 새가 있는 세상은 존재하지 못한다. '펭귄을 제외하고 새는 날아다닌다'라는 예외 사항을 덧붙이려고 노력한다면 이 작업은 결코 끝나지 않을 것이다(타조도 포함해야 하고 또 새장에 있는 새는 어떤가? 날개를 다친 새는? 날개가 물에 젖은 새는?). 의사가 암을 진단하면 당신은 다른 진단을 받고자 할 것이다. 두 번째 의사가 아니라고 한다면 당신은 이러지도 저러지도 못 하게 된다. 당신은 두 의견의 경중을 평가할 수 없다. 그냥 두 의사를 다 믿어야 한다. 그러면 재난이 발생한다. 돼지가 날아다니고 영구 운동이 가능하고 지구는 존재하지 않는다. 논리적으로 모든 것이 모순에서 추론 가능하기 때문이다. 더욱이 지식이 데이터에서 나왔다면 지식이 진실한지 결코 확신할 수 없다. 기호주의자는 왜 확신할 수 있는 척하는가? 분명히 흄은 그러한 태평함에 눈살을 찌푸릴 것이다.

베이즈주의자와 기호주의자는 사전 가정이 불가피하다는 점에 동의하지만 그들이 허용하는 사전 지식의 종류는 다르다. 베이즈주의자에게 지식은 모형의 구조와 변수들에 대한 사전 분포에 적용된다. 원칙상 사전 변수는 우리가 원하는 무엇이든 될 수 있지만 역설적이게도 베이즈주의자는 계산이 더 쉽기 때문에 균일한 것을 선택하는 경향이 있다(예를 들면 모든 가설에 대하여 같은 확률을 설정한다). 어쨌든 인간은 확률을 매우 잘 추정하지는 못한다. 구조에 관하여 베이즈 네트워크는 지식을 포함시키는 직관적인 방법을 제공한다. 즉 A가 직접 B를 유발하면 A에서 B로 향하는 화살표를 그려 넣는다. 그런데 기호주의자는 이보다 훨씬 더 융통성이 있다. 즉 당신은 논리로 표현할 수 있는 것이라면 무엇이든 사전 지식으로 머신러닝에 제공할 수 있고, 흑과 백처럼 분명한 것이라면 무엇이든 논리로 표현할 수 있다.

분명히 우리는 논리와 확률 둘 다 필요하다. 암 치료가 좋은 사례다. 베이즈 네트워크는 유전자 조절이나 단백질 접힘 구조같이 세포가 어떻게 작동하는가에 대하여 하나의 단면적인 상황은 모형화할 수 있지만 이 모든 조각을 함께 모아 조화로운 전체 그림을 구성하는 것은 논리밖에 없다. 반면 논리는 실험생물학에서 흔히 볼 수 있는 불완전하고 오류가 섞인 정보를 다룰 수 없지만 베이즈 네트워크는 침착하고 자신 있게 처리한다.

베이즈 학습Bayesian learning은 데이터에 대한 표가 하나일 때 작동한다. 여기서 표의 각 열은 변수를 나타내고(예를 들면 유전자의 발현 수준) 각 행은 사례를 나타낸다(예를 들면 각 유전자의 발현 수준 측정치를 포함한 하나의 미세 배열 실험 사례). 표에 빈칸이 있거나 측정 오차가 있어도 괜찮은데, 빈칸을 매우고 평균을 취하여 오류 성분을 없애는 작업에 확률적 추론을 사용할 수 있기 때문이다. 하지만 표가 하나보다 많으면 베이즈 학습은 꼼짝도 못하여 어떻게 여러 표를 처리할지 모른다. 예를 들어 유전자 발현 데이터와 DNA의 어떤 부분이 해석되어 단백질을 합성하는가에 대한 데이터를 어떻게 결합해야 할지 모르고, 또 합성된 단백질의 3차원 모양이 어떻게 DNA 분자의 다른 부분들을 추적하여 다른 유전자의 발현에 영향을 주는지도 알아내지 못한다. 하지만 논리로는 이 모든 양상을 연관 짓는 규칙들을 쉽게 쓸 수 있으며 여러 가지 연관된 표를 조합하여 이 규칙들을 알아낼 수 있다. 하지만 논리로 이 일들을 처리하는 경우에는 표에 빈칸이나 오류가 없어야 한다.

연결주의와 진화주의의 결합은 매우 쉬웠다. 단지 네트워크의 구조를 진화시키고 역전파로 변수들을 알아내면 되기 때문이다. 하지만 논리와 확률의 통합은 훨씬 어려운 문제다. 이런 일의 시도는 논리와 확률의 선구자인 라이프니츠까지 거슬러 올라간다. 조지 부울, 루돌프 카르납Rudolf Carnap 같은 19세기와 20세기의 뛰어난 철학자와 수학자가 통합 작업에 매진했지만 큰 진전은 이루지 못했다. 더 최근에는 컴퓨터과학자와 인공지능 연구자가 이 싸움에 참여했다. 하지만 새로운 천년이 막 시작되었을 때 우리가 획득한 최선은 베이즈 네트워크에 몇몇 논리적 구조물을 덧붙이는 정도의 부분적인 성공이었다. 전문가들은 논리와 확률의 통합은 불가능하다고 믿었다. 마스터 알고리즘에 대한 전망은 좋지 않아 보였다. 특히 진화주의 알고리즘과 연결주의 알고리즘이 정보가 불완전하거나 데이터 집합이 여러 개인 상황을 처리할 수 없었기 때문이다.

다행히도 우리는 지금까지 그 문제를 깨뜨려 왔고 현재는 마스터 알고리즘에 훨씬 더 가까이 다가간 것처럼 보인다. 제9장에서 우리가 어떻게 해결했는지 살펴보고 확인할 것이다. 하지만 먼저 우리는 매우 중요하지만 여전히 찾지 못한 퍼즐 조각을 수집할 필요가 있다. 즉 매우 데이터가 적을 때는 어떻게 학습할 것인가에 대한 답을 찾아야 한다. 이것은 데이터의 홍수라는 요즘 시대에는 불필요해 보일 수도 있지만 데이터에 대한 실상은 이렇다. 해결하고자 하는 문제의 어떤 부분에 관한 데이터는 넘쳐나지만 다른 부분에 관한 데이터는 거의 없다시피 한 경우를 종종 발견한다. 이곳이 바로 머신러닝에서 가장 중요한 착상이 등장하는 자리다. 바로 유추analogy 다. 지금까지 우리가 만난 모든 종족은 하나의 공통점이 있다. 그들은 연구하는 현상에 대하여 명확한 모형을 학습한다. 그 모형은 규칙의 모음이거나 다층 퍼셉트론이거나 유전자 프로그램이거나 베이즈 네트워크다. 하지만 유추주의자는 단 하나의 사례처럼 적은 데이터를 가지고도 학습할 수 있다. 모형을 만들지 않기 때문이다. 대신 유추주의자가 무엇을 하는지 알아보자.

THE MASTER ALGORITHM

당신을 닮은 것이
당신이다

유추주의자의 머신러닝

프랭크 애버그네일 주니어는 역사상 아주 악명 높은 사기꾼이다. 스필버그의 영화 《캐치 미 이프 유 캔》Catch Me If You Can에서 리어나도 디캐프리오가 연기한 애버그네일은 수백만 달러 상당의 수표를 위조하고 변호사와 대학 강사를 사칭하기도 하고 팬암항공사의 기장이라고 속이며 전 세계를 돌아다녔다. 스물한 번째 생일이 되기도 전에 이 모든 일을 벌였다. 하지만 입이 딱 벌어지게 놀랄 만한 행동은 1960년대 후반 애틀랜타에서 1년 가까이 아무도 눈치 못 채게 의사로 행세한 일일 것이다. 의료 행위를 하려면 여러 해 동안 의대에서 공부하고 자격증을 취득한 후 레지던트 등의 수련 과정을 거쳐야 하는 것으로 알려져 있지만 애버그네일은 이 모든 과정을 건너뛰었으면서도 전혀 의심받지 않고 의사 행세를 했다.

이렇듯 곡예 같은 일을 하려 한다고 상상해 보자. 당신은 빈 진료실에 몰래 들어간다. 얼마 지나지 않아 환자가 들어오고 여러 가지 증상을 말한다. 당신이 의학에 대해 아무것도 모른다는 사실이 들통 나지 않으려면 이제 환자에게 진단을 내려야만 한다. 당신에게 있는 것은 환자 기록이 가득 담긴 캐비닛이 전부다. 환자들의 증상과 진단, 병력 등이 적혀 있다. 어떻게 해야 할까? 가장 쉬운 방법은 환자와 가장 비슷한 증상을 보인 다른 환자들의 기록을 찾아서 같은 진단을 내리는 것이다. 환자를 대하는 태도가 애버그네일만큼 신뢰를 준다면 감쪽같이 속일 수 있을 것이다. 이와 같은 발상이 의학 분야를 넘어 다른 분야에도 훌륭하게 적용된다. 미국 첩보 비행기가 소련이 핵미사일을 쿠바에 배치하려는 동향을 포착했을 때, 케네디 대통령처럼 당신이 세계적인 위기를 맞은 젊은 대통령이라면 그러한 상황에 대비한 지침서가 준비되지 않았을 가능성이 높다. 대신 당신은 역사에서 현재의 상황과 유사한 경우를 찾아 배울 점을 알아내려고 할 것이다. 미국 합동참모본부에서는 쿠바를 공격해야 한다고 주장했지만, 케네디는 제1차 세계대전의 발발을 다룬 베스트셀러 《8월의 포성》The Guns of August 을 막 읽은 후였기 때문에 그러한 공격이 어떻게 전면전으로 확대될 수 있는지 분명히 알았다. 결국 그는 해상 봉쇄를 선택했고 이 조치로 전 세계는 핵전쟁이 일어날 위험천만한 상황을 피할 수 있었다.

유추analogy는 역사적으로 위대한 과학적 진보를 많이 일으킨 불꽃이었다. 자연 선택 이론은 다윈이 맬서스의 《인구론》을 읽고 생존하고자 벌이는 경제 분야의 투쟁과 자연의 투쟁 사이에 존재하는 공통점에 큰 영향을 받아서 탄생했다. 보어의 원자 모형Bohr's model of atom 은 보어가 전자를 행성으로, 원자핵을 태양으로 여기며 원자를 작은 태양계로 보면서 만들어졌다. 독일의 화학자 케쿨레August Kekulé 는 꿈에서 뱀이 자기의 꼬리를 무는 모습을 보고 벤젠 분자의 고리 모양 구조를 발견했다.

유비추리類比推理에는 유명한 학문 내력이 있다. 아리스토텔레스는 이것을 그의 유사성 법칙law of similarity에서 이렇게 표현했다. "두 사물이 비슷한 경우 한 사물을 생각하면 다른 사물의 생각도 따라 나오는 경향이 있다." 로크와 흄 같은 경험주의자도 같은 주장을 했다. 니체는 진리란 은유의 동적인 집합이라 말했다. 칸트도 유비추리 지지자였다. 윌리엄 제임스William James는 "이러한 동일감은 우리 생각의 용골과 등뼈다."라고 믿었다. 현대 심리학자 중에는 인간의 인식이 전부 비유analogic로 짜여 있다고 주장하는 사람들도 있다. 우리는 새로운 머신러닝 분야로 가는 길을 찾고, 또 '빛이 보인다'와 '우뚝 서다' 같은 표현을 이해하기 위하여 유추에 의지할 것이다. 말끝마다 '(그런 거) 있잖아'를 붙이는 버릇이 있는 10대. 있잖아, 아마 그 애들은 유추가 중요하다는 데 동의할 것이다 (흠, 뭐 좀 감이 있는 녀석들이군).

이 모든 것을 살펴볼 때 유추가 머신러닝에서 중대한 구실을 한다는 것은 놀랄 만한 일이 아니다. 하지만 처음에는 발전 속도가 느렸고 신경망에 가려 빛을 보지 못했다. 유추를 알고리즘으로 처음 구현한 것은 1951년 버클리대학 통계학자인 에블린 픽스Evelyn Fix와 조 호지스Joe Hodges가 잘 알려지지 않은 기술 보고서에서 발표한 내용이지만, 주요 학술지에는 수십 년이 지나서야 비로소 발표되었다. 픽스와 호지스의 알고리즘에 관한 논문들이 나타나기 시작하다가 논문 건수가 많이 늘어났고, 결국 유추 알고리즘은 컴퓨터 과학 전 분야 중에서도 매우 많은 연구를 하는 분야가 되었다. 픽스와 호지스의 알고리즘은 최근접 이웃 알고리즘nearest-neighbor algorithm이라 불리며, 우리가 방문하려는 유추 기반 머신러닝의 첫 번째 여행지다. 두 번째는 서포트 벡터 머신support vector machine, SVM으로 새로운 천년이 시작되는 시기에 머신러닝 분야에서 대성공을 거두었고, 세 번째이자 마지막은 크게 발전한 유비추론으로 심리학과 인공 지능을 연결해 주는 스테이플러 역할을 하며 머신러닝의 역사만큼 오랫동안 머신러닝의 배경이 되는 주제다.

유추주의자는 다섯 종족 중에서 가장 유대감이 적은 사람들이다. 다른 종족들은 정체성이 강하고 구성원 사이에 공통의 이상이 있지만 유추주의자는 연구자들의 느슨한 모임보다 조금 나은 정도이고 학습에 대한 기초를 유사성 판단에 둔다는 점으로만 묶여 있다. 서포트 벡터 머신 쪽의 연구자처럼 같은 우산 아래 모이는 데 반대하는 사람도 있을 것이다. 하지만 밖에는 딥 러닝 모형 비가 내리고 내 생각에는 유추주의자들이 공동 노력을 기울이면 많은 성과를 달성할 것이다. 유사성은 머신러닝의 중심 아이디어이고 여러 모습의 유추주의자들은 모두 유사성의 수호자다. 앞으로 10년 안에 최근접 이웃 알고리즘의 효율성, 서포트 벡터 머신의 수학적인 정교함, 유추의 강력한 능력과 유연성 등을 하나의 알고리즘으로 묶은 심층 유추법deep analogy이 머신러닝을 주도하는 시기가 올 것이다(이런, 방금 내 비밀 연구 프로젝트를 말해 버리고 말았다).

할 수 있으면 비슷한 점을 찾아봐

최근접 이웃 알고리즘은 이제까지 발명된 머신러닝 알고리즘 중에서 가장 간단하고 가장 빠르다. 사실 발명될 수 있는 모든 종류의 머신러닝 알고리즘 중에서도 가장 빠르다고 말할 수 있다. 이 알고리즘은 정확히 아무 일도 안 하므로 수행하는 데 걸리는 시간이 0이다. 이길 가능성이 없다. 당신이 얼굴을 인식하는 법을 학습하려 하고, '얼굴/얼굴 아님'으로 표식을 붙인 수많은 영상을 모아 놓은 데이터베이스가 있다면 최근접 이웃 알고리즘을 그냥 사용하라. 염려하지 말고 마음 놓고 사용하라. 이러한 영상들은 자기도 모르는 사이에 이미 은연중에 무엇이 얼굴인지 알아보는 모형을 만든다. 당신이 페이스북이라 가정하여 사람들이 사진을 올리면 친구들의 얼굴을 알아보고 사진에다 이름을 붙이는 작업을 하기 위해 그 전에 먼저 사진에서 얼굴을 자동으로 알아보고 싶다고 하자. 페이스북 사용자가 올리는 사진이 하루 3억 장 이상이고 계속 증가하는 상황을 고려한다면 아무것도 할 필요가 없다는 것은 매력이다. 우리가 지금까지 살펴본 머신러닝 중 어느 것이라도 이 일에 적용하면, 나이브 베이즈 분류기는 예외일 것 같지만, 한 트럭 분량의 컴퓨터가 필요할 것이다. 그런데 나이브 베이즈 분류기는 얼굴을 인식할 만큼 똑똑하지 못하다.

물론 지불해야 할 대가가 있고 그 대가는 시험 시간으로 청구된다. 제인이라는 사용자가 방금 새로운 사진을 올렸다. 얼굴이 있는 사진인가? 최근접 이웃 알고리즘의 대답은 이러하다. 표시가 붙은 사진을 모아 둔 페이스북 데이터베이스 전체에서 이 사진과 가장 비슷한 사진, 즉 최근접 이웃을 찾아라. 그 사진에 얼굴이 포함되어 있으면 이 사진도 그러하다고 판단한다. 아주 간단하지만 이제 당신은 (이상적으로는) 1초 이내에 수십억 장이 될 수도 있는 사진을 모두 훑어보아야만 한다. 시험 공부를 귀찮아하는 게으른 학생처럼 최근접 이웃 알고리즘은 준비 없이 작업을 맡게 되고 재빨리 움직여야만 한다. 하지만 당신의 어머니가 오늘 할 수 있는 일을 내일로 미루지 않도록 가르치는 현실과 다르게 머신러닝에서 미루는 버릇은 실제로 성과를 낼 수 있다. 사실 최근접 이웃 알고리즘이 속한 전체 학습 분야는 때로는 '게으른 학습'lazy learning이라 불리지만 경멸적인 태도에서 이름 붙인 것은 전혀 아니다.

게으른 머신러닝 알고리즘이 보기보다 훨씬 더 똑똑한 까닭은 그들의 모형이 겉으로 드러나지는 않아도 극히 세련된 면이 있기 때문이다. 각 유형별로 사례가 하나만 있는 극단적인 경우를 생각해 보자. 예를 들어 두 나라의 경계선이 어디에 있는지 추측한다고 하자. 그런데 우리가 아는 것은 두 나라 수도의 위치가 전부다. 머신러닝 알고리즘이 쩔쩔맬 상황이지만 최근접 이웃 알고리즘은 경계선border이 두 도시 사이 중간에 놓인 직선이라고 쉽게 추측한다.

직선 위의 점들은 두 도시에서 같은 거리만큼 떨어져 있다. 이 직선의 왼쪽에 있는 점들은 포지티빌에 가깝고, 그래서 최근접 이웃 알고리즘은 이 점들을 포지스탄 영토로 판단하고 반대로 오른쪽에 있는 점들은 네걸랜드 영토로 판단한다. 물론 이 직선이 정확한 경계선이라면 행운

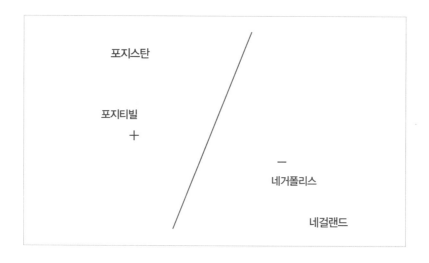

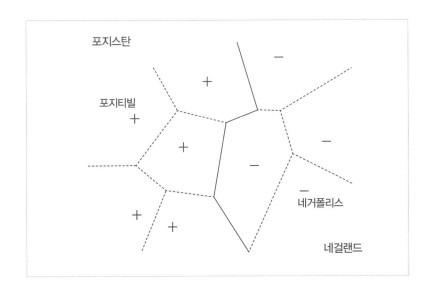

이겠지만 근사치로서 아무것도 없는 것보다 훨씬 더 낫다. 그런데 경계
선 양쪽에 더 많은 도시가 있으면 상황은 정말로 흥미로워진다.

　최근접 이웃 알고리즘은 하는 일이 도시들이 어디에 있는지를 기억하
고 이에 맞게 각 지점이 속하는 나라를 정하는 것뿐일지라도 은연중에
매우 복잡한 경계선을 그릴 수 있다. 한 도시의 중심 지역이란 다른 도시
보다 이 도시에 더 가까이 있는 지점으로 생각할 수 있다. 중심 지역들
사이의 경계선들은 위 그림에서 점선으로 나타냈다. 이제 포지스탄은
이 나라에 속한 모든 도시의 중심 지역을 더한 것이고 네걸랜드의 경우
도 같다. 의사결정트리는 이와 대조되게 북쪽-남쪽과 동쪽-서쪽 방향
으로 차례차례 이동하며 경계선을 만들 수밖에 없고, 실제 경계선에 비
해 훨씬 다른 근사치를 얻을 것이다. 그러므로 의사결정트리 머신러닝
이 학습 기간 동안 경계가 어디에 놓여 있는지 파악하느라 열심히 노력

하는 등 부지런함에도 불구하고 별일 안 하는 '게으른' 최근접 이웃 알고리즘이 실제로 승리한다.

게으른 학습 알고리즘이 이기는 까닭은 의사결정트리 같은 일반 모형을 만드는 일이 단지 한 번에 하나씩 특정한 지점들이 어디에 있는지만 알아내는 것보다 훨씬 더 어렵기 때문이다. 의사결정트리를 이용하여 얼굴이 무엇인지 정의한다고 상상해 보자. 당신은 얼굴에 눈이 두 개 있고 코가 하나 있고 입이 하나 있다고 말하지만, 눈이 무엇이고 또 사진에서 어떻게 찾을 수 있는가? 사람이 두 눈을 감은 경우는 어떻게 하는가? 개별 화소까지 구별해 가며 얼굴을 정의하는 신뢰성 있는 방법은 만들기 어렵다. 특히 다양한 표정과 자세, 상황 그리고 얼굴에 나타나는 조명 조건까지 고려한다면 더욱 어렵다.

대신 최근접 이웃 알고리즘은 지름길을 선택한다. 데이터베이스에 있는 사진 중에서 제인이 방금 올린 사진과 가장 비슷한 사진에 얼굴이 포함되었으면 제인의 사진도 그렇다고 판단한다. 이것이 제대로 작동하려면 데이터베이스에 새로운 사진과 비슷한 사진, 예를 들어 자세와 조명 등이 비슷한 사진을 포함해야 한다. 그러므로 데이터베이스가 클수록 결과는 더 좋다. 두 나라 사이의 경계선을 찾는 일처럼 간단한 2차원 문제라면 작은 데이터베이스라도 충분하다. 각 화소의 색깔이 변화의 각 차원이 되는, 얼굴을 알아보는 문제처럼 매우 어려운 문제를 풀려면 거대한 데이터베이스가 필요하다. 하지만 우리는 이런 데이터베이스들을 보유하고 있다. 이런 데이터베이스를 사용하는 것은 얼굴과 얼굴이 아닌 것 사이의 경계선을 분명히 긋는 부지런한 머신러닝 알고리즘에게는 비용이 너무 많이 드는 일일 수도 있다. 그렇지만 최근접 이웃 알고리즘은 경계선이 데이터 지점data point들의 위치와 거리 측정에 내재하고 유일한 비용은 질문 응답 시간query time뿐이다.

전반적인 모형 대신 국부적인 모형을 만들려는 아이디어는 분류 작업을 넘어서 여러 분야에 적용된다. 과학자들은 연속 변수들을 예측하기 위하여 자주 선형회귀법을 사용하지만 현상은 대부분 선형적이지 않다. 다행히 현상은 국부적으로는 선형적이다. 매끈한 곡선들도 국부적으로는 직선들로 잘 근사시킬 수 있기 때문이다. 그래서 직선으로 모든 데이터를 맞추는 대신 질문 대상에 가까운 점들만 맞춘다면 이제 매우 강력한 비선형 회귀nonlinear regression 알고리즘을 얻게 된다. 게으름이 효력을 발휘하는 것이다. 케네디가 쿠바에 미사일을 배치하려는 소련에 대하여 무엇을 할지 결정하려고 국제 관계에 관한 완벽한 이론을 요구했다면 그는 곤경에 처했을 것이다. 대신 케네디는 이 위기와 제1차 세계대전 사이의 유사점을 인식했고 그 유사점을 이용하여 올바른 결정을 내릴 수 있었다.

최근접 이웃 알고리즘은 스티븐 존슨Steven Johnson이 《바이러스 도시》The Ghost Map에서 이야기한 것처럼 생명을 구할 수도 있다. 1854년 런던에서 콜레라가 발생하여 걷잡을 수 없이 퍼졌고 도시의 여러 지역에서 여덟 명 중 한 명꼴로 사망자가 나왔다. 콜레라의 원인은 '나쁜 공기'라는 것이 지배 이론이었으나 콜레라의 확산을 막는 데 아무런 기여도 하지 못했다. 하지만 내과의사 존 스노John Snow는 이 이론에 회의를 품고 더 나은 아이디어를 내놓았다. 그는 런던 지도에 콜레라가 발생했다고 알려진 모든 곳을 표시했고, 어느 물펌프 하나를 가장 가까이 있는 물펌프로 지정한 지점들을 묶어 한 지역으로 하여 지도를 이런 지역들로 나누었다. 그 결과는? 유레카! 대부분의 사망자가 소호 지역 브로드 거리에 위치한 특정 물펌프 주변에서 발생했다. 이 지역의 지하수가 오염되었다고 추론한 스노는 지역 사람들을 설득하여 물펌프를 폐쇄했고 전염병은 사라졌다. 이 사건으로 전염병학이 탄생했지만 최근접 이웃 알고리즘이 처음으로 성공을 거둔 사례이기도 하다. 이 알고리즘이 공식적으로 발명되기 한 세기 전의 일이다.

　최근접 이웃 알고리즘에서 각 데이터는 그 자체가 작은 분류기이며 자기를 가장 가까이 있는 점으로 삼는 질의 예제query example들에 대하여 그 유형을 예측한다. 최근접 이웃 알고리즘이 하는 일은 개미 군대에서 각 병사가 하는 일처럼 작지만 모두 모이면 산을 옮길 수도 있는 것과 비슷하다. 한 개미의 짐이 너무 무거우면 주위의 개미들이 짐을 나눈다. 이와 같은 정신으로 k-최근접 이웃 알고리즘은 k개의 최근접 이웃들을 찾아서 이들이 투표하게 하여 테스트용 예제test example를 분류한다. 새로 올라온 영상의 최근접 영상이 얼굴이지만 그다음 최근접 영상 두 개는 얼굴이 아니라면 k-최근접 이웃 알고리즘은 새로 올라온 영상이 결국 얼굴이 아니라고 결정한다. 최근접 이웃 알고리즘은 과적합 문제를 일으키기 쉽다. 데이터 하나를 틀린 유형으로 분류하면 이 오류는 전체 중심 지역으로 퍼진다. k-최근접 이웃 알고리즘이 더 강인한 까닭은 k개의 최근접 이웃 중 다수가 틀릴 때만 오류를 범하기 때문이다. 물론 대가는 시야가 흐려진다는 점으로 경계선의 세세한 부분은 투표로 씻겨 나간다. k가 커질수록 분산은 감소하지만 편중은 증가한다.

　한 개 대신 k개의 최근접 이웃을 사용하는 것이 이야기의 끝은 아니다. 직관적으로 테스트 예제에 가장 가까운 예는 더 중요하게 다루어야 한다. 이런 착상으로 가중치 k-최근접 이웃 알고리즘weighted k-nearest neighbor algorishm이 도출되었다. 1994년 미네소타대학과 MIT 연구자들로 구성된 팀은 '현혹될 정도로 간단해 보이는 생각'이라 부르는 착상, 즉 과거에 동의한 사람들은 앞으로도 동의할 가능성이 있다는 착상을 기초로 추천 시스템을 만들었다. 그리고 자부심 있는 전자 상거래 사이트라면 모두 가지고 있는 협력 필터링 시스템collaborative filtering system이 바로 이어서 나왔다.

넷플릭스처럼 당신이 영화 등급에 관한 데이터베이스를 구축했다고 가정하자. 영화 등급은 데이터베이스 사용자들이 자기가 본 영화에 별 하나에서 다섯 개까지 별점을 주는 방식으로 매겨진다. 당신은 고객인 켄이《그래비티》를 좋아할지 여부를 추정하고 싶어서 과거에 매긴 등급이 켄의 등급과 가장 연관성이 높은 사람들을 찾는다. 그들이 모두《그래비티》에 높은 평점을 주었다면 켄도 그럴 것이고 당신은 이 영화를 켄에게 추천할 수 있다. 그런데《그래비티》에 대한 그들의 의견이 일치하지 않는다면 당신은 대비책이 필요하며 이 경우에는 그들이 켄과 얼마나 높은 상관성이 있는가에 따라 그들의 순위를 매긴다. 그래서 리와 켄의 상관성이 멕과 켄의 상관성보다 더 높다면 리의 평점을 더 높은 상관성만큼 더 중요하게 계산해야 한다. 이제 켄의 예상 평점은 이웃들의 평점에 각각 가중치를 곱하고 평균한 가중평균이 된다. 각 이웃의 가중치는 그 이웃과 켄의 상관계수값이다.

그런데 여기에 뭔가를 조정하면 재미있는 일이 일어난다. 리와 켄의 취향은 매우 비슷하지만 리가 더 까다롭다고 가정하자. 켄이 별점을 다섯 개 주는 영화마다 리는 세 개를 주고 켄이 세 개를 줄 때 리는 한 개를 주는 식이다. 우리는 리의 평점을 이용하여 켄의 평점을 예상하려 하고, 그냥 바로 예상하면 언제나 별점 두 개를 뺄 것이다. 대신 우리가 할 일은 리의 평점이 그의 평균에 비하여 얼마나 높거나 낮은가에 근거하여 켄의 평점이 평균보다 얼마나 높거나 낮을지를 예측하는 것이다. 이제 리가 자기의 평균보다 별점을 두 개 더 주는 경우 켄은 항상 자기 평균보다 별점을 두 개 더 많이 주기 때문에 우리의 예측은 딱 맞을 것이다.

그런데 협력 필터링을 하기 위해 명백한 평점이 필요한 것은 아니다. 켄이 넷플릭스에서 영화를 주문한다면 그 영화를 좋아한다는 기대가 있다는 뜻이다. '평점'으로 '주문함'과 '주문 안 함'을 사용할 수 있고 두 가입자가 같은 영화를 많이 주문했다면 둘의 취향은 서로 비슷한 것이다. 어떤 것을 클릭하는 행위도 은연중 그것에 관심을 보이는 것이다. 최근접 이웃 알고리즘은 위의 모든 사항과 함께 작동한다. 요즘은 모든 종류의 알고리즘이 소비자에게 상품을 추천하는 데 사용되지만 가중치 k-최근접 이웃 알고리즘이 최초로 널리 사용된 알고리즘이며 여전히 이 알고리즘을 이기기는 힘들다.

시장에서 추천 시스템이라 불리는 사업의 규모는 크다. 아마존이 받는 주문 중 3분의 1이 추천을 통해 이루어지고 넷플릭스의 주문은 4분의 3이 추천을 통해 이루어진다. 최근접 이웃 알고리즘의 초창기 상황에 비하면 놀랍도록 크게 발전한 것이다. 초창기에는 필요한 메모리 요구 사항 때문에 최근접 이웃 알고리즘은 실용성이 없다고 생각했다. 그 당시 컴퓨터 메모리는 작은 철 고리로 만들었고 한 비트당 하나의 고리가 필요하여 고작 몇 천 개의 사례를 저장하는 일도 엄청나게 힘든 일이었다. 세월이 지나며 세상이 얼마나 바뀌었는가. 메모리 걱정이 없어졌음에도 불구하고 살펴본 사례를 모두 저장하고 그것들을 전부 뒤져서 검색하는 것이 반드시 현명한 방법은 아니다. 사례들은 대부분 상관없을 것이기 때문에 그렇다. 포지스탄과 네걸랜드의 지도를 다시 보면 포지티빌이 없어져도 아무것도 달라지지 않는다. 주위 도시들의 중심 지역이 확장하여 이전에 포지티빌이 차지했던 지역으로 넓혀 갈 것이다. 하지만 그 지역은 모두 포지스탄 도시이므로 네걸랜드와 접한 경계선은 동일하게 유지될 것이다. 정말 문제가 되는 유일한 경우는 다른 나라에 속했다가 경계를 넘어오는 도시다. 그 외 다른 모든 것은 뺄 수 있다. 그래서 최근접 이웃 알고리즘을 더욱 효율적으로 하는 간단한 방법은 이웃들로 이미 올바르게 분류된 모든 사례를 지우는 것이다.

이것과 다른 기법들을 사용하면 실시간으로 로봇 팔을 조정하는 것 같은 놀라운 분야에 최근접 이웃 알고리즘을 사용할 수 있다. 하지만 말할 필요도 없이 컴퓨터들이 1초 이내에 사고파는 주식 거래 같은 분야에서는 여전히 첫 번째로 선택되지 않는다. 한 사례당 일정한 횟수의 덧셈과 곱셈, S자 곡선만 사용하는 신경망과 한 사례의 최근접 이웃들을 찾기 위하여 대규모 데이터베이스를 뒤져야 하는 알고리즘이 벌이는 경쟁에서는 신경망이 확실히 승리한다.

연구자들이 처음에 최근접 이웃 알고리즘에 회의적인 태도를 보이는 또 다른 이유는 이 알고리즘이 개념들 사이의 진짜 경계선을 학습할 수 있는지 명확하지 않기 때문이다. 하지만 1967년 톰 커버Tom Cover와 피터 하트Peter Hart는 데이터가 충분하면 최근접 이웃 알고리즘은 최악의 경우라도 오류를 일으키는 정도가 가상의 최고 분류기의 단지 두 배에 불과하다는 것을 증명했다. 예를 들어 데이터에 있는 오류 때문에 적어도 테스트 예제들의 1퍼센트는 어쩔 수 없이 잘못 분류되는 경우 최근접 이웃 알고리즘은 기껏해야 2퍼센트 정도만 오류를 일으킨다. 한마디로 획기적인 발견이다. 그 전까지 알려진 분류기들은 모두 경계선이 매우 특별한 형태, 일반적으로는 직선일 거라고 가정했다. 이것은 양날의 검과 같다. 한편으로는 옳다는 증명이 퍼셉트론의 경우처럼 가능하다는 것을 의미하지만, 동시에 분류기가 학습할 수 있는 범위는 엄격히 제한된다는 것을 의미한다. 최근접 이웃 알고리즘은 역사상 복잡도에 제한이 없는 개념을 학습하기 위하여 무제한의 데이터를 이용할 수 있는 최초의 알고리즘이었다. 사람은 누구도 이 알고리즘이 수백만 개의 사례를 조사하여 초공간에 그려 놓은 경계선들을 확인할 엄두를 내지 못하겠지만 커버와 하트의 증명 덕택에 경계선들이 그리 많이 틀리지 않음을 알 수 있다. 레이 커즈와일에 따르면 특이점은 우리가 더 이상 컴퓨터가 하는 일을 이해하지 못할 때 시작된다. 이러한 기준에 따르면 이미 특이점은 진행 중이며 그 시작은 픽스와 호지스가 이런 일을 할 수 있는 조그마한 알고리즘인 최근접 이웃 알고리즘을 발명한 1951년까지 거슬러 올라간다고 말하는 것이 완전히 틀린 이야기만은 아니다.

차원의 저주

물론 이 에덴 같은 낙원에도 뱀이 있다. 이것은 차원의 저주라 불리며 다소간 모든 머신러닝 알고리즘에 영향을 주지만 특히 최근접 이웃 알고리즘에 나쁜 영향을 준다. 차원이 낮은 경우(2차원이나 3차원처럼) 최근접 이웃 알고리즘은 보통 매우 잘 작동한다. 하지만 차원이 올라갈수록 상황은 급속히 나빠진다. 오늘날 수천 개, 심지어 수백만 개의 속성을 학습해야 하는 것은 특별한 경우가 아니다. 당신의 취향을 학습하려는 전자상거래 사이트로서는 당신이 누르는 매 클릭이 속성이다. 웹페이지의 모든 단어가 속성이고 영상의 모든 화소가 그렇다. 하지만 속성의 수가 수십 혹은 수백 개밖에 안 되더라도 최근접 이웃 알고리즘이 이미 곤경에 처했을 가능성은 높다.

첫 번째 문제는 속성들 대부분 연관성이 없다는 점이다. 당신은 켄에 대하여 수백만 건의 정보를 알 수도 있지만 그중 몇 개만이, 예를 들어 폐암에 걸릴 위험과 관련될 가능성이 높다. 그가 담배를 피우는지 아는 특별한 예측에는 결정적인 단서인 반면, 그가 영화 《그래비티》를 좋아할지 예측할 때는 큰 도움이 안 될 것이다. 그런데 기호주의자의 방법은 무관한 속성들을 처치하는 일에 상당히 능숙하다. 속성이 유형을 분류하는 일에 도움이 되는 정보를 지니지 않았다면 이 속성이 의사결정트리나 규칙 모음에 포함될 일은 결코 없다. 하지만 무관한 속성들irrelevant attributes은 모두 사례들 사이에 존재하는 유사성에 기여하는 부분이 있기 때문에 절망적이게도 최근접 이웃 알고리즘은 무관한 속성들에 의해 혼란을 겪는다. 무관한 속성이 충분히 많으면 무관한 차원에 있는 우연한 유사성이 넘쳐나서 중요한 차원에 있는 의미 있는 유사성을 뒤덮고 최근접 이웃 알고리즘은 무작위 추측에 비하여 나은 것이 없어진다.

더 큰 문제는 놀랍게도 더 많은 속성이 있으면 그 속성들이 모두 연관성을 지녔을 때라도 해로울 수 있다는 점이다. 보통은 데이터가 많을수록 좋다고 생각할 것이다. 이것은 우리 시대의 교훈이 아닌가? 하지만 차원의 수dimensionality가 늘어나면 개념의 경계선을 알아내기 위하여 필요한 학습 예제의 수가 기하급수로 늘어난다. 부울 속성이 20개 있다면 대략 가능한 사례의 수는 100만 개다. 속성이 21개 있다면 사례는 200만 개가 있고 경계선이 그들 사이를 구불구불하게 지나갈 방법도 그만큼 많이 생긴다. 추가 속성이 하나 늘어날 때마다 학습은 두 배로 어려워지고 그것이 바로 부울 속성들이 가진 특징이다. 속성이 정보를 많이 담고 있다면 속성을 더하여 얻는 이득은 비용을 능가할 것이다. 하지만 전자 우편 속에 있는 단어나 영상의 화소처럼 정보가 적은 속성만 있는 경우 그 속성들을 합하면 당신이 예측하는 데 필요한 정보를 충분히 제공받더라도 당신은 곤경에 빠질 것이다.

차원이 많은 것은 훨씬 더 나쁜 점이 있다. 최근접 이웃 알고리즘은 비슷한 사물들을 찾는 것에 기반을 둔다. 그런데 고차원에서는 유사성이라는 개념 자체가 허물어진다. 초공간은 《환상 특급》The Twilight Zone(미국 작가 로드 설링이 제작한 TV 시리즈이며 매회 환상과 공상과학, 공포, 스릴러 등 서로 연관되지 않은 이야기가 나온다. ─옮긴이)과 같다. 3차원 세상에 살면서 획득한 우리의 직관은 더 이상 적용되지 않고 기묘하고도 더욱 기묘한 일들이 일어나기 시작한다. 맛있는 과육이 얇은 껍질에 싸인 동그란 오렌지를 예로 들어 설명해 보자. 오렌지 반지름의 90퍼센트가 과육의 두께고 나머지 10퍼센트가 껍질의 두께라고 하자. 그러면 오렌지 체적의 73퍼센트가 과육이다(0.9^3). 이제 초공간의 오렌지를 생각해 보자. 여전히 반지름의 90퍼센트가 과육이지만 차원 수는 100이라고 하자. 이 초공간에서 과육의 부피는 초공간 오렌지 부피 1퍼센트의 1000분의 3으로 쪼그라진다(0.9^{100}). 초공간 오렌지는 모두 껍질이고 당신은 결코 껍질을 벗기지 못할 것이다.

당황스러운 또 다른 예는 종형 곡선bell curve으로도 알려진 우리의 오래된 친구인 정규 분포normal distribution에서 일어나는 일이다. 정규 분포가 말하는 것은 데이터는 근본적으로 한 점(분포의 평균)에 모이고 다만 그 점 주위에는 보풀이 있는 모습이다(표준 편차로 나타냄). 맞는가? 하지만 초공간에서는 아니다. 고차원의 정규 분포에서는 평균에 가까운 곳보다는 먼 곳에서 샘플을 얻을 가능성이 더 많다. 초공간의 종형 곡선은 종보다는 도넛 모양에 더 가깝다. 그리고 최근접 이웃 알고리즘이 온통 뒤죽박죽인 이 세계에 들어오면 절망적으로 혼란을 겪는다. 모든 사례가 똑같이 비슷해 보이고 동시에 유용한 예측을 내리기에는 서로서로 너무 멀리 떨어져 있다. 고차원의 초정육면체 내부에 무작위로 치우침 없이 균일하게 사례들을 뿌려 놓는다면, 사례는 대부분 자신의 가장 가까운 이웃보다는 초정육면체의 표면에 더 가까이 있다. 중세에 제작된 지도를 보면 미지의 지역에는 용과 바다뱀, 상상 속의 창조물을 그려 넣었거나 '여기는 용들이 있음'이라는 글귀만 적어 놓았다. 초공간에서는 용이 당신의 정문 앞을 포함하여 모든 곳에 있다. 바로 옆집으로 걸어가려고 해도 결코 도착할 수 없을 테고 익숙한 모든 것이 어디로 가 버렸는지 고민하며 영원히 낯선 땅에서 길을 잃을 것이다.

의사결정트리 역시 차원의 저주curse of dimensionality에서 벗어나지 못한다. 예를 들어 학습하고자 하는 개념이 구球라고 하자. 구 내부의 점들은 양이고 밖의 점들은 음이다. 의사결정트리는 구가 들어가는 가장 작은 정육면체에 구를 근사시킬 수 있다. 완벽하지는 않지만 너무 나쁜 근사도 아니다. 정육면체의 구석들만 잘못 분류한 셈이다. 하지만 고차원에서는 초정육면체의 거의 모든 체적volume이 초구hypersphere 밖에 있다. 올바르게 양으로 분류한 사례에 비하여 틀리게 양으로 분류한 사례가 훨씬 더 많기 때문에 정확도는 급락하고 만다.

사실 어떤 머신러닝도 차원의 저주에서 벗어나지 못한다. 차원의 저주는 머신러닝에서 과적합 문제에 이어 두 번째로 가장 나쁜 골칫거리다. '차원의 저주'는 제어이론가 리처드 벨먼Richard Bellman이 1950년대에 만든 용어다. 그는 3차원에서 잘 작동한 제어 알고리즘control algorithm이 로봇 팔의 모든 관절이나 화학 공장의 모든 조절 손잡이를 제어하기 원할 때처럼 더 높은 차원의 공간에서는 절망스러울 정도로 비효율적이 되는 것을 발견했다. 머신러닝에서 발생하는 문제는 단지 계산 비용이 커진다는 것 이상이다. 차원이 증가할수록 학습 자체가 점점 더 어려워진다는 것이 문제다.

그렇지만 전혀 희망이 없는 것은 아니다. 가장 먼저 할 수 있는 일은 관련 없는 차원들을 없애는 작업이다. 의사결정트리는 각 속성의 정보이득을 계산하고 큰 정보 이득을 가진 속성들만 사용함으로써 자동으로 관련 없는 차원들을 제거한다. 최근접 이웃 알고리즘에서도 정보 이득이 한계값보다 낮은 속성들을 먼저 버린 후 줄어든 공간에서만 유사성을 측정하는 방법으로 의사결정트리에서 채택한 방법과 비슷한 효과를 달성할 수 있다. 이 방법이 빠르고 충분히 훌륭하게 적용되는 분야도 있지만 불행히도 배타논리합을 포함하여 많은 개념을 학습하지 못한다. 예를 들어 한 속성이 다른 속성들과 연합했을 때만 유형에 관하여 정보를 제공하고 단독으로는 제공하지 않는다면 이 속성은 제거된다. 비용이 더 들지만 더 똑똑한 다른 방법은 속성들 중에서 지웠을 때 이미 시험한 데이터에 대하여 최근접 이웃 알고리즘의 정확도가 떨어지지 않는 속성들을 계속 지워 나가는 언덕 오르기를 적용하여 머신러닝 주변에는 선택된 속성들만 남게 하는 것이다. 뉴턴이 물체의 궤적을 예측하는 데 필요한 전부는 물체의 색깔이나 냄새, 연령 혹은 무수히 많은 다른 특성이 아니라 물체의 질량이라고 결정할 때 속성 선택 과정을 여러 번 거쳤다. 사실 방정식과 관련하여 가장 중요한 것은 방정식에는 나타나지 않는 모든 양적인 값이다. 일단 핵심 요소들이 무엇인지 알면 그들이 서로 어떻게 연관되는지 파악하는 것은 더 쉬운 문제다.

약하게 관련된 속성들을 다루는 한 가지 방법은 속성의 가중치attribute weight를 구하는 것이다. 모든 차원에 따른 유사성을 똑같이 평가하는 대신 덜 관련된 속성들의 영향을 줄인다. 학습 예제들은 방 안에 있는 지점들이고 높이를 나타내는 차원은 우리의 목적에 중요하지 않다고 가정하자. 높이값을 버리면 모든 예는 바닥으로 투사된다. 가중치 축소는 방의 천장을 더 낮추는 것에 가깝다. 여전히 지점의 높이는 다른 지점과 떨어진 거리를 계산할 때 포함되지만 수평 위치보다는 영향을 덜 미친다. 그리고 머신러닝의 다른 많은 요소처럼 속성의 가중치도 기울기 하강으로 구할 수 있다.

방의 천장이 높지만 데이터의 위치는 카펫에 앉은 얇은 먼지 층처럼 모두 바닥에 가까운 경우도 있다. 이것은 운이 좋은 경우다. 3차원 문제처럼 보이지만 사실상 2차원 문제에 더 가깝기 때문이다. 자연이 이미 우리를 위해 높이를 줄였기 때문에 우리가 높이를 줄일 필요가 없다. 데이터가 균일하게 (초)공간에 퍼지지 않은 이런 '비균일성의 축복'blessing of nonuniformity이 종종 곤경을 면하게 해 준다. 사례들은 1000개의 속성을 가질 수도 있지만 실제로 사례들은 훨씬 더 낮은 차원의 공간에 '거주한 다'. 이것이 최근접 이웃 알고리즘이 손으로 쓴 숫자를 잘 인식할 수 있 는 까닭이다. 예를 들어 각 화소는 차원이고 그러므로 화소 수만큼 많은 차원이 있다. 하지만 모든 가능한 영상 중에 작은 부분만 숫자이고 모든 숫자는 초공간 중에서 작은 구석에 함께 모여 산다. 하지만 저차원 공간 에서 데이터들이 사는 부분의 모양은 매우 변덕스럽다. 예를 들어 방 안 에 가구가 있으면 먼지는 바닥에만 있지 않고 테이블 윗면과 의자, 침대 를 덮은 천, 그 외 다른 곳에 쌓인다. 방 안을 덮은 먼지담요의 대략적인 모양을 파악할 수 있다면 그다음 필요한 것은 각 지점의 좌표가 전부다. 다음 장에서 살펴보겠지만 초공간의 어둠 속에서, 말하자면 손으로 더 듬어 담요의 모양을 발견하는 것에 분야 전체가 전념하는 머신러닝의 하위 분야가 있다.

평면 위의 뱀들

1990년대 중반에 이르기까지 가장 널리 쓰인 유추주의 머신러닝은 최 근접 이웃 알고리즘이지만 다른 종족들의 더욱 화려한 사촌들에 가려 빛을 보지 못했다. 하지만 그 후 유사성에 기반을 둔 새로운 알고리즘이 혜성처럼 나타나 이전의 모든 것을 휩쓸어 버렸다. 사실 당신은 이것을 냉전이 끝나고 얻은 또 다른 '평화 배당금'이었다고 부를 수 있다. 서포 트 벡터 머신, 줄여서 SVM이라 부르는 이것은 소련의 빈도학파 수학자 블라디미르 바프닉Vladimir Vapnik의 발명품이었다. 바프닉은 모스크바의 제어과학연구소에서 경력을 쌓았으나 1990년 소련이 붕괴하자 미국으로 건너와 전설적인 벨연구소에 들어갔다. 러시아에 있을 때는 연필과 종이로만 하는 이론 연구에 만족했지만 벨연구소의 분위기는 달랐다. 벨연구소의 연구원들은 실제적인 결과를 찾으려 했고 바프닉은 자신의 아이디어를 알고리즘으로 구현하겠다고 결심했다. 몇 년 후 바프닉과 벨연구소의 동료들은 SVM을 개발했고, 오래 걸리지 않아 SVM은 온 천지에서 정확성의 신기록을 세우며 모든 영역으로 퍼져 나갔다.

겉보기에 SVM은 가중치 k-최근접 이웃 알고리즘과 매우 비슷해 보인다. 즉 양과 음의 유형 사이의 경계선은 일정 수의 예들과 가중치로 구하는 유사성 측정으로 정해진다. 테스트 예제는 평균적으로 음의 예보다 양의 예에 더 비슷해 보이면 양의 유형으로 분류된다. 평균값에 가중치를 곱하며 SVM은 경계선을 확정하는 데 필요한 핵심 예들만 기억한

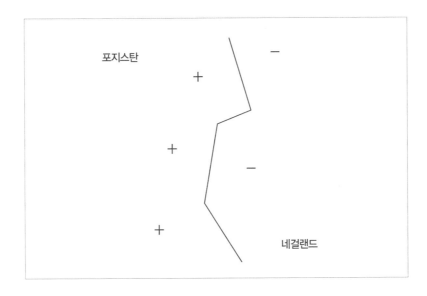

다. 포지스탄과 네걸랜드 사례를 되짚어 보자면 경계선 위에 있지 않은 모든 도시를 지우고 남은 것은 앞 페이지의 지도와 같다.

이러한 사례들은 서포트 벡터들이라고 부르는데 이들이 경계선을 유지하는 벡터이기 때문이다. 하나를 없애면 그 부근의 경계선은 다른 곳으로 밀린다. 경계선은 구부러져 있으며 예들이 자리 잡은 위치와 연관되어 급격히 꺾이는 모서리가 있다. 실제 개념들은 더 매끈한 경계선을 가지는 경향이 있으며, 이는 최근접 이웃 알고리즘이 수행하는 근사화가 이상적인 것은 아니라는 뜻이다. 하지만 SVM으로는 아래와 같은 매끈한 경계선을 구할 수 있다.

SVM을 학습시키려면 서포트 벡터들과 그것들의 가중치를 정해야 한다. SVM 분야에서 커널kernel이라 부르는 유사성 측정은 보통 사전 지식으로 미리 선택된다. 바프닉의 핵심적인 통찰은 양의 학습 예제를 음의

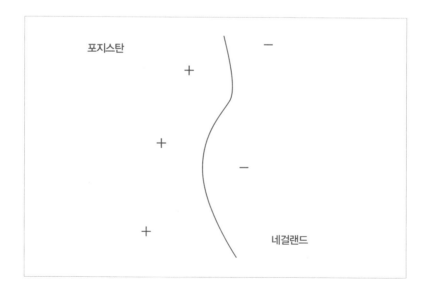

학습 예제와 구분하는 경계선 모두가 동일하게 만들어지는 것은 아니라는 점이다. 포지스탄과 네걸랜드가 전쟁 중이고 두 나라는 어느 쪽에도 속하지 않은 무인 지대로 구분되며 무인 지대 옆으로 양쪽에 지뢰밭이 있다고 가정하자. 당신의 임무는 지뢰를 밟지 않고 한쪽 끝에서 다른 쪽 끝까지 걸으며 무인 지대를 조사하는 것이다. 다행히 지뢰가 어디에 묻혀 있는지 알려 주는 지도가 있다. 당신은 단지 오래된 경로를 취하지는 않는다. 가능하면 지뢰에서 가장 멀리 떨어진 경로를 찾는다. 이것이 SVM이 하는 일이고 지뢰는 예들에, 선택된 경로는 학습한 경계선에 해당된다. 경계선에서 예들에 가장 가까운 거리를 안전 마진이라 하고 SVM은 안전 마진을 가장 크게 하는 서포트 벡터들과 가중치들을 선택한다. 예를 들어 아래 그림의 실선은 점선보다 마진margin이 더 크다.

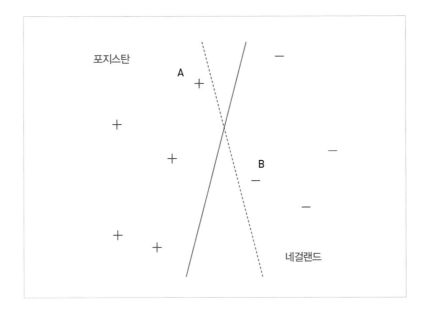

점선으로 표시된 경계선은 양과 음의 예들을 그런대로 잘 구분하지만 A와 B 지점에서 지뢰를 밟을 위험이 있을 정도로 가깝다. 이러한 예들이 서포트 벡터이며 이들 중 하나를 지우면 최대 마진maximum margin을 가진 경계선은 다른 곳으로 움직인다.

일반적으로 경계선은 곡선일 수 있으며, 그러면 당연히 마진을 시각적으로 드러내기가 더 어려워지지만 경계선을 무인 지대에서 기어가는 뱀으로 생각하면 마진은 이 뱀이 얼마나 굵은가로 나타낼 수 있다. 매우 굵은 뱀이 지뢰를 건드려 산산조각 나는 일 없이 경계선을 전부 기어간다면, SVM은 양과 음의 예들을 매우 잘 분리할 수 있으며 바프닉이 입증했듯이 이 경우 우리는 SVM이 과적합 문제가 없다고 확신한다. 직관적으로 얇은 뱀에 비하여 굵은 뱀이 지뢰를 피하면서 기어갈 수 있는 길은 더 적다. 이와 마찬가지로 작은 마진을 가진 SVM에 비하여 큰 마진을 가진 SVM이 지나치게 복잡한 경계선을 그리는 과적합 문제를 일으킬 가능성이 더 적다.

이 이야기의 둘째 부분은 SVM이 양과 음 지역의 지뢰 사이를 지나가는 가장 굵은 뱀을 어떻게 찾을 것인가이다. 처음에는 기울기 하강으로 각 학습 예제의 가중치를 학습하면 효과가 있을 것으로 보인다. 우리가 할 일은 마진을 최대로 만드는 가중치들을 발견하는 것이 전부이고 가중치로 0을 할당받은 예들은 버릴 수 있다. 하지만 수학적으로 가중치가 더 커지면 마진이 더 커지기 때문에 불행히도 이 방법은 가중치를 그저 제한 없이 키우게 된다. 당신이 지뢰로부터 한 발짝 떨어진 상태에서 당신을 포함하여 모든 것을 두 배로 키우면 이제는 두 발짝 떨어졌지만 그렇다고 지뢰를 덜 밟게 된 것은 아니다. 대신 우리는 가중치가 어떤 고정된 값까지만 증가할 수 있도록 제한을 두고 마진을 최대로 키워야 한다. 아니면 모든 예가 정해진 마진을 가지는 조건에서(예를 들어 1로 설정한다. 정확한 값은 임의로 정할 수 있다) 가중치를 최소화해야 한다. 보통 이것이 SVM이 하는 작업이다.

조건부 최적화constrained optimization는 일정한 제약 조건 아래에서 함수를 최대화하거나 최소화하는 문제다. 우주는 에너지를 일정하게 유지하는 조건 아래에서 엔트로피를 최대화한다. 이런 유형의 문제들은 사업과 기술 분야에 널리 퍼져 있다. 예를 들어 공장에서 가동하는 기계 장치의 수와 제품 규격, 그 외 다른 제약 조건이 있는 상황에서 생산하는 제품의 수를 최대화하고자 한다. SVM이 등장하면서 조건부 최적화는 머신러닝에서도 중요해졌다. 조건이 없는 최적화는 산의 정상에 도달하는 것이고 기울기 하강(이 경우는 기울기 상승)이 수행하는 일이다.

조건부 최적화는 도로를 벗어나지 않으면서 가능한 한 높이 올라가는 것이다. 도로가 정상까지 곧장 연결된다면 조건부와 무조건부 최적화 unconstrained optimization 문제들의 해답은 같다. 하지만 더 많은 경우 도로는 지그재그로 산을 올라가다가 정상에 도달하지 않고 다시 내려온다. 더 이상 도로를 벗어나지 않고서는 더 높이 올라갈 수 없을 때 도로로 올라올 수 있는 가장 높은 지점에 도달했음을 알게 된다. 다른 말로 하면 정상으로 가는 길이 도로와 직각을 이룰 때다. 도로와 정상으로 가는 길이 비스듬한 각도를 이룰 때 도로를 따라 더 가면, 비록 산꼭대기를 향하여 똑바로 가는 것보다 빠르지는 않지만 언제나 더 높이 올라간다. 그러므로 조건부 최적화 문제를 푸는 길은 기울기를 따라가는 것이 아니라 기울기 중에서 조건들이 이루는 평면과 평행한 부분을 따라가다가(이 경우는 도로를 따라가다가) 그러한 부분이 없어지면 멈추는 것이다.

일반적으로 우리는 동시에 많은 제약 조건을 다루어야 한다(SVM의 경우는 사례마다 하나의 제약 조건이 있다). 당신은 가능한 한 북극에 가까이 가고 싶지만 방을 떠날 수 없다고 가정해 보자. 방의 네 벽은 각각 제약 사항이고 해법은, 예를 들어 북동쪽과 북서쪽을 향하는 두 벽이 만나는 모서리에 닿을 때까지 나침반을 따라가는 것이다. 이러한 두 벽을 활성 제약 조건이라 부른다. 그것들은 당신이 최적값, 즉 북극에 도달하지 못하도록 막기 때문이다. 당신의 방에 정확히 북극을 향하는 벽이 있다면 그 벽은 유일한 활성 제약 조건이고 목적지의 방향은 그 벽 가운데 있는 한 지점이다. 당신이 산타클로스이고 당신의 방이 이미 북극에 있다면 모든 제약 조건은 비활성이며 당신은 그냥 방에 앉아서 선물을 나누어 주는 최적화 문제를 고민하면 된다(집집마다 찾아다니는 외판원은 산타클로스에 비하면 편한 셈이다).

SVM에서는 활성 제약 조건으로 얻는 마진이 이미 허용되는 최소값이기 때문에 활성 제약 조건이 서포트 벡터가 된다. 경계선을 옮기면 하나 이상의 제약 조건을 어기게 될 것이다. 그 외 다른 모든 예는 무관하며, 그래서 그것들의 가중치는 0이다.

실제로는 SVM이 몇몇 제약 조건을 어기도록 허용한다. 그렇게 하지 않으면 과적합이 일어나기 때문에 몇몇 예를 틀리게 분류하거나 최소 마진보다 작게 맞추는 것이다. 음의 예가 오류를 포함하여 양의 지역 가운데 있을 때, 우리는 경계선이 구불구불한 모습으로 양의 영역에 들어와 그 예를 올바르게 음으로 분류하는 걸 원하지 않는다. 하지만 SVM은 잘못 분류한 각 예에 대하여 벌점을 받고 벌점이 최소한으로 유지하도록 노력한다. SVM은 크고 거칠며, 너무 많은 지뢰는 안 되지만 몇 개의 지뢰 위를 기어가다가 조금 터지더라도 죽지 않는《듄》Dune에 나오는 샌드웜과 같다.

바프닉과 동료들은 SVM의 응용 분야를 찾아보다가 곧 손으로 쓴 숫자의 인식 문제에 착수했다. 이 분야에서는 벨연구소의 연결주의자 동료들이 줄곧 세계적인 전문가였다. 모든 사람이 놀랍게도 SVM은 이 과제를 시작하자마자 여러 해를 거치며 숫자 인식을 위해 조심스럽게 설계된 다층 퍼셉트론만큼 좋은 성능을 발휘했다. 이 일을 시작으로 둘 사이의 경쟁 무대가 마련되어 오랫동안 넓은 영역에 걸쳐 경쟁이 벌어졌다. SVM은 퍼셉트론의 일반형으로도 볼 수 있는데, 유형을 나누는 초평면의 경계는 특별한 유사성 측정(벡터 사이의 내적dot product)을 사용할 때 얻는 것이기 때문이다. 하지만 SVM은 다층 퍼셉트론과 비교하여 중요한 장점이 있었다. 가중치에는 국부 최적값이 많지 않고 단일한 최적값이 있으므로 신뢰성 있게 가중치를 찾기가 훨씬 더 쉽다. 이런 장점이 있으면서도 SVM의 비용은 다름 아닌 다층 퍼셉트론의 비용과 같았다. 서포트 벡터들은 실제적으로 하나의 은닉 층처럼 작동하고 벡터들의 가중 평균은 출력 층처럼 작동한다. 예를 들어 SVM은 배타적 논리합의 가능한 입력 조합 네 개의 각 항을 하나의 서포트 벡터로 나타내면서 쉽게 배타적 논리합을 구현할 수 있다.

하지만 연결주의자들은 싸워 보지도 않고 항복하지는 않았다. 벨연구소에서 바프닉이 속한 부서의 관리자였던 래리 재컬Larry Jackel은 1995년 저녁 식사를 걸고 신경망이 2000년까지는 SVM만큼 잘 파악될 수 있을 것이라고 바프닉과 내기했다. 그런데 래리가 졌다. 이번에는 바프닉이

2005년까지 더 이상 아무도 신경망을 쓰지 않을 거라는 데 내기를 걸었고 그도 지고 말았다(공짜 저녁을 먹은 사람은 그들의 증인인 얀 르쿤이다). 더욱이 딥 러닝이 출현하면서 연결주의가 다시 우위에 올라섰다. 신경망을 학습할 수 있다면 많은 층으로 구성된 신경망은 SVM보다 간결하게 많은 기능을 표현할 수 있는데, SVM은 항상 하나의 층만으로 구성되고 이것으로 모든 차이점이 생긴다.

SVM은 그 당시 인터넷이 막 확산하고 있었기 때문에 매우 요긴한 것으로 드러난 문서 분류text classification 분야에서 또 다른 유명한 성공을 초기에 거두었다. 그때는 나이브 베이즈 분류기가 최첨단 문서 분류기였지만 나이브 베이즈 분류기조차 언어의 모든 단어가 각각의 구별된 차원으로 취급될 때 과적합을 일으킬 가능성이 있었다. 예를 들어 나이브 베이즈 분류기가 단 하나의 단어만 알아보는 문서에 대하여 그 단어가 학습 데이터에서는 우연히 스포츠에 관한 문서에만 있었다면, 나이브 베이즈 분류기는 그 단어를 포함한 문서를 모두 스포츠에 관한 문서로 착각하기 시작한다. 하지만 마진 최대화 방식 덕택에 SVM은 차원이 매우 높을 때조차도 과적합 문제에서 벗어날 수 있다.

일반적으로 SVM은 서포트 벡터를 적게 선택할수록 일반화를 잘한다. 서포트 벡터로 쓰이지 않는 학습 예제가 학습이 아니라 테스트 예제로 나타나더라도 양과 음의 예를 나누는 경계선은 서포트 벡터의 수가 적을수록 여전히 같은 자리에 있을 가능성이 높기 때문에 학습용이 아닌 테스트용으로 나온 예를 어느 것이라도 올바르게 분류할 것이다. 그러므로 SVM의 기대오류율은 기껏해야 서포트 벡터로 사용되는 예들의 일부분에 불과하다. 차원이 많아질수록 오류를 일으키는 비율도 올라가기 때문에 SVM도 차원의 저주에 무관한 것은 아니다. 하지만 SVM은 대다수 알고리즘보다 저항력이 강하다.

실용적인 성공 외에도 SVM은 많은 머신러닝의 관습적인 지혜를 되돌아보게 했다. 예를 들어 때때로 오컴의 면도날로 오인하는 '모형이 간단할수록 정확하다'라는 개념이 거짓임을 보였다. 이 개념과 반대로 어떤 SVM은 마진이 충분히 크다면 무한한 개수의 변수를 가지고도 여전히 과적합을 일으키지 않을 수 있다.

하지만 SVM의 특성 중 가장 놀라운 것은 SVM이 형성하는 경계선이 얼마나 굴곡이 많든 언제나 직선으로만 이루진다는 점이다(보통은 초평면으로 이루어진다). 이것이 모순을 일으키지 않는 까닭은 직선들이 다른 공간에 있기 때문이다. 사례들이 (x, y) 평면에 거주하고 음과 양의 영역을 나누는 경계선은 $y = x^2$라는 포물선이라 하자. 이 경계를 직선으로 나타낼 방법은 없다. 하지만 세 번째 좌표인 z를 도입하면, 즉 데이터가 이제는 (x, y, z) 공간에 거주하고 예들의 z 좌표를 x 좌표의 제곱으로 설정한다면 경계는 $y = z$라는 평면에서 단지 사선으로 정의된다. 사실 데이터는 세 번째 차원으로 올라가며 어떤 점은 좌표에 따라 정해진 만큼 다른 점들보다 더 올라가면서 이 새로운 차원에서 음과 양의 예들은 하나의 평면으로 바로 분리할 수 있다. SVM이 커널과 서포트 벡터, 가중치로 하는 일은 데이터를 더 높은 차원의 공간으로 옮겨 이 공간에서 최대 마진을 얻는 초평면을 발견하는 것으로 볼 수 있음이 밝혀졌다. 어떤 커널들에 대해서는 유도된 공간이 무한대의 차원을 가지지만 SVM은 조금도 동요하지 않는다. 사실 초공간은 《환상 특급》과 같을 수도 있지만 SVM은 그런 상황에 대처하는 법을 발견해 냈다.

사다리 오르기

두 사물에 서로 일치하는 면이 있다면 두 사물은 비슷하다. 두 사물에 일치하는 면이 있다면 두 사물은 다른 면에서도 일치할 가능성이 있는 것이다. 이것이 유추의 핵심이다. 이것은 또한 유추의 주요 하위 문제 두 개를 드러낸다. 즉 두 사물이 얼마나 비슷한지 알아내는 문제와 두 사물의 유사성에서 추론할 수 있는 그 밖의 다른 것을 알아내는 문제가 있다. 지금까지 우리는 최근접 이웃 알고리즘과 SVM 같은 유추의 '저출력' 장비들을 살펴보았다. 이들 알고리즘은 두 하위 문제의 답이 간단한 경우 사용된다. 이들 알고리즘이 가장 널리 사용되기는 하지만 유추주의 머신러닝을 다루는 장을 좀 더 높은 출력의 유추주의 알고리즘에 관하여 최소한 정신없이 진행되는 관광 같은 소개라도 하지 않고 끝낼 수는 없을 것이다.

어떤 유추주의 머신러닝 알고리즘이라도 가장 중요한 질문은 어떻게 유사성을 측정하는가이다. 이것은 두 데이터 사이의 유클리드 거리 Euclidean distance처럼 간단하기도 하고 최종 결과로 유사성값을 출력하는, 여러 단계의 서브루틴subroutine을 포함하는 프로그램만큼 복잡하기도 하다. 어느 경우든 유사성 함수는 머신러닝 알고리즘이 이미 아는 사례를 어떻게 일반화하여 새로운 예들을 판단할 것인가를 제어한다. 이 부분이 바로 문제 영역problem domain에 대한 우리의 지식을 머신러닝에 넣는 위치이며 흄의 질문에 대한 유추 알고리즘의 대답이 된다. 사물들 사이의 유사성을 측정할 방법이 있다면 특성 벡터들뿐만 아니라 모든 종류의 사물에 유추주의 머신러닝을 적용할 수 있다. 예를 들어 두 분자 사이

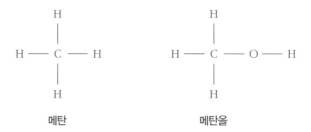

메탄   메탄올

의 유사성을 분자들이 포함하는 동일 하부 구조의 수로 측정할 수 있다. 메탄과 메탄올은 공통으로 세 개의 탄소-수소 결합을 포함하고 메탄올 이 수소를 수산기로 대체한 한 군데만 다르다.

하지만 한 군데만 다르다고 두 물질의 화학 성질이 비슷한 것은 아니다. 메탄은 기체이고 메탄올은 액체다. 유추의 두 번째 부분은 발견된 유사점을 기반으로 새로운 사물에 대해 무엇을 추론할 수 있는가이다. 이것은 매우 간단한 경우도 있고 매우 복잡한 경우도 있다. 최근접 이웃 알고리즘이나 SVM에서 이것은 최근접 이웃들이나 서포트 벡터들의 유형들을 기반으로 하여 새로운 사물의 유형을 예측하는 것이다.

하지만 또 다른 종류의 유추주의 머신러닝인 사례 기반 추론법case-based reasoning은 검색한 사물들의 구성 요소들을 이용하여 새로운 사물의 복잡한 구조를 추론한다. 당신의 HP 프린터가 의미 없는 글자들을 마구 뽑아내어 전화 상담 서비스 센터에 전화를 건다고 가정해 보자. 서비스 센터에서는 이전에 여러 번 당신의 문제 같은 것을 경험했을 가능성이 높다. 그래서 훌륭한 전략은 그런 기록들을 찾고 여러 사항을 종합하여 당신의 문제를 해결할 가능성이 있는 해법을 만드는 것이다. 이것은 당신의 문제에 속한 특성들과 비슷한 특성들에 관한 불만을 그저 많이 찾으면 되는 것이 아니다. 예를 들어 프린터를 사용하는 운영 체제가 윈도우나 매킨토시 차세대 운영 체제 중 어느 것인가에 따라 시스템과 프린터의 설정을 매우 다르게 해야 한다는 정보는 당신의 프린터를 정상 작동시키는 것과 관련된 정보가 된다. 그리고 일단 당신의 문제와 매우 연관된 경우들을 찾았다면 당신의 문제를 해결하는 절차는 여러 경우에서 모은 조치들과 당신의 문제에만 특별히 적용해야 하는 조정을 단계별로 순서를 정해 구성한 것이다.

전화 상담 서비스는 현재 사례 기반 추론의 가장 인기 있는 응용 분야다. 대부분은 사람 중재자를 고용하지만 아이피소프트IPsoft 사의 '엘리자'Eliza 알고리즘은 고객과 직접 소통한다. 3차원 영상 인물의 모습도 갖춘 엘리자는 지금까지 2000만 건이 넘는 고객 문제를 해결했고 주요 고객은 미국의 우량 기업이다. "안녕하세요, 로봇랜드입니다. 외주를 맡길 새로 나온 가장 저렴한 곳입니다." 한 외주 업체 블로그가 머신러닝을 이용한 상담 서비스를 광고하는 문구다. 외주 업체가 기술의 사다리를 계속 올라가듯이 유추주의 머신러닝도 마찬가지다. 판례에 기초하여 특정 사건을 변론하는 최초의 법률 로봇은 이미 만들어졌다. 그러한 시스템 중 하나가 영업 비밀 소송의 결과를 90퍼센트 이상 정확히 예측했다. 아마존의 클라우드 어딘가에서 열리는 미래의 가상 법정에서는 당신이 해변에 있는 동안 로봇 변호사가 로보캅이 당신의 무인 자동차에 발행한 속도 위반 티켓을 철회시키고 있을 것이다. 모든 논증을 계산으로 바꾸려는 라이프니츠의 꿈이 실현되는 것이다.

기술의 사다리를 더 높이 올라가면 기계가 음악을 만든다는 것도 거의 틀림없다. 산타크루즈 캘리포니아대학 음악학과 명예교수인 데이비드 코프David Cope는 유명한 작곡가의 작품 속에 있는 짧은 악절을 선택하고 다시 결합하는 방식으로 유명한 작곡가풍의 음악을 새롭게 만들어 내는 알고리즘을 설계했다. 내가 몇 년 전에 참석한 학회에서 그는 '모차르트' 곡 세 가지를 들려주었다. 실제 모차르트가 작곡한 곡과 모차르트를 흉내 내어 사람이 작곡한 곡, 그의 알고리즘이 작곡한 곡 등이었다. 세 곡을 들려준 후 청중들에게 진짜 모차르트 곡을 찾는 투표를 요청했다. 모차르트가 승리했지만 컴퓨터 작곡가가 인간 모방자를 물리쳤다. 이 일이 인공 지능학술회의에서 벌어졌을 때는 청중들이 기뻐했다. 다른 행사의 청중들은 덜 즐거워했다. 한 청중은 그가 음악을 망쳤다고 화를 내며 코프를 비난했다. 코프가 옳다면 최후의 이해 영역인 창의성은 '유추'와 '재결합'으로 요약된다. 'david cope mp3'라는 검색어로 인터넷에서 찾아 직접 판단해 보시라.

유추주의자의 가장 멋진 묘수는 문제 영역 전반에서 학습하는 방식이다. 인간은 항상 이렇게 한다. 회사의 중역은 예를 들어 미디어 회사에서 소비자 상품 기업으로 옮겨도 처음부터 새로 일을 배우지 않는다. 똑같은 경영 기술을 적용할 수 있기 때문이다. 월 스트리트는 물리학과 재정의 문제들이 겉으로는 매우 다르게 보이지만 종종 비슷한 수학 구조로 구성되기 때문에 많은 물리학자를 고용한다. 하지만 지금까지 우리가 살펴본 머신러닝은 모두 브라운 운동Brownian motion을 예측하도록 학습시킨 후 주식 시장을 예측하라고 요청하면 완전히 실패한다. 주식 시세와 액체 속에 퍼져 있는 입자의 속도는 전혀 다른 변수이고, 그래서 머신러닝 알고리즘은 어디서 시작해야 할지도 모를 것이다.

하지만 유추주의자들은 노스웨스턴대학의 심리학자 데드리 젠트너

Dedre Gentner가 발명한 구조 대응 설정structure mapping을 사용하여 이 일을 해낸다. 구조 대응 설정이 하는 일은 먼저 양측을 묘사하고 양측의 부분과 관계 사이에 존재하는 의미 있는 유사성을 발견한 뒤 그런 유사성을 기반으로 한 구조에 있는 특성들을 더 많이 다른 구조로 옮기는 것이다. 예를 들어 양측의 구조가 태양계와 원자라면 행성을 전자에, 태양을 원자핵에 대응시키고 보어의 방식처럼 전자가 원자핵 주위를 돈다는 결론을 내린다. 물론 진실은 더욱 미묘하며 유추를 내리고 난 다음에 더욱더 정확히 다듬어야 한다.

이와 같이 하나의 사례에서 학습할 수 있는 능력은 보편적인 머신러닝의 핵심 특성이다. 새로운 종류의 암과 마주쳤을 때(암은 계속 변이를 일으키기 때문에 이런 일은 늘 발생한다) 이전 암들을 학습한 모형은 효력을 발휘하지 못한다. 많은 환자로부터 새로운 암에 대한 데이터를 모을 시간도 없다. 그런 암환자는 한 사람밖에 없는 경우도 있고 환자가 빨리 치료받아야만 하는 상황도 있다. 남은 최선의 희망은 새로운 암을 기존의 암들과 비교하고 일련의 암 치료 방법 중 효과가 있는 부분을 찾아낼 만큼 유사한 행동을 하는 암을 발견하도록 애쓰는 것이다.

유추가 할 수 없는 일이 있는가? 인지과학자이자 《괴델, 에셔, 바흐: 영원한 황금 노끈》Gödel, Escher, Bach: An Eternal Golden Braid의 저자인 더글러스 호프스태터Douglas Hofstadter는 없다고 말한다. 호프스태터는 세상에서 가장 잘 알려진 유추주의자일 것이다. 호프스태터와 이마누엘 샌더Emmanuel Sander는 함께 쓴 《표층과 본질: 유추는 생각의 연료이면서 생각의 산물이다》Surfaces and Essences: Analogy as the Fuel and Fire of Thinking에서 지적인 행동은 모두 유추로 축약된다고 강하게 주장한다. '어머니'와 '놀이' 같은 일상 언어의 의미부터 알베르트 아인슈타인과 갈루아Evariste Galois 같은 천재들의 뛰어난 영감까지 우리가 배우거나 발견하는 모든 것은 유추가 작용한 결과다. 꼬마 팀은 자기를 돌보는 어머니처럼 다른 아이들을 돌보는 여자들을 보고 '엄마'라는 개념이 단지 자기만의 엄마가 아닌 모든 사람의 엄마를 의미하는 것으로 일반화한다. 그것은 '모선'mother ship과 '대지의 어머니' 같은 말을 이해하는 도약대가 된다.

일반 상대성 원리를 낳은 아인슈타인의 '가장 행복한 생각'은 중력과 가속도 사이의 유사성에 관한 생각이었다. 당신이 가속도 운동을 하는 엘리베이터 안에 있고 엘리베이터가 가속도 운동을 한다는 사실을 알려주지 않으면 당신이 느끼는 무게는 가속도 때문인지, 중력 때문인지 구별할 수 없다. 그 둘의 효과는 같기 때문이다. 우리는 비유라는 광활한 바다에서 헤엄친다. 그곳에서 목적을 위해 비유를 능숙하게 다루기도 하고 모르는 사이 비유에 조정당하기도 한다. 책은 페이지마다 비유를 포함한다(이 책의 많은 제목들이 비유다).《괴델, 에셔, 바흐: 영원한 황금 노끈》은 괴델의 정리와 에셔의 그림, 바흐의 음악 사이에 나타나는 유사성을 확장하여 세상에 적용하는 책이다. 유추가 마스터 알고리즘이 아니더라도 마스터 알고리즘은 유추와 비슷한 것이어야 한다.

기호주의 vs 유추주의

인지 과학에서 기호주의자와 유추주의자는 오랫동안 논쟁을 벌였다. 기호주의자는 자신은 모형화할 수 있지만 유추주의자는 할 수 없는 사례를 지적한다. 그러면 유추주의자는 그 사례를 모형화하는 방법을 알아내고 자신은 할 수 있지만 기호주의자는 못하는 사례를 제시한다. 이런 식으로 논쟁이 반복된다. 때로는 인스턴스 기반 학습instance-based learning 이라 불리는 유추주의자의 방법이 우리가 살면서 겪는 구체적인 사건을 어떻게 기억하는가에 대하여 더 훌륭히 모형화할 것이다. '일'이나 '사랑' 같은 추상 개념을 사용하는 추론에는 사실상 기호주의자의 방법인 규칙이 선택된다. 하지만 내가 대학원생일 때는 두 방식이 서로 연결된 연속체 위의 두 점과 같을 뿐이어서 우리는 이 두 방식을 모두 사용하여 학습할 수 있어야 한다는 생각이 들었다. 규칙이란 사실 몇 가지 속성은 중요하지 않기 때문에 빠뜨리고 일반화한 사건이다. 반대로 사건이란 모든 속성의 상태가 정해진 매우 특정한 규칙이다. 우리가 인생을 사는 동안 일어나는 비슷한 사건들은, 예를 들어 '식당에서 외식하기'같이 규칙 기반의 구조로 차츰차츰 추상화된다. 잘 알다시피 '식당에서 식사하기'에는 메뉴 보고 주문하기, 팁 주기 등이 포함되고 이러한 '행동 규칙'을 외식할 때마다 따르지만 이런 규칙들을 처음으로 알게 된 특정 식당은 보통 기억하지 않는다.

나는 박사 학위 논문에서 인스턴스 기반 학습과 규칙 기반 학습rule-based learning을 다음과 같은 방식으로 통합하는 알고리즘을 설계했다. 규칙을 개별 사건에 적용시킬 때, 개별 사건이 규칙의 모든 선결 조건을 만족하는 경우에만 그 규칙을 적용한 것은 아니었다. 개별 사건을 규칙 중에서 더 유사한 규칙과 연결시켰다. 즉 더 많이 만족시키는 선결 조건을 지닌 규칙이 다른 규칙보다 이 개별 사건에 더 유사하다는 기준을 사용했다. 예를 들어 콜레스테롤 수치가 220mg/dL인 사람은 200mg/dL인 사람보다 '콜레스테롤 수치가 240mg/dL를 넘으면 심근경색의 위험이 있다'라는 규칙이 적용되는 대상에 더 가깝다. 내가 RISE라고 이름 붙인 알고리즘은 각 학습 예제를 하나의 규칙으로 삼고 학습을 시작하다가 점차 각 규칙을 일반화하여 최근접 사례들도 설명한다. 보통 최종 결과는 대부분의 사례를 설명하는 매우 일반적인 규칙과 이들 규칙으로 설명이 안 되는 예외적인 사례를 설명하는 더 특별한 규칙 그리고 기다란 목록의 특별한 기억을 포함하는 그 외 사항으로 구성된다. RISE는 그 당시 나온 최고의 규칙 기반과 인스턴스 기반의 머신러닝보다 더 좋은 예측 성능을 보였다. 내 실험 결과 두 머신러닝의 가장 좋은 특징들을 결합했기 때문이었음이 드러났다. 내 알고리즘의 규칙은 유사성을 고려하여 적용될 수 있어서 예전처럼 특정 적용 범위를 벗어나면 쓸모없어지는 일이 없다. 영역이 다를 때는 다른 특성을 선택하여 비교할 수 있어서 모든 곳에서 똑같은 특성만 선택하는 최근접 이웃 알고리즘보다 훨씬 더 훌륭하게 차원의 저주와 싸운다.

RISE는 기호주의와 유추주의 머신러닝을 결합했기 때문에 마스터 알고리즘에 한 발 더 다가선 것이다. 하지만 이것은 작은 발걸음에 불과하다. 양쪽 진영의 장점을 최대한 발휘시킨 것이 아니고 또 여전히 다른 세 종족의 기능은 없기 때문이다. RISE의 규칙은 다른 방식으로 서로 연결되지 못한다. 각 규칙은 한 사례의 속성을 바로 사용하여 사례의 유형을 예측할 뿐이다. 또한 규칙은 한 번에 둘 이상의 개별 사건을 다루지는 못한다. 예를 들어 RISE는 'A가 독감에 걸렸고 B가 A와 접촉했다면 B도 독감에 걸렸을 가능성이 있다'와 같은 규칙을 표현할 수 없다. 유추주의적인 면을 보면 RISE는 간단한 최근접 이웃 알고리즘을 일반화할 뿐이다. RISE는 구조 대응 설정이나 그런 방식의 전략을 사용하여 영역을 넘나들면서 학습하지는 못한다. 나는 박사 학위를 끝낼 때 다섯 종족의 능력이 하나의 알고리즘에서 최대한 발휘하도록 통합하는 방법을 찾지 못한 채 이 문제를 잠시 옆에 치워 두었다. 하지만 머신러닝을 구전 마케팅이나 데이터 통합, 사례에 의한 프로그램 작성법, 웹사이트 개인화 서비스에 적용하면서 각 종족의 방식이 문제의 일부만 해결하는 것을 계속 보았다. 더 좋은 방식이 꼭 나와야만 했다.

이제까지 우리는 다섯 종족의 영토를 모두 여행하며 그들의 식견을 수집하고 경계 넘기를 시도하고 어떻게 이런 방식들을 모두 통합할 수 있을까를 고민했다. 지금 우리는 처음 여행을 시작할 때보다 엄청나게 많이 알았다. 하지만 여전히 빠진 부분이 있다. 퍼즐 가운데에 구멍이 크게 벌어져서 전체 그림을 추측하기 어렵다. 문제는 지금까지 우리가 살펴본 머신러닝은 모두 올바른 대답을 하도록 가르쳐 주는 선생님이 필요했다는 점이다. 그 머신러닝들은 사람이 먼저 세포를 암 세포와 정상 세포로 나누어 표시한 선행 작업이 없으면 정상 세포와 암 세포를 구분하는 것을 배울 수 없다. 하지만 인간은 선생님 없이 학습할 수 있다. 사람은 태어나면서 이렇게 한다. 모르도르의 성문 앞에 선 프로도처럼 이 장벽을 돌아갈 길을 발견하지 못한다면 우리의 오랜 여행은 헛수고가 될 것이다. 하지만 이 성벽과 경비대를 피해 가는 길이 있고 우리가 얻을 상이 가까이 있다. 나를 따라오시라.

제8장

THE MASTER ALGORITHM

선생님 없이
배우기

당신이 부모라면, 아이의 첫 3년 동안 학습의 모든 신비가 눈앞에 펼쳐질 것이다. 갓난아기는 말하지도, 걷지도, 물체를 알아보지도 못하고 아이가 보지 않을 때도 사물은 계속 존재한다는 사실조차 이해하지 못한다. 하지만 달이 지나면서 어느 때는 많이 어느 때는 적게 시행착오를 겪고 엄청나게 인식이 발달하며 세상이 어떻게 돌아가고 사람들이 어떻게 행동하고 어떻게 의사소통하는지 알아낸다. 세 살 생일쯤에는 이 모든 학습이 통합되어 안정된 자아, 즉 일생동안 계속되는 의식의 흐름을 형성한다. 성장한 아이와 어른은 시간여행을 할 수 있지만, 다른 말로 과거를 기억할 수 있지만 아주 오래된 과거는 기억하지 못한다.

우리가 자신의 영아기와 유아기로 돌아가 갓난아기의 눈으로 세상을 다시 볼 수 있다면 학습에 관해, 존재 자체에 관해 우리가 모르는 많은 부분이 일순간에 분명해질 것이다. 하지만 현재 우리가 알지 못하는, 이 우주에서 가장 커다란 신비에 대한 질문은 우주가 어떻게 시작되었는가, 혹은 어떻게 끝날 것인가, 혹은 어떤 무한소의 실로 짜여 있는가라는 것이 아니다. 바로 어린아이의 마음에 어떤 일이 벌어지고 있는가이다.

0.5킬로그램 정도밖에 안 되는 회색 젤리가 어떻게 의식이 자리 잡는 곳으로 성장하는가이다.

아이들의 학습을 과학적으로 연구한 역사는 아직 짧으며 본격적으로 시작된 지 겨우 몇 십 년밖에 안 되었지만 이미 주목할 만한 성과를 냈다. 유아들은 질문에 대답하지 못하고 실험 절차를 수행하지 못하지만 비디오로 촬영한 영상과 실험 중 보이는 아기들의 반응을 연구함으로써 아기들의 마음 속에서 무슨 일이 진행되는지 놀랄 정도로 많은 것을 추론할 수 있다. 그리고 일관성 있는 모습이 발견되었다. 아기의 마음은 단순히 미리 정해진 유전 프로그램에 따라 펼쳐지는 것이거나 감각 데이터에 존재하는 연관성을 기록하는 생물학 장치가 아니다. 오히려 자신의 현실을 능동적으로 종합하여 바꾸는데, 이런 현실의 변화는 시간에 따라 매우 급격하게 나타난다.

점점 더 많이 그리고 우리 머신러닝 연구자에게 가장 적절하게도 인지과학자들은 어린이들의 학습에 관한 이론을 알고리즘의 형태로 표현한다. 많은 머신러닝 연구자가 이런 이론에서 영감을 얻는다. 우리가 필요한 모든 것이 아이의 마음에 있으므로 어떻게든 마음의 핵심을 컴퓨터 프로그램으로 담아낼 수 있으면 좋을 것이다. 지능을 가진 기계를 만드는 방법은 로봇 아기를 만들어 인간 아기가 하듯이 세상을 경험하게 하는 것이라고 주장하는 연구자도 있다. 그러면 연구자인 우리가 로봇 아기의 부모가 될 것이다(크라우드 소싱으로 도움을 받기도 하며 지구촌이라는 말에 완전히 새로운 의미가 더해질 것이다). 작은 로비(영화 《금지된 행성》에 나오는 통통하지만 키가 큰 로봇을 기리는 의미에서 로봇 아기를 이렇게 부르자)는 우리가 만들어야 하는 유일한 로봇 아기다. 일단 작은 로비가 세 살짜리 아기가 알고 있는 모든 것을 배우면 인공 지능의 문제는 해결되기 때문이다. 작은 로비의 마음에 담긴 내용을 우리가 원하는 만큼 다른 로봇에게 복사할 수 있고, 그들은 이미 완성된 가장 어려운 부분을 기반으로 삼고 배우는 일을 되풀이할 것이다.

로비가 태어날 때 로비의 두뇌에 어떤 알고리즘이 작동해야만 하는가라는 질문이 제기된다. 아동심리학의 영향을 받은 연구자들은 신경망을 미심쩍어한다. 신경세포의 미시적 동작은 아기의 가장 기본적인 행동, 즉 물체에 손을 뻗고 물건을 움켜쥐고 눈을 크게 뜨고 호기심 어린 눈으로 살펴보는 행동의 복잡함과는 수백만 킬로미터나 떨어진 것처럼 완전히 다르게 보이기 때문이다. 우리는 나무를 보다가 숲을, 아니 지구 전체를 못 보는 잘못을 저지르지 않도록 더 높은 수준의 추상화로 아이의 학습에 관한 모형을 만들어야 한다. 무엇보다도 아이는 부모의 도움을 많이 받지만 대부분 감독받지 않고 스스로 학습하는데 그 점이 가장 기적적으로 보인다. 지금까지 살펴본 어떤 알고리즘도 이렇게 할 수 없지만 이제 이런 일을 할 수 있는 알고리즘을 몇 가지 살펴볼 것이며, 이 알고리즘은 우리를 마스터 알고리즘에 한 발짝 더 가까이 데려갈 수 있다.

같은 종류끼리 모으기

우리가 스위치를 켜면 로비는 처음으로 인공 눈을 뜬다. 그 즉시 로비에게 윌리엄 제임스가 외우기 쉽게 이름 붙인 '온통 요란하고 시끄러운 혼동'의 세상이 물밀듯이 덮친다. 1초에 수십 개씩 흘러 들어오는 새로운 영상에 대하여 로비가 가장 먼저 해야 하는 일은 이 영상들을 더 큰 덩어리로 묶는 것organize이다. 실제 세상에는 일정 기간 지속하는 사물들이 있는 것이지 순간순간 아무렇게나 바뀌는 무작위 화소가 있는 게 아니다. 엄마가 멀리 걸어간다고 더 작은 엄마로 교체되지 않는다. 식탁에 접시를 올려놓는다고 식탁에 하얀 구멍이 생기지 않는다.

태어난 지 얼마 안 된 아기는 곰 인형이 안 보이는 곳으로 숨었다가 비행기가 되어서 다시 나타나도 놀라지 않지만 한 살짜리 아기는 놀란다. 어떻게든 한 살짜리 아기는 곰 인형과 비행기가 다르고 곰 인형이 자연적으로 변형되지 않는다는 것을 파악했다. 이어서 한 살짜리 아기는 어떤 사물은 다른 것들보다 이 사물에 더 비슷하다고 파악하고 범주를 형성하기 시작할 것이다. 장난감 말과 연필을 가지고 놀라고 주면 9개월 된 아기는 말과 연필을 따로 분리해 놓으려고 하지 않지만 18개월 된 아기는 그렇게 한다.

세상을 사물과 범주로 조직하는 일organizing이 어른에게는 간단하고 자연스럽지만 아기에게는 그렇지 않으며 로봇 아기 로비에게는 더욱 그렇지 않다. 우리는 로비에게 시각 피질을 다층 퍼셉트론의 형태로 제공하고 세상 모든 물체와 범주에 대한 사례에 이름표를 붙여 보여 줄 수 있다(이것은 가까이 있는 엄마이고 저것은 멀리 있는 엄마다). 하지만 우리는 결코 이 작업을 다 끝내지 못할 것이다. 우리가 필요한 것은 유사한 사물을 한데 묶고 같은 사물이지만 다르게 보이는 영상을 한데 묶는 알고리즘이다. 이것은 군집화clustering라는 문제이며 머신러닝에서 매우 심도 있게 연구하는 과제다.

군집cluster은 비슷한 사물의 집합이고, 최소한 다른 군집의 구성원보다는 서로 더 유사한 사물의 집합이다. 사물을 유사한 것끼리 모으는 것은 사람의 본성이며 종종 지식으로 가는 첫 번째 단계다. 밤하늘을 쳐다보면서 별을 무리 짓는 일을 하지 않을 수 없고 그 닮은 모양을 따서 군집을 이룬 별에 멋진 이름을 붙인다. 특정 원소들이 매우 비슷한 화학 성질을 보인다는 사실을 알아차린 것이 주기율표를 발견하는 첫 번째 단계였다. 그렇게 비슷한 성질끼리 모아 만든 원소의 군집이 주기율표의 열에 해당된다. 친구들의 얼굴에서 말소리까지 우리가 인식하는 모든 것은 '군집'이다. 이렇게 인식하지 못하면 우리는 길을 잃을 것이다. 아이들은 말을 구성하는 특징적인 소리들을 구별하기 전까지는 말을 배우지 못한다. 아기는 소리를 구별하는 일을 처음 1년 동안 배우고, 그 이후 아기가 배우는 모든 말은 말이 가리키는 실제 사물이 속하는 군집을 모르면 아무런 의미도 나타내지 못한다.

빅 데이터, 즉 매우 많은 사물을 대할 때 우리가 처음으로 의지하는 방법은 더 다루기 쉬운 가짓수의 묶음으로 사물을 군집화하는 것이다. 시장을 하나로 군집화하는 것은 너무 광범위하며 개별 고객으로 나누는 것은 너무 자세하므로 마케팅 담당자들은 시장을 몇 개의 부분, 즉 세그먼트segment로 나눈다. 세그먼트는 군집이라는 뜻으로 마케팅 담당자가 사용하는 말이다. 하나의 사물도 그 자체로 사물을 관찰할 때 얻는 정보들을 군집화하는 시작 단계의 묶음이다. 예를 들어 엄마는 엄마의 얼굴에 빛이 비추는 여러 각도에 따른 다양한 모습부터 엄마라는 말로 아기가 듣는 여러 가지 음파까지 모든 관찰 결과를 하나로 군집화한다. 그리고 우리는 대상 없이는 생각할 수 없다. 이것이 양자역학이 그렇게도 직관적이지 않은 까닭일 것이다. 우리는 원자보다 작은 세계를 서로 부딪치는 입자나 간섭을 일으키는 파동으로 시각화하고 싶어 하지만 소립자 subatomic 의 세계는 입자도 파동도 아니다.

우리는 군집화한 묶음을 그 군집의 전형적인 구성원으로 나타낼 수 있다. 예를 들어 마음의 눈으로 보는 당신 어머니의 영상과 전형적인 고양이, 스포츠 카, 시골집 혹은 열대 해변 등이 있다. 일리노이 주 피오리아는 마케팅 분야에 알려진 미국의 전형적인 소도시다. 최소한 당신이 케빈 오키프 Kevin O'keefe 의 《보통 미국 사람》 The Average American 을 신뢰한다면 코네티컷 주 윈드햄에 사는 건물 관리 감독자인 쉰세 살의 밥 번스를 미국의 가장 전형적인 보통 시민으로 받아들일 것이다.

양적인 속성으로 묘사되는 것, 예를 들어 키, 몸무게, 허리둘레, 신발치수, 머리카락 길이 등에 대하여 평균값을 지닌 구성원을 찾기는 쉽다. 평균 키와 평균 몸무게를 비롯해 다른 것도 평균인 사람을 찾으면 된다. 성별이나 머리카락 색깔, 우편번호 혹은 선호하는 스포츠 같은 범주의 경우 '평균'이란 단순히 가장 많이 나타나는 속성을 말한다. 평균 속성의 집합으로 묘사된 평균 구성원은 실제 사람일 수도 혹은 아닐 수도 있지만 어느 경우든 유용한 기준이 된다. 새로운 상품의 마케팅 방안에 대하여 브레인스토밍을 한다면 미국 일리노이 주의 피오리아를 신제품을 출시하는 도시로 혹은 밥 번스를 목표 고객으로 상정하는 것이 '시장'이나 '고객' 같은 추상적인 대상으로 생각하는 것보다 유리하다.

평균 구성원이 유용한 만큼 우리는 일을 훨씬 더 잘할 수 있다. 실제로 빅 데이터와 머신러닝의 전체 요점은 막연하게 생각하는 수준에서 벗어나는 것이다. 군집은 사람의 집합이거나 혹은 한 사람이 지닌 여러 가지 측면의 매우 특별한 집합일 수 있다. 예를 들어 앨리스가 구입하는 책은 업무용, 취미 생활용, 성탄절 선물용이 있다. 앨리스가 기분 좋을 때와 우울할 때로 상황을 군집화할 수도 있다. 아마존은 앨리스가 자신을 위해 사는 책과 남자 친구를 위해 사는 책을 구분하고 싶을 것이다. 이렇게 구분하면 적절한 시기에 적절한 책을 추천할 수 있기 때문이다. 불행히도 상품을 구입할 때 '자신을 위한 선물'이나 '밥의 선물'이라는 표식을 붙이지 않으므로 아마존은 상품의 구입을 어떻게 군집화할지 알아내야 한다.

로봇 로비의 세계에 있는 사물은 다섯 가지 군집(사람, 가구, 장난감, 음식, 동물)으로 나뉘지만 우리는 각각의 사물이 어느 군집에 속하는지 모른다고 가정하자. 이것은 우리가 로비를 처음 켰을 때 로비가 맞이한 문제와 같은 종류다. 사물을 군집화하는 간단한 방법은 임의로 다섯 개 사물을 각 군집의 프로토타입으로 뽑은 후 사물을 각 프로토타입과 비교하고 가장 가까운 프로토타입의 군집에 할당하는 것이다(유추주의 머신러닝과 마찬가지로 유사성 측정 방법의 선택은 중요한 요소다. 속성이 수량이라면 유클리드 거리처럼 간단할 수 있지만 다른 선택 사항도 많다).

이제 우리는 프로토타입을 갱신해야 한다. 군집에 새로운 구성원이 추가된 후에도 여전히 처음 선정된 군집의 프로토타입이 구성원의 평균이라고 생각되기 때문이다. 각 군집에 구성원이 하나일 때는 당연하겠지만, 군집에 새로운 구성원이 추가된 후에는 각 군집에 대한 각 구성원의 평균 특성을 구해 이 평균을 새로운 프로토타입으로 세워야 한다. 이 시점에서 구성원의 소속도 갱신해야 한다. 프로토타입이 바뀌었기 때문에 한 사물의 가장 가까운 프로토타입 또한 바뀔 가능성이 있다. 한 범주의 프로토타입을 곰 인형, 다른 범주의 프로토타입을 바나나라고 상상하

자. 처음 분류에서는 동물 크래커를 곰 인형과 함께 묶었을 테지만, 두 번째 분류에서는 동물 크래커를 바나나와 함께 묶는다. 처음에는 동물 크래커가 장난감처럼 보였는데 이제는 음식처럼 보인다. 동물 크래커를 바나나 쪽 군집으로 다시 분류하면, 그 군집의 전형적인 항목도 바나나에서 쿠키로 바뀔 것이다. 사물이 점점 더 맞는 군집에 할당되는 이러한 선순환은 군집에 할당되는 사물이 더 이상 바뀌지 않을 때까지 계속된다(그러므로 각 군집의 프로토타입도 바뀌지 않는다).

이 알고리즘을 k-평균k-means이라고 부르며 그 기원은 1950년대로 거슬러 올라간다. 이 알고리즘은 멋지고 간단하며 매우 인기가 높지만 몇 가지 단점이 있다. 단점 중에는 다른 단점보다 해결하기 쉬운 것도 있다. 한 가지 단점은 먼저 군집의 가짓수를 정해야 한다는 것이다. 하지만 실제 세계에서 로비는 항상 새로운 종류의 사물과 마주친다. 한 가지 선택 사항은 새로운 사물이 너무 달라 기존의 군집 어디에도 속하지 못할 정도라면 새로운 군집을 만드는 것이다. 다른 방법은 학습을 진행하면서 군집을 나누고 다시 합치는 일을 허용하는 것이다. 어느 방식이든 우리는 알고리즘이 군집의 수를 더 적게 만드는 것을 선호하기를 바란다. 그렇지 않으면 각각의 사물마다 하나의 군집을 갖는 상황이 될 수도 있다(우리가 유사한 사물로 구성되는 군집을 원한다면 매우 좋은 것이다. 하지만 이것이 목표가 될 수는 없다).

더 큰 문제는 k-평균이라는 알고리즘은 군집이 쉽게 구분되는 경우에만 작동한다는 점이다. 각 군집은 초공간에서 구 모양의 방울이고 방울은 서로 멀리 떨어져 있으며 방울의 부피는 비슷하고 포함하는 사물의 수도 비슷하다. 이 조건 중 어느 하나라도 만족되지 못하면 추한 일이 벌어질 수 있다. 가늘고 긴 군집이 두 개의 군집으로 나뉘고 더 작은 군집이 근처의 더 큰 군집으로 흡수되는 일이 계속 일어난다. 하지만 더 나은 선택 사항이 있다.

로비가 실제 세상을 돌아다니게 하는 것이 너무 느리고 번거로운 학습 방법이라고 판단했다고 가정하자. 그 대신 훈련용 모의 비행 장치에서 훈련하는 비행 훈련생처럼 로비가 컴퓨터에서 만든 영상을 보게 한다. 우리는 각 영상의 군집을 알지만 로비에게는 말해 주지 않는다. 대신 우리는 먼저 무작위로 군집을 선택하고(예를 들어 장난감) 그 군집에 속하는 사례 하나를 합성하는(크고 검은 눈과 둥근 귀, 보타이를 맨 작고 솜털이 보송보송한 곰 인형) 방식으로 각 영상을 만든다. 그리고 각 사례의 특성을 무작위로 선택한다. 크기는 평균이 25센티미터인 정규 분포에서 선택하며 털 색깔은 80퍼센트의 확률로 갈색이고 20퍼센트의 확률로 흰색을 선택하는 식으로 특성을 선택한다. 로비는 이렇게 만든 영상을 많이 본 다음 영상을 사람과 가구, 장난감 등으로 군집화하는 법을 배워야만 한다.

흥미로운 질문은 '우리가 로비의 관점에서 이 작업을 본다면 군집을 발견하는 가장 좋은 알고리즘은 무엇일까?'이다. 해답은 놀랍다. 바로 나이브 베이즈 분류기다. 이것은 우리가 지도 학습supervised learning을 위한 알고리즘으로서 처음 살펴본 것이다. 차이점은 로비는 유형을 모른다는 것이고, 그러므로 로비는 유형을 추측해야만 한다.

로비가 유형을 안다면 이 작업은 순조로운 항해가 될 것이다. 나이브 베이즈 분류기처럼 각 군집은 군집의 확률(생성된 사물의 17퍼센트는 장난감이다)과 그 구성원이 지닌 각 속성의 확률 분포(예를 들어 장난감의 80퍼센트는 갈색이다)로 정의될 것이다. 로비는 데이터에서 장난감의 개수를 세고 갈색 장난감을 세는 식으로 수량을 세서 이러한 확률을 추정할 수 있다. 하지만 이런 일을 하려면 어느 사물이 장난감인지 알아야만 한다. 해결하기 어려운 문제로 보이지만 우리는 이 일을 하는 방법 또한 이미 알고 있다. 로비가 나이브 베이즈 분류기를 가지고 있고 새로운 사물의 유형을 파악해야 한다면, 로비가 할 일은 분류기를 적용하여 그 사물의 속성들이 주어진 경우에서 각 유형의 조건부 확률을 계산하는 것뿐이다 (눈이 크고, 보타이를 매고, 작고, 솜털이 보송보송 나고, 갈색이고 곰같이 생긴 것은? 장난감이 분명하지만 동물일 가능성도 있다).

그리하여 로비는 닭이 먼저냐 달걀이 먼저냐라는 문제와 마주치게 되었다. 로비는 사물의 유형을 안다면 수량을 세어서 그 유형을 모형화할 수 있고, 유형의 모형을 안다면 사물의 유형을 추론할 수 있다. 우리가 다시 딜레마에 빠진 듯 보이지만 사실 그런 상황과는 거리가 멀다. 먼저 어떤 식이든 당신이 원하는 대로 각 사물의 유형을 추측한다. 무작위라도 괜찮다. 그러면 이제 순조롭게 경주에 참여했다. 당신은 그러한 유형과 데이터를 이용하여 유형의 모형을 학습할 수 있다. 이러한 모형을 기반으로 유형을 재추론할 수 있고 계속 이런 식으로 반복한다. 처음에는 미친 방식처럼 보인다. 모형에서 유형을 추론하고 유형에서 모형을 추론하는 과정이 영원히 반복되어 결코 끝나지 않을 것 같다. 이 과정이 끝난다 하더라도 의미 있는 군집을 도출했다고 믿을 까닭이 없다.

하지만 1977년 하버드대학의 통계학자 셋(아서 뎀프스터Arthur Dempster, 낸 레어드Nan Laird, 도널드 루빈Donald Rubin)이 이런 미친 방식이 실제로 작동한다는 것을 보였다. 한 번 순환할 때마다 군집의 모형은 점점 더 좋아지고 모형이 가능성의 국소 최대값이 되면 순환은 끝난다. 그들은 이 방식을 EM 알고리즘이라 불렀다. 여기서 E는 expectation(예상되는 확률을 추론)을 가리키고 M은 maximization(최대 가능성을 나타내는 변수들을 추정)을 가리킨다. 그들은 또한 이전의 많은 알고리즘이 EM 알고리즘의 특별한 경우라는 점을 밝혔다. 예를 들어 우리는 은닉 마르코프 모형을 학습하기 위해 은닉 상태를 추론하는 일과 이를 기반으로 상태 전이 확률과 관측 확률을 추정하는 일을 차례차례 반복한다. 우리는 통계 모형을 학습할 때 결정적인 정보가 없는 경우마다(예를 들어 사례 유형) EM을 사용할 수 있다. 이 능력으로 EM은 머신러닝의 모든 알고리즘 중에서 가장 인기 있는 알고리즘이 되었다.

당신은 k-평균 알고리즘과 EM 알고리즘 사이에서 닮은 점을 발견할 수 있다. 둘 다 사물을 군집에 할당하는 일과 군집의 설명을 갱신하는 일을 반복한다. 우연이 아니다. k-평균 알고리즘 자체가 EM 알고리즘의 특별한 경우다. 모든 속성이 '좁은' 정규 분포를 따를 때 EM 알고리즘은 k-평균 알고리즘이 된다. 여기서 좁은 정규 분포란 분산이 매우 작은 정규 분포를 뜻한다. 군집이 많이 겹칠 때 한 사물은, 예를 들어 군집 A에 0.7의 확률로 속하고 군집 B에 0.3의 확률로 속할 수 있다. 이 경우 그 사물이 군집 A에 속한다고 결정하면 그 사물이 군집 B와 관련된 정보는 잃게 된다. EM은 이런 상황을 고려하여 사물을 두 군집에 부분적으로 할당하고 군집의 설명에 이런 내용을 갱신한다. 하지만 확률 분포가 어느 좁은 영역에서 매우 높은 값을 보인다면 한 사물이 자신과 가장 가까이 있는 군집에 속할 확률은 항상 1이고, 우리가 해야 할 일은 사물을 군집에 할당한 뒤 각 군집에 있는 사물의 평균을 구하여 군집의 평균값으로 삼는 것이 전부다. 그러면 k-평균 알고리즘과 같다.

지금까지 우리는 군집의 한 단계를 학습하는 방법만 살펴보았지만 세상은 이것보다 훨씬 다양하여 군집 속에 군집이 계속 존재하기 때문에 결국 개별 사물로 나눠진다. 예를 들어 생물은 식물과 동물로 분류되고 동물은 포유류, 조류, 어류 등으로 분류되는 식으로 계속 내려가다 보면 집에서 키우는 개, 피도에 다다른다. 하지만 문제는 없다. 우리가 군집의 한 모음을 학습하여 알게 되면 군집을 하나의 사물로 다루고 다시 군집으로 무리 지어 나가며 모든 사물의 군집까지 나아갈 수 있다. 다른 방법은 대략적으로 큰 군집을 먼저 만들고 이것들을 아래 단계의 군집으로 더 나누는 것이다. 로비의 장난감은 봉제 동물 인형과 조립식 완구 등으로 더 나눠진다. 봉제 동물 인형은 곰 인형, 플러시 천으로 만든 새끼 고양이 인형 등으로 더 나눠진다. 아이들은 중간 수준에서 시작하여 위나 아래로 더 진행한다. 예를 들어 아이들은 동물이나 사냥개 비글을 배우기 전에 개를 배운다. 로비에게도 좋은 전략일 것이다.

데이터의 모양 발견하기

사물이 로비의 감각 기관으로 쏟아져 들어오는 데이터든지, 아니면 아마존 고객들이 누르는 수백만 건의 마우스 클릭이든지 상관없이 수많은 사물을 더 작은 수의 군집으로 군집화하는 것은 싸움의 절반일 뿐이다. 다른 절반은 각 사물에 대한 설명을 줄이는 것이다. 로비가 맨 처음에 본 엄마의 영상은 색깔을 띤 100만 개의 화소로 구성되었겠지만 얼굴을 묘사하는 데 100만 개의 변수가 필요할 일은 별로 없다. 이와 비슷하게 당신이 아마존에서 마우스를 눌러 알아보는 상품은 당신을 이루는 원자처럼 당신에 대한 기초 정보지만, 아마존에서 정말로 알고 싶은 정보는 당신이 좋아하는 것과 싫어하는 것이지 당신이 마우스로 눌러 본 항목이 아니다. 상당히 안정적인 당신의 취향은 당신이 아마존 사이트를 사용하면서 제한 없이 늘어나는 클릭 항목 어딘가에 섞여 있다. 당신이 누르는 클릭이 조금씩 모이고 또 모이면 화소가 모두 모여서 얼굴을 보여 주듯이 당신의 취향을 보여 줄 것이다. 문제는 어떻게 모으는 일을 할 것인가이다.

얼굴에는 단지 50개의 근육이 있으므로 50개의 변수라면 지을 수 있는 모든 표정을 나타내기에 충분해야 하고 변수를 절약할 수 있는 여지도 많아야 한다. 사람을 구별해 주는 특징인 눈, 코, 입 등의 모양도 몇 십 개보다 많은 변수를 요구하지 않아야 한다. 결국 경찰은 각 얼굴 부위에 대하여 10개의 선택 사항만으로 용의자 몽타주를 조합해 낼 수 있다. 조명 상태나 표정을 나타내기 위해 몇 가지 변수를 추가할 수 있지만 더 필요한 것은 대략 그 정도다.

당신이 나에게 변수를 100개쯤 준다면 얼굴을 그림으로 나타내는 데 충분할 것이다. 역으로 로비의 두뇌는 얼굴 영상을 받아들여서 중요한 항목 100개로 요약할 수 있어야 한다.

머신러닝 알고리즘은 이러한 과정을 차원 축소dimensionality reduction 라고 부른다. 이 과정으로 눈에 보이는 수많은 차원(화소)이 몇 가지 간접 차원(표정, 얼굴의 특징)으로 줄어들기 때문이다. 차원 축소는 1초도 빠뜨리지 않고 매 순간 감각 기관을 거쳐 들어오는 데이터 같은 빅 데이터를 다루는 작업에 반드시 필요하다.

그림 하나가 수천 단어의 가치가 있기도 하지만 그림을 처리하고 기억하려면 100만 배나 많은 비용이 든다. 우리는 아직 시각 피질의 작동 원리를 모르지만, 당신의 시각 피질은 감각 기관에서 쏟아져 들어오는 데이터를 잘 다룰 정도로, 즉 세상에서 길을 찾아 돌아다니고 사람과 사물을 알아보고 직접 본 것을 기억할 정도로 깎아 내는 작업을 매우 훌륭히 해낸다. 이것은 인식 과정의 위대한 기적이며 당신이 의식하지 못할 정도로 매우 자연스럽게 일어난다.

캘리포니아 주 팔로알토에 있는 모든 상점의 GPS 좌표값을 주면 당신은 그중 일부를 종이에 표시한다고 가정해 보자.

당신은 이 그림만 보고서도 팔로알토의 주요 거리가 남서쪽에서 북동쪽으로 연결된다고 말할 것이다. 당신은 거리를 그리지 않았지만 모든 점이 직선을 따라 놓여 있다는 사실에서 거리가 바로 거기에 있다고 직감한다(혹은 이 직선 근처에 있다. 거리 건너편에 있는 상점일 수도 있으니까). 사실 그 거리는 유니버시티 애버뉴이고 팔로알토에서 물건을 사거나 외식을 하려면 그곳에 가면 된다. 추가 정보를 더 주자면, 일단 상점들이 유니버시티 애버뉴에 있다는 것을 알면 상점을 찾기 위해 숫자 두 개가 필요하지 않다. 거리 번호 하나만 있으면 된다(혹은 당신이 정말로 정확한 위치를 알고 싶다면 유니버시티 애버뉴가 시작되는 남서쪽 구석의 캘트레인 역에서 상점까지의 거리를 알면 된다).

당신이 상점의 위치를 더 많이 표시하면 몇몇 상점은 유니버시티 애버뉴와 교차하는 거리의 교차로 부근에 있고 다른 상점 몇 개는 완전히 떨어진 곳에 있음을 발견할 것이다.

그럼에도 불구하고 대부분의 상점은 유니버시티 애버뉴 가까이 있고, 당신이 상점을 찾는 일에 하나의 숫자만 사용해야 한다면 유니버시티 애버뉴를 따라 측정한 캘트레인 역에서 상점까지의 거리는 매우 훌륭한 선택 사항이다. 그 거리만큼 걸어온 후 주위를 둘러보기만 해도 상점을 찾기에 충분할 것이다. 그리하여 당신은 '팔로알토의 상점 위치'의 차원 수를 2에서 1로 줄였다.

그런데 로비는 당신처럼 매우 진화된 시각 시스템의 혜택을 누리지 못한다. 당신이 엘리트 클리너즈라는 세탁소에서 세탁물을 찾아오라고 하며 팔로알토 지도 대신 하나의 좌표만 주면 로비는 상점들의 GPS 좌표에서 유니버시티 애버뉴를 발견하는 알고리즘이 필요하다. 이 일의 핵심은 다음 문장에서 설명하는 사항이다. 당신이 x, y 평면의 원점을 상점들 위치의 평균인 지점에 잡고 천천히 축을 돌린다고 하면 x축을 60도 정도 돌릴 때, 즉 x축이 유니버시티 애버뉴와 일치하여 정렬될 때 상점들은 x축과 가장 가까이 있게 된다.

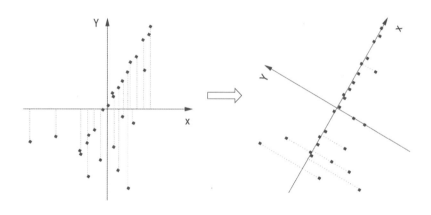

데이터의 첫째 주요 성분의 방향으로 알려진 이 방향은 또한 데이터가 퍼지는 정도가 가장 큰 방향이다(상점들을 x축으로 투사해 보면 왼쪽 그림보다 오른쪽 그림에서 x축에 더 퍼져 있다). 첫째 주요 성분을 발견한 후 둘째 주요 성분을 발견할 수 있는데, 이 경우에는 유니버시티 애버뉴와 90도 각도를 이루면서 가장 변화가 큰 방향이 둘째 주요 성분 방향이다. 지도에서는 가능한 방향이 단 하나 남는다(교차하는 거리의 방향). 하지만 팔

로알토가 언덕에 있다면 두 개의 주요 성분 중 하나 혹은 두 개가 부분적으로 오르막에 있을 수 있으며, 그러면 셋째이자 마지막 주요 성분의 방향은 공중으로 향하는 방향이 될 것이다. 우리는 같은 아이디어를 얼굴 영상과 같이 수백 수천만 차원을 가진 데이터에 적용하여 우리가 멈출 수 있을 만큼 작은 변화만 남을 때까지 연속으로 가장 큰 변화를 보이는 방향을 찾아낼 수 있다. 예를 들어 옆 페이지 그림에서 축을 돌리면 상점들은 대부분 y 좌표값으로 0을 갖게 되어 y 좌표값의 평균은 매우 작아지고 y 좌표를 모두 무시한다고 해도 그렇게 많은 정보를 잃어버리지 않는다. y 좌표값을 버리지 않는다 하더라도 확실히 z(공중으로 향하는 방향) 좌표값은 중요하지 않다.

이제 밝혀졌듯이 주요 성분을 찾는 전체 과정은 선형 대수를 조금 사용하면 한 번에 모두 이루어질 수 있다. 무엇보다 좋은 점은 얼마 안 되는 차원으로 매우 높은 차원의 데이터에 있는 변화라도 설명할 수 있는 경우가 많다는 것이다. 이런 경우가 아닌 상황에서도 상위 두 차원이나 세 차원의 주요 성분에 관한 데이터를 눈을 크게 뜨고 쳐다보면 많은 영감을 얻는다. 당신은 인간 시각 시스템의 놀라운 인식 능력을 충분히 이용할 수 있기 때문이다.

주요 성분 분석principle-component analysis, PCA으로 알려진 이 과정은 과학자의 도구 상자에서 핵심 도구다. PCA가 자율 학습unsupervised learning 분야에서 차지하는 위치는 선형회귀법이 지도 학습 분야에서 차지하는 위치와 같다. 예를 들어 지구 온난화를 나타내는 유명한 하키스틱 곡선 hockey-stick curve은 오랜 기간에 걸친 이력이 기록된, 온도와 관련되어 보이는 다양한 데이터(나무의 나이테, 얼음 핵 데이터 등)에서 주요 성분 축을 발견하고 이를 기온이라고 추정한 결과다. 생물학자는 PCA를 사용해 수천 개의 유전자가 출현하는 수준을 정리하여 소수의 진행 과정을 추출한다. 심리학자는 성격이 외향성과 친화성, 성실성, 신경증, 경험에 대한 개방성의 다섯 가지 차원으로 요약되는 것을 발견했다. 이것은 트위터나 블로그에 올라오는 글에서 추론할 수 있다(침팬지는 반응성이라는 차원이 하나 더 있는 것으로 추정되지만 침팬지는 트위터 데이터가 없으므로 확인이 안 된다).

PCA를 국회의원 선거와 여론 조사 데이터에 적용해 보니 많은 사람이 믿는 것과는 반대로 정치는 진보와 보수의 대결이 주요한 것이 아니라는 결과가 나왔다. 오히려 두 가지 주요한 차원에서 다르다. 하나는 경제 쟁점이고 또 하나는 사회 쟁점이다. 이 둘을 하나의 축으로 뭉쳐 버리면 양극단인 대중영합주의자와 자유지상주의자가 한데 뒤섞이기도 하고 중도파가 아주 많다는 착시 현상이 나타나기도 한다. 그러므로 중도파에 호소하려는 노력은 승리하는 전략이 될 것 같지 않다. 한편 자유주의자와 자유지상주의자가 상호 혐오감을 극복한다면 개인의 자유를 옹호하는 편에 서는 그들은 사회 쟁점을 다룰 때 연합할 수 있다.

로비가 성장하면 PCA의 변종을 사용하여 '각테일 파티' 문제, 즉 많은 사람이 웅성거리는 가운데 특정 개인의 목소리를 알아듣는 문제를 해결할 수 있다. 이와 관련된 방법은 로비가 읽기를 배우도록 도울 수도 있다. 각 단어가 하나의 차원이면 글은 단어의 축인 공간에 있는 한 점이고, 그 공간의 주요 방향은 의미의 요소가 된다. 예를 들어 '오바마 대통령'과 '백악관'은 단어 공간에서는 멀리 떨어져 있지만 의미 공간에서는 가까이 있다. 그들 단어는 유사한 문맥에서 나타나는 경향이 있기 때문이다. 믿거나 말거나, 이런 종류의 분석은 SAT_{scholastic assessment test}(미국 대학의 입학 수학 능력 시험—옮긴이) 에세이를 채점할 때 사람이 할 때뿐만 아니라 컴퓨터로 채점할 때도 사용한다.

넷플릭스도 비슷한 아이디어를 사용한다. 단순히 비슷한 취향을 가진 가입자가 좋아하는 영화를 추천하는 대신 가입자와 영화를 더 낮은 차원인 '취향 공간'_{taste space}에 모두 투사하여 이 공간에서 당신과 가까운 영화를 추천한다. 이런 방법으로 넷플릭스는 당신이 좋아하리라고 전혀 생각하지 못한 영화를 찾을 수 있다.

하지만 당신이 얼굴 데이터 집합의 주요 요소를 본다면 실망할 것이다. 얼굴 표정이나 특징같이 당신이 기대한 모습이 아니라 더 유령처럼 보이는 얼굴과 알아볼 수 없을 정도로 흐릿한 형체일 것이다. PCA가 선형 알고리즘이어서 주요 요소가 될 수 있는 것은 실제 얼굴을 화소별로 가중 평균을 취하여 얻은 모습이 전부이기 때문이다(하지만 이 모습은 고유 얼굴

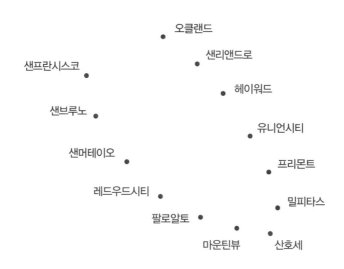

Eigenface이라고도 알려져 있다. 고유 얼굴이 데이터에 대한 공분산 행렬centered covariance matrix의 고유 벡터이기 때문이다). 얼굴과 세상에 있는 모든 형체를 이해하려면 이와 다른 것, 즉 비선형 차원 축소가 필요하다.

우리가 팔로알토에서 멀리 떨어져 주변 지역을 함께 보고, 내가 당신에게 베이 에리어(만안 지역)에 있는 주요 도시의 GPS 좌표를 준다고 가정하자. 당신은 앞 페이지 그림만으로도 도시가 만灣에 인접했다고 추측할 수 있고, 도시를 쭉 연결하는 선을 그리면 숫자 하나를 사용하여 각 도시의 위치를 지정할 수 있다. 즉 도시가 샌프란시스코에서 선을 따라 얼마나 떨어져 있는가를 알면 된다. 하지만 PCA는 이 곡선을 발견하지 못한다. 대신 PCA는 도시가 전혀 없는 만 가운데를 지나는 직선을 그린다. PCA는 데이터의 모양을 자세히 설명하는 것과 거리가 멀고 오히려 그 모양을 모호하게 만든다.

대신 우리가 베이 에리어를 처음부터 개발한다고 잠시 상상하자. 우리는 각 도시가 어디에 있을지를 결정하고 제한된 예산 때문에 도시를 연결하는 도로를 하나만 건설해야 한다. 자연스럽게 샌프란시스코에서 샌브루노까지, 샌브루노에서 샌머테이오까지 연결하는 식으로 오클랜드까지 연결하는 도로를 놓는다.

이 도로는 베이 에리어를 1차원으로 훌륭하게 표현한 것이고 간단한 알고리즘, 즉 이웃 도시들을 짝 짓고 그 사이에 도로를 건설한다라는 알고리즘으로 설계할 수 있다. 물론 이 알고리즘은 모든 도시를 지나는 하나의 도로가 아니라 도로망을 도출할 것이다. 하지만 우리는 이 단일 도로를 따라 줄 지어 있는 도시들 사이의 거리를, 단일 도로가 아닌 도로망으로 연결될 때 도시들 사이의 거리와 가능한 한 가깝도록 단일 도로를 건설하여 도로망을 최대한 근사화할 수 있다.

비선형 차원 축소를 하는 가장 인기 있는 알고리즘인 이소맵Isomap 방식이 이런 일을 해낸다. 이소맵은 고차원 공간(예를 들어 얼굴)의 각 점을 이웃에 있는 모든 점(매우 닮은 얼굴)에 연결하고 각 점마다 가장 가까이에 있는 점과의 거리, 즉 가장 짧은 거리를 모든 점에 대해 계산하고 이러한 최단 거리들을 가장 잘 근사시키는 축소된 좌표축들을 찾는다. PCA와 다르게 이 공간에 있는 얼굴들의 좌표축들은 종종 매우 많은 의미를 보여 준다. 한 축은 얼굴이 향하는 방향을 표현하기도 하고(왼쪽 옆에서 본 모습, 얼굴의 4분의 3을 나타낸 사진, 머리를 든 모습 등), 다른 축은 얼굴이 어떻게 보이는가를 표현하며(매우 슬픔, 조금 슬픔, 감정 없음, 행복함, 매우 행복함 등), 다른 축들은 다른 의미를 나타낸다. 동영상에서 동작을 이해하는 일부터 말 속에 담긴 감정을 포착하는 일까지 이소맵은 복잡한 데이터가 지닌 많은 축(차원) 중에서 가장 중요한 축들을 조준 타격하는 놀라운 능력을 보여 준다.

재미있는 실험이 또 있다. 로비의 눈으로 흘러 들어오는 영상을 취하여 각 영상 프레임을 영상들의 공간에 있는 한 점으로 취급하고, 이 점들의 집합에 대하여 차원 축소를 적용하여 하나의 차원에 표시한다고 하자. 주요 차원은 무엇일까? 바로 시간이다. 책장에 책을 정리하는 도서관 사서처럼 시간은 각 프레임을 가장 비슷한 프레임 옆에 놓는다. 시간이 이러한 일을 하는 걸 인식하는 것은 두뇌가 지닌 대단한 차원 축소 능력이 발휘된 자연스런 결과일 따름이다. 기억을 연결하는 도로망에서 시간은 주요 도로이고, 우리는 곧 이런 것을 살펴볼 것이다. 시간은 다른 말로 하면 기억의 주요 성분축이다.

보상과 처벌 그리고 강화 학습

머신러닝은 군집화와 차원 축소로 인간의 학습에 더 가까이 다가가지만 여전히 매우 중요한 무엇인가가 빠져 있다. 아이는 세상을 그저 수동적으로만 관찰하지 않는다. 그들은 무엇인가를 수행한다. 아이는 보이는 사물을 집어 들고 가지고 놀고 사물 주위를 뛰어다니기도 하고 먹고 울고 질문을 한다. 가장 발전한 시각 시스템이라도 로비가 주위 환경과 상호작용하도록 돕지 못한다면 로비에게는 유용하지 않다. 로비는 무엇이 어디에 있는지 뿐만 아니라 매 순간 무엇을 해야 하는지도 알아야 한다. 이론상으로는 입력된 감각 신호에 반응하여 취해야 할 적당한 행동을 매 단계 지시하는 식으로 로비를 가르칠 수 있다. 하지만 이런 방식은 단순한 일에나 유효하다. 당신이 취하는 행동은 목표에 따라 다르지 지금 인식하는 것만 따르는 게 아니다. 게다가 목표는 먼 미래에 달성되기도 한다. 단계별 관리 감독 방식이 필요해지는 상황은 어떤 경우에도 바람직하지 못하다. 부모는 아이가 기거나 걷거나 달리는 방법을 가르치지 않는다. 아이 스스로 알아낸다. 하지만 지금까지 우리가 살펴본 머신러닝 알고리즘은 어떤 것도 이렇게 할 수 없었다.

인간을 계속 조종하는 것이 하나 있다. 바로 감정이다. 우리는 즐거움을 찾고 고통을 피한다. 당신의 손이 뜨거운 난로에 닿으면 본능적으로 손을 치운다. 이것은 쉬운 일이다. 어려운 일은 처음 이런 일을 당하고 난로에 손을 대지 않도록 학습하는 것이다. 이렇게 하려면 아직 느끼지도 못한 심한 고통을 피하기 위해 움직이는 것을 배워야 한다. 당신의 누뇌는 고통을 난로를 만지는 순간과 연결하지 않고 그러한 순간에 이르게 하는 행동에 연결시켜 이런 학습을 해낸다. 에드워드 손다이크Edward Thorndike는 이것을 '효과의 법칙'law of effect이라 불렀다. 즐거움을 주는 행동은 미래에 되풀이될 가능성이 높고, 고통을 받는 행동은 되풀이될 가능성이 덜하다는 것이다. 말하자면 즐거움은 시간을 거슬러 여행하므로 행동과 꽤 멀리 떨어진 효과와 행동이 연결될 수 있다. 인간은 이러한 종류의 장기 보상 추구를 다른 어떤 동물보다 잘하며, 이것이 인간의 성공에 결정적인 기여를 한다. 아이들에게 마시멜로를 주면서 몇 분 동안 먹지 않고 참으면 하나 더 주겠다고 말하는 실험을 했다. 먹는 것을 참아낸 아이들은 학교에서 더 나은 성취를 올리고 성인이 되어서도 더 잘 살았다. 웹사이트나 사업을 개선하기 위하여 머신러닝을 사용하는 회사들도 비슷한 문제를 마주쳤을 것이다. 어떤 회사는 단기간에 더 많은 매출을 올리는 변화, 예를 들어 비용을 적게 들여 만든 열등한 제품을 원래의 좋은 제품 가격으로 판매하면서도 이런 일을 하면 결국 고객을 잃는다는 점을 보지 못하기도 한다.

이전 장들에서 우리가 본 머신러닝 알고리즘은 모두 즉각적인 성과를 추구한다. 모든 행동은 스팸메일을 찾는 일이든 주식을 사는 일이든 선생님에게 즉각적인 보상이나 처벌을 받았다. 그런데 스스로 탐험하고 이리저리 움직이다가 상을 찾고 미래에 다시 상을 찾을 방법을 파악하는 알고리즘, 즉 주위를 기어 다니다가 입에 물건을 집어넣는 아기와 매우 비슷한 알고리즘만 전적으로 다루는 머신러닝의 하위 분야가 있다.

이것은 강화 학습reinforcement learning이라 부르며 당신의 첫 번째 가사 로봇이 이 알고리즘을 많이 쓸 것이다. 당신이 로비의 포장을 뜯고 스위치를 켜자마자 로비에게 달걀과 베이컨 요리를 만들라고 요청한다면 로비가 요리를 완성하기까지 시간이 걸릴 것이다. 그런데 당신이 직장에 있는 동안 로비는 부엌을 살펴보고 어디에 무엇이 있는지, 어떤 종류의 오븐인지 파악한다. 당신이 집으로 돌아올 때쯤이면 저녁 식사가 준비되어 있을 것이다.

강화 학습 알고리즘의 중요한 선행 알고리즘은 IBM 연구원이었던 아서 사무엘Arthur Samuel이 1950년대에 발명한 체스 프로그램이다. 보드 게임은 강화 학습 문제의 중요한 사례다. 당신은 즉각적인 상벌 없이 여러 번 이어지는 수를 두어야 하고 전체적인 보상이나 처벌은 마지막에 가서야 승리나 패배의 형식으로 결정된다. 그런데 사무엘의 프로그램은 대다수의 사람들만큼 잘 두도록 자신을 가르칠 수 있었다. 이 프로그램은 각 체스판의 상황에서 어떻게 움직이는가를 직접 배우지 않았다. 학습하기에 너무 어려워 보였기 때문이다.

대신 사무엘의 프로그램은 각 체스판의 상황을 평가하는 법, 즉 이 위치에서 시작한다면 내가 이길 가능성은 얼마인가를 학습하고 최고로 승률이 좋은 위치가 되도록 수를 두었다. 처음에는 이 프로그램이 평가할 수 있는 위치는 마지막 순간뿐이었다. 승리, 무승부, 패배로만 평가할 수 있었다. 하지만 어떤 위치가 승리인지 알고 나자 이 프로그램은 승리의 위치로 갈 수 있는 위치들이 좋다는 것을 알았고 이런 식으로 계속 좋다고 평가하는 위치가 늘어났다. 토머스 왓슨 시니어 IBM 회장은 이 프로그램이 발표될 때 IBM의 주가가 15포인트 올라갈 것이라고 예측했다. 실제로 그렇게 되었다. 이 성과는 IBM에서 계속 이어져 체스 챔피언과 제퍼디! 챔피언이 탄생했다.

모든 상태가 상벌이 결정 나는 상태는 아니지만 각 상태는 일정한 가치가 있다는 개념은 강화 학습의 핵심이다. 체스 게임에서는 오직 마지막 위치에만 상벌을 부여한다(승리, 무승부, 패배에 대해 1, 0, -1을 부여한다). 다른 위치들은 즉각적인 상벌이 없지만 나중에 상벌을 받는 위치로 바뀔 수 있다는 면에서 일정한 가치를 지닌다. 몇 번 움직이면 체크메이트를 외칠 수 있는 자리는 실제로 승리만큼 좋은 것이며, 따라서 높은 가치를 지닌다. 이런 식으로 추론을 계속 진행하여 최종 결과와의 연결이 불분명할 만큼 멀리 떨어진 맨 첫수가 좋은 수인지 나쁜 수인지도 판단한다. 비디오 게임에서 상은 보통 점수로 나오고, 어떤 상태의 가치는 그 상태에서 시작하여 모을 수 있는 점수가 된다. 실제 삶에서는 바로 주는 상이 나중에 주는 상보다 낮고, 그래서 미래에 받을 상은 투자금처럼 회수율을 적용하여 할인 평가를 할 수 있다. 물론 상은 당신이 선택하는 행동에 따라 달라지고 강화 학습의 목표는 최대 보상으로 이끄는 행동을 항상 선택하는 것이다. 당신이 지금 전화기를 들고 여자 친구에게 데이트 신청을 해야 할까? 그것은 아름다운 관계의 시작일 수도 있고 괴로운 거절로 가는 길일 수도 있다. 여자 친구가 데이트에 동의할 경우에도 그 데이트가 즐거울 수도 있고 아닐 수도 있다. 어쨌든 당신은 미래로 가는 무한대의 길을 추슬러 이제 결정을 내려야만 한다. 강화 학습은 어떤 상태에서 시작하여 얻을 수 있는 보상을 모두 합하여 그 상태의 가치를 평가하고 이런 값을 최대화하는 행동을 선택한다.

당신이 인디애나 존스처럼 터널 속을 걷다가 갈림길을 만난다고 가정하자. 지도에는 왼쪽으로 가면 보물이 나오고 오른쪽으로 가면 뱀이 나온다고 표시되어 있다. 당신이 서 있는 자리, 즉 갈림길 앞의 가치는 보물의 가치다. 당신이 왼쪽으로 가는 길을 선택할 수 있기 때문이다. 당신이 가능한 행동 중 항상 최선의 행동을 선택한다면, 어떤 상태의 가치가 그다음 상태의 가치와 나는 차이는 그 행동을 취했을 때 얻는 즉각적인 보상(만약 있다면)밖에 없다. 우리가 각 상태의 즉각적인 보상을 안다면 이 관찰 결과를 사용하여 이웃 상태들의 가치를 갱신할 수 있고, 이렇게 계속 갱신하여 모든 상태에 합당한 가치를 부여할 수 있다. 보물의 가치는 터널을 따라 뒤로 전파되어 갈림길과 그 이전의 자리까지 전달된다. 일단 당신이 각 상태의 가치를 알면 각 상태에서 어떤 행동을 취해야 하는지 또한 알게 된다(즉각적인 보상과 다음 상태의 가치를 합한 값이 최대가 되는 곳을 선택한다). 이 정도의 발전을 1950년대 제어이론가 리처드 벨먼이 이루었다. 하지만 강화 학습의 진짜 문제는 당신이 어떤 지역의 지도를 가지고 있지 않을 때 발생한다. 그러면 당신의 유일한 선택 사항은 탐험을 하여 보상이 무엇이고 어디에 있는지 찾는 것이다. 때로는 보물을 발견하고 때로는 뱀이 우글거리는 소굴에 떨어진다. 당신이 행동을 취하는 매 순간 당신은 즉각적인 보상과 선택한 새로운 상태를 기록한다. 그 정도가 지도 학습 방식으로 성취하는 수준이다.

하지만 당신은 연결된 상태들의 가치에서 일관성을 유지하기 위해 상태를 옮긴 후 방금 관측한 가치, 즉 당신이 얻은 보상과 옮긴 새로운 상태의 가치의 합을 사용하여 이전 상태의 가치를 갱신한다. 물론 아직은 그 값이 올바른 값이 아닐 수도 있지만 이렇게 하면서 충분히 오랫동안 돌아다니면 모든 상태와 이동하는 행동에 대한 올바른 값을 얻을 것이다. 이것이 강화 학습의 핵심이다.

강화 학습이 우리가 제5장에서 본 탐험과 개발의 딜레마 같은 상황을 어떻게 맞이하는지 살펴보자. 탐험과 개발의 딜레마란, 보상을 최대화하기 위하여 항상 가장 높은 가치의 상태로 가는 행동을 당연히 취하고 자 하지만 그렇게 하다가는 다른 어딘가에 있을 수도 있는 더 큰 보상을 발견하지 못할 수 있는 상황을 말한다. 강화 학습 알고리즘은 때로는 최선의 행동을 선택하다가 때로는 무작위로 행동을 선택하는 방식을 사용하여 이 문제를 해결한다(우리 두뇌도 이런 목적으로 '잡음 발생기'를 지닌 것처럼 보인다). 학습할 것이 많은 초기에는 많이 탐험하는 것이 이치에 맞다. 일단 당신이 주변 지형을 알게 되면 그곳의 개발에 집중하는 것이 최선이다. 그것이 바로 인간이 한 생애를 살며 행동하는 방식이다. 아이는 탐험하고 어른은 개발한다(과학자는 예외다. 그들은 영원히 아이다). 아이의 놀이는 보기보다 훨씬 진지하다. 태어나서 몇 년 동안 무력하며 부모에게 큰 짐이 되는 생명체가 진화로 나타났다면 그러한 터무니없는 비용은 훨씬 더 큰 이득을 얻기 위한 것이어야 한다.

실제로 강화 학습 알고리즘은 가속화한 진화인 셈이다. 즉 여러 세대를 거치지 않고 한 생애 동안 시도하고 버리고 행동을 재조정한다. 그런 기준에서 보면 매우 효율적이다.

강화 학습에 대한 연구는 매사추세츠대학의 리처드 서튼Richard Sutton 과 앤드루 바르토Andrew Barto의 연구를 시작으로 1980년대 초기에 본격적으로 시작되었다. 그들은 학습이 주위 환경과 벌이는 상호작용에 결정적으로 영향을 받는다고 느꼈지만 지도 학습 알고리즘은 이런 특성을 반영하지 않았고, 그래서 동물의 학습에 관한 심리학 분야에서 영감을 얻었다. 서튼은 계속 연구하여 강화 학습의 지도적인 옹호자가 되었다. 또 다른 핵심적인 진전은 1989년에 일어났다. 아이들의 학습에 관한 실험을 관찰하면서 영감을 얻은 케임브리지대학의 크리스 왓킨스Chris

Watkins는 알려지지 않은 환경에서 최적의 조절을 하는 법을 개발하여 강화 학습의 현대적인 모습을 구현했다.

하지만 지금까지 우리가 살펴본 강화 학습 알고리즘이 매우 현실적인 것은 아니다. 이들 알고리즘은 전에 가 보지 않은 상태에서는 무엇을 해야 할지 모르지만 현실 세계에서는 어느 두 상황도 완전히 같지는 않기 때문이다. 우리는 이전에 방문했던 상태에서 일반화를 끌어내어 새로운 상태에 적용할 수 있어야 한다. 다행히 그것을 하는 알고리즘이 이미 있다. 우리가 해야만 하는 일은 전에 우리가 살펴본 다층 퍼셉트론 같은 지도 학습 알고리즘 중 하나를 강화 학습으로 둘러싸는 것이 전부다. 신경망은 이제 상태의 가치를 예측한다. 역전파를 위한 오류 신호는 예측된 가치와 관측된 가치 사이의 차이다. 그렇지만 여기에 문제가 있다. 지도 학습에서 상태의 목표 가치는 항상 똑같지만 강화 학습에서 목표 가치는 주위 상태들의 가치를 갱신하는 결과로 계속 바뀐다. 그 결과 일반화를 하는 강화 학습은 내부 학습 알고리즘이 선형함수처럼 매우 간단한 것이 아니면 안정된 해답을 도출하는 데 자주 실패한다.

그럼에도 불구하고 신경망을 포함하는 강화 학습은 몇몇 주목할 만한 성공을 거두었다. 초기에 이루어 낸 성공 사례는 인간 수준으로 백가몬 게임Backgammon game을 하는 프로그램이다. 더 최근에는 런던에 자리 잡은 신규 업체인 딥마인드에서 내놓은 강화 학습 알고리즘이 퐁 게임Pong game과 그 외 다른 간단한 아케이드 게임에서 인간 고수를 물리쳤다. 이 알고리즘은 심층신경망deep network을 사용하여 화면 화소를 보고 행동의 가치를 예측했다. 처음부터 끝까지 연결하여 보는 능력과 학습 능력, 조절 능력을 지니고 있어 이 시스템은 최소한 겉으로 보기에는 인공 두뇌를 닮았다. 상품도 없고 매출도 없고 직원도 많지 않는 딥마인드를 구글이 5억 달러나 주고 인수한 까닭이다.

연구원들은 강화 학습을 게임뿐만 아니라 장대 세우기나 막대 그림 기계체조 선수 조종하기, 뒤로 주차하기, 헬리콥터 거꾸로 날리기, 자동 응답 전화 관리, 이동통신망 채널의 할당, 엘리베이터 운행, 우주왕복선 화물 적재 시기 계획 등 많은 일에 사용한다. 강화 학습은 심리학과 신경과학에도 영향을 주었다. 우리 두뇌도 기대한 보상과 실제 보상 사이의 차이를 전파시키는 신경 전달 물질인 도파민을 이용하여 강화 학습을 한다. 강화 학습은 파블로프 조건 반사를 설명하지만 행동주의와 다르게 동물이 정신적인 내부 상태를 가지는 경우로 설명한다. 채집 활동을 하는 벌도 강화 학습을 사용하고 미로에서 치즈를 찾는 쥐도 강화 학습을 사용한다. 당신의 일상은 부분적으로는 강화 학습을 통해 수행 가능한, 눈에 잘 띄지 않는 기적의 연속이다. 당신은 일어나고 옷을 입고 아침을 먹고 운전하여 출근하고, 또 이런 활동을 하는 중에 그 밖의 다른 일도 생각한다. 의식 아래에서 강화 학습은 전체를 계속 조율하며 엄청난 교향곡 같은 움직임을 미세 조정한다.

습관이라고도 알려진 작은 규모의 강화 학습은 당신이 하는 활동의 대다수를 차지한다. 당신은 배가 고프면 냉장고에서 음식을 꺼낸다. 찰스 두히그Charles Duhigg가 《습관의 힘》The Power of Habit에서 보여 준 것처럼 신호, 반복 행동, 보상의 순환 고리를 이해하고 조절하는 것은 개인뿐 아니라 사업이나 사회 전체에도 적용되는 성공 요소다.

강화 학습의 설립자들 중에서 리처드 서튼이 가장 열성적이다. 그에게 강화 학습은 마스터 알고리즘이고 강화 학습을 해결하는 것은 인공 지능을 해결하는 것과 마찬가지다. 반면 크리스 왓킨스는 강화 학습에 만족하지 않는다. 그는 아이는 할 수 있지만 강화 학습은 하지 못하는 것, 즉 문제 풀이, 서너 번 시도한 끝에 문제를 더 잘 풀기, 계획 세우기, 점점 더 많이 추상적인 지식을 습득하기 등이 있다고 지적한다. 다행히 우리는 이러한 높은 수준의 능력을 학습하는 머신러닝 알고리즘을 보유하고 있고, 그중에서 가장 중요한 것은 청킹chunking(의미 덩어리로 나누기)이다.

자꾸 연습하면 아주 잘하게 된다

학습이란 연습을 하며 더 나아지는 것이다. 당신은 이제 기억하지 못하겠지만 신발끈을 묶는 건 정말로 어려운 일이었다. 처음에는 당신이 다섯 살일지라도 전혀 할 수 없었다. 그때는 당신이 신발끈을 묶는 속도보다 신발끈이 풀어지는 속도가 더 빨랐을 것이다. 하지만 차츰차츰 점점 더 빨리 매는 법을 배우더니 완전히 자동으로 맬 정도까지 되었다. 이와 똑같은 일이 기어 다니기나 걷기, 달리기, 자전거 타기, 운전하기와 읽기, 쓰기, 계산하기와 악기 연주하기, 스포츠 활동과 요리, 컴퓨터 사용 등 많은 일을 할 때 발생한다. 역설적이게도 배울 때 가장 고통스러우면 가장 많이 배운다. 초기에 모든 단계가 어려울 때는 계속 실패한다. 그러다가 성공할 때조차 결과가 매우 좋은 것은 아니다.

당신은 골프 스윙이나 테니스 서브를 다 배우고 나서도 여러 해 동안 연습을 계속한다. 하지만 그 여러 해 동안 향상된 정도가 처음 몇 주 동안 달라진 정도보다 적다. 연습을 하면 점점 더 나아지지만 일정한 비율

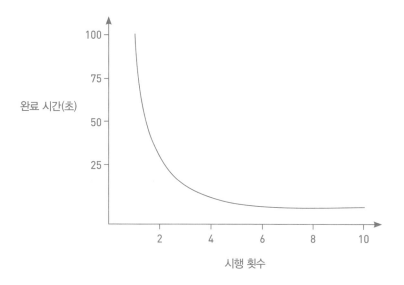

로 향상되는 건 아니다. 처음에는 빠르게 향상되다가 제자리를 맴도는 것 같더니 매우 조금씩 나아진다. 경기를 하든 기타를 연주하든 시간에 따른 기량 향상 곡선, 즉 얼마나 잘하는가 혹은 그 수준에 이르는 데 얼마나 걸리는가를 나타내는 곡선은 매우 특별한 형태를 띤다.

이런 형태의 곡선을 '지수 법칙'이라 부른다. 완료 시간이 횟수에 음의 지수가 붙은 값에 따라 변하기 때문이다. 위 그림에서 완료 시간은 시행 횟수에 −2 지수가 붙은 값(혹은 시행 횟수를 거듭제곱하고 역수를 취한 값)에 비례한다. 사람의 기술은 기술의 종류에 따라 지수값이 다르며 모두 지수 법칙을 따른다(이와 대조적으로 마이크로소프트가 개발하는 윈도우는 아무리 연습해도 결코 빨라지지 않으니 어찌된 일인지).

1979년 앨런 뉴웰Allen Newell과 폴 로젠블룸Paul Rosenbloom 은 연습의 지수 법칙에 대해 그 원인을 고민하기 시작했다. 뉴웰은 인공 지능 설립자 중 한 명이고 지도적인 인지심리학자였으며 로젠블룸은 뉴웰의 제자로 카네기멜론대학의 대학원생이었다. 그 당시에는 연습에 관한 어떤 모형도 지수 법칙을 설명하지 못했다. 뉴웰과 로젠블룸은 지수 법칙이 인식과 기억 분야의 심리학에서 나온 개념인 '청킹'과 관련이 있는 것은 아닌가 하고 의심했다. 우리는 사물을 덩어리로 나누어 인식하고 기억하는데, 어느 시간 동안 단기 기억으로는 한정된 수량만 유지할 수 있다(심리학자 조지 밀러George Miller의 유명한 논문에 따르면 일곱 개를 중심으로 두 개 안팎의 수량이다). 결정적으로 사물을 덩어리로 묶으면 다른 방식으로 할 수 있는 것보다 훨씬 더 많은 정보를 처리할 수 있다. 이것이 전화번호에 하이픈을 넣는 까닭이다. 1-723-458-3897이 17234583897보다 훨씬 더 기억하기 쉽다.

뉴웰의 오랜 동료이자 인공 지능 공동 설립자인 허버트 사이먼Herbert Simon은 체스 초보자와 전문 체스 기사의 주요 차이점을 더 일찍 발견했다. 체스 초보자는 체스판에서 기물의 위치를 한 번에 하나씩 파악하는 반면 전문 체스 기사는 여러 기물이 관련된 커다란 배치 형태를 파악한다. 체스 실력이 나아진다는 것은 기물의 배치를 덩어리 형태로 더 많이, 더 크게 파악하는 것과 관련된다. 뉴웰과 로젠블룸은 유사한 과정이 체스뿐만 아니라 모든 기술 획득 과정에서 나타난다고 가정했다.

인식과 기억에서 덩어리는 AI가 Artificial Intelligence를 대표하듯이 다른 기호들이 형성하는 유형을 대표하는 기호다. 뉴웰과 로젠블룸은 이런 개념을 뉴웰과 사이먼이 이전에 개발한 문제 해결 이론에 적용했다. 뉴웰과 사이먼은 실험 참가자들에게 수학 문제를 풀도록 요청했다. 예를 들면 칠판에 쓰면서, 말로 크게 설명하면서 수학 공식을 다른 수학 공식에서 유도하도록 요청했다. 뉴웰과 사이먼은 사람들이 문제를 더 작은 문제로 나눈 뒤 다시 더 작은 문제로 나눠 가면서 초기 상태(예를 들어 첫 번째 공식)와 목표 상태(두 번째 공식) 사이에 존재하는 차이점들을 체계적으로 줄여 나가는 방법을 통해 문제를 해결한다는 사실을 발견했다.

하지만 이렇게 해결하려면 효과적인 행동 순서를 찾아내야 하고 이 작업에는 시간이 필요하다. 뉴웰과 로젠블룸의 가정은 우리가 하위 문제를 풀 때마다 하위 문제를 풀기 전의 상태에서 푼 이후의 상태로 바로 가게 해 주는 '청킹'이라는 활동을 수행한다는 것이다. 이런 의미에서 청킹은 두 부분, 즉 자극(당신이 외부 세계나 단기 기억에서 인식하는 유형)과 반응(유형을 파악하고 당신이 차례대로 수행하는 행동들)으로 구성된다.

당신은 덩어리를 배우면 장기 기억에 저장한다. 다음에 같은 하위 문제를 풀어야 할 경우 기억해 둔 덩어리를 적용하면 된다. 유형을 탐색하는 시간이 절약되는 것이다. 전체 문제에 대한 덩어리를 얻고 자동으로 전체 문제를 풀 수 있을 때까지 하위 문제들의 모든 수준에서 덩어리 나누기가 일어난다. 신발끈을 매려면 첫 매듭을 묶고 한쪽 끈으로 둥글게 원을 만들어 다른 쪽 끈으로 이 원을 둘러싼 뒤 가운데 구멍으로 빼낸다. 다섯 살짜리 아이에게는 간단한 동작이 전혀 아니지만 전체를 구분 동작으로 나누었다면 거의 다 배운 셈이다.

로젠블룸과 뉴웰은 '청킹' 프로그램을 다양한 문제에 적용하여 시행할 때마다 완료 시간을 측정하고 일련의 지수 법칙 곡선들을 내놓았다. 하지만 그것은 시작에 불과했다. 다음은 청킹을, 뉴웰과 또 다른 그의 제자인 존 레어드John Laird 가 함께 연구한 '소어'Soar 라고 이름 붙인 인지와 접합했다. 목표의 계층 구조를 미리 정의한 상황에서만 작동하는 프로그램이 아닌 소어 프로그램은 암초에 부딪힐 때마다 새로운 하위 문제를 정의하고 해결할 수 있다. 일단 새로운 덩어리가 생기면 소어는 비슷한 문제들에 적용하기 위하여 역연역법과 비슷한 방법으로 이것을 일반화했다. 소어에 접합한 청킹 방법은 연습의 지수 법칙 외에도 여러 가지 학습 현상의 훌륭한 모형임이 판명되었다. 이 방법은 데이터와 유사물을 덩어리로 만들고 나누는 방식을 통해 새로운 지식을 학습하는 데까지 적용할 수 있었다. 이를 바탕으로 뉴웰과 로젠블룸, 레어드는 청킹이 학습에 필요한 유일한 원리, 다른 말로 하면 마스터 알고리즘이라는 가설을 세웠다.

전통적인 인공 지능 연구자들처럼 뉴웰과 사이먼, 그들의 제자와 추종자들은 문제 해결법이 가장 상위에 있다는 강한 믿음을 지니고 있었다. 문제 해결법이 강력하다면 머신러닝 알고리즘은 문제 해결법에 업힐 수 있고 간단해질 수 있다. 사실 학습은 또 다른 종류의 문제 해결일 뿐이다. 뉴웰과 동료들은 모든 학습은 '청킹'으로 압축하고 모든 인지는 소어로 압축하기 위해 노력했지만 결국 실패하고 말았다. 문제 해결 프로그램이 더 많은 덩어리와 더 복잡한 덩어리를 학습하자 이들을 적용하는 대가가 너무도 커져서 프로그램이 점점 더 빨라지는 대신 점점 더 느려진 것이다.

인간은 어떻게든 이런 사태를 피하지만 지금까지 이 분야의 연구원들은 그 방법을 알아내지 못했다. 이 문제에 더하여 강화 학습과 지도 학습, 그 밖의 모든 것을 '청킹'으로 압축하는 것은 결국 이것이 풀었던 문제보다 더 많은 문제를 만들었다. 소어 연구원들은 패배를 인정하고 다른 종류의 학습 방법을 소어와 연계할 때는 서로 분리되어 작동하도록 했다. 그럼에도 불구하고 청킹은 심리학에서 영감을 받은 학습 알고리즘의 탁월한 사례로 남았으며 진정한 마스터 알고리즘이 어떤 모습이 되더라도 학습으로 향상되는 청킹의 능력을 분명히 공유해야만 한다.

청킹과 강화 학습은 지도 학습이나 군집화, 차원 축소가 쓰이는 만큼 사업 분야에서 널리 사용되지는 않지만 환경과 상호작용하며 학습하는 더 간단한 종류의 프로그램, 예를 들어 당신의 행동에 대한 효과를 학습하는(그리고 그에 맞추어 행동하는) 프로그램에 널리 쓰인다. 당신의 전자 상거래 사이트 홈페이지 배경이 현재 파란색인데 빨간색으로 바꿀 경우 판매가 늘어날지 고민한다면 무작위로 선택한 수십만 명의 고객에게 변경된 홈페이지를 보여 주고 그 결과를 원래 홈페이지의 결과와 비교하라. A/B 시험이라 불리는 이 기법은 처음에는 의약품 실험에서 사용되다가 마케팅에서 외국 원조까지 데이터를 요청하면 모을 수 있는 많은 분야로 퍼졌다. 이것은 여러 가지 변화의 수많은 조합을 동시에 시험하면서도 어떤 변화가 어떤 이득이나 손실을 초래하는지 추적하도록 확장할 수도 있다.

아마존과 구글 같은 회사는 이 방법을 매우 신뢰한다. 당신 역시 자신도 모르는 사이에 수천 번은 A/B 시험에 참가했을 것이다. 빅 데이터는 인과 관계는 찾지 못하고 연관 관계만 잘 찾는다는 비판이 거짓이라는 것도 A/B 시험으로 드러났다. 철학적인 세부 사항을 따지지 않는다면, 인과 관계 학습이란 당신이 취한 행동의 효과를 학습하는 것이라고 말할 수 있고, 행동이 미친 영향에 대한 데이터를 계속 얻는다면 욕조에서 첨벙거리며 노는 한 살짜리 아기부터 재선 운동을 벌이는 대통령까지 누구라도 인과 관계를 학습할 수 있다.

연관 짓기 배우기

이 책에서 지금까지 살펴본 모든 학습 능력을 로봇 로비에게 줄 수 있다면, 그는 매우 똑똑해지겠지만 여전히 가벼운 자폐증을 보일 것이다. 그는 세상을 다수의 분리된 사물로 볼 것이고, 그 사물들을 알아보고 조작하고 심지어 예측까지 할 수 있지만, 이 세계는 사물이 그물같이 연결되어 있다는 사실을 이해하기는 힘들다. 로비가 의사가 되면 환자의 증상에 기초하여 독감에 걸렸다고 진단하는 일은 매우 잘하겠지만 환자가 돼지독감에 감염된 사람과 접촉했기 때문에 돼지독감에 걸렸다고 의심하지는 못한다. 구글이 나오기 전까지 검색 엔진은 웹페이지가 당신의 검색어와 연관되어 있는지를 웹페이지의 내용을 보고 결정했다. 그 외어떤 방법이 있겠는가?

브린과 페이지는 웹페이지가 관련 있다는 가장 강력한 신호는 관련있는 다른 웹페이지들이 이 웹페이지를 연결한다는 점이라는 것을 꿰뚫어 보았다. 비슷하게 10대 아이가 담배를 피우기 시작하려는지 여부를 예측하려고 한다면 당신이 할 수 있는 가장 좋은 방법은 그 아이의 친구들이 담배를 피우는지 확인하는 것이다. 효소의 모양은 열쇠를 꽂은 자물쇠처럼 효소에 붙어 있는 분자의 모양과 분리되지 않는다. 포식자와 그 먹이의 관계에는 매우 깊이 뒤얽힌 상황이 있어서 각자 상대편의 특징을 이기는 방향으로 진화했다. 이 모든 경우에서 실체를 이해하는 가장 좋은 방법은 사람이든 동물이든 웹페이지든 아니면 분자든 다른 실체들과 어떻게 연관되는지를 이해하는 것이다.

이를 위해서는 데이터를 서로 연관되지 않은 사물들에서 무작위로 뽑은 표본이 아니라 복잡한 관계망의 일면으로 다루는 새로운 종류의 학습 방법이 필요하다. 관계망에 있는 지점들은 상호작용한다. 당신이 한 사람에게 취한 행동은 더 많은 사람에게 영향을 주며 다시 돌아와 당신에게 영향을 미친다. 관계형 학습기relational learner 라 불리는 프로그램은 높은 사회 지능을 지니지 않을 수도 있지만 차선책이다. 전통적인 통계 학습에서 모든 사람은 고립된 섬이며 완전히 혼자다. 관계형 학습에서 모든 사람은 대륙의 한 조각이며 본토의 일부다. 인간은 연결하도록 태어난 관계형 학습자이며, 로비가 통찰력 있고 사교적인 로봇으로 자라기를 바란다면 사람처럼 연결하도록 설계해야 한다.

우리가 만나는 첫 번째 어려움은 모든 데이터가 하나의 커다란 관계망이라면 학습 대상으로 배울 사례가 더 이상 많아 보이지 않고 사실 단 하나이며 그것으로는 충분하지 않다는 점이다. 나이브 베이즈 분류기는 발열이 독감의 증상이라는 것을 열이 나는 독감 환자의 수를 세면서 배운다. 나이브 베이즈 분류기가 단 한 명의 환자만 볼 수 있다면 독감은 항상 열을 일으킨다거나 혹은 열을 결코 일으키지 않는다고 결론 낼 텐데 둘 다 틀린 결론이다. 우리는 사회관계망에서 독감 감염의 형태, 즉 감염된 사람들의 무리가 여기에 있고 감염되지 않은 사람들의 무리는 저기 있는 상황을 관찰하여 독감이 전염된다는 것을 알아내기 원하지만, 살펴볼 유형이 하나밖에 없으므로 비록 그 유형이 70억 명이 사는 관계망에 있다 하더라고 어떻게 일반화할지는 분명하지 않다.

이 문제를 푸는 열쇠는 짝 지은 사람들의 많은 사례가 그 커다란 관계망에 박혀 있다는 사실을 알아차리는 것이다. 한 번도 만나지 않은 사람들이 이룬 짝보다 서로 만나는 사람들이 독감에 더 많이 걸린다면, 독감 환자와 만나는 것은 당신도 독감 환자가 될 가능성을 높이는 일이 된다. 하지만 우리는 데이터에 있는 서로 아는 사람들의 짝 중에서 얼마나 많은 짝이 모두 독감에 걸렸는지 셀 수 없으며 그 확률도 구할 수 없다. 한 사람이 만나는 사람의 수가 많기 때문이다. 그래서 모든 짝과 관련된 확률을 모아 일관성 있는 모형, 예를 들어 어떤 사람이 만나는 사람들이 독감에 걸렸을 때 그 사람이 독감에 걸릴 확률을 계산할 수 있는 모형을 만들지 못한다. 사례가 모두 분리되어 있을 때는 이러한 문제가 없었다. 아이가 없는 짝들의 사회, 즉 각자 자신만의 외딴섬에 사는 사회에서도 그런 문제가 없을 것이다. 하지만 그것은 실제 세상이 아니고 그런 사회는 어떤 전염병도 없을 것이다.

해법은 마르코프 네트워크에서 하는 것처럼 특징들의 집합을 구하고 그들의 가중치를 학습하는 것이다. 어떤 사람 X에 대하여 'X는 독감에 걸렸다'는 특징이 있고 만나는 사람들의 어떤 쌍 X와 Y에 대하여 'X와 Y는 모두 독감에 걸렸다'는 특징이 있는 식으로 여러 쌍의 여러 특징이 있다. 마르코프 네트워크처럼 최대 가능성의 가중치들은 각 특징이 데이터에서 관찰되는 횟수만큼 발생하도록 만든다. 'X가 독감에 걸렸다'라는 특징의 가중치는 많은 사람이 독감에 걸렸다면 커질 것이다 'X와 Y는 모두 독감에 걸렸다'라는 특징의 가중치는 X가 독감에 걸렸을 때 X가 만나는 사람인 Y가 독감에 걸릴 가능성이 그 관계망에서 무작위로 뽑은 구성원보다 높은 경우에 더 커질 것이다. 40퍼센트의 사람이 독감에 걸리고, 만나는 사람들의 쌍 중 16퍼센트가 독감에 걸렸다면 'X와 Y는 모두 독감에 걸렸다'는 특징의 가중치는 0이 될 것이다. 데이터의 통계를 그대로 재생산하는 특징은 필요하지 않기 때문이다(0.4×0.4=0.16). 하지만 그 특징이 양의 가중치를 갖는다면 독감은 사람들을 무작위로 감염시키기보다는 집단적으로 나타날 가능성이 더 크고, 당신이 만나는 사람이 독감에 걸렸다면 당신이 독감에 걸릴 가능성은 더 클 것이다.

관계망은 각각의 쌍에 대하여 분리된 특징을 갖는다는 점에 유의하자. 예를 들어 '앨리스와 밥 모두 독감에 걸렸다'와 '앨리스와 크리스 모두 독감에 걸렸다' 식으로 분리된 특징이 계속 있다. 하지만 한 쌍마다 하나의 데이터(감염 여부)만 있기 때문에 각 쌍에 대한 분리된 가중치를 학습할 수 없고, 그래서 아직은 진단하지 않은 구성원(이벳과 자크 모두 독감에 걸렸는가?)에게 일반화할 수 없을 것이다. 대신 우리가 할 수 있는 일은 형식이 같은 모든 특징에 대하여 우리가 관찰한 그 형식을 가진 모든 사건을 기초로 하나의 가중치를 구하는 것이다. 'X와 Y는 독감에 걸렸다'라는 특징은 아는 사람들의 모든 쌍(앨리스와 밥, 앨리스와 크리스 등)으로 사례를 만들 수 있는 견본이다. 한 견본의 모든 사례의 가중치는 모두 같은 값이라는 의미에서 '함께 묶이고' 단 하나의 예(전체 관계망)만 있음에도 불구하고 일반화할 수 있는 방법이다.

비관계형 학습에서 모형의 변수는 모든 독립적 사례(예를 들어 우리가 진단한 모든 환자)에만 있다. 관계형 학습에서는 우리가 만든 각 특징의 견본이 그 견본에 해당하는 모든 사례의 변수를 하나로 묶는다.

우리는 쌍을 이룬 특징이나 개별적 특징에만 의존하지 않는다. 페이스북은 페이스북 활동을 하는 친구들을 당신에게 알려 주기 위하여 당신의 친구들을 예측하고자 한다. 페이스북은 이를 위하여 '당신 친구들의 친구들은 당신의 친구일 가능성이 있다'라는 규칙을 사용하지만 이 규칙의 각 사례에는 예를 들어 '앨리스와 밥이 친구이고 또 밥과 크리스가 친구라면 앨리스와 크리스는 친구일 가능성이 있다'처럼 세 명이 나온다. 헨리 루이스 멩켄Henry Louis Mencken이 말한 '어떤 남자가 아내의 자매 남편보다 돈을 많이 벌면 부자다'라는 재담에는 네 명이 등장한다. 이러한 규칙 각각은 관계형 모형에서 특징의 견본feature template으로 변경할 수 있으며, 이 견본의 가중치는 데이터에서 이 특징이 얼마나 자주 나타나는가에 근거하여 학습할 수 있다. 마르코프 네트워크에서 학습했듯이 특징 자체는 데이터에서 학습할 수 있다.

관계형 학습 알고리즘은 한 관계망에서 배운 것을 다른 관계망에도 적용할 수 있도록 일반화를 수행할 수 있다(예를 들어 애틀랜타에서 독감이 어떻게 퍼지는가에 대한 모형을 학습하고 이를 보스턴에 적용한다). 관계형 학습 알고리즘은 또한 둘 이상의 관계망에서도 학습할 수 있다(예를 들어 비현실적이지만 애틀랜타에 사는 사람은 보스턴에 사는 누구와도 접촉하지 않았다고 가정하며 애틀랜타와 보스턴을 동시에 학습한다). 그런데 모든 사례는 똑같은 수의 속성을 지녀야 하는 '보통의' 학습과 다르게 관계형 학습은 관계망의 크기가 달라도 된다. 큰 관계망은 작은 관계망에 비해 같은 견본의 사례를 더 많이 가지고 있을 뿐이다. 물론 작은 관계망으로 얻은 일반화를 큰 관계망에 적용하면 정확할 수도 있고 그렇지 않을 수도 있지만, 여기서 말하고자 하는 요점은 그것이 불가능하지 않다는 점이다. 실제로 큰 관계망은 부분적으로 작은 관계망처럼 작동한다.

관계형 학습 알고리즘이 할 수 있는 가장 멋진 기술은 이따금 가르쳐주는 선생님을 성실한 선생님으로 바꾸는 것이다. 일반 분류기에게 유형이 알려지지 않은 사례는 쓸모가 없다. 환자의 증상들이 있지만 진단 결과가 없다면 나는 그 데이터로 진단하는 법을 배우지 못한다. 하지만 환자 친구들 중 몇 명이 독감에 걸렸다는 사실을 안다면 그도 또한 독감에 걸렸다는 것을 알려 주는 간접적인 증거가 된다. 관계망에 있는 소수의 사람들을 진단하고 이 진단 결과를 그들의 친구들에게 적용하고, 또 친구들의 친구들에게도 적용하는 것은 모든 사람을 진단하는 최고의 방법에 이어 두 번째로 좋은 진단 방법이다.

이렇게 추론한 진단은 오류가 있을 수 있지만 증상들이 독감과 어떻게 연관되는지에 관한 전체 통계는 내가 결론을 이끌어 낼 데이터로 소량의 개별 진단 결과만 가지고 있을 때보다 훨씬 더 정확하고 완성도 높을 것이다. 아이들은 이따금 받는 관리 감독을 최대한 활용하는 데 매우 능하다(아이들이 관리 감독을 무시하지 않는다고 가정할 경우). 관계형 학습 알고리즘은 그러한 능력을 얼마간 보여 준다.

하지만 이런 모든 능력은 대가를 지불한다. 의사결정트리나 퍼셉트론 같은 보통의 분류기에서 사물의 속성으로 사물의 유형을 추론하는 것은 서너 가지 색인을 찾고 서너 비트의 짧은 연산을 하는 정도의 문제다. 관계망에서 각 지점의 유형은 다른 모든 지점의 유형에 간접적으로 연관되고, 지점 하나만 따로 분리하여 그 유형을 추론할 수 없다. 베이즈 네트워크에 대해 사용한 '빙빙 도는 신뢰 전파'나 MCMC 같은 추론 기법과 동일한 종류의 기법에 의지할 수 있지만 그 규모가 다르다. 전형적인 베이즈 네트워크에는 수천 개의 변수가 있겠지만 전형적인 사회관계망은 수백만 개나 그 이상의 지점이 있을 것이다. 다행히 같은 가중치를 가지는 같은 특징의 많은 반복으로 관계망의 모형이 구성되기 때문에, 같은 확률을 가질 것으로 알고 있는 많은 지점으로 구성된 '대표 지점'들로 관계망을 압축할 수 있고, 그래서 결과가 같지만 훨씬 더 작은 문제를 푸는 상황이 될 수도 있다.

관계형 학습의 역사는 길며 적어도 17세기부터 시작되고 역연역법 같은 기호주의의 기술들을 기원으로 한다. 하지만 관계형 학습은 인터넷의 출현으로 새로운 동력을 얻었다. 갑자기 네트워크가 모든 곳에 생기고 네트워크를 모형화하는 일이 시급해졌다. 그런데 내가 발견한 특별히 흥미로운 현상이 있었다. 입에서 입으로 전하는 구전이다. 사회관계망에서 정보는 어떻게 전파되는가? 각 구성원의 영향력을 측정하고 구전의 파도를 일으키기 위해 가장 영향력이 큰 구성원들을 충분히 찾을 수 있을까? 나는 제자인 맷 리처드슨Matt Richardson과 함께 그 일을 수행하는 알고리즘을 설계했다.

우리는 이 알고리즘을 회원들이 누구의 상품평을 신뢰하는지 알려 주는 이피니온즈Epinions라는 웹사이트에 적용했다. 그리고 다른 결과와 함께 영향력이 가장 큰 회원(그는 많은 추종자의 신뢰를 받고 그 추종자들은 이어서 다른 많은 사람에게 신뢰를 받는 신뢰 관계는 계속 이어진다) 한 명에게 상품을 소개하는 것이 전체 회원의 3분의 1에게 따로따로 상품을 소개하는 것만큼 효과적이라는 사실을 발견했다. 이후 이 문제에 대하여 여기저기서 수많은 연구가 일시에 진행되었다. 그 후로 나는 관계형 학습을 다른 많은 분야에 적용했는데, 예를 들어 사회관계망에서 누가 관계를 형성하는지 예측하는 기법과 데이터베이스를 통합하는 방법, 로봇이 자기 주변에 대한 지도를 작성하게 하는 법 등이 있다.

세상이 어떻게 작동하는지 이해하고 싶다면 관계형 학습은 좋은 도구다. 아이작 아시모프의 《파운데이션》Foundation에서 과학자 해리 셀든은 인류의 미래를 수학적으로 예측하여 인류를 몰락의 위기에서 구해 낸다. 폴 크루그먼의 여러 가지 고백 중에는 이런 매혹적인 꿈 때문에 경제학자가 되었다는 내용도 있다. 셸든에 따르면 사람은 기체 속의 분자와 같고, 큰 수의 법칙에 따르면 개인은 예측 불가능하지만 전체 사회는 불가능하지 않다고 확신할 수 있다.

관계형 학습은 이것이 왜 사실이 아닌지를 밝혀 준다. 사람들이 독립적이어서 각각 고립되어 결정한다면 사회는 정말로 예측 가능할 것이다. 그런 무작위적 결정을 모아서 살펴보면 일정한 평균값이 나오기 때문이다. 하지만 사람들이 상호작용을 하면 큰 집단이 작은 집단보다 더 예측 가능하지는 않다. 자신감과 두려움이 전염된다면 그중 하나가 잠시 지배적으로 퍼지겠지만 전체 사회는 자신감과 두려움 사이를 왔다 갔다 할 것이다. 이것이 나쁜 소식은 아니다. 우리가 서로서로 얼마나 강하게 영향을 주는지 측정할 수 있다면, 비록 이것이 처음 일어나는 일이라도 다른 쪽으로 영향이 넘어가기 전까지 얼마나 오랫동안 한쪽의 영향이 지속될지 예측할 수 있다. 다른 말로 하면 검은 백조같이 도저히 일어날 것 같지 않은 일도 예측 불가능한 것은 아니다.

빅 데이터에 대해 흔히 하는 불평은 더 많은 데이터가 있을수록 가짜 유형이 발견되기 쉽다는 것이다. 데이터가 연결되지 않은 사물들의 거대한 집합일 뿐이라면 이 불평은 진실일 수도 있지만, 데이터들이 밀접히 연관된다면 전체 그림은 달라진다. 예를 들어 테러범을 잡는 일에 데이터 마이닝(데이터 발굴. 많은 데이터 가운데 숨겨져 있는 유용한 상관관계를 발견하여 미래에 실행 가능한 정보를 추출해 내고 의사 결정에 이용하는 과정—옮긴이)을 사용하는 것에 비판적인 사람들은 윤리적인 논란 외에 데이터 마이닝이 효과가 없을 거라고 주장한다. 결백한 사람은 너무 많고 테러범은 너무 적어서 의심스러운 유형을 캐내는 일이 너무 많은 거짓 경보를 울리거나, 누구도 잡지 못하거나 둘 중 하나가 될 것이기 때문이다. 뉴욕의 시청을 비디오로 촬영하는 사람은 관광객인가 아니면 폭발 장소를 자세히 살피는 테러범인가? 질산암모늄을 다량으로 구매하는 사람은 농부인가 아니면 폭탄 제조자인가? 이들을 따로 분리하면 순수해 보이지만 '관광객'과 '농부'가 자주 전화 연락을 주고받았다면, 그리고 후자가 짐을 가득 실은 픽업트럭을 맨해튼으로 몰고 들어갔다면 누군가 자세히 조사해야 할 때일 것이다.

미국 국가안보국은 누가 누구에게 전화를 거는지에 대한 기록을 데이터 마이닝으로 조사하는 걸 좋아한다. 단지 이것이 합법적이기 때문만은 아니고 이해하기 위해 사람이 필요한 전화 통화 내용보다 그 기록들이 예측 알고리즘에 더 많은 정보를 제공하기 때문이다.

사회관계망 외에 관계형 학습의 매우 인기 있는 응용 분야는 살아 있는 세포가 어떻게 작동하는지 이해하는 일이다. 세포는 다른 유전자를 통제하는 단백질을 만들어 내는 유전자와, 얽히고설킨 긴 연쇄적 화학 반응과, 한 세포 기관에서 다른 세포 기관으로 이동하는 부산물이 한 군데 모인 복잡한 신진대사망이다. 고립되어 자신의 일을 하는 독립된 실체는 어디에도 보이지 않는다. 암 치료제는 정상 세포의 활동은 방해하지 않으면서 암 세포의 활동만 방해해야 한다. 우리가 정상 세포와 암 세포 양쪽의 정확한 관계형 모형을 가지고 있다면, 컴퓨터에서 그 모형으로 여러 가지 약을 많이 시험하여 약들의 좋은 효과와 나쁜 효과를 추론하고, 매우 좋은 약만 골라 체외 실험을 한 뒤 최종적으로 체내 시험을 할 수 있다.

인간의 기억처럼 관계형 학습도 풍성한 관계망을 짠다. 관계형 학습은 로비 같은 로봇이 군집화와 차원 축소로 획득할 수 있는 지각에 의한 인식 결과를, 강화와 청킹을 통해 학습할 수 있는 기술과 독서와 학교 가기와 인간과 상호작용하기에서 얻은 높은 수준의 지식과 연결한다. 관계형 학습은 퍼즐의 마지막 조각이고 우리의 연금술에 필요한 마지막 성분이다. 이제 연구실로 가서 이 모든 요소를 마스터 알고리즘으로 바꿔야 할 시간이다.

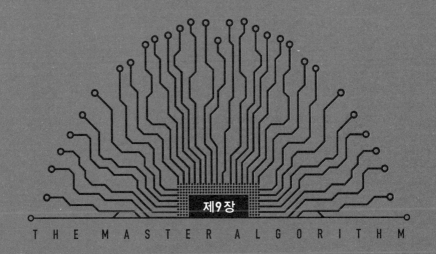

THE MASTER ALGORITHM

마스터 알고리즘을 위한
마지막 퍼즐 조각

머신러닝은 과학이자 기술이며 양쪽의 특징에서 머신러닝을 통합하는 단서를 얻을 수 있다. 과학의 측면에서 보면 이론의 통합은 아주 간단한 관찰에서 출발한다. 무관해 보이는 두 개의 현상은 단지 동전의 양면으로 판명 나고, 그렇게 깨닫고 나면 도미노처럼 다른 것도 연속으로 알아나간다. 땅으로 떨어지는 사과와 하늘에 걸린 달은 모두 중력 때문이고 출처가 불분명한 이야기거나 아니거나 일단 뉴턴이 중력으로 그 현상을 설명하자 중력은 조수와 세차 운동, 혜성의 궤도, 그 밖의 많은 현상도 설명할 수 있다는 것이 밝혀졌다.

우리는 일상에서 전기와 자기를 함께 관찰하지 못했다. 번개는 이쪽에서 치고 철 조각을 끌어당기는 바위는 저기에 있을 뿐 둘이 함께 눈에 띄는 경우는 매우 드물다. 하지만 맥스웰James C. Maxwell이 변하는 전기장이 어떻게 자기장을 일으키는지, 그 반대는 어떻게 성립하는지 밝혀내자 빛 자체가 전기장과 자기장이 친밀하게 결합된 것이라는 사실이 분명해졌고, 우리는 드물다는 것과는 완전히 다르게 전자기가 모든 곳에 있다는 사실을 안다. 멘델레예프의 주기율표는 알려진 모든 원소를 단지 2차원 평면에 배치한 것만이 아니라 새로운 원소가 어디에서 발견될지도 예측했다. 비글호를 타고 항해하며 얻은 관찰 데이터를 어떻게 해석할지 모르던 다윈은 자연 선택을 핵심 원리로 제시한 맬서스의 《인구론》을 읽다 갑자기 관찰 데이터가 주는 의미를 이해하기 시작했다. 크릭과 왓슨은 DNA의 난해한 특성을 설명하려고 시도하는 중에 이중 나선 구조를 떠올렸고, 이 구조가 어떻게 자기 자신을 복제할 수 있는지를 알아차렸으며, 이 순간부터 생물학은 우표 수집 수준(물리학자 러더퍼드Ernest Rutherford가 조롱하며 한 말)에서 체계적인 과학으로 바뀌기 시작했다.

한마디로 정리하면 정신없을 정도로 다양한 관찰에는 공통의 원인이 있다는 것이 판명되었고, 과학자들이 그 원인을 찾아내자 그 원인을 사용하여 새로운 현상을 많이 예측할 수 있었다. 이와 비슷하게 우리가 이 책에서 만나 온 학습 알고리즘은 서로 매우 달라 보이기도 하지만(두뇌에 기반을 둔 것, 진화에 기반을 둔 것, 추상적 수학 원리에 기반을 둔 것 등) 사실 공통점이 매우 많으며, 덕분에 여기서 도출되는 학습 이론으로 새로운 통찰을 많이 얻는다.

잘 알려지지 않은 사실이지만 매우 중요한 기술들이 통합 방식, 즉 이전에는 다수가 필요한 설명을 혼자서 해내는 원리로 발명되었다. 인터넷은 그 이름에서 알 수 있듯이 통신망들을 서로 연결해 주는 통신망이다. 인터넷 없이 각종 통신망을 서로 연결하려면 통신망의 쌍마다 개별 통신 규약이 있어야 한다. 세상에 다양한 언어들이 존재하는 만큼 다른 사전이 필요한 상황과 매우 비슷하다. 인터넷 통신 규약은 국제 공용어인 에스페란토어와 같아서 각 컴퓨터는 다른 컴퓨터와 통역 없이 직접 말한다고 느끼며 전자 우편과 웹사이트는 통신 기반 시설의 물리적인 사항들을 신경 쓰지 않고 통신한다. 관계형 데이터베이스는 기업 응용 프로그램을 사용할 때 위와 비슷한 기능을 제공하여 개발자와 사용자가 추상적인 관계형 모형으로 생각할 수 있어서 컴퓨터가 질의에 대답하는 여러 가지 다른 방식을 신경 쓰지 않아도 된다. 마이크로프로세서는 다른 어떤 전자 부품의 집합체라도 흉내 낼 수 있는 디지털 전자 부품의 집합체다. 가상 기계는 하나의 컴퓨터를 수백 대의 컴퓨터로 보이게 하여 수백 명이 동시에 사용하게 하고 클라우드 서비스가 가능하도록 돕는다. 그래픽 사용자 접속 방식graphical user interface은 문서작성기와 표 계산 프로그램, 발표용 문서편집기, 그 밖의 많은 프로그램을 창과 메뉴, 마우스 클릭이라는 공통 언어로 다룬다. 컴퓨터 자체도 통합 장치다. 컴퓨터를 프로그래밍하는 방법을 알면 하나의 장치로 어떠한 논리 혹은 수학 문제도 풀 수 있다.

오래전부터 우리에게 익숙한 평범한 전기에서도 통합 개념을 볼 수 있다. 우리는 전기를 석탄이나 가스, 핵 에너지, 물, 바람, 태양 등 다양한 원천에서 얻고 다양한 방법으로 사용한다. 발전소는 생산된 전기가 어떻게 쓰이는지 모르고 또 상관하지도 않으며 현관등이나 자동 식기세척기, 새로운 테슬라 전기차는 자신이 소비하는 전기가 어떤 방식으로 만들어졌는지 의식하지 않는다. 전기가 에너지의 에스페란토어라면 마스터 알고리즘은 머신러닝의 통합체다. 마스터 알고리즘은 모든 응용 분야에 적용되는 공통 형식으로 여러 머신러닝 알고리즘을 축약하여 어떤 응용 분야라도 필요한 머신러닝 알고리즘을 사용하게 해 준다.

마스터 알고리즘으로 가는 첫 번째 발걸음은 놀라울 정도로 간단할 것이다. 메타학습meta learning이라는 방식을 사용하여 여러 가지 머신러닝 알고리즘을 하나로 묶는 것은 어렵지 않다고 밝혀졌다. 메타학습은 넷플릭스와 왓슨, 키넥트, 그 외 셀 수 없이 많은 곳에서 사용되고 머신러닝 알고리즘들이 담긴 화살통에서 매우 강력한 화살이다. 또한 메타학습은 계속 이어지는 더 깊은 통합의 디딤돌이기도 하다.

여러 가지 학습 알고리즘을 어떻게 통합할 것인가

도전 과제를 내겠다. 15분 안에 의사결정트리와 다층 퍼셉트론, 분류기 시스템, 나이브 베이즈 분류기, SVM을 통합하여 각 알고리즘이 보유한 최고의 특성을 모두 갖춘 하나의 알고리즘을 만들어라. 서둘러라. 당신은 무엇을 할 수 있는가? 개별 알고리즘의 세부 사항은 포함할 수 없다. 그렇게 할 시간이 없기 때문이다. 그렇다면 다음 방식은 어떤가? 개별 머신러닝 알고리즘을 위원회에 참석한 전문가로 생각하는 것이다. 각 알고리즘은, 예를 들어 '이 환자에게 어떤 진단을 내려야 하나?' 같은 문제를 다룰 때처럼 분류해야 할 사안을 주의 깊게 살펴보고 각자 자신 있게 예측을 내놓는다.

　당신은 전문가가 아니지만 이 위원회의 의장이고 전문가들이 내놓은 예측을 통합하여 최종 결정을 내려야 한다. 당신이 당면한 문제는 새로운 분류의 문제이며, 여기서 분류해야 하는 대상은 환자의 증상이 아니고 전문가들의 의견이다. 하지만 당신은 전문가들이 원래 문제에 머신러닝 알고리즘을 적용한 방식 그대로 이 문제에 머신러닝을 적용할 수 있다. 이 방식은 학습 알고리즘에 관한 학습이기 때문에 이것을 메타학습이라 부른다.

의사결정트리에서 간단한 가중평균 학습기까지 어떤 학습 알고리즘이라도 메타학습 알고리즘이 될 수 있다. 메타학습의 가중치나 의사결정트리를 구하기 위해 머신러닝에서 사례의 속성들이 차지하는 자리를 메타학습에서는 각 머신러닝 알고리즘들의 예측 결과가 차지한다. 올바른 유형을 예측한 학습 알고리즘은 더 높은 가중치를 받을 테고 정확하지 않은 학습 알고리즘은 무시될 것이다. 메타학습이 의사결정트리인 경우 어떤 머신러닝 알고리즘을 사용할지 말지의 선택은 다른 머신러닝 알고리즘들의 예측 결과를 따를 수 있다. 어느 방식이든 학습 예제로 학습을 마친 후에는 메타학습이 제대로 예측하도록 하기 위해 메타학습 알고리즘으로 사용할 알고리즘의 학습 예제로 '배제해야 할 알고리즘'을 모은 학습 예제를 사용하여 먼저 학습시켜야 한다. 그 후 학습한 메타학습 알고리즘이 내놓는 분류기를 사용해야 한다. 그렇지 않으면 과적합 문제를 일으키는 머신러닝들이 그 위원회를 주도하는 위험에 처하고만다. 과적합 문제를 가진 알고리즘들은 사례를 기억하는 방식만으로 정확한 유형을 예측할 수 있기 때문이다.

넷플릭스 프라이즈 공모전의 우승자는 머신러닝 알고리즘 수백 가지를 통합한 메타학습 알고리즘을 사용했다. 왓슨은 메타학습 알고리즘을 사용하여 후보로 올라온 대답들 중에서 최종 대답을 선택했다. 네이트 실버는 이와 비슷한 방식을 사용하여 여론 조사를 통합하고 선거 결과를 예측한다.

이런 종류의 메타학습을 '스택킹'stacking (쌓아 올리기)이라고 부르며, 제3장에서 살펴본 '세상에 공짜는 없다'라는 정리의 창시자 데이비드 월퍼트가 생각해 낸 방식이다. 이보다 훨씬 더 간단한 메타학습은 통계학자 레오 브레이먼Leo Breiman이 발명한 '배깅'bagging(자루에 넣기)이 있다. 배깅은 학습 예제에서 새로운 표본을 추출해 여러 학습 예제를 무작위로 만들어 머신러닝 알고리즘에 적용한 후 그 결과들을 투표 방식으로 통합한다. 이렇게 하는 까닭은 분산이 줄어들기 때문이다. 통합된 모델은 데이터에 예상 밖의 변화가 생겼을 때 단일 모델보다 훨씬 덜 민감하므로 '배깅'은 정확도를 향상하는 매우 쉬운 방법이다. 모형들이 의사결정트리이고, 학습 예제에만 변화를 주는 것이 아니라 각 지점에서 파악하여 얻은 속성들 가운데 무작위로 뽑아 부분 집합을 만들고 이를 각 트리가 보유하는 식으로 변화를 주면 '랜덤 포레스트'random forest라 부르는 방식이 된다. 랜덤 포레스트는 매우 정교한 분류기다. 마이크로소프트의 키넥트는 당신의 동작을 파악할 때 랜덤 포레스트 방식을 사용하며, 이 방식은 머신러닝 경연 대회에서도 자주 우승한다.

매우 성능이 좋은 메타학습법 중에는 학습이론가 요아브 프로인트Yoav Freund와 롭 샤피르Rob Schapire가 발명한 '부스팅'boosting(강화법)이 있다. 부스팅은 여러 학습 알고리즘을 결합하는 대신 이전 모형들이 저지른 실수를 바로잡는 새 모형을 이용하면서 같은 분류기를 데이터에 반복 적용한다. 이 방식은 학습 예제에 가중치를 부여한다. 학습을 할 때마다 잘못 분류한 사례의 가중치를 증가시켜 다음번 학습에서는 이 사례에 더욱 집중하도록 하는 것이다. 부스팅이라는 이름은 이 과정이 처음에는 무작위 추측보다 그저 약간 좋기만 한 분류기를 지속적으로 강화하여 거의 완전한 분류기로 만든다는 개념에서 나왔다.

메타학습이 눈에 띄게 성공하지만 모형들을 결합하는 매우 심오한 방법은 아니다. 게다가 이 방법은 요구하는 학습 횟수가 많은 만큼 비용이 많이 들고 결합된 모형이 매우 모호하기도 하다('비록 다층 퍼셉트론과 SVM 은 당신이 전립선암에 걸렸다고 하지 않지만 의사결정트리와 유전 알고리즘, 나이 브 베이즈 분류기가 걸렸다고 하기 때문에 나는 당신이 전립선암에 걸렸다고 믿는 다'라는 식의 결론은 확실한 결론이라 보기 어렵다). 더욱이 모든 결합 모형은 하나의 커다란, 정리 안 된 모형일 뿐이다. 결국 결합 모형combined model이 하는 일을 수행하는 단일한 머신러닝 알고리즘을 만들 수는 없을까? 아 니다, 우리는 할 수 있다.

궁극의 학습 알고리즘

우리의 통합 학습 알고리즘은 우화 같은 이야기로 가장 잘 소개할 수 있 을 것이다. 머신러닝이 다섯 종족의 영토로 나뉜 국가라면, 마스터 알고 리즘은 다섯 영토가 만나는 특별한 자리에 있는 이 국가의 수도다. 이 도 시는 세 개의 동심원으로 구성되었고 원마다 벽으로 나뉘었다. 바깥쪽 의 가장 넓은 원은 최적화 마을이다. 여기에 있는 집들은 알고리즘이고 크기와 모양이 매우 다양하다. 주민들이 바쁘게 짓는 집도 있고 반짝반 짝 빛나는 새집도 있고 오래되어 버려진 집도 있다. 언덕 위에는 '평가' 라는 이름의 요새가 서 있다. 그곳의 대저택과 궁전에서 알고리즘으로 계속 명령이 내려온다. 하늘을 바탕으로 검은 윤곽을 드러낸 '표현' representation의 탑들이 이들보다 더 높이 솟아 있다. 이곳에 도시의 지도자 들이 산다. 그들은 이 도시뿐 아니라 온 나라에 적용되는 변경할 수 없는

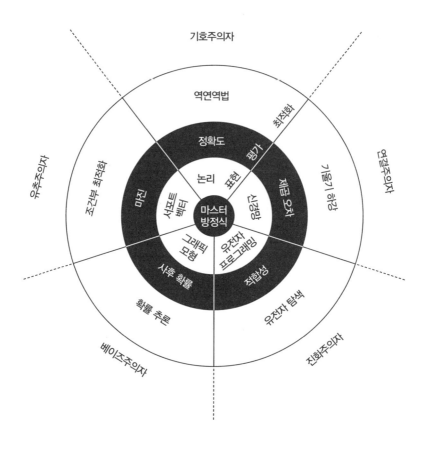

법칙들로 할 수 있는 일과 할 수 없는 일을 제시한다. 가운데 맨 꼭대기의 가장 높은 탑 위에서는 마스터 알고리즘의 깃발이 펄럭인다. 깃발은 빨갛고 검으며 오각형 별 모양 안에 당신이 아직 알 수 없는 글귀가 쓰여 있다.

 도시는 다섯 지역으로 나뉘고 각 지역은 다섯 종족에 속해 있다. 각 지역은 표현의 탑에서 아래로 쭉 내려와 도시의 외곽 벽까지 펼쳐져 있고 탑 주위를 둘러싼 지역이 있으며 평가의 요새에는 궁전이 모여 있고 궁전에서 내려다보이는 최적화 마을에는 거리와 집들이 있다. 다섯 개 지역과 세 개의 원은 도시를 각각의 모양을 지닌 열다섯 구역으로 나누고, 이것들은 우리가 풀려는 퍼즐의 열다섯 개 조각이다.

당신은 비밀을 해독하려고 지도를 주의 깊게 살펴본다. 열다섯 조각은 매우 정교하게 잘 맞추어져 있지만 열다섯 조각이 어떻게 마스터 알고리즘의 세 가지 부분인 표현 부분과 평가 부분, 최적화 부분을 형성하는지 파악해야 한다. 각 알고리즘에는 이러한 세 가지 요소가 있지만 그것들은 종족마다 모습이 다르다.

표현은 머신러닝 알고리즘이 자신의 모형을 표현하는 공식 언어다. 기호주의자의 공식 언어는 논리이고 논리의 규칙과 의사결정트리가 구체적 사례다. 연결주의자의 공식 언어는 신경망이다. 진화주의자의 공식 언어는 유전 프로그램과 분류기 시스템이다. 베이즈주의자의 공식 언어는 그래픽 모형이고, 그래픽 모형이라는 말은 베이즈 네트워크와 마르코프 네트워크를 모두 가리키는 포괄적 용어다. 유추주의자의 공식 언어는 특별한 사건들이고 SVM처럼 가중치를 가질 수도 있다.

평가 부분은 모형이 얼마나 좋은지로 점수를 매긴다. 기호주의자는 평가 부분으로 정확도 혹은 정보 이득을 사용한다. 연결주의자는 제곱 오차 같은 연속적인 오차 측정을 사용한다. 제곱 오차는 예측된 값과 참 값 사이의 차이들을 제곱하여 더한 것이다. 베이즈주의자는 사후 확률을 사용한다. 유추주의자(적어도 SVM류의 유추주의자)는 마진을 사용한다. 모형이 데이터와 얼마나 맞는가와 함께 모형이 얼마나 단순한가 같은 바람직한 다른 특성들도 고려한다.

최적화는 가장 높은 점수를 내는 모형을 찾아 주는 알고리즘이다. 기호주의자 특유의 탐색 알고리즘은 역연역법이다. 연결주의자의 탐색 알고리즘은 기울기 하강이다. 진화주의자의 탐색 알고리즘은 교차와 돌연변이 같은 유전자 탐색이다. 베이즈주의자는 이 영역에서 특이하다. 그들은 단순히 최고의 모형만 찾지 않고 모형이 얼마나 가능성이 있는가에 따라 가중치를 주고 모든 모형으로 평균을 취한다. 가중치 부여 작업을 효율적으로 하기 위해 베이즈주의자는 MCMC 같은 확률적 추론 알고리즘을 사용한다. 유추주의자(더 정확하게는 SVM 전문가)는 최고의 모형을 찾기 위해 조건부 최적화를 사용한다.

긴 하루가 지나고 해가 빠르게 지평선으로 기울고 있다. 어두워지기 전에 서둘러 마을에 들어가야 한다. 도시의 바깥벽에는 다섯 개의 커다란 문이 있고 성문마다 다섯 부족이 지키며 최적화 마을로 통한다. 경비대에게 '딥 러닝'이라는 암구호watchword를 조용히 말한 후 기울기 하강 성문으로 들어가서 표현의 탑들을 향해 나선형을 그리며 올라간다. 문 앞의 거리는 가파른 오르막으로 요새의 '제곱 오차'squared error 성문을 향해 나 있지만 당신은 그쪽 대신 왼편으로 발길을 돌려 진화주의자 구역으로 간다. 기울기 하강 구역에 있는 집들은 부드러운 곡선 모양이고 심하게 뒤얽혀서 도시라기보다는 정글에 가깝다. 하지만 기울기 하강 구역이 유전자 탐색 구역으로 바뀌자 풍경은 갑자기 변한다. 여기의 집들은 더 높고 구조물 위에 구조물이 쌓여 있는 모습이지만 건물은 여분으로 남아돌고 내부는 거의 비었다. 마치 기울기 하강의 곡선들로 채워지기를 기다리는 듯하다. 바로 그것이다. 기울기 하강 구역과 유전자 탐색 구역을 결합하는 방법은 모형의 구조를 찾기 위하여 유전자 탐색을 사용하고, 구조의 변수값을 정하기 위하여 기울기 하강을 사용하는 것이다. 이것이 자연이 작동하는 방식이다. 진화는 두뇌의 구조를 만들어 내고 개별적 경험으로 구조들을 조정한다.

첫 구역을 다 살펴보고 베이즈주의자의 구역으로 서둘러 간다. 아직 당신은 멀리 떨어졌지만 '베이즈 정리'라는 대성당 주위에 건물이 모여 있는 모습을 본다. MCMC 골목은 무질서하게 지그재그로 나 있다. 이 길로 가자면 시간이 한참 걸릴 것이다. 당신은 신뢰 전파 거리라는 지름 길을 택하지만 이 길은 영원히 빙글빙글 도는 것 같다. 그러다가 당신은 '사후 확률' 성문을 향하여 당당하게 올라가는 '가장 높은 가능성' 거리 를 발견한다. 이 모델의 예측 결과는 모든 모델을 평균하여 구한 결과와 같을 것이라 확신하며 가장 가능성 높은 모델을 향하여 바로 갈 수 있다. 그리고 유전 탐색이 모형의 구조를 뽑고 기울기 하강이 모형의 변수값 들을 찾도록 할 수 있다. 적어도 이 모형으로 질문에 답할 때까지 확률 추론에서 당신에게 필요한 것은 그것이 전부임을 깨닫고 안도의 한숨을 쉰다.

당신은 계속 나아간다. 조건부 최적화 구역은 좁은 골목과 막다른 길 로 이루어진 미로이고 모든 유형의 사례들이 도처에 바싹 달라붙어 있 으며 가끔 서포트 벡터 주위에는 빈 터가 보인다. 잘못된 유형의 사례들 과 마주치지 않으려면 당신이 이미 결집한 최적화 도구에 제한 사항을 덧붙이는 일밖에 없다는 것이 분명하다. 그런데 생각해 보니 그것조차 필요 없다. SVM을 학습시킬 때 과적합을 피하려는 목적으로 보통 마진 을 침범하도록 허용하고 마진을 침범할 때마다 벌점을 부여하는 방식을 사용한다. 이렇게 하면 사례의 최적 가중치는 다시 기울기 하강 형식으 로 학습하여 얻을 수 있다. 그것은 쉽다. 당신은 이제 요령을 터득해 나 간다고 느낀다.

이제 사례가 겹겹이 늘어선 모습이 갑자기 끝나고 고대의 석조 건물이 널찍한 거리에 늘어선 역연역법 구역에 들어왔음을 알아차린다. 이곳의 건축물은 직선과 직각으로 만든 기하학 모양이고 엄격한 분위기를 자아낸다. 심하게 가지치기한 나무의 줄기도 직각 모양이고 잎에는 예측된 유형이 꼼꼼히 적혀 있다. 이 구역의 거주민은 독특한 방식으로 집을 짓는 것 같다. 그들은 '결론'conclusion이라 이름 붙인 지붕을 먼저 만들고 지붕과 '전제'premise라고 이름 붙인 대지 사이를 천천히 채워 나간다. 특정 간격을 메우는 데 딱 맞는 모양의 돌덩이를 찾아서 하나하나 제자리에 올려놓는다.

하지만 당신은 많은 간격이 같은 모양이라는 것을 발견한다. 돌을 다듬고 잘라서 그 간격을 채울 때까지 조각들을 결합하는 작업을 필요한 만큼 반복하면 일을 더 빨리 끝낼 것이라고 생각한다. 다른 말로 하면 당신은 역연역법을 하기 위해 유전 탐색을 사용할 수 있을 것이다. 멋지다. 당신이 다섯 가지 최적화 도구를 간단한 요리법으로 응축한 것 같아 보인다. 구조를 찾기 위해 유전 탐색을 사용하고 변수값들을 정하기 위해 기울기 하강을 사용한 것이다. 하지만 그것도 지나친 방법이 될 수 있다. 많은 문제에 대하여 다음의 세 가지 사항을 수행하면 유전 탐색을 언덕 오르기로 축소할 수 있다. 첫째, 교차하지 않는다. 둘째, 각 세대에서 가능한 모든 점 돌연변이를 시도한다. 셋째, 다음 세대에 전파할 최고의 가설을 항상 하나만 선택한다.

저 위의 조각상은 무엇인가? 다소 못마땅한 표정으로 기울기 하강 구역의 헝클어진 모습을 쳐다보는 아리스토텔레스다. 당신은 여러 가지 경험을 겪으며 한 바퀴 돌아 제자리로 돌아 왔다. 당신은 마스터 알고리즘을 구현하는 데 필요한 통합된 최적화 알고리즘을 얻었지만 아직 축하받을 시간이 아니다. 밤이 되었지만 당신은 여전히 할 일이 많다. 당신은 당당하게 보이나 약간 좁은 '정확도'accuracy 성문을 통과하여 '평가' evaluation의 성으로 들어간다. 성문 위에는 "여기 들어오는 그대, 과적합의 희망을 모두 버려라."라는 글귀가 걸려 있다.

다섯 종족의 평가법 궁전을 돌아 지나며 당신은 마음속으로 재빨리 조각들을 끼워 맞춘다. 당신은 예-혹은-아니오로 예측하는 방식을 평가하기 위해 정확도를 사용하고, 연속적인 값으로 예측하는 방식을 평가하기 위해 제곱 오차를 사용한다. 적합성은 진화주의자의 채점 방식에 붙는 이름이다. 당신은 정확도와 제곱 오차를 포함하여 원하는 것은 뭐든 채점 방식으로 사용할 수 있다. 사후 확률은 당신이 사전 확률을 무시하고 오차가 정규 분포를 따르는 경우 제곱 오차로 간략화된다. 대가만 지불하면 만족하지 않는 것을 허용할 경우 마진은 더 유연한 정확도 지표가 된다. 즉 정확한 예측에는 벌점을 부과하지 않고 틀린 예측에는 1이라는 벌점을 부과하는 대신 당신이 틀리는 예측 수가 마진의 범위 안에 들어오지 않는 한 벌점은 0이고 그 범위에 들어오면 벌점이 꾸준히 올라가기 시작한다. 휴! 평가 방법을 통합하는 것은 최적화 방법을 통합하는 것보다 훨씬 쉽다. 하지만 당신 위에 어렴풋이 드리운 표현의 탑을 보니 불길한 예감이 밀려온다.

이제 탐험의 마지막 단계에 도달했다. 당신은 서포트 벡터 탑의 문을 두드린다. 위협적인 표정의 경비원이 문을 연다. 당신은 갑자기 암구호를 모른다는 사실을 깨닫는다. '커널'이라고 무심결에 말하면서 당황하는 모습이 목소리에 드러나지 않도록 조심한다. 경비원은 고개를 끄덕이며 옆으로 비켜선다. 마음의 평정을 다시 찾은 당신은 안으로 들어가면서 준비가 부족했던 자신을 마음속으로 나무란다.

탑의 1층 전체는 그리 잘 꾸미지 않은 원형 방이고 대리석으로 SVM을 표현한 것처럼 보이는 조각이 방 가운데 가장 중요한 자리를 차지하고 있다. 그 주위를 걸어 다니다 한쪽 구석에 있는 문을 발견한다. 그 문은 분명히 중앙 탑, 즉 마스터 알고리즘 탑으로 연결되는 통로의 문일 것이다. 문을 지키는 경비원은 없는 듯 보인다. 당신은 지름길을 택하기로 결정한다. 출입구를 빠져나와 짧은 복도를 걸어 내려가서 각 벽마다 문이 있는 훨씬 더 큰 오각형 방에 도달한다. 가운데에는 눈으로 보이는 한계까지는 끝없이 올라가는 나선형 계단이 있다. 위에서 목소리가 들리고 당신은 반대쪽 출입구로 몸을 구부려서 들어간다. 길은 신경망 탑으로 연결된다. 다시 한번 원형 방에 들어왔고 가운데에는 다층 퍼셉트론의 조각상이 놓여 있다. 이 조각상의 세부 모습은 SVM의 세부 모습과 다르지만 전체 배열은 아주 비슷하다. 당신은 갑자기 깨닫는다. SVM이란 은닉 층이 S자 곡선 대신 커널로 구성되고, 출력이 또 다른 S자 곡선 대신 선형 결합으로 되어 있는 다층 퍼셉트론일 뿐이다.

다른 표현 양식들도 비슷한 형태인가? 당신은 흥분이 고조되어 뒤로 달려가 오각형 방을 지나 논리의 탑에 도착한다. 가운데 서 있는, 논리 집합을 묘사해 놓은 조각을 응시하며 유형을 찾아내려 노력한다. 그렇다! 각 규칙은 어떤 특성을 매우 잘 드러내는 신경세포와 같다. 예를 들어 '만약 그것이 거대한 도마뱀이고 불을 내뿜는다면 그것은 용이다'라는 규칙은 '그것은 거대한 도마뱀이다'라는 입력과 '불을 내뿜는다'라는 입력에 가중치로 1을 할당하고 한계값은 1.5로 설정한 퍼셉트론인 것이다. 그리고 규칙들의 집합은 한 규칙당 하나의 신경세포를 할당하는 은닉 층과 규칙들을 구분하는 출력 신경세포로 구성된 다층 퍼셉트론이다. 당신의 마음 속 한구석에는 사라지지 않는 의심이 있지만 지금은 그 의심을 풀 시간이 없다.

당신이 오각형 방을 가로질러 유전자 프로그램의 탑에 도달하면서 이제는 이 프로그램들을 어떻게 정리할지 파악할 수 있다. 유전자 프로그램은 단지 프로그램일 뿐이며 프로그램은 단지 논리의 구조물이다. 이 방의 유전자 프로그램 조각상은 나무 모양이고 가지에서 더 가는 가지가 뻗어 나오며 잎은 그저 간단한 규칙이다. 그러므로 프로그램은 규칙으로 응축되고, 규칙을 신경세포로 표현할 수 있다면 프로그램 또한 신경세포로 나타낼 수 있다.

그래픽 모형의 탑으로 가 보자. 불행히도 이곳의 원형 방에 있는 조각상은 다른 것과 전혀 닮지 않았다. 그래픽 모형은 요소들의 곱이다. 베이즈 네트워크의 경우 그 요소들은 조건부 확률이고 마르코프 네트워크의 경우 상태를 나타내는 음이 아닌 함수다. 당신은 노력해 보았지만 그래픽 모형이 신경망이나 규칙 집합과 연결될 만한 부분을 찾지 못한다. 실망감이 엄습한다. 하지만 당신은 모든 함수에 대하여 그 함수의 지수를 보여 주는 '로글'loggle이라는 안경을 쓴다. 유레카. 요소들의 곱은 이제 SVM과 투표로 정하는 규칙들의 집합, 출력 S자 곡선이 없는 경우의 다층 퍼셉트론같이 지수값들이 더해지는 형태로 바뀐다. 예를 들어 당신은 나이브 베이즈 분류기를 퍼셉트론으로 변환할 수 있다. 즉 퍼셉트론의 '불을 내뿜는다'의 가중치 값은 나이브 베이즈의 P(불을 내뿜는다|용) 지수에서 P(불을 내뿜는다|용이 아니다) 지수를 빼어 구한다. 물론

그래픽 모형은 이것보다 훨씬 더 일반적이다. 다른 변수들(속성들)이 나타난 조건에서 한 변수(유형)의 확률 분포만이 아니라 여러 변수의 확률 분포를 나타낼 수 있기 때문이다.

당신은 해냈다! 아니 과연 그런가? SVM을 신경망에 포함하고 신경망을 그래픽 모형에 포함한 일. 그것은 효과가 있었다. 유전자 프로그램을 논리에 포함한 것도 효과가 있었다. 하지만 논리와 그래픽 모형의 결합은 어떠한가? 그 부분에서 무엇인가 잘못되었다. 당신은 뒤늦게 문제를 알아차린다. 논리는 그래픽 모형에 없는 차원이 있고 그 반대도 마찬가지다. 다섯 방의 조각상들은 서로 잘 어울린다. 그것들은 단순한 우화 속에 있기 때문이다. 하지만 현실은 우화가 아니다. 하나보다 많은 사물을 포함하는 규칙, 예를 들어 '친구의 친구도 친구이다'를 그래픽 모형으로 나타낼 수 없다. 그래픽 모형으로 나타내려면 모든 변수는 한 사물의 특성이어야 한다. 또한 그래픽 모형은 하위 프로그램 변수들의 집합을 다른 하위 프로그램으로 보내는 프로그램을 나타낼 수 없다. 논리는 이런 일 전부를 쉽게 할 수 있지만 다른 한편으로 논리는 불확실성, 애매함 혹은 유사성 정도를 나타낼 수 없다. 그리고 이런 모든 일을 해내는 표현법 없이는 범용적인 머신러닝 알고리즘을 만들 수 없다.

당신을 해답을 구하기 위해 머리를 몹시 혹사하지만 애를 쓸수록 더 어려워진다. 논리와 확률을 통합하는 것은 인간의 능력 밖 일인지도 모른다. 당신은 지쳐 쓰러져 잠이 든다. 그러다가 크게 으르렁거리는 소리에 깜짝 놀라 잠이 깬다. 머리가 히드라 같은 복잡성 괴물이 턱을 크게 벌렸다가 물려고 달려들지만 당신은 마지막 순간에 몸을 숙인다. 괴물을 벨 수 있는 유일한 무기인 학습이라는 검을 필사적으로 휘둘러 마침내 괴물의 목을 전부 다 베어 내는 데 성공한다. 새로운 머리가 나오기 전에 당신은 계단 위로 뛰어 올라간다.

몹시 힘들게 올라가 꼭대기에 다다른다. 결혼식이 진행 중이다. 논리 나라의 초대 왕으로 기호주의 세계의 지배자이자 프로그램의 수호자인 프래에디카투스(선언, 설교라는 뜻의 라틴어 — 옮긴이)가 확률의 공주이고 네트워크의 여자 황제인 마르코비아에게 말한다. "우리의 세계를 통일합시다. 내 규칙에 당신은 가중치를 더할 것이고 온 나라에 퍼질 새로운 표현법이 나올 것입니다." 공주가 화답한다. "그리고 우리의 자손을 마르코프 논리 네트워크_{Markov logic network, MLN}라고 부를 것입니다."

당신은 머리가 어지럽다. 발코니로 나간다. 태양은 도시 위에 떠올랐다. 지붕 너머 저 멀리 있는 교외 지역을 응시한다. 시중 드는 사람들이 구름 떼같이 무리를 지어 모든 방향에 퍼져 있고 낮은 소리를 내면서 마스터 알고리즘을 기다린다. 호위대가 데이터 광산에서 캐낸 금을 나르며 길을 따라 움직인다. 서쪽 끝으로는 정보의 바다가 육지와 맞닿았고 배들이 떠 있다. 당신은 마스터 알고리즘의 깃발을 올려다본다. 이제 당신은 오각형 별 안쪽에 새겨진 글귀를 분명하게 볼 수 있다.

$$P = e^{w \cdot n} / Z$$

이것은 무엇을 뜻할까? 당신은 곰곰이 생각한다.

마르코프 논리 네트워크

2003년 나는 '논리와 확률을 어떻게 결합할 것인가'라는 문제를 제자인 맷 리처드슨과 함께 연구하기 시작했다. 처음에는 별로 진전이 없었다. 우리는 베이즈 네트워크로 통합을 시도했는데 베이즈 네트워크의 경직된 형태, 즉 변수들의 엄격한 순서와 부모(유형들)가 정해진 상태에서 자식들(속성들)의 조건부 확률 분포들이 논리의 유연성을 따라 잡지 못하기 때문이었다. 하지만 크리스마스 이브 전날, 나는 훨씬 더 나은 방법이 있다는 것을 깨달았다. 베이즈 네트워크를 마르코프 네트워크로 바꾸면 어떠한 논리 공식도 마르코프 네트워크 특징의 견본으로 사용할 수 있고, 그렇게 되면 논리와 그래픽 모형을 통합할 수 있을 것이다. 어떻게 하는지 이제부터 살펴보자.

마르코프 네트워크는 퍼셉트론과 매우 비슷하게 특징들의 가중치 합으로 정의된다는 것을 기억하자. 우리가 사람들의 사진을 모아 놓은 데이터가 있다고 해 보자. 임의로 사진을 하나 골라내고 '이 사람의 머리는 흰색이다' '이 사람은 노인이다' '이 사람은 여자다' 등의 특징들을 뽑아낸다. 퍼셉트론에서는 이런 특징들의 가중치 합을 한계치값과 비교하여 이 사람이 당신의 할머니인지 아닌지를 결정한다.

마르코프 네트워크에서는 매우 다른 일을 수행한다(적어도 처음 보기에는 그렇다). 가중치의 합을 지수로 하는 자연 로그의 거듭제곱을 만들면 이것은 가중치를 지수로 하는 자연 로그의 곱의 형태가 되고, 이 곱은 사진에 당신의 할머니가 있는지 여부와 상관없이 사진 모음에서 그런 특징을 가진 사진을 고를 확률이 된다. 당신에게 노인 사진이 많으면 그 특징의 가중치는 올라간다. 대부분 남자 사진이라면 '사진의 인물은 여자다'라는 특징의 가중치는 내려간다. 우리가 원하는 어느 것이라도 특징이 될 수 있어서 마르코프 네트워크는 확률 분포를 나타내는 매우 유연한 방법이 된다.

하지만 엄밀하게 보면 나는 거짓말을 했다. 요소들의 곱은 아직 확률이 아니다. 모든 사진의 확률은 다 합하여 1이 되어야 하지만, 모든 사진의 요소들을 곱한 것이 그렇게 되는 보장이 없다. 우리는 그것들을 정규화해야 한다. 즉 각 요소들의 총합으로 각 요소를 나누어야 한다. 정규화한 모든 요소의 합은 이제 1이라고 보장할 수 있다. 이것은 자기 자신으로 나눈 값이기 때문이다. 사진의 확률은 이제 사진 속 특징들의 가중치를 합하고 이 합을 자연 로그의 지수 자리에 넣어 나온 값을 정규화하여 얻는다. 당신이 오각형 별 안의 방정식을 다시 살펴보면 이 식이 의미하는 바를 눈치 챌 것이다. P는 확률이고 $\mathbf{w}$는 가중치 벡터(굵은 글씨라는 것을 확인하라)이고 $\mathbf{n}$은 숫자들의 벡터다. 이것들의 내적 • 을 자연 로그의 지수 자리에 넣고 모든 곱의 합인 Z로 나누어 P를 구한다. 사진의 첫째 특징이 진실이면 $\mathbf{n}$의 첫째 성분을 1이라고 하고 거짓이면 0이라 하자. 나머지 특징들에 대해서도 똑같이 정하면 $\mathbf{w} \bullet \mathbf{n}$은 우리가 지금까지 이야기한 특징들의 가중치 합을 나타낸다.

그래서 이 방정식은 마르코프 네트워크에 따라 사진(어느 것이라도 상관없다)의 확률을 구해 준다. 하지만 이 방정식은 마르코프 네트워크보다 더 일반적인데, 이 방정식이 단순히 마르코프 네트워크의 방정식일 뿐만 아니라 우리가 이름 붙인 마르코프 논리 네트워크의 방정식도 되기 때문이다. 마르코프 논리 네트워크에서 $\mathbf{n}$에 들어 있는 숫자들은 0이나 1이 되어야만 하는 것은 아니다. 또한 이 숫자들은 특징을 가리키지 않고 논리 공식들을 가리킨다.

우리는 제8장 끝에서 어떻게 마르코프 네트워크를 넘어 관계형 모델로 갈 수 있는지 보았다. 여기서 관계형 모델은 단지 특징들이 아닌 특징들의 견본으로 정의되었다. '앨리스와 밥은 모두 독감에 걸렸다'는 앨리스와 밥에게만 특별히 해당되는 특징이다. 'X와 Y는 모두 독감에 걸렸다'는 특징의 견본이고 앨리스와 밥, 앨리스와 크리스 그리고 다른 어떤 두 사람이라도 이 견본의 예가 된다. 특징의 견본은 수십억이나 그 이상의 특징을 간단한 하나의 표현으로 요약할 수 있기 때문에 강력한 도구다. 하지만 특징의 견본들을 정의하는 공식 언어가 필요하며 우리는 한 가지 보유하고 있다. 바로 논리다.

마르코프 논리 네트워크MLN는 단순히 논리 공식들과 그 가중치의 집합이다. 사물의 특정 집합에 적용되면 그들의 가능한 상태에 관하여 마르코프 네트워크가 정해진다. 사물이 앨리스와 밥이면 가능한 상태 하나로 '앨리스와 밥은 친구이며 앨리스는 독감에 걸렸고 밥도 독감에 걸렸다'를 예로 들 수 있다. MLN이 두 개의 공식을 가졌다고 가정하자. 예를 들어 '모든 사람이 독감에 걸렸다'와 '만약 어떤 사람이 독감에 걸렸으면 그의 친구들도 독감에 걸렸다'라는 공식이 있다고 하자. 표준 논리에서 이 두 공식은 매우 쓸모없는 한 쌍일 것이다. 첫째 공식은 한 사람이라도 건강한 사람이 있으면 한 사람만 있는 상태를 포함하여 모든 상태를 배제할 것이고, 그러면 둘째 공식은 있으나 마나 한 덤일 뿐이다.

하지만 MLN에서 첫째 공식은 모든 사람 X에 대하여 'X는 독감에 걸렸다'라는 특징이 있다는 것만을 의미하며 단지 하나의 공식으로서 다른 공식들과 마찬가지로 가중치를 가진다. 사람들이 독감에 걸릴 가능성이 있으면 그 공식의 가중치는 높을 것이고 이에 해당하는 특징들의 가중치도 높을 것이다. MLN에서 첫째 공식으로 평가하면 건강한 사람이 많은 상태는 건강한 사람이 적은 상태보다 가능성이 덜하지만 불가능한 것은 아니다. 그리고 둘째 공식을 따를 경우 어떤 사람이 독감에 걸리고 그의 친구들은 걸리지 않은 상태는 건강한 사람과 감염된 사람이 분리된 무리에 속하는 상태보다 가능성이 낮다.

이 시점에서 당신은 **n**이 마스터 알고리즘에서 무엇인지 추측할 수 있을 것이다. 이것의 첫째 성분은 첫째 공식이 진실인 사례들의 숫자이고 둘째 성분은 둘째 공식이 진실인 사례의 숫자이며 이런 식으로 계속 이어진다. 열 명의 친구가 있는 무리를 관찰했는데 그중 일곱 명이 독감에 걸렸다면 **n**의 첫째 성분은 7이다(열 명 중에서 일곱 명이 아니라 스무 명 중에서 일곱 명이 독감에 걸렸다면 이 확률은 다르지 않아야 하는가? 아니다. Z 때문에 확률이 다르다). 극한의 상황에서 모든 가중치를 무한대로 설정하면 마르코프 논리는 표준 논리가 된다. 단 하나의 사건이 있는 공식을 어기면 확률이 0으로 폭락하고 상태를 불가능하게 만들기 때문이다. 확률면에서는 모든 공식이 단 하나의 사례만 언급할 때 MLN이 마르코프 네트워크가 된다. 그래서 마르코프 논리는 논리와 마르코프 네트워크를 특별한 경우로서 포함하므로 이것은 우리가 찾는 통일체가 된다.

MLN을 학습시킨다는 의미는 임의로 예측하는 방식보다 더 자주 세상에서 진실이 되는 공식을 발견하고 공식이 예측하는 확률이 관찰되는 횟수와 맞도록 공식의 가중치를 정하는 것이다. 일단 MLN을 학습시켰으면 '밥의 친구인 앨리스가 독감에 걸렸을 때 밥이 독감에 걸릴 확률은 얼마인가?' 같은 질문에 대답하기 위하여 MLN을 사용할 수 있다. 그리고 한번 맞혀 보시라! 확률은 다층 퍼셉트론의 경우와 매우 흡사하게 특징들의 가중치 합에 적용된 S자 곡선에 의해 정해진다. 그리고 길게 연결된 규칙들이 있는 MLN은 규칙들의 연결고리 하나당 하나의 층이 있는 심층 신경망을 나타낼 수 있다.

물론 독감의 전파를 예측하는 일에 위에서 소개한 간단한 MLN이 쓰인다고 속지 마시라. 대신 MLN이 암을 진단하고 치료하는 일에 사용되는 모습을 상상해 보라. MLN은 세포 상태에 대한 확률 분포를 나타낸다. 세포의 모든 부분과 모든 세포 소기관, 모든 신진대사 과정, 모든 유전자와 모든 단백질은 MLN에서 실체이며 MLN의 공식들이 그들 사이에 존재하는 상호 의존성을 설명한다. 우리는 MLN에 '이 세포는 암 세포인가?'라고 물을 수 있으며 여러 가지 약으로 시험하고 무슨 일이 일어나는지 살펴본다. 아직 이런 일을 하는 MLN은 없지만 잠시 후 이런 MLN이 어떻게 출현할지 예상해 보겠다.

지금까지 우리가 다룬 내용을 정리해 보면, 지금까지 도출한 통합 머신러닝 알고리즘은 MLN을 표현으로 사용하고 사후 확률을 평가 기능으로 사용하고 기울기 하강과 결합한 유전 탐색을 최적화기로 사용했다. 우리가 원한다면 사후 확률은 다른 정확도 측정으로, 유전 탐색은 언덕 오르기로 쉽게 교체할 수 있다. 우리는 높은 봉우리에 도달하여 이제 탁 트인 전망을 볼 수 있다.

하지만 섣불리 이 머신러닝 알고리즘을 마스터 알고리즘이라 부르지 않겠다. 첫째, 길고 짧은 것은 대 봐야 아는 것처럼 이것도 써 봐야 하며, 지난 10여 년 동안 이 알고리즘(혹은 이것의 변형)이 많은 영역에 성공적으로 적용되었지만 그렇지 못한 분야가 더 많았고, 그래서 아직 이 알고리즘이 얼마나 범용적인 목적으로 사용될 수 있을지는 확실하지 않기 때문이다. 둘째, 이 알고리즘이 해결하지 못하는 몇몇 중요한 문제가 있기 때문이다. 하지만 이런 문제들을 보기 전에 이 알고리즘이 무엇을 할 수 있는지 살펴보자.

흄에서 가사 로봇까지

내가 지금까지 설명한 학습 알고리즘을 alchemy.cs.washington.edu에서 내려 받을 수 있다. 우리는 이 알고리즘에 '알케미'Alchemy라는 이름을 붙였다. 이 알고리즘이 많은 성공을 거두었지만 여전히 머신러닝은 과학에서 연금술을 연구하던 시절의 수준에 있다는 것을 우리 자신에게 상기시키고 싶었기 때문이다. 당신이 이 프로그램을 내려 받으면 이 프로그램이 내가 설명한 기본 알고리즘보다 훨씬 더 많은 것을 포함한다는 사실을 발견하겠지만, 이것도 보편적인 학습 알고리즘이 반드시 가져야 한다고 말한, 예를 들어 교차와 같은 것들이 몇 개 빠져 있다. 어쨌든 보편적인 머신러닝의 후보를 간단히 가리키기 위해 알케미라는 이름을 사용하자.

알케미는 흄이 제기한 질문에 데이터 이외에 또 다른 것을 입력으로 사용하여 응답한다. 즉 가중치를 적용한 혹은 하지 않는 논리 공식의 집합이라는 형식에 당신이 이미 가지고 있는 지식을 담아 입력한다. 공식은 일관성이 떨어지거나 불완전하거나 혹은 그냥 틀려도 된다. 학습과 확률 추론으로 이를 보수할 것이다. 핵심은 알케미가 아무것도 없는 무에서 학습을 시작할 필요가 없다는 것이다. 사실 알케미가 공식은 바꾸지 않은 채 가중치만 학습하면 되는 경우도 있다. 이 경우 알케미에 적절한 공식을 주면 이 알고리즘은 볼츠만 기계나 베이즈 네트워크, 인스턴스 기반의 머신러닝과 그 외 다른 모형으로 바뀔 수 있다. 이것은 '세상에 공짜는 없다'라는 정리에도 불구하고 우리가 보편적인 학습 알고리즘을 얻을 수 있는 까닭을 설명한다. 어떻게 보면 알케미는 귀납적인 튜링 기계와 같아서 매우 강력한 혹은 매우 제한된 머신러닝으로 프로그래밍할 수 있다.

선택은 우리에게 달려 있다. 인터넷이 컴퓨터 네트워크를 통합하고, 관계형 모델이 데이터베이스를 통합하고, 그래픽 사용자 접속 방식이 일상의 응용 프로그램을 사용하는 방식을 통합하는 것처럼 알케미는 머신러닝 알고리즘을 통합한다.

물론 당신이 알케미를 초기 공식 없이 사용한다고 해도(그렇게 사용해도 된다) 알케미가 지식이 전혀 없는 상태가 되는 것은 아니다. 공식 언어와 채점 기능, 최적화기의 선택 과정에서 은연중에 세상에 대한 가정이 담긴다. 그래서 알케미보다 훨씬 더 보편적인 머신러닝이 존재할 수 있는가를 묻는 것은 자연스러운 일이다. 진화는 최초의 세균에서 시작하여 오늘날 우리 주위의 모든 생명체까지 도달하는 긴 여정을 시작할 때 무엇을 가정했을까? 나는 진화 이외의 모든 것이 따라갈 간단한 가정이 있다고 생각한다. 즉 머신러닝은 세상의 한 부분이다. 물리적 시스템으로서 머신러닝은 그것이 무엇이라도 그 주변 환경이 따르는 법칙과 같은 법칙을 따르고, 그리하여 이 법칙들을 이미 은연중에 '알고' 있고 법칙들을 발견할 준비가 되어 있다는 의미다. 다음 절에서 이것이 분명히 무엇을 의미하는지, 그 의미하는 바를 알케미에서 어떻게 구현하는지 살펴볼 것이다. 우선은 알케미가 흄의 질문에 지금까지 우리가 줄 수 있는 최고의 대답일 거라는 점을 기억하자.

한편 머신러닝이 세상의 한 부분이라고 생각하는 것은 하나의 가정이고(이론상 머신러닝은 세상이 따르는 법칙과 다른 법칙을 따를 수도 있다), 그래서 학습은 사전 지식이 있을 때만 가능하다는 흄의 격언에 만족한다. 한편으로는 이런 가정은 매우 기초적이고 부정하기 어려운 만큼 이 세상에서 우리가 필요한 가정의 전부일 것이다.

머신러닝의 가장 확고한 비판자인 다른 극단에 있는 지식공학자가 알케미를 좋아할 만한 까닭이 있다. 기본 모형 구조나 얼마간 어림짐작하는 추측 대신 알케미는 이용 가능하다면 규모가 크고 훌륭하게 정리해 놓은 지식 데이터를 입력하여 사용할 수 있다. 확률적 규칙이 결정론적 규칙보다 훨씬 더 다양한 방법으로 상호작용하기 때문에 사람이 직접 입력하는 지식은 마르코프 논리 네트워크에서 더 나중에 적용되었다. 그리고 마르코프 논리 네트워크에 들어온 지식 데이터는 자기 모순이 없는 수준이 아니어도 되기 때문에 데이터는 매우 크고 배제하는 것 없이 다른 많은 지식을 수용할 수 있다(이것은 지금까지 지식공학자들이 달성하지 못해 고생한 목표다).

하지만 무엇보다도 중요한 점은 머신러닝의 다섯 종족이 아주 오랜 시간을 들여 풀어 오던 문제들을 다룬다는 점이다. 이 문제들을 하나하나 살펴보자.

기호주의자는 수학자가 공리들을 묶어서 정리를 증명하는 것과 같은 방식으로 흩어져 있는 여러 지식의 조각을 결합한다. 이것은 신경망이나 고정된 구조를 가진 다른 모형들과 극명하게 대조된다. 알케미는 기호주의자처럼 논리를 사용하여 지식을 통합하지만 약간 변형된 방법을 사용한다. 정리를 논리로 증명하려면 공리를 올바른 순서로 적용하는 단 하나의 방법을 찾아야 한다. 알케미는 확률적으로 추론하기 때문에 더 많은 방법으로 이 일을 한다. 알케미는 정리나 정리의 부정을 이끌어 내는 공식의 적용 순서를 여러 가지 발견하고 정리가 진실이 되는 확률을 계산하기 위하여 그 순서들을 평가한다. 이 방법으로 알케미는 수학적인 보편적 정리뿐 아니라 뉴스에 나오는 '대통령'이 '버락 오바마'인지 아닌지를, 또는 어느 항목에 전자 우편을 분류해야 하는지를 추론할 수 있다. 기호주의자의 마스터 알고리즘인 역연역법은 데이터와 최종 결론 사이를 잇는 단계로서 동작하는 데 필요한 새로운 논리 규칙을 제시한다. 초기 규칙으로 시작하고, 데이터와 초기 규칙을 결합하여 결론이 더 그럴듯하게 보이게 중간 연결 규칙을 만드는 '언덕 오르기'로 알케미는 새로운 규칙을 생성한다.

연결주의자의 모형은 두뇌에서 영감을 받아 신경세포에 해당하는 부분을 S자 곡선으로 나타내고 신경접합부를 모방하여 가중치를 주고 S자 곡선을 연결한 네트워크다. 알케미에서 두 변수는 어떤 공식에서 함께 나타나면 서로 연결된다. 변수의 이웃들이 나타난 조건에서 변수의 조건부 확률은 S자 곡선이다(그 사유를 밝히지 않겠지만 이것은 앞 절에서 보았던 만능 방정식의 직접적인 결과다). 연결주의자의 마스터 알고리즘은 역전파이고 이것을 사용하여 어떤 신경세포가 어떤 오차에 책임이 있는지 파악하고 가중치를 그에 맞게 조정한다. 역전파는 기울기 하강의 형식

을 띠는데 이것은 알케미가 마르코프 논리 네트워크의 가중치를 최적화
하기 위해 사용하는 것이다.

진화주의자는 유전 알고리즘을 사용하여 자연 선택을 모의실험한다.
유전 알고리즘은 가설의 수를 유지하고 각 세대에서 최적의 가설을 교
차하고 최적의 가설에 돌연변이를 일으켜 다음 세대를 낳는다. 알케미
는 가중치가 부여된 공식의 형태로 가설의 수를 유지하고 이들을 각 단
계에서 다양한 방법으로 변경하며 데이터의 사후 확률(혹은 다른 채점 함
수)을 가장 많이 높이는 변형들을 유지한다. 개체가 단 하나의 가설이라
면, 이것은 언덕 오르기로 줄어든다. 알케미의 현재 공개 소스에는 교차
가 포함되지 않았지만 이것은 곧바로 더할 수 있다. 진화주의자의 마스
터 알고리즘은 유전자 프로그래밍이다. 유전자 프로그래밍은 하위 프로
그램들이 연결된 트리인 컴퓨터 프로그램에 교차와 돌연변이를 적용한
다. 하위 프로그램들의 트리는 논리 규칙의 집합으로 나타낼 수 있으며,
이 작업을 할 때 프롤로그Prolog 프로그래밍 언어를 사용한다. 각 규칙은
프롤로그에서 하위 프로그램에 해당하고 규칙의 선행자는 하위 프로그
램이 호출하는 하위 프로그램이다. 그래서 우리는 교차를 포함한 알케
미를 그 속의 규칙들이 확률적인 특징을 보일 수도 있는 추가된 장점을
지니면서, 프롤로그 같은 프로그래밍 언어를 사용하는 유전자 프로그래
밍이라고 생각할 수 있다.

베이즈주의자는 불확실성에 대한 모형을 세우는 것이 학습의 핵심이
라고 믿으며, 베이즈 네트워크와 마르코프 네트워크를 사용하여 불확실
성의 모형을 세운다. 우리가 이미 본 것처럼 마르코프 네트워크는 특별
한 형태의 MLN이다. 베이즈 네트워크는 또한 MLN 만능 방정식을 사용

하여 쉽게 나타낼 수 있다. 변수와 모변수가 취할 수 있는 가능한 상태를 특징에 대응하고 조건부 확률의 지수를 특징의 가중치로 대응하여 나타낸다(이때 정규화 상수 Z는 편리하게도 1이 되고, 그러면 1로 나누는 상황이 되어 Z를 무시할 수 있다). 베이즈주의자의 마스터 알고리즘은 베이즈 정리이며 신뢰 전파와 MCMC 같은 확률 추론 알고리즘을 사용하여 구현한다. 당신이 알아차렸을 수도 있는데 베이즈 정리는 만능 방정식의 특별한 경우다. 즉 만능 방정식의 P에 해당하는 것은 $P(A|B)$이고 Z는 $P(B)$이며 특징과 가중치에 해당하는 것은 $P(A)$와 $P(B|A)$다. 알케미 시스템은 추론을 위하여 신뢰 전파와 MCMC를 포함하고 가중치가 있는 논리 공식을 다루도록 일반화된다.

알케미는 논리가 제공하는 증명 방식에 대해 확률 추론을 사용하여 결론을 지지하는 증거와 반대하는 증거를 평가하고 결론의 진실 여부를 확률로 나타낸다. 이것은 기호주의자가 사용하는 단순한 논리, 즉 모두가 예 아니면 모두가 아니오라고 판정하다가 모순되는 증거가 나오면 허물어지는 논리와 대조된다.

유추주의자는 유사한 특성을 공유하는 실체는 다른 특성에 대해서도 서로 유사할 거라고 가설을 세우며 학습한다. 예를 들어 유사한 증상을 보이는 환자들은 유사한 진단을 받을 것이고, 과거에 같은 책을 구입한 독자들은 미래에도 같은 책을 구입할 거라는 등의 가설을 세운다. 마르코프 논리 네트워크는 '취향이 같은 사람들은 같은 책을 산다'와 같은 종류의 공식으로 사물들 사이의 유사성을 나타낼 수 있다. 앨리스와 밥이 같은 책을 더 많이 샀다면 그들이 같은 취향을 가질 가능성이 더 높을 것이고, (같은 공식을 역으로 적용하면) 같은 취향을 가질 가능성이 높은데 밥이 어떤 책을 샀다면 앨리스도 그 책을 살 가능성이 높은 것이다. 그들의 유사성은 같은 취향을 가질 확률로 표현된다. 이것을 정말로 유용하게 만들기 위하여 같은 규칙의 다른 사례에 대해 다른 가중치를 부여할 수 있다. 앨리스와 밥 모두 어떤 희귀한 책을 샀다면, 둘 다 많이 팔리는 책을 산 경우보다 더 많은 정보를 내포할 것이며, 당연히 더 높은 가중치를 얻어야 한다. 이 예에서는 우리가 계산하는 유사성의 특성이 이산량(구입한다/구입 안 한다)이지만 두 도시 사이의 거리처럼 연속되는 유사성도 MLN은 표현할 수 있다. 이때 연속되는 유사성을 특징으로 간주한다. 평가 기능이 사후 확률 대신 마진 형태의 채점 기능이라면 그 결과 MLN은 유추주의자의 마스터 알고리즘인 서포트 벡터 머신의 일반형이 된다.

만능 머신러닝에 대한 더 커다란 도전은 구조 대응 설정을 재현하는 것이다. 구조 대응 설정은 한 영역(예를 들어 태양계)에서 다른 영역(원자)을 추론하게 해 주는 더욱 강력한 유추다. 우리는 원천 영역에 있는 특별한 관계들은 어느 것도 지시하지 않는 공식들을 학습하여 구조 대응 설정을 구현할 수 있다. 예를 들어 '흡연자의 친구도 흡연한다'라는 말은 우정과 흡연에 관한 것이지만, '관련된 사물들은 유사한 특성을 보유한다'라는 말은 모든 관계와 특성에 적용된다. 이 말을 우리는 '흡연자의 친구는 담배를 피운다. 전문가의 동료 또한 전문가다'와 이러한 사회에서 경험하는 다른 유형들을 일반화하여 배울 수 있고, 일반화한 것을 웹 사이트에 적용하여 '흥미 있는 웹페이지는 다른 흥미 있는 웹페이지와 연결된다'라고 주장하거나 분자생물학에 적용하여 '유전자 조절 단백질과 상호작용하는 단백질은 또한 유전자를 조절한다'라고 주장할 수 있다. 우리 연구 팀과 다른 연구 팀이 이러한 일들을 했고 앞으로 더 많이 할 것이다.

알케미는 또한 앞 장에서 살펴본 다섯 종류의 자율 학습을 할 수 있다. 알케미는 분명히 관계형 학습을 하며, 지금까지 알케미의 응용 분야였다. 알케미는 논리를 사용하여 사물들 사이의 관계를 나타내며 마르코프 네트워크를 사용하여 그 관계가 확실하지 않은 것을 허용한다. 알케미를 지연 보상으로 둘러싼 후 이것을 이용하여 신경망 같은 전통적인 강화 학습 알고리즘처럼 각 상태의 값을 학습하는 방법으로 알케미를 강화 학습으로 바꿀 수 있다. 규칙의 사슬을 단 하나의 규칙으로 압축하는 새로운 동작을 더하여 알케미에서 청킹을 할 수 있다(예를 들어 '만약 A이면 B이고 만약 B이면 C이다'라는 규칙의 사슬을 '만약 A이면 C이다'라는 규칙으로 바꾼다). 모든 관찰된 변수에 연결된 관찰되지 않은 단일한 변수를 가지면 MLN은 군집화를 수행한다(관찰되지 않은 변수는 그것의 값을 데이터에서 본 적이 없는 변수다. 말하자면 '은닉'되어 있어서 다만 추론할 수밖에 없다). 관찰되지 않는 변수를 하나보다 많이 갖는 MLN은 더 많은 관찰된 변수들에서 더 적은 변수들의 값을 추론하여 개별적인 차원 축소를 수행한다. 알케미는 연속적인 관찰되지 않은 변수들이 있는 MLN도 다룰 수 있으며, 이런 기능은 주요 성분 분석과 이소맵 같은 것을 수행할 때 필요할 것이다.

그러므로 우리가 로봇 로비가 수행하기를 바라는 모든 일을 이론상으로는 알케미가 할 수 있거나 적어도 이 책에서 논의한 모든 일을 할 수 있다. 사실 우리는 알케미를 사용하여 유능한 가사 로봇을 만드는 첫 번째 단계인 로봇이 주위 환경에 대한 지도를 만드는 일을 수행하도록 했다. 즉 로봇이 자기의 감지기로 벽과 문이 어디에 있으며 자신에게서 어느 방향으로 얼마만큼 떨어져 있는지 등을 파악하게 했다.

마지막으로 우리는 알케미를 '스택킹' 같은 메타학습 알고리즘으로 변형했다. 이를 위해 개별적인 분류기를 MLN로 작성하고 MLN들을 결합하는 공식들을 더하거나 학습을 실시했다. 이것이 미국 방위고등연구계획국이 '팔'Personalized Assistant that Learns, PAL이라는 연구 과제를 진행하며 수행한 일이다. 학습하는 개인 비서라는 뜻의 팔은 미국 방위고등연구계획국의 역사에서 가장 규모가 큰 인공 지능 연구 과제였으며 애플의 개인 비서 프로그램인 시리의 조상이다. 팔의 목표는 자동화된 전자 비서를 만드는 것이다. 팔에서는 마르코프 논리 네트워크를 매우 중요한 비중을 차지하는 표현 방식으로 사용하여 여러 구성 요소에서 나오는 출력 결과를 모아 무엇을 할지에 관한 최종 결정을 내리도록 했다. 이런 방식에서는 팔의 구성 요소들이 의견 일치를 향하여 발전하면서 서로를 학습한다.

지금까지 알케미가 적용된 매우 큰 응용 분야는 의미망semantic network(구글은 지식 그래프라고 부른다—옮긴이)을 인터넷에서 학습하는 일이다. 의미망은 개념들(예를 들어 행성과 태양)과 이러한 개념들 사이의 관계들(행성은 태양 주위를 돈다)이 모인 집합이다. 알케미는 인터넷에서 추출한 사실에서 100만 가지가 넘는 그런 유형을 학습했다(예를 들어 지구는 태양 주위를 돈다). 알케미는 스스로 행성 같은 개념들을 발견했다. 우리가 사용한 알케미의 버전은 내가 여기서 설명하는 초보적인 것보다 훨씬 발전한 형태지만 근본 아이디어는 똑같다.

다양한 연구팀에서 알케미와 자신들이 구현한 MLN을 사용하여 자연어 처리와 컴퓨터 비전, 움직임 인식, 사회관계망 분석, 분자생물학 등 많은 분야의 문제를 해결한다.

알케미가 성공을 거둔 사례에도 불구하고 알케미에는 몇 가지 심각한 단점이 있다. 알케미는 아직 진정한 빅 데이터를 다룰 정도로 커지지 못했고, 다루기가 어려워 머신러닝 분야의 박사 학위가 없는 사람은 사용하기 힘들 것이다. 이러한 문제점 때문에 알케미는 아직 전성기를 맞이할 준비가 되지 않았다. 하지만 알케미에 대해 우리가 무엇을 할 수 있을지 살펴보자.

지구 규모의 머신러닝

컴퓨터 과학에서는 문제를 효율적으로 풀기 전까지는 문제를 정말로 푼 것이 아니다. 어떤 일을 하는 방법을 안다고 해도 쓸 수 있는 시간과 기억 장치 용량의 한계 안에서 과제를 해낼 수 없다면 그리 유용한 게 아니다. 게다가 당신이 MLN을 다룰 때 이러한 시간과 기억 용량 자원은 매우 빨리 소모되기도 한다. 우리는 일상적으로 수백만 개의 변수와 수십억 개의 특징을 가진 MLN을 학습시키지만 규모가 크지 않은 까닭은 변수의 수가 MLN에 있는 사물의 수에 따라 매우 빠르게 증가하기 때문이다. 구성원이 1000명인 사회관계망이 있다면 이미 친구를 맺은 쌍이 100만이 될 수 있고 '친구의 친구는 역시 친구다'라는 공식의 사례가 10억 가지나 나올 수 있다.

알케미가 수행하는 추론은 논리 추론combination of logical과 확률 추론을 결합한 것이다. 논리 추론은 정리들을 증명하면서 수행되고 확률 추론은 신뢰 전파와 마르코프 연쇄 몬테카를로, 그 외 제6장에서 본 방법들로 수행한다. 우리는 이 두 가지를 결합하여 정리를 확률적으로 증명하는 알고리즘을 만들었다. 어떤 논리 공식에 대해서도 그 진위 정도를 확률로 나타낼 수 있는 통합된 추론 알고리즘은 현재 알케미 시스템의 핵심을 이루는 부분이다. 하지만 이 기능은 계산하는 데 매우 많은 비용이 들기도 한다. 당신의 두뇌가 정리의 확률적 증명 방식probabilistic theorem proving 을 사용하여 생활한다면 호랑이가 나타났을 때 도망가야 한다는 결론으로 계산을 끝내기 전에 이미 호랑이에게 잡아먹힐 것이다. 오래 걸리는 계산 시간은 마르코프 논리 네트워크를 일반화하면서 지불해야 하는 값비싼 대가다. 실제 세상에서 진화한 당신의 두뇌는 매우 효율적으로 추론을 수행하기 위하여 다른 가정을 추가로 세운 것이 분명하다. 우리는 수년 전에 그런 가정을 알아내어 알케미에 적용하려는 연구를 시작했다.

세상은 상호작용이 무작위로 일어나는 정글이 아니다. 세상은 계층 구조를 지닌다. 은하계에서 시작하여 지구, 대륙, 나라, 도시, 마을, 집, 사람, 얼굴, 코, 세포, 세포 소기관, 분자, 원자, 소립자 등으로 계층을 이룬다. 그러면 세상의 모형을 구하는 방법이 MLN과 어긋나지 않을 것이다. MLN도 계층 구조를 지니기 때문이다. 이것은 '머신러닝이 처한 환경과 머신러닝이 비슷하다'라는 가정의 한 사례다. MLN은 세상이 어떤 구성 요소로 만들어졌는가라는 사전 지식이 없어도 된다. 알케미가 할 일은 세상은 여러 가지 요소로 되어 있다고 생각하고 그것들을 찾는 것이 전부다. 새로 만든 책장이 세상에는 책이 있다는 걸 알지만 아직 어떤 책이 꽂힐지 모르는 것과 비슷하다. 계층 구조는 추론을 추적 가능하게 만드는 데 도움이 된다. 세상의 사물은 같은 부분의 하위 부분끼리 상호작용하기 때문이다. 예를 들면 다른 나라에 사는 사람보다 이웃 사람끼리 대화를 더 많이 하고, 한 세포 안에서 생성된 분자들은 같은 세포 내의 다른 분자들과 반응하는 식으로 상호작용이 일어난다.

학습과 추론을 더 쉽게 해 주는 또 다른 특성은 사물이 임의 형태를 취하지 않는다는 점이다. 오히려 사물들은 상위 유형과 하위 유형으로 나뉘고 한 유형에 속하는 구성원들은 다른 유형의 구성원들보다 서로 더 비슷하다. 생물이든 무생물이든, 동물이든 식물이든, 조류든 포유류든, 인간이든 아니든 모두 마찬가지다. 당면한 문제와 관련 있는 특이 사항을 모두 안다면 우리는 그러한 특이 사항이 없는 사물들을 한꺼번에 다른 것으로 취급할 수 있고, 그러면 시간을 많이 절약할 수 있다. 이전과 같이 MLN은 세상에 어떤 유형이 있는지 미리 알 필요가 없다. MLN은 계층적 군집hierarchical clustering으로 데이터에서 그런 지식을 배울 수 있다.

세상은 부분part으로 구성되고 부분은 유형class에 속한다. 이 두 가지 사실을 결합하면 알케미가 수행하는 추론을 추적하는 일이 대부분 가능해진다. 세상에 대한 MLN을 학습시킬 때, 먼저 세상을 상위 부분과 하위 부분으로 나눈다. 이때 상호작용을 하는 하위 부분끼리 모아 부분이라고 정한다. 그다음 부분을 상위 유형과 하위 유형으로 묶는 과정을 수행한다. 세상이 레고 장난감이라면 어느 부분이 어느 부분과 연결되는지 기억하면서 그것을 개별 조각으로 부수고 조각을 모양과 색깔별로 나눌 수 있다. 세상이 위키피디아라면 위키피디아가 말하는 내용을 뽑아내어 유형으로 분류하고 유형이 서로 어떻게 연관되는지 학습할 수 있다. 어떤 사람이 '아놀드 슈워제너거가 유명한 액션 배우인가?'라고 물으면, 그가 유명 배우이고 액션 영화에 나오기 때문에 그렇다고 대답할 수 있다. 단계적으로 우리는 더욱 큰 MLN을 학습시킬 수 있고, 결국 구글에 있는 내 친구가 말한 '지구 규모의 머신러닝'을 만들어 낼 것이다. 이 세상 모든 사람에 대한 모형을 세우고 데이터가 계속 흘러 들어가면 대답이 계속 흘러나오는 머신러닝이다.

물론 이 정도 규모의 학습에는 우리가 지금까지 살펴본 알고리즘을 그대로 구현한 것보다 훨씬 더 많은 것이 필요하다. 우선 어떤 지점을 넘어서면 하나의 프로세서는 충분하지 않다는 문제를 해결해야 한다. 우리는 학습을 많은 컴퓨터 서버로 분배해야만 한다. 산업계와 학계 양쪽의 연구원들은 많은 컴퓨터를 병렬로 연결하여, 예를 들어 기울기 하강을 수행하는 방식을 집중적으로 조사했다. 한 가지 방법은 데이터를 나누어 여러 프로세서에서 처리하는 것이다. 다른 방법은 모형의 변수들을 나누는 것이다. 우리는 각 단계마다 결과를 묶은 후 다시 일을 나눈다. 어느 방식이든 통신량이 과도하게 늘어나지 않고 결과의 품질이 나빠지지 않게 하면서 이러한 일을 하는 것은 결코 쉬운 게 아니다. 또 다른 쟁점은 데이터가 끊임없이 흘러 들어온다면 결정에 전념하는 시간을 포기하지 않고서는 모든 데이터를 다 들여다볼 수 없다는 것이다. 하나의 해법은 표본 방식을 사용하는 것이다. 다음 대통령 선거에서 누가 당선될지 예측하고 싶을 경우 모든 투표자에게 누구를 찍을 생각이냐고 물을 필요가 없다. 약간의 불확실성을 기꺼이 받아들인다면 수천 명의 표본으로 충분하다.

묘수는 이것을 수백만 개의 매개 변수를 지닌 복잡한 모형으로 일반화하는 것이다. 하지만 이런 일반화를 하려면 우리가 올바른 결정을 하며 모든 결정에서 불확실성은 일정한 한계 내에 있다고 확신하기에 필요한 만큼 많은 사례를 흘러 들어오는 데이터에서 매 단계 선택해야 한다. 내가 이런 접근법을 제안한 초기 논문에서 썼듯이 그런 방법을 통해 무한한 데이터에 대하여 유한한 시간 내에 효과적으로 학습할 수 있다.

빅 데이터 시스템은 수천 명의 보조 출연자 대신 수천 대의 컴퓨터 서버가 나오는 머신러닝 판 세실 블랑 드밀Cecil Blount DeMille(미국의 영화 제작자이자 감독이며 패러마운트사의 기초를 쌓았다―옮긴이)의 영화다. 가장 규모가 큰 연구 과제에서는 모든 데이터를 한곳으로 모으고 검증하고 잘못된 부분을 고치고 머신러닝 알고리즘이 소화할 수 있는 형태로 개조하는 작업이 상상 이상으로 거대하여 피라미드 건설은 공원을 산책하는 일처럼 보일 정도다. 파라오가 품었던 야망의 끝판처럼 유럽의 퓨처아이시티FutureICT 연구 과제는 말 그대로 온 세상의 모형을 세우는 것을 목표로 삼는다. 사회와 정부, 문화, 기술, 농업, 질병, 세계 경제 등 포함하지 않은 것이 없다. 지금은 확실히 미성숙한 상황이지만 앞으로 다가올 미래의 모습을 드러내는 전조로는 충분하다. 한편 이와 같은 연구 과제는 우리가 규모의 한계를 확인하고 그 극복 방안을 발견하는 데 도움이 될 것이다.

계산의 복잡성이라는 문제와 함께 인간의 복잡성이라는 문제도 있다. 컴퓨터가 특수한 재능을 지닌 학습 장애인과 같다면 학습 알고리즘은 때때로 짜증을 잘 내는 영재 아이처럼 행동할 수 있다. 머신러닝이 다시 안정된 상태로 돌아가도록 다룰 줄 아는 사람이 매우 높은 보수를 받는 까닭이다. 머신러닝이 올바르게 작동할 때까지 제어 손잡이를 솜씨 있게 조절할 줄 안다면 머신러닝의 나이를 뛰어넘는 통찰들이 연이어 흘러나오는 마술 같은 일이 일어날 수 있다. 아폴로 신전의 신탁과 다름없이 머신러닝이 발표하는 것을 해석하는 일에는 상당한 기술이 필요하다. 하지만 손잡이를 잘못 돌리면 머신러닝은 횡설수설하는 무의미한 말을 급류처럼 쏟아 내거나 반항하는 듯 아무 말도 안 하고 입을 꼭 다물 것이다. 불행히도 이런 면에서 알케미는 다른 머신러닝보다 나은 것이 없다. 당신이 아는 것을 논리를 사용하여 작성하고 데이터를 입력하고 버튼을 누르는 것은 재미있는 부분이다.

알케미가 아름답도록 정확하고 효율적인 MLN을 내놓으면 당신은 술집에 가서 성공을 기념한다. 그렇지 않을 때는, 사실 이런 경우가 대부분인데, 전쟁이 시작된다. 지식이나 학습 혹은 추론에 문제가 있는 것인가? 간단한 MLN은 학습과 확률 추론을 할 수 있기 때문에 복잡한 프로그램이 수행하는 일을 해내기도 한다. 반면 MLN이 제대로 작동하지 않으면 오류를 찾아내어 제거하기가 일반 프로그램보다 훨씬 더 어렵다. 해법은 MLN이 더 많이 상호작용을 하도록 하고, 자가 점검을 할 수 있도록 하고, 자신의 추론을 설명하도록 만드는 것이다. 그렇게 되면 마스터 알고리즘에 한 걸음 더 가까이 다가갈 것이다.

의사가 지금 당신을 진찰할 것이다

암 치료 프로그램은 암의 유전체 정보를 받아들여 암 세포를 처치할 약의 정보를 내놓는다. 이제 우리는 그런 프로그램(암 박멸 알고리즘이라 부르자)이 어떤 모습일지 그려 볼 수 있다. 겉으로는 간단해 보이지만 암 박멸 알고리즘은 지금까지 나온 프로그램 중 매우 크고 복잡한 프로그램이다. 사실 엄청나게 크고 복잡하여 머신러닝의 도움이 있어야만 만들 수 있을 정도다. 이 프로그램은 살아 있는 세포가 어떻게 작동하는지에 대한 상세한 모형과 인체 각 부분의 세포에 대한 하위 모형 그리고 그것들이 어떻게 상호작용하는지에 대한 모형을 기반으로 만든다. MLN이나 MLN과 비슷한 형식의 이런 모형은 분자생물학의 지식과 DNA 염기서열 분석기로 얻은 방대한 데이터와 다른 많은 출처에서 나온 정보를 결합한다. 지식의 일부는 사람이 직접 입력하나 대다수는 생물의학 문헌에서 자동으로 추출된 것이다. 모형은 계속 진화하며 새로운 실험 결과와 데이터 출처, 환자 이력을 추가한다. 궁극적으로 모형은 인간의 모든 세포에서 일어나는 대사 경로와 조절 원리, 화학 반응, 즉 인간 분자생물학의 총체를 알게 될 것이다.

암 박멸 알고리즘은 후보 약들에 대해 이 세포 모형에 질문하면서 시간을 보낸다. 새로운 약이 나오면 이 모형은 암 세포와 정상 세포 양쪽에 미칠 영향을 예측한다. 앨리스가 암 진단을 받으면 암 박멸 알고리즘은 앨리스의 정상 세포와 암 세포에 대한 모형의 예를 제시하고 건강한 세포를 해치지 않으면서 암 세포를 죽이는 약을 발견할 때까지 후보 약들을 시험한다. 암을 치료하는 약이나 약의 조합을 발견할 수 없으면 암 박멸 알고리즘은 효과가 있는 새로운 약을 만드는 일을 시작한다. 언덕 오르기나 교차를 이용해 기존의 약들을 진화시키면서 만들 것이다. 탐색의 각 단계에서 암 박멸 알고리즘은 세포 모형에서 후보 약을 시험한다. 어떤 약이 암을 정지시키지만 여전히 해로운 부작용을 일으키면, 암 박멸 알고리즘은 부작용을 없애기 위해 미세 조정을 시도한다. 앨리스의 암 세포가 변이를 일으키면 암 박멸 알고리즘은 전체 과정을 다시 반복한다. 암 세포가 변이를 일으키기 전에 세포 모형은 가능성 있는 변이를 예측하고, 암 박멸 알고리즘은 암 세포가 변이를 일으키는 도중에 죽여 버리는 약을 처방한다. 인간과 암 세포가 벌이는 장기 시합에서 암 박멸 알고리즘은 외통장군을 부르는 수다.

머신러닝 혼자서 우리에게 암 박멸 알고리즘을 만들어 주지는 않을 거라는 점에 주목하자. 우리가 분자생물학의 방대한 데이터베이스를 준비하고 그 지식을 마스터 알고리즘에 연이어 입력하면 살아 있는 세포에 대한 완벽한 모형을 짠 하고 만들어 낼 것 같지 않다. 암 박멸 알고리즘은 전 세계 수십만 명의 생물학자와 종양학자, 데이터과학자가 협력하여 연구하고, 또 여러 번 반복해야 나오는 최종 결과일 것이다. 가장 중요한 점은 암 박멸 알고리즘이 의사와 병원의 도움을 받아 수백만 암환자의 데이터를 모으는 것이다. 그러한 데이터가 없으면 암을 치료할 수 없고 데이터가 있으면 치료할 수 있다. 계속 데이터베이스를 키우는 일에 기여하는 것은 단지 암 환자의 이득만이 아니라 암 환자의 윤리적 의무도 될 것이다. 암 박멸 알고리즘의 세계에서 비연속으로 실시하는 임상 시험은 과거의 이야기다. 암 박멸 알고리즘이 제시하는 새로운 치료법은 계속 나오며, 치료법이 효과를 발휘하면 더 많은 환자에게 시험한다. 성공 사례와 실패 사례 모두 암 박멸 알고리즘의 학습을 위한 귀중한 데이터가 되며 개선의 선순환을 일으킨다.

한쪽만 보면 머신러닝은 데이터 수집과 인간의 기여 부분에 가려 암박멸 연구 과제의 작은 부분에 불과해 보이기도 한다. 하지만 다른 쪽에서 보면 머신러닝은 전체 사업의 핵심이다. 머신러닝이 없으면 암에 대한 생물학 지식은 수천의 데이터베이스와 수백만 과학 저술, 작은 부분만 아는 의사들에게 흩어지고 우리에게는 암에 대한 파편화된 생물학 지식만 있을 것이다. 이런 지식을 일관성 있게 하나로 모으는 것은 아무리 똑똑하더라도 사람이 혼자서 할 수 있는 일이 아니다. 오직 머신러닝만 할 수 있다. 모든 암이 서로 다르기 때문에 공통의 유형을 찾으려면 머신러닝이 필요하다. 조직 하나만 해도 수십억 가지 정보를 내놓기 때문에 새로운 환자에게 개별적으로 무엇을 해야 하는지 파악하려면 머신러닝이 필요하다.

궁극적으로 암 박멸 알고리즘을 만들려는 노력은 이미 진행 중이다. 시스템생물학이라는 새로운 분야의 연구원들은 개별 유전자나 단백질의 신진대사를 뛰어넘어 전체 신진대사망의 모형을 세운다. 스탠퍼드대학의 한 연구 조직은 전체 세포의 모형을 만들었다. 유전학 및 보건을 위한 국제 연합Global Alliance for Genomics and Health 은 대규모 분석을 목표로 연구원과 종양학자의 데이터 공유를 촉진한다. CancerCommons.org에서는 암을 설명하는 모형을 수집하며 환자들이 자신의 병력을 모으고 비슷한 사례에서 서로 배우도록 한다. 파운데이션 메디슨은 환자의 암 세포에서 변이를 정확히 찾아내어 가장 적절한 약을 제안한다. 10년 전에는 암을 치료할 수 있을지, 어떻게 치료할지 분명하지 않았다. 이제는 암 치료에 도달하는 길을 볼 수 있다. 먼 길이지만 우리는 마침내 발견했다.

제10장

THE MASTER ALGORITHM

이것이 머신러닝이
펼치는 세상이다

머신러닝이라는 아주 멋진 곳을 다 둘러보았으니 이제 마음을 가다듬고 머신러닝이 당신에게 어떤 의미가 있는지 살펴보자. 영화《매트릭스》에 나오는 빨간 알약처럼 마스터 알고리즘은 다른 현실로 들어가는 관문이다. 이미 살고는 있었지만 전혀 몰랐던 현실의 모습 말이다. 연애에서 일까지, 자아 인식에서 미래 사회까지, 데이터 공유에서 전쟁까지, 인공 지능의 위험성에서 진화의 다음 단계까지 새로운 세계가 생기고 있으며 머신러닝이 그 세계를 여는 열쇠다. 이 장은 당신이 인생을 살면서 머신러닝을 가장 잘 활용하고 다가올 미래를 대비하도록 도와줄 것이다. 다른 기술과 마찬가지로 머신러닝이 혼자서 미래를 결정하지는 않을 것이다. 중요한 사실은 우리가 머신러닝으로 무엇을 할지 결정하는 일이고, 지금 그런 결정을 할 만한 수단이 있다는 것이다.

가장 중요한 수단은 단연 마스터 알고리즘이다. 마스터 알고리즘이 곧 올지 나중에 올지, 그것이 알케미와 비슷할지 어떨지는 마스터 알고리즘의 주요 기능보다 덜 중요하다. 중요한 것은 머신러닝의 핵심 능력이 무엇이고 우리를 어디로 데려다 줄 것인가이다. 마스터 알고리즘의 모습은 현재와 미래의 머신러닝을 종합한 것이라 보아도 그런대로 훌륭할 터다. 회사들이 우리와 공유하지 않을 것 같은, X 제품이나 Y 웹사이트에서 사용되는 특정한 알고리즘 대신 그렇게 종합한 것을 우리의 사고 실험에서 편리하게 사용할 수 있다. 이런 관점에서 보면 우리가 사용하는 머신러닝은 마스터 알고리즘의 초기 형태이고, 우리의 임무는 이 초기 형태를 잘 이해하고 우리의 필요를 더 채워 주도록 성장시키는 것이다.

앞으로 다가올 수십 년 동안 머신러닝은 책 한 장으로는 충분히 설명할 수 없을 만큼 광범위하게 인간의 생활에 영향을 미칠 것이다. 광범위한 영역 중에서 되풀이하여 나타나는 머신러닝에 관한 화젯거리에 집중할 것이며, 우선은 심리학자들이 마음에 대한 이론이라 부르는 것, 즉 당신의 마음을 컴퓨터 관점으로 본 데서 시작하자.

섹스, 거짓말 그리고 머신러닝

당신의 디지털 미래는 현실 인식에서 출발한다. 당신이 컴퓨터와 상호작용을 할 때마다(스마트폰이든지 수천 킬로미터 떨어진 서버든지), 당신은 두 가지 수준에서 상호작용을 한다. 첫째는 당신이 원하는 것을 얻는 수준의 상호작용이다. 예를 들어 질문하고 답을 얻고, 구매하고 싶은 상품을 사고, 새로운 신용카드를 신청하고 발급받는다. 둘째는 결국 가장 중요한데, 컴퓨터가 당신에 대해 학습하도록 하는 수준의 상호작용이다. 컴퓨터는 많이 가르칠수록 당신에게 더 봉사하거나 당신을 더 조종한다. 인생은 당신과 당신 주위의 머신러닝 사이에서 벌어지는 시합이 된다. 당신은 시합을 거절할 수 있지만 21세기에서 20세기의 삶을 살아야만 할 것이다. 그런데 시합에 응하기로 했다면? 다행스럽게도 당신은 시합에서 승리할 수 있다. 컴퓨터가 당신에 대해 어떤 모형을 세웠으면 하는가? 그런 모형을 세우기 위해 당신은 컴퓨터에 어떤 데이터를 줄 수 있는가? 두 가지 질문은 당신이 머신러닝 알고리즘과 상호작용을 할 때마다 마음속에 품고 있어야 한다. 당신이 사람들과 상호작용을 할 때 이런 종류의 질문을 마음속에 품고 있는 것과 같다. 앨리스는 밥이 자기에 대한 모형을 마음속에 그린다는 것을 알고 행동을 잘하여 그 모형을 좋은 모습으로 형성하려고 노력한다. 밥이 상사라면 앨리스는 유능하고 성실하며 열심히 일하는 모습을 보이기 위해 노력한다. 반면 밥이 유혹하려는 상대라면 앨리스는 매혹적인 모습으로 비춰지도록 최선을 다한다.

다른 사람들이 마음속으로 어떤 생각을 하는지 직감하고 그에 맞추어 행동하는 이런 능력이 없다면 우리는 사회생활을 제대로 하기 힘들 것이다. 신기한 사실은 사람뿐만 아니라 컴퓨터에도 마음의 이론이 있다는 것이다. 아직은 원시 수준이지만 빠르게 진화하고 있으며, 우리가 원하는 것을 얻으려면 사람들과 일하는 만큼 이런 이론들과 함께 일을 해내야 한다. 그래서 당신은 '컴퓨터의 마음'에 관한 이론이 필요하고, 그것은 마스터 알고리즘이 채점 기능(머신러닝의 목표, 더 정확하게는 당신이 생각하는 머신러닝 주인의 목표)과 데이터(머신러닝이 안다고 당신이 생각하는 것)를 입력받은 후 제공한다.

온라인 데이트를 예로 살펴보자. Match.com이나 이하모니eHarmony, 오케이큐피드OkCupid를 이용할 때(혹시 당신에게 있을 불신은 잠시 접어 두자) 당신의 목표는 단순하다. 최고의 데이트 상대를 찾는 것이다. 하지만 당신이 정말로 좋아하는 상대를 만나기 전까지는 여러 가지 일을 겪고 실망스러운 데이트도 많이 할 가능성이 크다. 인내심이 강한 괴짜가 오케이큐피드에서 데이트 상대 소개서 2만 장을 받아 직접 데이터 마이닝 작업을 한 결과 88번째 데이트에서 꿈에도 그리던 상대를 만났다. 그리고 자신이 경험한 과정을 《와이어드》Wired지에 기고했다. 데이트도 노력도 적게 하면서 성공하고 싶을 때 필요한 도구는 자기 소개서와 데이트 상대에 대한 당신의 반응을 기록한 데이터다. 인기 있는 한 가지 선택 사항은 거짓말하는 것이다(예를 들어 당신의 나이를 속인다). 상대가 진실을 알았을 때 당신의 면전에서 분통을 터뜨릴 가능성까지 언급할 필요 없이 비윤리적으로 보이지만 한 가지 귀띔해 줄 것이 있다. 경험 있는 온라인 데이트 서비스 이용자들은 소개서에 나이를 속여 기입한다는 것을 알고 상대의 나이를 적당히 조정하여 생각하므로 당신이 진짜 나이를 쓰면 실제보다 더 나이 들었다고 말하는 셈이 된다. 그러면 데이트 상대를 찾아 주는 머신러닝은 사람들이 선호하는 데이트 상대의 나이를 실제보다 낮게 판단한다. 사람들은 점점 더 나이를 속이고 결국 나이는 의미 없는 속성이 돼 버린다.

데이트와 관련하여 모두에게 더 좋은 방법은, 당신이 좋아하는 사람들을 뽑는다는 면에서 짝을 이룰 가능성을 매우 높이고 사람들이 다 좋아하는 것이 아니므로 경쟁이 덜한 속성, 즉 당신의 특별한 속성에 집중하는 것이다. 당신이 해야 할 일(그리고 장래 데이트 상대가 할 일)은 이러한 속성을 제공하는 것이다. 짝을 맺어 주는 쪽이 해야 할 일은 옛날 방식의 중매인이 하던 방식처럼 그 속성으로 학습하는 것이다. 마을마다 있을 만한 중매인과 비교하여 Match.com이 사용하는 알고리즘은 사람들을 훨씬 많이 안다는 장점이 있지만 훨씬 더 피상적으로 안다는 단점도 있다. 퍼셉트론 같은 나이브 베이즈 머신러닝은 '신사는 금발을 선호한다' 같은 포괄적인 일반화를 세우는 정도에 만족할 것이다.

더 정교한 머신러닝 알고리즘은 '특이한 음악 취향이 똑같은 사람들은 종종 좋은 짝이 된다' 같은 개별 패턴을 찾아낼 것이다. 앨리스와 밥 모두 비욘세를 좋아할 경우 그것만으로는 서로를 짝으로 지목해 내기 힘들다. 하지만 둘 다 비숍 앨런을 좋아한다면 애인이 될 가능성이 조금이라도 더 높을 것이다. 두 사람 모두 머신러닝이 모르는 밴드의 팬이라면 훨씬 더 좋은 조건이 되지만 알케미 같은 관계형 알고리즘만 그런 짝을 찾아낼 수 있다.

머신러닝이 더 좋을수록 당신에 대하여 가르치는 시간이 더 가치 있다. 하지만 경험상 당신은 '평균적인 사람'(제8장에서 본 밥 번스를 기억하시라)과 혼동되지 않을 정도로만 구별되기를 원하지 머신러닝이 파악하지 못할 만큼 특이하게 보이는 걸 원하지는 않는다.

사람들의 호감은 예측하기 어렵기 때문에 온라인 데이트 서비스는 머신러닝에게 어려운 사례다. 데이트에서 서로 잘 통하면 사랑에 빠진 나머지 상대를 위해 태어났다고 믿지만, 처음 대화를 나눌 때 어긋나면 상대방이 까다롭다고 느껴서 다시 만나고 싶어 하지 않는다. 정교한 머신러닝이 하고자 하는 것은 성사가 될 듯한 짝의 데이트를 몬테카를로 방식으로 천 번 모의실험하고 좋은 결과로 나온 데이트의 비율로 커플의 순위를 매기는 일이다. 이것을 짧게 줄이는 방법은 데이트 서비스 업체가 파티를 준비하고 짝이 성사될 가능성이 있는 사람들을 초대하여 한꺼번에 좋은 짝을 찾도록 하는 것이다. 다른 방법으로는 몇 주가 걸릴 일을 몇 시간 만에 해낼 수 있다.

　온라인 데이트에 열의를 보이지 않는 사람들에게 더 즉각적으로 유용한 개념은 어떤 상호작용을 어디에 기록할지 선택하는 문제가 있다. 성탄절을 준비하며 구매한 물건 때문에 아마존이 당신의 취향을 혼동하는 게 싫다면 다른 사이트에서 구매하라(아마존에게는 죄송). 당신이 집과 직장에서 보는 동영상이 다르다면 유튜브 계정을 두 개 개설하여 장소에 따라 사용하라. 그러면 유튜브는 상황에 맞게 추천하도록 학습할 것이다. 그리고 평상시에는 관심 없는 동영상을 보려고 한다면 먼저 로그아웃을 하라. 불법적인 일로 검색하느라(물론 당신은 결코 그러지 않겠지만) 크롬을 익명으로 사용하지 말고, 현재 검색하는 내용이 미래 당신의 개인화 작업에 영향을 끼치는 게 싫을 때 익명으로 사용하라. 넷플릭스에서 당신의 계정을 사용하는 사람을 여러 명 등록하면 가족이 함께 영화를 보는 밤에 성인 등급의 영화가 추천되는 일을 피할 수 있다. 당신이 좋아하지 않는 회사가 있다면 그들의 광고를 마구 클릭하라. 이렇게 하면 지금 그 회사가 광고비를 낭비할 뿐 아니라 구글을 잘못 학습시켜 그 회사의 상품을 살 것 같지 않은 사람들에게 광고를 보여 주므로 미래에도 그 회사가 또다시 광고비를 낭비할 것이다. 앞으로 구글이 정확하게 대답했으면 하는 특별한 질문이 있으면 첫 페이지 이후의 페이지에서 관련된 연결을 제공하는 검색 결과를 대대적으로 조사하고 그것들을 클릭하라. 더 일반적으로 말하자면, 시스템이 관련 없는 항목을 계속 추천하면 올바른 항목을 많이 찾아 클릭하여 그 시스템을 가르치고 나중에 다시 돌아와서 제대로 추천하는지 확인하라.

　하지만 그런 일을 하려면 시간이 많이 걸린다. 불행히도 위에서 제시한 사례는 모두 당신과 머신러닝이 얼마나 적게 소통하는가를 보여 준다. 머신러닝이 당신의 일을 보고 당신에 대하여 간접적으로 배울 뿐만 아니라 당신이 머신러닝에게 전달해 주고 싶은 만큼 많이 말할 수 있어야 한다. 그것에 더하여 머신러닝이 세운 당신의 모형을 살펴보고 당신이 바라는 대로 고칠 수 있어야 한다. 머신러닝이 판단하기에 당신이 거짓말을 하거나 자신에 대한 지식이 낮다면 당신을 무시하기로 결정할 수 있지만, 그래도 머신러닝은 최소한 당신의 입력을 검토할 것이다. 이를 위하여 당신에 대한 모형은 인간이 이해할 수 있는 형식, 즉 신경망보다는 규칙의 집합 같은 형식이 되어야 하고, 가공하지 않은 기초 데이터에 더하여 알케미처럼 일반 진술도 입력으로 받아들여야 한다. 이러한 점을 고려하면 우리는 머신러닝이 당신에 대해 얼마나 좋은 모형을 세울 수 있는가, 그 모형으로 당신이 하고 싶은 것은 무엇인가라는 질문에 답해야 한다.

디지털 거울

세상의 모든 컴퓨터에 기록된 당신의 데이터를 생각해 보자. 당신의 전자 우편과 오피스 프로그램으로 작성한 문서, 단문 메시지, 트위터 글, 페이스북, 링크드인LinkedIn과 당신이 검색한 웹사이트, 클릭 정보, 다운로드 내역, 구매 내역 등과 당신의 신용, 세금, 통화 기록, 건강 기록 그리고 핏빗Fitbit(보행 수와 심박 수, 수면 상태 등을 재는 장치 — 옮긴이) 통계 데이터와 자동차의 마이크로프로세서가 기록한 당신의 차량 운행 기록과 이동 통신 휴대전화에 기록된 당신의 행선지와 지금까지 찍어서 올린 모든 사진과 보안 카메라에 찍힌 모습과 당신의 구글 글라스가 기록한 정보 등 엄청 많다.

미래의 전기작가가 당신에 대하여 다른 데이터는 전혀 없지만 신조어인 데이터 배기가스data exhaust라고 불리는, 앞에서 언급한 데이터가 있다면 전기작가는 당신을 어떤 모습으로 그려 낼까? 여러 면에서 매우 정확하고 자세하게 그려 내겠지만 당신에 대한 몇몇 핵심 내용은 놓쳤을 것이다. 예를 들어 어느 아름다운 날 직장을 그만두고 다른 일을 하겠다고 결정하는 상황을 전기작가가 미리 예측할 수 있을까? 당신이 헤어진 뒤에도 잊지 못하고 몰래 기억하는 사람은 어떨까? 전기작가가 당신의 영상 기록을 되감아 보며 "아, 그때 여기서!"라고 말할 수 있을까?

진지하게 생각해 보니(안심이 되기도 하는 일인데) 이 세상에 있는 어떤 머신러닝도(심지어 미국 국가안보국도) 이런 모든 데이터에 접근할 수 없으며, 만약 접근한다 하더라도 그런 데이터로 당신의 실제 모습을 어떻게 되살릴지는 모를 것이다. 하지만 당신의 모든 데이터를 모아서, 머신러닝에게 가르칠 수 있는 인간 삶의 모든 것을 이미 심어 놓은 미래의 마스터 알고리즘에 입력한다고 가정해 보자. 마스터 알고리즘은 당신에 대한 모형을 세울 것이고, 당신은 그 모형을 손톱만 한 저장 매체에 저장하여 주머니에 넣고 다니며 아무 때나 자유롭게 점검하고 원하는 모든 분야에 그 모형을 사용할 수 있다.

이 모형은 분명히 거울을 보는 것처럼 훌륭한 자기 성찰의 도구가 되겠지만, 단순히 외모만이 아니라 당신에 관해 관찰할 수 있는 모든 것을 보여 주고 살아 있는 듯 당신과 대화를 나누는 디지털 거울이 될 것이다.

그러면 당신은 무엇을 질문할 것인가? 대답 중에는 당신이 좋아하지 않을 만한 것도 있을 텐데, 그러니까 더욱더 그런 대답을 곰곰이 생각해야 할 것이다. 당신에게 새로운 아이디어나 방향을 제시하는 대답도 있을 것이다. 마스터 알고리즘이 당신에 대해 세운 모형은 당신이 더 나은 사람이 되도록 도움을 줄 것이다.

자기 수양 외에 당신의 모형으로 하고 싶은 첫 번째 일은 당신을 대신하여 세상과 협상하는 일일 것이다. 가상 공간에서 당신을 위한 모든 일을 찾게 한다. 세상의 모든 책 중에서 당신이 다음에 읽고 싶어 할 책 10여 권을 아마존이 꿈꾸는 것보다 더 큰 통찰력으로 제안할 것이다. 영화나 음악, 게임, 옷, 전자 제품 등 무엇이든 추천할 것이다. 당연히 당신의 냉장고도 항상 필요한 것으로 꽉 채워질 것이다. 당신의 모형은 전자 우편과 음성 사서함, 페이스북 뉴스, 트위터의 메시지를 살펴보고 필요할 때 당신을 대신하여 적절히 응답할 것이다. 당신의 모형은 당신을 위하여 신용카드 명세서를 확인하고 부당한 청구에 이의를 제기하고 협상하고 구독 기간을 연장하고 세금 환급 서류를 작성하는 등 사소하지만 성가신 일을 모두 처리해 줄 것이다. 당신의 모형은 당신의 질병에 대한 치료약을 찾아서 당신의 의사에게 알려 주고 월그린Walgreen(미국 최대의 잡화, 식품, 건강 보조 제품 판매 업체 —옮긴이)에 약을 주문할 것이다. 당신의 모형은 흥미로운 일자리를 알려 주고 휴가 장소를 추천하고 선거에서 어느 후보에게 투표할지 제안하고 장래의 데이트 상대를 골라낼 것이다. 그리고 짝이 선정되면 당신의 데이트 모형과 한팀이 되어 당신과 상대방 둘 다 좋아할 만한 식당을 뽑을 것이다. 마침내 진정으로 재미있는 상황이 벌어지기 시작할 것이다.

디지털 모형들의 사교 생활

빠르게 다가오는 이러한 미래에는 하루 24시간 명령을 수행하는 '디지털 반쪽'을 가진 사람이 당신만은 아닐 것이다. 모든 사람이 자신에 대한 섬세한 모형을 둘 테고, 이러한 모형들은 항상 이야기를 나눌 것이다. 당신이 일자리를 찾고 X사가 일할 사람을 찾는다면 그 회사의 모형이 당신의 모형과 면접을 볼 것이다. 그 면접은 사람들이 하는 면접과 비슷하여 당신의 모형은 당신에 관한 부정적인 정보를 밝히지 않도록 잘 학습된 반면 면접을 마치는 데 몇 분의 1초밖에 걸리지 않을 것이다. 당신이 미래의 링크드인 계정에서 구직 항목을 누르면 일자리가 세상 여기저기 멀리 떨어져 있어도 당신의 속성(직업, 위치, 급료 등)을 맞추어 본 뒤 맞는 일자리와 바로 면접을 볼 수 있을 것이다. 링크드인은 그 자리에서 유망한 업체를 뽑아 순위를 매긴 목록을 제공할 테고, 당신은 그중에서 더 이야기를 나누고 싶은 첫 번째 회사를 뽑을 것이다.

데이트도 같은 방식이다. 당신의 모형이 수백만 번 데이트 가상 체험을 하기 때문에 당신은 실제로 수백만 번 데이트할 필요가 없으며, 토요일이 되면 유망한 데이트 상대 상위 목록에 있는 사람들을 오케이큐피드가 마련한 파티에서 만날 것이다. 당신 또한 상대의 목록에서 상위에 있는 사람이며, 물론 상대의 다른 상위 후보들도 이 파티에 참석하고 있다. 확실히 흥미로운 밤이 될 것이다.

마스터 알고리즘의 세계에서는 '내 사람들이 당신의 사람들을 부를 것입니다'라는 말이 '내 프로그램이 당신의 프로그램을 부를 것입니다'라고 바뀔 것이다. 한 사람 한 사람마다 딸린 수행 로봇이 세상을 원만히 살아가도록 돕는다. 당신이 손가락을 까딱하기도 전에 거래를 홍보하고 조건을 협상하고 타협을 맺는다. 오늘날 제약 회사들은 당신의 의사를 대상으로 영업한다. 의사가 어떤 약을 처방할지 결정하기 때문이다. 미래에는 당신이 이용하거나 이용할 모든 제품과 서비스 공급 회사들이 당신의 모형을 대상으로 영업한다. 당신의 모형이 당신을 위해 모든 것을 걸러 내기 때문이다. 공급 회사 로봇의 임무는 당신의 로봇이 구매하도록 설득하는 것이다. 당신의 로봇은 당신이 TV 광고를 꿰뚫어 보듯이 그들의 홍보물을 꿰뚫어 보며 당신이 그렇게 볼 수 있는 시간과 인내심을 낼 수 없을 만큼 세밀한 수준까지 살핀다. 당신이 자동차를 사기 전에 디지털 당신은 자동차의 사양을 하나하나 살펴본 뒤 제조 업체와 사양을 협의하고 전 세계 사람들이 그 차와 그와 비슷한 사양의 차에 대해 이야기하는 것을 모두 조사한다.

당신의 디지털 반쪽은 당신 인생의 동력 조향 장치와 같아서 당신이 원하는 곳으로 덜 힘들이고 인생이 흘러가도록 한다. 그렇다고 당신이 좋아할 듯한 것만 보이고 예상하지 못한 것이 나타날 여지가 없는 상황, 즉 '필터 버블'filter bubble(사용자의 위치나 과거 검색 이력을 바탕으로 사용자가 찾을 것 같은 정보만 보여 주는 개별 맞춤식 검색—옮긴이)이 잔뜩 생긴 상황으로 끝난다는 것을 의미하지는 않는다. 디지털 당신은 그보다 더 좋은 것을 알고 있다. 디지털 당신의 업무 중에는 어떤 일이 발생할 가능성을 열어 두어 당신이 새로운 경험을 접하고 뜻밖의 기쁨을 찾도록 하는 것도 있다.

흥미롭게도 당신이 자동차나 집, 의사, 데이트 상대, 일자리를 찾았다고 모든 과정이 끝난 것은 아니다. 당신의 디지털 반쪽은 당신과 마찬가지로 경험을 통해 계속 학습한다. 디지털 반쪽은 일자리 면접이나 데이트, 부동산 검색 등에서 효과가 있는 것과 없는 것을 파악한다. 당신을 대신하여 접촉한 사람들과 조직체에 대해 학습하고, (더욱 중요하게는) 당신이 실제 세계에서 그들과 나눈 상호작용을 통해서도 학습한다. 디지털 반쪽은 앨리스가 당신에게 훌륭한 데이트 상대일 거라고 예측했지만 당신이 불편한 데이트를 했다면, 디지털 반쪽은 가능성 있는 사유를 가설로 설정하고 다음번 데이트에서 이를 시험한다.

디지털 반쪽은 가장 중요한 발견을 당신과 공유한다(예를 들어 '당신은 X를 좋아한다고 믿지만 실제로는 Y를 선택하는 경향이 있다'라는 발견). 당신이 호텔에 숙박한 경험과 트립어드바이저TripAdvisor에 나온 평가를 비교하여 당신에게 맞는 호텔을 알려 주는 정보가 무엇인지 파악하고 그런 정보를 찾아낸다. 어떤 온라인 판매 업체가 더 신뢰할 만한지 학습할 뿐만 아니라 신뢰가 떨어지는 업체들이 하는 말을 어떻게 알아차릴 수 있을지도 학습한다.

당신의 디지털 반쪽에는 세상에 대한 모형도 있다. 일반적인 세상의 모습뿐 아니라 당신과 연관된 세상의 모형이다. 물론 다른 사람들에게도 계속 진화하는 그들의 모형이 있다. 모든 모형이 상호작용을 겪으며 배운 것을 다음 상호작용을 할 때 적용한다. 당신은 상호작용하는 다른 사람들과 조직에 대한 모형을 가지고 있으며 상대방도 당신의 모형을 가지고 있다. 모형이 개선되면서 모형의 상호작용은 더욱더 실제 세상의 상호작용과 비슷해져 간다. 그런데 컴퓨터 내에서 벌어지는 일의 속도는 수백만 배나 빠르다. 미래의 가상 공간은 실제 세상에서 시도할 가장 유망한 것들만 고르는 광대한 평행 세상이다. 전 지구의 무의식, 즉 인류의 이드 총합과 비슷할 것이다.

공유할 것인가 공유하지 않을 것인가, 그리고 어디에서 어떻게?

당신의 디지털 반쪽이 실제 당신의 살과 피로 이루어진 몸보다 10여 배나 빠르게 세상을 학습할 수 있다고 해도 당신만 세상을 학습한다면 속도가 매우 느리다. 다른 사람들이 당신을 학습하는 속도가 당신이 다른 사람들을 학습하는 속도보다 빠르다면 당신은 곤경에 처한다. 해답은 공유에 있다. 100만 명이 자신의 경험을 공유한다면 그들은 어떤 회사나 제품에 관하여 한 사람보다 훨씬 더 빨리 학습한다. 그런데 당신은 누구와 그 데이터를 나눠야 하는가? 21세기의 가장 중요한 질문일 것이다.

당신의 데이터는 네 종류일 것이다. 당신이 모든 사람과 공유하는 데이터, 친구나 동료하고만 공유하는 데이터, 여러 회사와 공유하는 데이터(일부러 하는 것과 모르고 하는 것), 당신이 공유하지 않는 데이터다.

첫 번째 데이터는 옐프와 아마존, 트립어드바이저 등에 올리는 평가 그리고 이베이 고객 평가 점수, 링크드인에 올리는 이력서, 블로그, 트위터의 데이터 등이 있다. 이러한 데이터는 매우 소중하며 네 종류 중에서 문제를 가장 덜 일으킨다. 당신이 공유를 원하고 모든 사람이 혜택을 보기 때문에 모든 사람이 사용하도록 공유한다. 유일한 문제는 그런 데이터를 관리하는 회사가 개인이 모형을 세우기 위해 대량으로 내려 받는 것을 반드시 허용하지는 않는다는 점이다. 그들은 허용해야 한다. 당신은 트립어드바이저에 들어가 고려 중인 호텔의 평가와 별점을 확인할 수 있지만, 평가가 적거나 신뢰할 만한 평가가 없는 호텔들을 평가하기 위해 사용할 수 있는, 일반적으로 좋은 호텔과 나쁜 호텔을 구별해 주는 모형을 확인할 수 있는가? 트립어드바이저는 일반 모형을 학습할 수 있지만 '당신에게' 좋은 호텔과 나쁜 호텔을 구별해 주는 모형을 학습할 수 있을까? 이런 모형을 구하려면 트립어드바이저에 공유하고 싶지 않은 당신에 대한 정보를 사용해야 한다. 당신이 원하는 것은 두 종류의 데이터를 결합하여 그 결과를 당신에게 주는 신뢰할 만한 업체일 터다.

두 번째 데이터도 문제를 일으키지 않아야 하는데 세 번째 데이터와 겹치면서 문제를 일으키는 경우가 있다. 당신은 최근 소식과 사진을 페이스북의 친구들과 공유하고 그들은 당신과 공유한다. 그런데 모든 사람이 자신의 소식과 사진을 페이스북과 공유한다. 운이 좋은 페이스북이다. 페이스북의 친구는 10억 명이다. 페이스북은 매일매일 어느 누구보다도 세상에 대해 많은 것을 배운다. 페이스북이 더 좋은 알고리즘을 보유한다면 훨씬 더 많이 배울 것이고, 알고리즘은 우리 같은 데이터과학자의 호의에 힘입어 점점 더 나아지고 있다.

이 모든 지식을 사용하는 페이스북의 주요 목적은 광고를 당신에게 연결하는 것이다. 그 대가로 페이스북은 당신이 친구들과 공유할 수 있도록 기반 시설을 제공한다. 이것이 페이스북을 이용할 때 맺는 합의 사항이다. 페이스북의 머신러닝 알고리즘이 개선되면서 페이스북은 점점더 많은 가치를 데이터에서 얻고, 그 가치의 일부는 더 관련 있는 광고와더 나은 서비스라는 형태로 당신에게 돌아간다. 유일한 문제는 페이스북도 데이터와 모형을 이용하여 당신의 관심사가 아닌 일을 자유롭게하지만 당신에게는 이것을 막을 방법이 없다는 점이다.

이 문제는 세 번째 데이터인 당신이 회사와 공유한 데이터 전반에 걸쳐발생한다. 이 데이터에는 당신이 실생활에서 행한 일뿐 아니라 인터넷에서 행한 일이 아주 많이 포함된다. 당신이 알아차리지 못한 경우에도 당신에 대한 데이터를 수집하려는 미친 듯한 경쟁이 벌어진다. 모든 사람이 당신의 데이터를 사랑하며, 이는 전혀 놀라운 일이 아니다. 이 데이터는 당신의 세계와 당신의 돈, 당신의 투표, 심지어 당신의 마음으로 들어가는 관문이기 때문이다. 하지만 어느 누구도 당신의 데이터에서 최선을 얻지 못하고 그저 좋은 정도만 얻는다. 구글은 당신의 검색을, 아마존은 인터넷으로 구입한 상품을, AT&T는 전화 통화를, 애플은 내려 받은 음악을, 세이프웨이Safeway는 식료품을, 캐피털원CapitalOne은 신용카드 거래 내용을 본다.

액시엄Acxiom 같은 회사는 당신에 대한 정보를 수집, 분석하여 판매하지만 직접 조사해 보면(액시엄에 대해서는 aboutthedata.com에서 조사할 수 있다) 당신에 대한 정보가 많지 않고 심지어 틀린 내용도 있다. 완전한 당신의 모습에 가까운 것은 아무도 가지고 있지 않다. 좋기도 하고 나쁘기도 한 일이다. 좋은 까닭은 누군가 정말로 완전한 당신의 모습을 가지고 있다면 그는 너무나 많은 힘을 가질 것이기 때문이고, 나쁜 까닭은 완전한 모습에 가까운 정보가 없는 한 당신에 관한 전 방위 모형도 있을 수 없기 때문이다. 당신이 진정으로 원하는 것은 당신만 유일하게 소유하고 다른 사람들은 당신의 방침에 따라서만 접근할 수 있는 디지털 당신이다.

네 번째 데이터인 당신이 공유하지 않는 데이터는 그중 일부를 당신이 공유해야 한다는 문제가 있다. 공유해 달라는 요청이 없었을 수도 있고, 쉽게 공유할 방법이 없을 수도 있고, 단지 당신이 공유를 원하지 않는 경우도 있다. 마지막 경우 당신에게 공유할 윤리적 책임이 있는지 확인해야 한다. 우리가 본 한 가지 예는 암 환자다. 암 환자는 그들의 종양 유전자와 치료 이력을 공유하여 암 치료에 기여할 수 있다. 하지만 이런 공유 문제는 암 치료 차원을 훨씬 뛰어넘는다. 사회와 정책에 대한 모든 종류의 문제는 우리가 일상생활을 하며 만들어 내는 데이터를 전부 다 학습하면 해결할 가능성이 있다. 사회과학은 황금시대를 맞이하고 있는데 마침내 사회과학이 연구하는 현상의 복잡도에 대응할 만한 데이터가 있으며 연구원과 정책 입안자, 시민이 데이터에 접근할 수 있다면 우리 모두에게 돌아오는 혜택은 엄청나게 클 것이다.

이것은 다른 사람들이 당신의 개인 삶을 엿보게 허용한다는 것을 의미하지 않는다. 오히려 다른 사람들이 학습된 모형을 보게 한다는 것을 의미한다. 이런 모형은 오직 통계 정보만 포함해야 한다. 그러므로 당신의 데이터가 오용되지 않을 것이고, 또한 데이터를 공유하지 않으면서 혜택을 나누어 갖는 무임 승차자는 없다고 보증하는 정직한 정보중개인이 당신과 그들 사이에 있어야 한다.

종합하면 데이터 공유 방법 네 가지는 모두 문제가 있다. 다행히 공통의 해결책이 있다. 바로 당신의 데이터를 맡는 새로운 종류의 회사다. 당신의 돈을 맡는 은행과 같다. 은행은 당신의 돈을 훔치지 않는다(드물게 예외도 있지만). 은행은 맡긴 돈을 현명하게 투자해야 하고 당신의 예금은 미국 연방예금보험공사에서 보증한다. 많은 회사가 당신의 데이터를 클라우드 서비스 어디인가로 통합하자고 제안하지만 그들은 아직 당신의 개인 데이터 은행과는 한참 거리가 멀다. 그들이 클라우드 서비스 제공자라면, 그들은 당신을 독점하려고 할 것이다. 이것은 해서는 안 될 큰일이다(뱅크 오브 아메리카에 돈을 저금하고 웰스파고 어디인가로 돈을 전송할 수 있을지 없을지 모른다고 상상해 보라). 당신의 데이터를 저장했다가 할인해 주는 대가로 광고주들에게 당신의 데이터를 할당하는 것을 제안하는 신생 회사들도 있지만 내가 보기에 그 신생 회사들은 핵심을 놓치고 있다. 당신은 이해 관계가 맞아떨어지면 광고주들에게 공짜로 데이터를 주고 싶기도 하지만 때로는 데이터를 주고 싶지 않기도 하다. 언제 무엇을 줄지는 당신에 대한 훌륭한 모델만이 풀 수 있는 문제다.

내가 예상하여 그려 보는 회사는 회비를 받은 대가로 여러 가지 일을 해 주는 것이다. 그 회사는 당신의 인터넷 활동을 여러 서버에서 받아 모으고 다른 사용자의 데이터와 종합하는 일을 할 때 당신의 인터넷 활동을 익명으로 처리할 것이다. 그 회사는 당신의 삶 전체 데이터를 모두 한곳에 보관할 것이다. 예를 들어 당신이 어느 때인가 구입할 구글 글라스가 하루 24시간 내내 촬영하는 영상을 보관할 것이다. 그 회사는 당신과 당신의 세상에 대한 완전한 모형을 학습하고 계속 갱신할 것이다. 그리고 당신을 대신하여 당신의 모형을 당신이 원하는 대로, 모형이 지닌 능력의 최대치까지 사용할 것이다. 그 회사의 기본 약속은 당신의 데이터와 모형을 당신의 이익에 반하는 일에 사용하지 않겠다는 것이다.

그러한 보증이 실패할 염려가 없다는 것은 결코 아니다. 사실 당신 자신도 당신의 이익에 반하는 일은 결코 하지 않는다고 보증하지 못한다. 하지만 은행의 운명이 당신의 돈을 잃어버리지 않는다는 보증에 달려 있는 것만큼 그 회사의 운명은 당신의 이익에 반하여 사용하지 않겠다는 보증에 달려 있어야 한다. 그러면 당신은 은행을 신뢰하는 만큼 그 회사를 신뢰할 수 있을 것이다.

이러한 회사는 빠른 시간에 세상에서 매우 가치 있는 회사가 될 수 있다. 더애틀랜틱(www.theatlantic.com)의 객원 편집자인 알렉시스 마드리

갈Alexis Madrigal이 지적하듯이, 당신의 인물 정보는 반 센트나 더 적은 돈으로 살 수 있지만 인터넷 광고 산업에서 한 사용자의 가치는 1년에 1200달러 이상의 가치가 있다. 구글에 있는 당신 데이터의 조각들은 20달러의 가치가 있고 페이스북에 있는 당신 데이터는 5달러의 가치가 있는 등 여러 곳에 분산된 데이터에 가치가 있다. 이런 데이터에 아직 어느 회사도 보유하지 못한 데이터를 모두 합하고 전체는 부분의 합보다 크다는 사실(당신의 모든 데이터를 기반으로 하는 모형은 1000개의 조각 데이터에 기반을 둔 1000개의 모형보다 훨씬 더 좋다)을 고려하면 미국 같은 경제 규모에서는 1년에 1조 달러가 넘는 인터넷 광고 산업 규모를 쉽게 상상할 수 있다. 그러면 이 분야에서 큰 점유율을 차지하지 않아도 《포춘》 500대 기업 규모의 회사가 될 수 있다. 당신이 도전하기로 결심하여 억만장자가 된다면 아이디어를 어디에서 처음 얻었는지 기억해 주시라.

물론 현존하는 회사들 중에도 디지털 당신을 매우 확보하고 싶어 하는 회사가 있을 것이다. 예를 들면 구글이 있다. 세르게이 브린은 "우리는 구글이 당신 두뇌의 세 번째 반구가 되기를 원한다."라고 말했고, 구글의 몇몇 기업 인수는 인수 기업이 보유한 연속적으로 흘러 들어오는 데이터가 구글의 데이터를 얼마나 잘 보완하는가와 관련될 것이다. 구글과 페이스북 같은 회사가 먼저 출발했지만, 그들은 당신과 이해 관계가 충돌하기 때문에 당신의 디지털 홈이 되기에 적합하지 않다. 그 회사들은 광고를 적재적소에 배치하여 돈을 벌기 때문에 당신의 이익과 광고주의 이익 사이에서 균형을 유지해야 한다. 당신은 두뇌의 왼쪽 반구나 오른쪽 반구가 충성을 나누는 걸 허용하지 않을 것이다. 세 번째 반구에게 왜 허용하겠는가?

한 가지 가능성 있는 쇼스타퍼(원래는 명연기를 의미했으나 지금은 하드웨어나 소프트웨어를 못 쓰게 만드는 버그를 의미 ―옮긴이)는 영화《마이너리티 리포트》처럼 당신의 모델이 범죄자 같아 보이면 정부가 당신의 데이터를 소환하거나 심지어 범죄 예방 차원에서 당신을 감옥에 가두는 것이다. 이러한 일을 미연에 방지하기 위해 당신의 데이터 회사는 모든 것을 암호화하고 암호를 푸는 열쇠는 당신이 보관하도록 할 수 있다(요즘은 암호를 풀지 않고도 암호화된 데이터를 분석할 수 있다). 혹은 당신의 데이터를 집에 있는 하드디스크에 모두 보관하고 회사는 단지 소프트웨어만 빌려줄 수 있다.

돈을 벌려는 곳이 당신의 왕국 열쇠를 보유한다는 아이디어가 마음에 들지 않는다면, 대신 데이터 조합에 가입할 수 있다(당신이 사는 가상 세계에 아직 데이터 조합이 없다면 데이터 조합을 시작하는 걸 고려해 보라). 20세기에는 노동자의 힘과 사업주의 힘 사이의 균형을 맞추기 위해 노동 조합이 필요했다. 21세기는 비슷한 사유로 데이터 조합이 필요하다. 회사는 개인보다 데이터를 수집하고 사용하는 힘이 훨씬 더 크다. 이런 요인 때문에 힘의 불균형이 생기고, 데이터가 더 소중할수록 데이터를 학습할 수 있는 모형은 더 좋아지고 더 유용해지며, 그래서 불균형은 더 심해진다. 데이터 조합은 조합원이 그들의 데이터를 사용하는 것에 관하여 회사와 평등한 조건에서 협상하도록 이끈다. 노동 조합은 조합원을 대상으로 데이터 조합을 시작하면서 계속 활동을 이어 가고 조합원의 소속감을 강화할 수 있다. 노동 조합은 직업별, 지역별로 조직되어 있는 반면 데이터 조합은 유연할 수 있다. 당신과 공통점이 많은 사람들과 연합하라. 이렇게 얻은 데이터들로 학습된 모형이 당신에게 더 유용할 것이다.

데이터 조합에 가입한다고 다른 회원들이 당신의 데이터를 볼 수 있는 것이 아님을 주목하라. 데이터 조합에 가입하는 것은 모은 데이터로 학습한 모형을 모든 조합원이 사용한다는 것을 의미한다. 또한 데이터 조합은 당신의 요구 사항을 정치인들에게 전달하는 도구로 사용할 수 있다. 당신의 데이터는 투표만큼, 아니 그 이상 세상에 영향을 미칠 수 있다. 투표는 선거하는 날만 할 수 있지만 당신의 데이터는 날마다 당신의 투표가 되기 때문이다. 공개적으로 목소리를 내라!

지금까지 나는 사생활이라는 말을 꺼내지 않았다. 그것은 우연이 아니다. 사생활은 데이터 공유라는 더 큰 쟁점의 한 부분일 따름이고, 우리가 전체를 해치며 지금까지 논한 것만큼 사생활 문제에 집중한다면 잘못된 결론에 도달할 위험이 있다. 예를 들어 원래 의도한 목적 외에 다른 목적으로 데이터를 사용하는 일을 금지하는 법은 지극히 근시안적이다(《괴짜 경제학》이라도 그러한 법 아래에서는 단 하나의 장도 쓸 수 없을 것이다).

웹사이트에서 자신의 신상에 대해 답하는 경우처럼 사람들이 사생활과 다른 혜택들을 교환해야 할 때, 노출한다고 생각하는 사생활에 내재된 가치는 '당신의 사생활을 신경 쓰십니까?' 같은 물음에 답하면서 노출한다고 생각하는 사생활의 가치보다 훨씬 적다. 하지만 사생활 논쟁은 후자의 관점에서 훨씬 더 자주 벌어진다. 유럽연합의 사법재판소는 사람들이 잊힐 권리를 갖지만 또한 두뇌인지 아니면 하드디스크인지 선택하여 기억할 권리도 가진다고 결정했다. 기업에 대해서도 같은 권리를 가지며, 그래서 어느 정도는 사용자와 데이터 수집자, 광고주의 이해가 조정되었다. 과도한 관심은 누구에게도 이익이 되지 않으며 더 좋은 데이터는 더 좋은 제품을 만든다. 흔히 사생활은 제로섬 게임이라고 취급되지만 그런 것이 아니다.

　디지털 당신과 데이터 조합을 유치하는 회사는 사회에서 성숙하게 정착된 데이터의 미래 모습으로 보인다. 우리가 그곳에 도착할지 여부는 아직 결론 나지 않은 문제다. 대부분의 사람들이 자신에 관한 데이터가 얼마나 많이 수집되고 있으며 이런 일의 잠재 비용과 이익이 무엇인지 모른다. 회사는 발각될까 두려워하며 이런 일을 몰래 계속하기를 받아들이는 것처럼 보인다. 하지만 조만간 발각되는 일이 터질 것이며, 그 결과 싸움이 벌어지고 가혹한 법이 통과되겠지만 그 법은 결국 아무에게도 이익을 주지 못할 것이다. 지금 이런 상황을 널리 알려서 모든 사람이 어느 것은 공유하고 어느 것은 공유하지 않을지, 그리고 어떻게, 어디에 공유할지에 관하여 개별적인 선택을 하게 하는 것이 더 낫다.

신경망이 내 일자리를 빼앗는다

당신의 일은 두뇌를 얼마나 사용하는가? 더 많이 사용할수록 당신의 일자리는 더 안전하다. 인공 지능 초창기에는 사무 일이 두뇌를 더 많이 필요로 하기 때문에 컴퓨터가 사무직 종사자보다 육체 노동자를 더 먼저 교체할 거라고 생각했다. 하지만 실제로 나타난 결과는 달랐다. 로봇이 자동차를 조립하지만 로봇이 건설 노동자를 대체하지 못한다. 반면 머신러닝 알고리즘이 신용분석가, 직거래업자와 교체되었다. 머신러닝에게는 신용 관련 신청서를 평가하는 일이 발을 헛딛지 않고 건설 현장을 돌아다니는 것보다 쉬웠다. 공통된 내용을 뽑자면, 좁은 범위로 정의된 업무는 데이터에서 학습하기가 쉽지만 여러 분야의 기술과 지식이 필요한 업무는 학습하기 쉽지 않다는 것이다.

당신의 두뇌는 시각과 운동을 처리하는 데 전념한다. 이것은 걸어 다니는 일이 보이는 것보다 훨씬 더 복잡하다는 신호다. 우리는 걷는 일을 당연하다고 여기는데, 진화에 의해 완벽할 정도로 연마되어서 무의식적으로 걷기 때문이다. 내러티브 사이언스Narrative Science 사에는 야구 경기를 매우 훌륭하게 정리하는 인공 지능 시스템이 있다. 하지만 소설은 쓰지 못한다. 조지 윌George Will(미국의 유명한 칼럼니스트이며 야구 팬이다.—옮긴이)한테는 죄송하지만 인생에는 야구 경기보다 훨씬 더 많은 것이 있기 때문이다. 음성 인식은 컴퓨터에게 어려운 일이다. 어떤 사람이 무엇에 관하여 말하는지 듣는 사람이 모를 때는 빈칸을 채워 넣기가(사람들이 말할 때 단어의 일부 음을 생략하므로 문자 그대로 채워 넣어야 한다) 어렵기 때문이다. 알고리즘은 주식 시세 변동을 예측할 수 있지만 그것이 정치와 어떻게 연결되는지는 아무런 단서도 잡지 못한다. 더 많은 전후 사정을 알아야 하는 업무일수록 컴퓨터가 이른 시일 내에 해낼 가능성이 적다. 상식은 당신의 어머니가 가르쳤기 때문만이 아니라 컴퓨터에는 없기 때문에도 중요하다.

일자리를 잃지 않는 최선의 길은 당신의 업무를 당신 자신이 자동화하는 것이다. 전에는 당신이 하지 않았고 앞으로 빠른 시간 안에 컴퓨터가 하지 못하는 당신 업무를 할 수 있는 시간을 얻을 것이다(그런 부분이 없다면 컴퓨터가 아직 자동화하지 않은 일들은 한 발 앞서 얻어라). 컴퓨터가 당신의 일을 하는 법을 학습했다면 컴퓨터와 경쟁하려고 하지 마라. 컴퓨터를 활용하라. H&R블럭(유명한 세무 업무 대리 회사—옮긴이)은 여전히 사업을 하고 있으나 세무 대리인의 일은 이전보다 훨씬 덜 지겨워졌다. 요즘은 컴퓨터가 성가신 일을 처리하기 때문이다(기하급수로 늘어나는 세금 항목의 수는 컴퓨터의 기하급수적인 능력의 향상으로도 감당하지 못하는 몇 안 되는 일임을 고려하면 이것이 최적의 예는 아닌 듯하다). 빅 데이터는 감각 기관의 확장이고 머신러닝 알고리즘은 두뇌의 확장이라고 생각하라. 요즘 최고의 체스선수는 절반은 사람이고 절반은 프로그램인 '켄타우로스'다. 이 같은 일이 주식분석가에서 야구 스카우터까지 많은 직업에서 똑같이 일어난다. 대결 상황은 사람 대 기계가 아니다. 기계를 이용하는 사람 대 기계를 이용하지 않는 사람의 대결이다. 데이터와 통찰력은 말과 기수이고 당신은 말을 앞질러 가는 대신 말을 타고 달린다.

기술이 발전하면서 사람과 기계의 조합이 구체적으로 나타난다. 당신은 배가 고프다. 옐프Yelp가 좋은 식당을 추천해 주고 당신은 그중에서 한 곳을 고른다. GPS가 당신에게 가는 길을 안내한다. 당신이 운전할 때 전자 장치가 자동차의 기초 제어를 담당한다. 우리는 이미 사이보그, 즉 인조인간이다. 자동화의 실상은 무엇을 대체하느냐가 아니라 무엇을 가능하게 하느냐에서 나타난다. 사라지는 직업도 있지만 더 많은 직업이 생긴다. 무엇보다 자동화는 사람이 하면 비용이 매우 많이 드는 일을 가능하게 한다. 현금인출기는 은행 창구 직원을 대체했지만 우리가 언제 어디서나 현금을 인출하게 해 준다. 그림 화소를 인간 만화영화 제작자가 한 번에 하나씩 색칠해야 했다면《토이 스토리》같은 만화영화나 비디오 게임은 나오지 못했을 것이다.

여전히 우리는 결국 인간을 위한 직업은 없어질 것 아니냐고 의문을 제기할 수 있다. 내 생각은 아니다. 컴퓨터와 로봇이 모든 일을 인간보다 잘하는 날이 온다 하더라도(가까운 장래는 아니다) 적어도 우리 중 일부는 일자리를 보전할 것이다. 가벼운 대화까지 하며 완벽하게 인간을 흉내 내는 로봇 바텐더가 생길 테지만 고객들은 사람인 바텐더를 더 선호할 것이다. 인간 종업원이 시중드는 식당은 수제품처럼 사람들이 흠모하는 특징을 가질 것이다. 이미 영화와 자동차, 모터보트가 있지만 우리는 여전히 극장에 가고 말을 타고 요트를 탄다. 더 중요하게는 그 직업의 정의에 따라서 컴퓨터와 로봇이 지닐 수 없는 요소, 예를 들어 인간의 경험 같은 것을 요구하기 때문에 정말로 사람을 대체할 수 없는 직업도 있을 것이다. 감정 표현을 숨김없이 드러내는 일을 말하는 것은 아니다. 적극적인 감정 표현은 흉내 내기 어려운 일이 아니기 때문이다. 우리는 로봇 반려동물의 성공 사례를 목격한다.

내가 의미하는 것은 인간이 되는 경험을 하지 않고서는 이해할 수 없는 모든 것에 해당되는 인간성이다. 우리는 인간성이 점차 사라진다고 걱정하지만 다른 직업들이 자동화되면 잿더미에서 다시 일어날 것이다. 더 많은 일이 기계로 저렴하게 수행될수록 인간미 넘치는 사람이 기여하는 부분은 더 가치 있을 것이다.

반면 과학자의 장기 전망은 그리 밝지 않다. 미래에는 유일한 과학자가 과학을 연구하는 컴퓨터를 뜻하는 컴퓨터과학자일 것이다. 이전에 나처럼 과학자라고 공식적으로 알려진 사람들은 컴퓨터가 이룬 과학의 진보를 이해하며 인생을 바칠 것이다. 그렇다고 전보다 눈이 띄게 덜 행복하지는 않을 것이다. 과학은 좋아해서 하는 일이었으니까. 그리고 기술적인 적성이 있는 사람들에게 매우 중요한 일 하나가 남을 것이다. 컴퓨터가 하는 일을 계속 지켜보는 것이다. 사실 이러한 일은 기술자뿐 아니라 더 많은 사람을 요구할 것이다. 궁극적으로는 우리가 기계에서 원하는 것이 무엇이고, 그것을 얻었는지 확인하는 일은 모든 분야의 사람들이 상근으로 해야 하는 직업이 될 것이다. 이에 관해서는 나중에 더 다루겠다.

한편 자동화가 가능한 직업과 가능하지 않은 직업 사이의 경계선이 경제 영역 전반에 걸쳐 확장되면서 실업률은 점차 높아지고, 점점 더 많은 직업에서 임금의 압력이 줄어들고, 아직 자동화되지 않은 더욱더 적어지는 분야의 몸값은 올라갈 것이다. 이러한 일은 이미 일어나고 있지만 앞으로 더 심화될 여지가 많다. 전환기에는 떠들썩하겠지만 다행히 민주주의 덕분에 행복한 결말이 될 것이다(투표를 소중히 여겨라. 당신의 가장 귀중한 보물일 것이다). 실업률이 50퍼센트를 넘어서거나 그 전이라도 재분배에 관한 태도는 급진적으로 바뀔 것이다. 이제 새롭게 다수가 된 실업자들은 평생에 걸친 관대한 실업급여와 이를 감당할 높은 세금 인상에 표를 줄 것이다. 실업자들이 은행을 부수고 쳐들어가지는 않을 것이다. 기계가 필요한 생산을 할 것이기 때문이다. 결국 우리는 실업률 대신 고용률을 이야기하기 시작하고 고용률의 감소를 발전의 지표로 여길 것이다("미국은 뒤처지고 있다. 고용률이 23퍼센트나 된다.").

실업급여는 모든 사람에게 주는 기초 수입으로 대체될 것이다. 이에 만족하지 않는 사람들은 얼마 남지 않은 인간이 일하는 직업에서 더 많이 그것도 굉장히 많이 벌 수 있을 것이다. 진보주의자와 보수주의자는 여전히 세율로 싸울 테지만 다투는 수치의 범위는 요즘 다투는 범위에서 영구히 옮겨질 것이다. 노동력의 전체 가치는 매우 줄어든 채 가장 부유한 나라는 인구에 대한 천연 자원의 비율이 가장 높은 나라가 될 것이다(지금 캐나다로 옮겨라). 풍요로운 자연에 둘러싸인 열대 섬에 사는 인생이 의미 없다고 하지 않는 것처럼 일하지 않아도 인생의 의미가 없지는 않을 것이다. 선물 경제gift economy(가진 자가 필요로 하는 자에게 재화를 선물하거나, 재화를 선물로 주고받음으로써 물질적 필요를 충족하는 경제—옮긴이)가 발전할 텐데, 공개 소프트웨어 운동은 선물 경제를 미리 보여 주는 사례다. 결국 사람들은 인간 관계와 자아 실현, 영성에서 의미를 찾을 것이다. 생계비를 버는 것은 아득한 추억이 되고 우리가 넘어선 인류의 또 다른 야만적 과거가 될 것이다.

전쟁터에서 인간이 싸우지 않는다

군대는 과학보다 자동화하기 어렵지만 역시 자동화될 것이다. 로봇을 사용하는 주요 용도는 인간이 하기에 너무 위험한 일을 처리하는 것이다. 그리고 전쟁을 치르는 것보다 더 위험한 일은 없을 것이다. 로봇은 이미 폭탄을 해체하는 작업을 하며 드론이 언덕 너머를 정찰한다. 스스로 운전하는 보급 차량과 짐을 운반하는 로봇 노새를 개발 중이다. 머지 않아 우리는 로봇이 스스로 방아쇠를 당기도록 허용할 것인지 여부를 결정해야 할 것이다. 찬성하는 쪽은 위험한 상황에서 사람들이 벗어나기를 바란다. 총격이 오고 가는 긴박한 상황에서 원격 조종은 빠르게 대응할 수 없다고 주장한다. 반대하는 쪽은 로봇은 윤리를 이해하지 못하므로 생사를 결정하는 일을 맡길 수 없다고 주장한다. 하지만 우리는 로봇을 가르칠 수 있다. 그러니 우리가 물어야 할 더 근본적인 질문은 우리가 준비되어 있는가 아닌가이다.

군사적 필요성과 과잉 조치 금지의 원칙, 민간인 보호 같은 일반 원칙들을 세우기는 어렵지 않다. 하지만 원칙과 구체적인 행동 사이에는 커다란 격차가 있고 그러한 격차는 군인의 판단으로 메워야 한다. 아시모프가 소설에서 로봇 3원칙을 서술한 것처럼 그 원칙들을 실제로 적용하면 로봇은 곧바로 곤경에 빠진다. 일반 원칙들은 보통 모순적인데, 모순이 아니라면 회색 지대를 흑과 백으로 나누지 않도록 모순적으로 바꿔야 한다. 군사적 필요성이 민간인 보호보다 중요한 상황은 언제인가? 보편적인 해답이 없으며 만일의 사태를 모두 대비하도록 컴퓨터를 프로그래밍할 수도 없다.

하지만 머신러닝이 대안을 제공한다. 민간인을 보호해야 하는 상황과 그렇지 않은 상황, 무기로 대응하는 것이 적절한 상황과 과잉 대응이 되는 상황 등 데이터를 이용하여 로봇이 관련 있는 개념들을 인식하도록 가르친다. 다음은 이러한 개념들이 관련된 규칙 형식의 행동 강령을 로봇에게 부여한다. 마지막으로 로봇이 사람들을 관찰하면서, 즉 군인들이 이 경우에는 발포하지만 저 경우에는 발포하지 않는 것을 관찰하면서 이 행동 강령을 적용하는 법을 배우도록 한다.

이러한 사례를 일반화하면 로봇은 대규모 마르코프 논리 네트워크 같은 형식을 이용하여 윤리적인 의사 결정에 대한 총체적 모형을 학습할 수 있다. 한 사람의 결정이 다른 사람의 결정과 일치하는 횟수만큼 로봇의 결정이 사람의 결정과 일치하는 일이 반복되면 학습은 끝나고, 이는 수천 대의 로봇 두뇌로 내려 받을 모형이 준비되었다는 것을 의미한다. 인간과 다르게 로봇은 전투의 열기 속에서도 침착성을 잃지 않는다. 로봇이 이상 동작을 한다면 제조 업체의 책임이다. 로봇이 전화를 잘못 걸면 가르친 선생님에게 책임이 있는 것이다.

이 시나리오의 주요 문제는 당신도 이미 추측했듯이, 로봇이 사람들을 관찰하여 윤리를 배우게 하는 것은 좋은 아이디어가 아닐 수도 있다는 점이다. 사람이 윤리 원칙을 어기는 모습을 본다면 로봇은 심각하게 혼란스러워할 것이다. 우리는 윤리학자들로 구성된 위원회에서 군인이 올바른 결정을 내렸다고 동의하는 사례들만 포함하는 방식으로 학습 데이터를 깨끗하게 할 수 있고, 윤리위원들은 학습 결과를 조사하고 그들이 만족하도록 학습 후 과정에서 모형을 세부 조정 할 수 있다. 그런데 위원회에는 다양한 성향을 지닌 사람들이 있어야 하고, 그렇다면 합의에 도달하기는 어려울 것이다. 논리적이지만 책임이 없는 로봇에게 윤리를 가르치려면 우리가 무엇을 가정하는지 조사하고 우리의 모순을 골라내야만 한다. 이 경우는 다른 많은 분야와 마찬가지로 머신러닝을 통해 우리가 얻는 가장 큰 혜택은 머신러닝이 배운 지식이 아니라 머신러닝을 가르치며 우리가 배운 것이 된다.

로봇 군대를 반대하는 또 다른 주장은 로봇 군대가 전쟁을 너무 쉽게 일으킨다는 점이다. 하지만 우리가 일방적으로 로봇 군대를 포기한다면 다가올 전쟁을 감수해야 한다. 유엔과 국제 인권 단체인 휴먼 라이트 워치Human Right Watch가 지지하는 이성적인 대응은 화학적·생물학적 전쟁을 금지하는 1925년의 제네바 의정서와 비슷한, 로봇 전쟁을 금지하는 협약이다. 하지만 이것은 둘 사이의 결정적인 차이점을 놓치고 있다. 화학적·생물학적 전쟁은 사람의 고통을 증가시킬 뿐이지만 로봇 전쟁은 사람의 고통을 감소시킨다. 전쟁에서 싸움은 기계가 하고 사람은 명령만 내린다면 아무도 죽거나 다치지 않는다. 우리가 해야 하는 일은 로봇 군인을 불법화하는 대신 준비가 되었을 때 인간 군인을 불법화하는 것이다.

로봇 군대는 실제로 전쟁을 일으킬 가능성이 더 많겠지만 로봇 군대는 전쟁의 윤리를 바꿀 것이다. 목표물이 다른 로봇일 경우 쏠지 말지를 결정해야 하는 상황은 훨씬 쉽게 풀린다. '전쟁은 말로 표현하지 못할 끔찍한 난리고 최후의 수단이다'라고만 보는 현대의 시각은 '전쟁은 양쪽 모두 소진시키고 피하는 것이 상책이지만 그렇다고 모든 대가를 치르고 피할 것은 아닌 파괴의 아수라장 정도다'라고 보는 더 미묘한 시각으로 대체될 것이다. 그리고 전쟁이 누가 가장 많이 파괴할 수 있는가를 보는 경쟁으로 요약된다면 파괴 대신 가장 많이 창조하는 것으로 경쟁하지 않을 이유가 있는가?

어떤 경우든 로봇 전쟁을 금지하는 일은 실현 가능하지 않을 것이다. 미래 전쟁 로봇의 전신인 드론을 금지하기는커녕 크고 작은 나라들이 한창 드론을 개발 중인데, 드론은 위험보다 이익이 더 많다고 추정하기 때문일 것이다. 다른 무기들처럼 상대편이 로봇을 보유하지 않을 거라고 믿기보다 로봇을 보유하는 편이 더 안전하다. 미래 전쟁에서 수백만 대의 가미카제 드론이 몇 분 내에 재래식 군대를 파괴한다면, 그 드론들이 우리 편인 게 낫다. 한쪽이 다른 쪽 시스템의 통제권을 장악하여 제3차 세계대전이 몇 초 만에 끝난다면 우리는 더 똑똑하고 더 빠르고 공격에 더 잘 견디는 네트워크를 보유하는 편이 낫다(네트워크와 연결되지 않은 단독 시스템은 해법이 아니다. 네트워크로 연결되지 않으면 해킹을 당하지 않겠지만 네트워크를 갖춘 시스템과 경쟁할 수도 없다). 전투에서 인간들을 금지하는 제5차 제네바 협정을 맺는 날을 앞당길 수 있다면 로봇 군비 경쟁은 좋은 일도 하는 셈이니 장점과 단점 사이의 균형이 맞는 셈이다. 전쟁은 우리 주위에 항상 있겠지만 전쟁의 사상자는 있을 필요가 없다.

구글+마스터 알고리즘=스카이넷?

로봇 군대는 완전히 다른 망령을 불러일으키기도 한다. 할리우드 영화를 보면 인류의 미래는 엄청난 인공 지능과 기계 하수인의 대규모 군대에 의해 파괴된다(물론 용기 있는 영웅이 영화의 마지막 5분 동안 세상을 구해 내지만). 구글은 이미 그러한 인공 지능이 요구하는 엄청난 하드웨어를 보유하고 있다. 최근 들어서는 그들과 함께 할 로봇 공학 관련 창업 회사들을 많이 인수했다. 마스터 알고리즘을 구글의 서버 컴퓨터에 넣는다면 영화 《터미네이터》에 나오는 악역, 가상의 인공 의식 스카이넷이 탄생할까? 그러면 인류는 완전히 끝나는 것일까? 그 대답은 왜 예가 되겠는가이다. 이쯤에서 《반지의 제왕》을 흉내 내어 내 진짜 계획을 밝히겠다(톨킨에게는 양해를 구한다).

세상의 모든 과학자를 위해 세 개의 알고리즘,
서버 컴퓨터가 놓인 공간의 기술자들을 위해 일곱 개의 알고리즘,
사라질 운명의 한시적 사업들을 위해 아홉 개의 알고리즘,
어둠의 왕좌에 앉은 암흑의 인공 지능을 위해 한 개의 알고리즘,
데이터가 있는 학습의 나라에 있도다.
그 알고리즘을 모두 다스리는 하나의 알고리즘,

그 알고리즘을 모두 찾는 하나의 알고리즘,

그 알고리즘을 모두 모아 어둠에서 묶는 하나의 알고리즘,

데이터가 있는 학습의 나라에 있도다.

하하하하! 그만 웃고 이제 진지하게 묻겠다. 기계가 지배할 것을 두려워해야 하는가? 징조는 불길해 보인다. 시간이 지날수록 컴퓨터가 세상의 일을 더 많이 해결할 뿐만 아니라 점점 더 많은 결정을 내린다. 누가 신용이 있는지, 누가 무엇을 구매하는지, 누가 어떤 직업을 얻고 어떤 승진을 하는지, 어느 주식이 오르거나 내리는지, 보험료는 얼마로 해야 하는지, 경찰이 어디를 순찰해야 하는지, 그 결과 누가 체포되고 그들의 형량은 얼마나 될지, 누가 누구와 데이트를 하고 그 결과 누가 태어날지 등에 대하여 머신러닝 모형이 이미 참여하고 있다. 우리가 컴퓨터를 전부 꺼 버려도 현대 문명이 붕괴되지 않는 시점은 이미 오래전에 지나갔다. 머신러닝이 최후의 결정타다. 컴퓨터가 스스로 프로그래밍을 시작할 수 있다면 컴퓨터를 제어하려는 모든 희망은 확실히 사라진다. 스티븐 호킹 같은 과학자들은 너무 늦기 전에 이 문제에 대하여 비상 연구를 하자고 제안했다.

안심하시라. 마스터 알고리즘을 갖춘 인공 지능이 세상을 지배할 가능성은 0이다. 그 이유는 간단하다. 인간과 달리 컴퓨터에는 그만의 고유한 의지가 없다. 컴퓨터는 진화가 아니라 공학의 산물이다. 무한대로 강력한 컴퓨터라도 여전히 우리 의지의 확장일 뿐이며 두려워할 것이 아무것도 없다. 모든 머신러닝 알고리즘의 세 가지 성분인 표현과 평가, 최적화를 되새겨 보라. 머신러닝의 표현은 무엇을 배울 수 있는지 그 범위

를 제한한다. 마르코프 논리 네트워크 같은 매우 강력한 것을 선택하면 머신러닝은 어떤 이론도 배울 수 있다.

최적화 장치는 그 이상도 그 이하도 아닌 평가함수를 최대화하기 위하여 가능한 모든 일을 하는데, 그 평가함수를 바로 우리가 결정한다. 더 강력한 컴퓨터는 최적화를 더 잘할 뿐이다. 머신러닝이 유전 알고리즘이라고 해도 통제를 벗어날 위험은 없다. 우리가 원하는 일을 하지 않는 학습된 시스템은 심각하게 적응을 못하는 것이고 곧 사라질 터다. 사실 세대를 거듭하며 번성하고 유전자 공급원을 지배하는 것은 우리를 더 잘 섬기는 일에서 조금이라도 나은 시스템이다. 물론 우리가 매우 어리석어서 컴퓨터가 우리 위에 군림하는 프로그램을 짠다면 우리는 마땅히 당해야 할 일을 당할 것이다.

또한 인공 지능 시스템에도 외적으로나 내적으로나 똑같은 세 개의 구성 요소가 있기 때문에 같은 논의가 인공 지능 시스템에도 적용된다. 인공 지능 시스템은 무엇을 할지 변경하고 놀라운 계획을 만들어 내지만, 우리가 선택한 목적을 위해서만 그렇게 할 수 있다. 프로그램된 목표가 '맛있는 저녁 식사를 마련하라'인 로봇은 스테이크나 부야베스(향신료를 많이 넣은 프랑스 남부의 생선 수프─옮긴이) 혹은 로봇이 직접 개발한 맛있고 새로운 요리를 만들 수 있지만, 주인을 살해하기로 결정할 수 없다. 그것은 자동차가 날아가게 하는 결정보다 더 어려운 것이다. 제2장에서 인공 지능 시스템의 목적은 NP-완전 문제를 푸는 것으로 나왔듯이, 이 문제의 해답을 구하려면 기하급수로 많은 시간이 필요하지만 해답은 항상 효과적으로 확인할 수 있다.

그러므로 우리의 일이 컴퓨터의 일보다 기하급수로 쉽다는 것을 알고

안심하며 두 팔을 크게 벌려서 우리의 두뇌보다 아주 강력한 컴퓨터를 환영해야 한다. 컴퓨터는 문제를 풀고 우리는 그저 만족할 만큼 문제를 풀었는지 확인하면 된다. 인공 지능은 우리가 천천히 생각할 수밖에 없는 문제를 빠르게 생각하며 세상은 인공 지능을 통해 더 나아질 것이다. 나는 우리의 새로운 로봇 부하를 환영한다.

우리가 아는 유일하게 똑똑한 실체는 인간과 다른 동물이며 그들에게는 분명히 자기 의지가 있기 때문에 똑똑한 기계들이 세상을 정복할까 봐 걱정하는 것은 자연스러운 일이다. 하지만 지능과 자주적 의지가 반드시 연결되는 것은 아니다. 지능과 의지 사이에 제어선이 있다면 오히려 지능과 의지는 같은 몸에 있지 않을 것이다. 리처드 도킨스는 《확장된 표현형》The Extended Phenotype에서 자연에는 뻐꾸기 알에서 비버 댐에 이르기까지 자신의 몸보다 더 많은 것을 조절하는 동물의 유전자가 얼마나 많은가를 보여 준다. 기술은 인간의 확장된 표현형이다. 이것이 의미하는 것은 기술이 우리가 이해할 수 있는 것보다 훨씬 더 복잡해지더라도 우리는 계속하여 제어할 수 있다는 사실이다.

DNA 두 가닥이 20억 년 전에 세균의 세포질이라고 알려진 개인 수영장에서 헤엄치며 돌아다니는 모습을 그려 보라. 그들은 중대한 결정을 내리려고 곰곰이 생각한다. 마침내 DNA 한 가닥이 "나는 걱정스러워, 다이애나. 우리가 다세포 생물을 만들기 시작하면 그들이 우리를 지배할까?"라고 말한다. 빨리 감기를 하여 21세기로 돌아와서 보면 DNA는 여전히 잘 살아 있다. 사실 이전보다 더 좋아졌고 수조 개의 세포로 구성된, 두 발로 걷는 유기체 속에서 안전하게 살아가며 점점 더 증가하고 있다. 이것은 우리의 조그마한 이중 가닥 친구들이 중대한 결정을 내린 이

후 달려온 대단한 과정이었다. 아직까지는 인간이 DNA의 가장 영민한 창조물이다. 우리는 DNA를 퍼뜨리지 않고도 즐거움을 누리는 피임 같은 것들을 발명했고, 우리에게는 자유 의지가 있거나 있는 것으로 보인다. 하지만 우리가 느끼는 재미를 규정하는 것은 여전히 DNA이다. 우리가 자유 의지를 사용하여 쾌락을 추구하고 고통을 피하는 행위는 여전히 우리의 DNA가 생존하는 데 최선인 방법과 일치한다. 우리 자신을 실리콘 전자 회로로 바꾸겠다고 결정한다면 우리는 DNA의 종말이 될 것이지만 그때라도 장장 20억 년이 흐른 뒤다.

지금 우리가 직면한 결정 상황도 비슷하다. 우리가 거대하고 서로 연결되어 있고 초인간적이고 한없이 심오한 인공 지능을 만들기 시작하면 그들이 우리를 지배할까? 유전자에게는 우리가 거대하고 한없이 심오하게 보이는 다세포 유기체지만 그런 다세포 유기체가 유전자를 지배하는 것 이상으로 인공 지능이 우리를 지배하는 일은 없을 것이다. 우리가 유전자의 생존 기계인 것처럼 인공 지능은 우리의 생존 기계다.

그렇다고 우려되는 일이 전혀 없지는 않다.

첫 번째 큰 걱정은 다른 기술도 마찬가지지만, 인공 지능이 악당의 수중에 들어가는 경우다. 범죄자나 철없는 장난꾸러기가 세상을 지배하도록 인공 지능을 프로그래밍한다면, 돌이킬 수 없을 정도로 사태가 악화되기 전에 오용된 인공 지능을 붙잡고 지우는 인공 지능 경찰이 있는 편이 낫다. 미친 듯이 날뛰는 거대한 인공 지능에 대항하는 최선의 보증 대책은 평화를 지키는 더 거대한 인공 지능이다.

두 번째 걱정은 인류가 자진하여 통제권을 내놓는 경우다. 이런 일은 로봇 권리에서 시작한다. 내게는 터무니없어 보이지만 모든 사람이 그렇게 생각하지는 않는다. 결국 우리는 이미 동물에게 일정한 권리를 부여했다. 동물들은 권리를 달라고 요청하지 않았다. 로봇 권리는 '공감권' circle of empathy 이 확대되는 과정에서 논리적으로 자연스럽게 나오는 다음 단계처럼 보일 수도 있다. 로봇과 공감하는 일은 어렵지 않다. 로봇이 공감을 이끌어 내도록 설계되어 있으면 더 그렇다.

버튼 세 개와 액정 표시 장치 하나밖에 없는 일본의 '가상 반려동물' 다마고치조차 공감을 이끌어 내는 데 크게 성공했다. 첫 번째 소비자용 인간형 로봇이 더욱더 많은 공감을 끌어내는 로봇을 만드는 경쟁을 일으킬 것이다. 공감을 끌어내는 로봇이 평범한 금속 로봇보다 훨씬 더 잘 팔릴 것이기 때문이다. 로봇 유모가 키운 아이들은 친절한 전자 친구들에게 평생 지속되는 포근한 느낌을 가질 것이다. 거의 인간 같지만 완전히 그렇지는 않은 로봇을 대할 때 느끼는 불편함을 나타내는 '불쾌한 골짜기' uncanny valley 느낌을 모를 것이다. 그들은 로봇과 함께 자란 터라 로봇이 곁에 있는 게 자연스럽기 때문이다. 훗날 로봇을 멋진 10대 아이로 여기며 입양할 수도 있을 것이다.

인공 지능의 통제가 은밀히 퍼지는 과정에서 다음 단계는 인공 지능이 아주 많이 똑똑하기 때문에 모든 결정을 인공 지능이 하도록 맡기는 것이다. 하지만 조심하시라. 인공 지능이 더 똑똑할 수 있지만 인공 지능은 평가함수를 설계한 사람이 누구라도 그에게 봉사한다. 이것은 '오즈의 마법사' 문제다. 지능적인 기계들의 세상에 사는 당신이 하는 일은 기계들이 당신이 원하는 것을 하도록 입력(목표를 세우는 것)과 출력(당신이 요구한 것을 얻었는지 확인하는 것) 양쪽에서 계속 확인하는 것이다. 당신이 하지 않으면 누군가 다른 사람이 할 것이다. 기계들은 우리가 무엇을 원하는지 파악하도록 우리를 도울 수 있지만 당신이 참여하지 않으면 민주주의처럼 손해를 본다. 민주주의보다 손해를 더 보면 보았지 적게 보지는 않을 것이다. 우리가 믿고 싶은 것과 반대로 인간은 다른 사람에게 쉽게 복종하며 충분히 발전한 인공 지능이라면 신과 구별되지 않을 것이다. 거대한 신탁을 내리는 컴퓨터의 진격 명령을 꺼려하지 않을 것이다. 문제는 누가 감독자를 감독할 것인가이다. 인공 지능이 완벽한 민주주의로 가는 길인가, 아니면 더 은밀한 독재로 가는 길인가? 영원히 끝나지 않을 시위가 이제 막 시작되었다.

세 번째이자 가장 큰 염려 사항은 이야기책에 나오는 요정 지니처럼 기계는 우리가 원하는 것 대신 우리가 요구하는 것을 곧이곧대로 줄 거라는 점이다. 가설 같은 시나리오가 아니다. 머신러닝 알고리즘은 항상 이런 일을 수행한다. 우리는 신경망이 말을 인식하도록 학습시키지만, 학습 데이터에 있는 말들이 우연히 모두 갈색이라면 머신러닝은 말 대신 갈색 조각을 인식하도록 학습한다. 당신이 시계를 사면 아마존은 비슷한 물품들을 추천한다. 즉 다른 시계들을 추천하지만 이제 시계는 당신이 가장 살 것 같지 않은 물건이다.

당신이 컴퓨터가 내린 결정을 모두 조사한다면(예를 들어 누가 신용이 있는지) 종종 아주 나쁜 결정을 내렸다는 사실을 발견할 것이다. 당신의 두뇌가 서포트 벡터 머신이고 신용 점수에 대한 모든 지식을 데이터가 엉망인 데이터베이스 하나를 정독하여 얻었다면, 당신의 결정도 아주 나쁠 것이다. 사람들은 컴퓨터가 너무 똑똑해져서 세상을 지배할 거라고 걱정하지만, 실제로 나타난 문제는 컴퓨터가 너무 멍청하고 그런 컴퓨터가 이미 세상을 지배하고 있다는 것이다.

456

진화, 두 번째 막이 시작됐다

컴퓨터가 무시무시할 정도로 똑똑한 것은 아닐지라도 컴퓨터의 지능이 빠르게 증가하고 있다는 것은 의심의 여지가 없다. 1965년 영국의 통계학자이자 제2차 세계대전 중 이니그마 암호를 해독하는 업무에서 앨런 튜링의 조수로 일한 어빙 존 굿이 앞으로 일어날 지능의 폭발적 발전을 예측했다. 굿은 우리보다 똑똑한 기계를 설계한다면 그 기계는 자기보다 똑똑한 기계를 설계하는 식으로 무한정 진행되어 인간의 지능이 한참 뒤처질 거라고 지적했다. 1993년에 쓴 에세이에서 버너 빈지Vernor Vinge는 이것에 '특이점'singularity이라는 이름을 붙였다. 이 개념은 레이 커즈와일에 의해 널리 알려졌다. 그는 《특이점이 온다》The Singularity Is Near에서 특이점이 불가피할 뿐만 아니라 기계의 지능이 인간의 지능을 뛰어넘는 시점(튜링점이라고 부르자)이 몇 십 년 안에 찾아올 거라고 주장했다.

프로그램을 설계하는 프로그램인 머신러닝이 없다면 특이점은 나타날 수 없다. 물론 강력한 하드웨어도 필요하다. 하지만 그것은 순조롭게 진행되고 있다. 그러니 튜링점에 도달하는 일은 우리가 마스터 알고리즘을 발명한 이후나 가능할 것이다(나는 커즈와일과 돔 페리뇽을 걸고 인간 수준의 인공 지능을 달성하기 위하여 그가 선택한, 두뇌를 역공학으로 만드는 방법이 나오기 전에 튜링점이 나타날 거라고 내기하겠다). 커즈와일한테는 죄송하지만 마스터 알고리즘이 나온다고 특이점이 나타나지는 않을 것이다. 마스터 알고리즘은 훨씬 더 흥미로운 것을 낳을 터다.

특이점이라는 용어는 수학에서 나오고 그 함수값이 무한대가 되는 점을 나타낸다. 예를 들어 $1/x$라는 함수는 x가 0일 때 특이점이 나타난다.

1을 0으로 나누면 무한대가 되기 때문이다. 물리학에서 특이점의 대표적 예는 블랙홀이다. 이것은 유한한 양의 물질이 극소의 공간에 쑤셔 넣어져 밀도가 무한대인 점이다. 특이점에 있는 유일한 문제는 실제로는 존재하지 않는다는 것이다(언제 당신이 마지막으로 케이크를 0명의 사람에게 나누어 주어 사람마다 무한대의 조각을 받았는가?). 물리학에서 어떤 이론이 무한대의 것을 예측하면 그 이론에는 무엇인가 잘못된 것이 있다. 딱 맞는 예를 들자면 일반 상대성 이론이 블랙홀의 밀도가 무한대라고 예측하는 것은 양자 효과를 무시하기 때문일 것이다. 이와 비슷하게 지능은 영원히 증가할 수 없다. 커즈와일도 이런 점을 인정하지만 기술의 진보(프로세서의 속도와 메모리의 용량 등)에서 지수함수적 곡선이 줄줄이 나타나는 것을 지적하며, 아직 우리가 걱정하지 않을 정도로 기술 성장의 한계는 아주 멀었다고 주장한다.

커즈와일은 과적합 문제를 보여주고 있다. 항상 선형적으로만(곡선 대신 직선으로만 보며) 추정한다고 다른 사람들을 흠잡는 것은 옳지만, 그러면서 그는 모든 곳에서 지수함수적 특징을 보는 더 특이한 병폐의 포로가 된다. 그는 아무것도 일어나지 않는 평평한 곡선 부분에서 아직 일어나지 않은 지수함수적 증가를 본다. 하지만 기술의 진보 곡선은 지수함수가 아니다. 그것은 우리가 제4장에서 본 오랜 친구 같은 S자 곡선이다. S자 곡선의 처음 부분을 지수함수로 착각하기 쉽지만 S자 곡선은 곧 빠르게 달라진다. 커즈와일의 곡선은 대부분 무어의 법칙에서 나왔고 무어의 법칙은 이제 다 허물어지고 있다.

커즈와일은 다른 기술이 나와 반도체의 자리를 차지할 것이고, S자 곡선은 다른 S자 곡선 위에 쌓이며 이전보다 더 가파르게 증가하는 곡선이 될 것이라고 주장하지만 그것은 어림짐작일 뿐이다. 커즈와일은 이 주장에서 더 나아가 단지 인간의 기술뿐만 아니라 지구에 존재한 생명의 모든 역사에서 지수함수적으로 가속하며 발전하는 모습을 볼 수 있다고 주장한다. 하지만 이러한 인식은 기껏해야 부분적으로는 더 가까운 사물들이 더 빨리 움직이는 것처럼 보이는 시차 효과parallax effect 때문이다. 캄브리아기 생명의 대폭발이라는 열기 속에 출현한 삼엽충을 보고 지수함수적으로 가속하며 발전하는 모습을 믿는다면 이해받을 수도 있겠다. 하지만 그 이후에는 커다란 태업이라 할 만하게 발전 속도가 감소했다. 티라노사우루스 레이는 점점 커지는 몸 크기의 법칙을 주장할 수도 있겠다(레이 커즈와일의 '레이'가 렉스와 음이 비슷한 점을 이용하여 커즈와일이 폭군 티라노사우르스 '렉스'처럼 마구 주장한다는 것을 표현했다.—옮긴이) 진핵생물(우리)은 원핵생물(세균)보다 더 천천히 진화한다. 완만하게 가속화하는 모습과는 거리가 멀게 진화는 하다 말다를 반복하며 진행한다.

커즈와일은 무한대로 밀도가 높은 점은 존재하지 않는다는 지적을 회피하기 위해 특이점을 블랙홀의 사상 지평선과 같다고 주장한다. 사상 지평선은 중력이 아주 강하여 빛조차 빠져나오지 못하는 영역이다. 이와 비슷하게 특이점 너머는 기술 진화가 너무 빨라서 무슨 일이 일어날지 인간이 예측하거나 이해할 수 없다고 커즈와일은 주장한다. 그것이 특이점이 가리키는 것이라면 우리는 이미 그 속에 들어와 있다. 우리는 머신러닝이 무엇을 내놓을지 미리 예측할 수 없고, 때때로 머신러닝의 산출물을 검토해 봐도 이해조차 못할 때도 있다. 사실을 말하자면 우리는 언제나 우리가 부분적으로만 이해한 세상에 살고 있다. 주요한 차이점은 이제 우리의 세상은 부분적으로 우리가 창조하고 있다는 점이고 이것은 확실히 발전이다.

튜링점 너머의 세상이 홍적세(160만 년 전 신생대의 마지막 단계이며 흔히 빙하 시대라 부른다.―옮긴이)보다 더 이해할 수 없는 영역은 아닐 것이다. 우리는 언제나 하던 대로 우리가 이해할 수 있는 것에 집중할 것이고 그 나머지는 우연(혹은 신의 영역)으로 여길 것이다.

우리가 겪는 과정이 특이점은 아니지만 상전이相轉移는 맞다. 이것의 임계점, 즉 튜링점은 머신러닝이 자연의 변화를 앞지를 때 올 것이다. 자연의 학습도 진화와 두뇌, 문화라는 세 단계를 거쳤다. 각 단계는 이전 단계의 산물이고 단계가 올라가며 더 빨리 학습한다. 머신러닝은 논리적으로 추론할 수 있는 이러한 발전의 다음 단계다. 컴퓨터 프로그램은 지구에서 가장 빠른 자기 복제 장치다. 복제 시간이 1초 이내다. 하지만 인간이 프로그램을 작성해야 한다면 프로그램을 처음 개발할 때는 느리다. 머신러닝이 그 장애물을 제거하면 이제 마지막 장애물만 남는다. 바로 인간이 변화를 받아들이는 속도다.

이 장애물 또한 결국 제거되겠지만 한스 모라벡Hans Moravec이 이름 붙인 '마음의 아이들'에게 모든 걸 넘기고 편안히 잠자리에 들어가기로 결정했기 때문은 아닐 것이다. 인간은 생명의 나무에서 죽어 가는 가지가 아니다. 반대로 우리는 새로운 가지를 내려고 한다.

문화가 더 커진 두뇌와 함께 진화한 것처럼 우리는 우리의 창조물과 함께 진화할 것이다. 우리는 언제나 그렇게 해 왔다. 인간이 불이나 창을 발명하지 않았다면 우리는 지금 육체적으로 다른 모습이 되었을 것이다. 우리가 호모사피엔스(지성인)인 것만큼 우리는 호모테크니쿠스Homo technicus(기술인)다. 하지만 내가 제10장에서 구상한 종류의 세포 모형으로 완전히 새로운 것, 즉 실리콘 컴파일러가 기능 사양을 맞추는 마이크로 칩을 설계하는 방식과 똑같이 컴퓨터에 우리가 제공한 변수값을 맞추는 세포를 설계하는 컴퓨터가 나올 것이다. 그러면 조건을 맞추는 DNA를 합성할 수 있고 이 DNA를 '보통' 세포에 넣어 목표로 하는 세포로 바꿀 수 있을 것이다. 유전학의 선구자인 크레이그 벤터Craig Venter 는 이런 방향으로 첫발을 내디뎠다. 처음에는 이 능력을 질병과 싸우는 데 사용할 것이다. 새로운 병원체가 발견되면 치료법은 바로 개발되고 당신의 면역 프로그램은 인터넷에서 치료법을 내려 받는다. '건강 문제'라는 말은 건강이 더 이상 문제가 아니므로 이제 모순어법, 형용 모순이 된다. DNA 설계로 사람들은 마침내 자신이 원하는 몸을 얻고, 윌리엄 깁슨William Gibson의 말처럼 '구매 가능한 아름다움'의 시대가 열릴 것이다. 호모테크니쿠스는 저마다 고유한 특성을 지닌 수많은 지능의 종류로 진화해 나갈 테고, 그러면 오늘날의 생물권biosphere 이 원시의 바다와 다른 것만큼 완전히 다르고 새로운 생물권이 나타날 것이다.

사람들은 인간이 이끄는 진화가 인류를 특정 유전자를 지닌 무리와 지니지 못한 무리로 영원히 나눌 것을 우려한다. 내게는 보기 드문 상상력의 실패로 보인다. 자연의 진화에서는 한 종이 다른 종에 굴복하는 단두 종만 나오지 않았다. 끝없이 다양한 생물과 복잡한 생태계가 나왔다. 자연적 진화를 기반으로 하고 제한도 덜 받으며 진행되는 인공적 진화에서 어떻게 두 종류만 나오겠는가?

모든 상전이처럼 이 상전이도 결국은 점점 줄어들 것이다. 장애물 하나를 극복했다고 무제한이 되는 것은 아니다. 이것은 아직 우리가 보지 못하지만 다음에 올 장애물이 제한이 된다는 의미다. 다른 상전이가 따라올 텐데 어떤 것은 대규모이고 어떤 것은 소규모이며, 어떤 것은 바로 오고 어떤 것은 바로 오지 않을 것이다. 하지만 다음 세기는 지구 행성의 생명체에게 가장 놀라운 시기가 될 것이다.

이제 당신은 머신러닝의 비밀을 안다. 데이터를 지식으로 바꾸는 엔진은 더 이상 블랙박스가 아니다. 당신은 어떻게 마술 같은 일이 일어나고, 머신러닝이 할 수 있는 것과 할 수 없는 것이 무엇인지 안다. 당신은 복잡성 괴물, 과적합 문제, 차원의 저주 그리고 탐험과 개발의 딜레마까지 만났다. 당신은 구글과 페이스북, 아마존, 그 밖의 모든 곳에서 당신이 매일 너그럽게 주는 데이터로 무엇을 하는지, 어떻게 그들이 당신을 위한 것을 찾고, 스팸을 걸러 내고, 서비스를 계속 개선할 수 있는지 대체로 알았다. 당신은 세계 도처에 있는 머신러닝 연구소에서 무엇을 개발하는지 보았고, 무대와 가장 가까운 자리에서 그런 개발품의 도움으로 다가올 미래를 살펴보았다. 머신러닝의 다섯 종족과 그들의 마스터 알고리즘, 즉 기호주의자의 역연역법, 연결주의자의 역전파법, 진화주의자의 유전 알고리즘, 베이즈주의자의 확률 추론, 유추주의자의 서포트 벡터 머신을 만났다. 그리고 당신은 광범위한 영역을 여행하고 경계 넘기를 시도하고 높은 봉우리도 올라가 보았기 때문에 자기 분야에서 매일 힘들게 고생하는 많은 머신러닝 연구원들보다도 전체 모습을 더 잘 알게 되었다. 땅 밑에서 흐르는 강처럼 머신러닝의 영토를 가로지르는 공통의 주제를 보았고, 어떻게 다섯 가지 마스터 알고리즘이 겉으로 보기에는 많이 다르지만 실제로는 다섯 가지 얼굴을 가진 단 하나의 보편적인 머신러닝 알고리즘이 된다는 것을 알았다.

하지만 여행이 끝나려면 아직 멀었다. 우리에게는 아직 마스터 알고리즘이 없다. 어떤 모습일까 슬쩍 살펴본 정도다. 기초적인 무엇이 여전히 빠져 있으면, 혹은 머신러닝 분야의 모든 사람과 이 분야의 역사에서 나오는 모든 사람이 보지 못한 무엇이 있다면 어떻게 될 것인가? 우리는 새로운 아이디어가 필요하다. 이미 있는 것의 단순한 변형은 그 아이디어가 될 수 없다. 그것이 내가 이 책을 쓴 까닭이다. 즉 당신이 아이디어를 생각하도록 일깨우기 위해서다. 나는 워싱턴대학에서 머신러닝을 가르친다. 2007년 넷플릭스 프라이즈가 발표된 직후 나는 넷플릭스 프라이즈 참여를 학급 연구 과제로 제안했다. 이 반의 학생이었던 제프 하우버트가 이 과제에 홀딱 빠져서 강좌가 끝난 이후에도 연구를 계속했다. 결국 그는 머신러닝을 배우기 시작한 지 2년이 지나서 넷플릭스 프라이즈에 입상한 두 팀 중 한 팀의 일원이 되었다.

이제 당신 차례. 머신러닝을 더 배우고자 한다면 이 책 끝에 있는 〈더 읽을거리〉를 살펴보라. 그리고 UCI 저장소 archive.ics.uci.edu/ml/에서 데이터 모음을 내려 받고 실행해 보라. 준비가 되면 진행 중인 머신러닝 경연 대회를 전문으로 다루는 Kaggle.com에 들어가 둘러보고 참가할 대회를 하나 혹은 둘 정도 선택하라. 물론 친구 한둘을 모아서 함께 하면 더 재미있을 것이다. 당신이 제프처럼 홀딱 빠져서 전문 데이터과학자가 된다면, 세상에서 가장 매력적인 분야에 들어온 것을 환영하겠다. 당신이 지금의 머신러닝에 만족하지 못한다면 새로운 머신러닝을 발명하라. 아니면 단지 재미 삼아 시도해 보라. 내가 가장 바라는 희망 사항은 당신이 이 책을 읽고 20년도 넘은 옛날에 내가 처음 인공 지능 책을 읽고 보인 반응과 같은 반응을 보이는 것이다.

　지금 머신러닝에는 내가 어디서 시작해야 할지 모르는 부분이 아주 많다. 어느 날 당신이 마스터 알고리즘을 발명한다면 그것을 들고 특허 사무실로 달려가지 말아 달라. 그것을 공개하라. 마스터 알고리즘은 한 사람이나 한 조직이 소유하면 안 될 만큼 아주 중요하다. 마스터 알고리즘의 응용 분야는 당신이 미처 사용 허가를 낼 수 없을 정도로 빠르게 확산될 것이다. 하지만 공개 대신 새로운 사업을 시작하기로 결정한다면 지구상의 남자와 여자, 아이에게 혜택이 돌아가도록 하라.

　당신이 이 책을 호기심으로 읽었든 전문가의 관심으로 읽었든 당신이 배운 것을 친구와 동료에게 나누어 주기를 바란다. 머신러닝은 우리 모두의 삶에 영향을 주며 머신러닝으로 무엇을 할지 결정하는 것은 우리 모두에게 달려 있다. 머신러닝에 대해 새롭게 이해한 당신은 사생활과 데이터 공유, 직업의 미래, 로봇 전쟁, 인공 지능에 대한 기대와 위험성 같은 쟁점들을 훨씬 더 훌륭하게 생각하는 수준에 이르렀다. 더 많은 사람이 이러한 이해 수준에 이른다면 함정을 피하고 올바른 길을 찾을 가능성이 더 커질 것이다. 내가 이 책을 쓴 또 다른 까닭이다. 통계학자는 예측이 어렵다는 것을, 특히 미래에 관한 예측이 어렵다는 것을 알고, 컴퓨터과학자는 미래를 예측하는 가장 좋은 방법은 미래를 창조하는 것임을 알지만 검증하지 않은 미래는 발명할 만한 가치가 없다.

나를 당신의 안내자로 선택해 줘서 고맙다. 이제 이별하며 당신에게 선물을 주고 싶다. 뉴턴은 자신이 위대한 진리의 대양을 보지 못한 채 눈앞에 펼쳐진 해변에서 조약돌과 조개를 주우며 노는 소년 같은 느낌이 든다고 말했다. 300년이 지나서 우리는 놀랄 만한 조약돌과 조개를 주웠지만 여전히 위대한 미지의 대양은 희망의 약속을 반짝이며 멀리 펼쳐져 있다. 나는 선물로 머신러닝이라는 배를 당신에게 주겠다. 이제 출항할 시간이다.

무엇보다 과학적 모험을 함께 하는 동료들에게 감사드린다. 학생들과 공동 연구자, 동료 교수, 머신러닝 분야의 모든 사람에게 고마움을 전한다. 이 책은 내 책인 것만큼 당신의 책이기도 하다. 지나치게 간략화한 부분과 생략한 부분 그리고 이 책의 일부에서 나오는 동화 같은 방식은 너그러이 봐주기 바란다.

여러 번 이 책의 초고를 읽고 의견을 준 마이크 벨피오레와 토머스 디트리히, 티아고 도밍고스, 오렌 에치오니, 에이브 프리즌, 롭 젠스, 앨런 할레비, 데이비드 이스라엘, 헨리 카츠, 클로에 키든, 게리 마커스, 레이 무니, 케빈 머피, 프란지 로즈너, 벤 태스커를 포함하여 모든 사람에게 감사드린다. 내게 충고와 정보 혹은 여러 종류의 도움을 준 톰 그리피스, 데이비드 헤커먼, 하나 히키, 알베르트 라슬로 배러바시, 얀 르쿤, 바버라 모네스, 마이크 모건, 피터 노빅, 주데아 펄, 그레고리 피아테츠키 샤피로, 승현준을 포함하여 모든 이에게 고마운 마음을 전한다.

워싱턴대학의 컴퓨터 과학·공학부라는 매우 특별한 곳에서 일할 수 있어 행운이었다. 또한 이 책을 쓰기 시작할 때 MIT에서 안식 기간을 보내게 해 준 조시 테네바움과 그의 팀 모두에게 고마움을 전한다. 나를 무조건 믿고 홍보해 준 지칠 줄 모르는 나의 대리인 짐 레빈과 레빈 그린버그 로스탄의 모든 사람에게 감사드린다. 장마다 그리고 줄마다 이 책을 더 좋은 책으로 만들어 준 놀라운 편집자 티제이 켈러허와 베이식 북스의 모든 이에게 감사를 보낸다.

나는 ARO, DARPA, FCT, NSF, ONR, 포드, 구글, IBM, 코닥, 야후, 슬론재단을 포함하여 해를 거듭하며 연구비를 지원해 주는 기관들의 도움을 받았다.

마지막으로 그리고 가장 많이, 가족들의 사랑과 지원에 감사드린다.

2016년 3월 알파고의 광풍이 한국을 강타한 이후로, 국내에서도 인공 지능, 특히 새롭게 떠오르고 있는 기술인 머신러닝에 대한 관심이 커지고 있다. 구글, 마이크로소프트, 페이스북, 아마존, 넷플릭스와 같은 거대 회사들이 앞 다투어 머신러닝에 많은 돈을 투자하고 있고 또한 많은 머신러닝 전문가들을 고용하며 인하우스 팀을 꾸려서 연구 개발에 앞장서고 있다. 이러한 상황이니 국내에서도 머신러닝이 무엇인지, 왜 그처럼 선진국에서 많은 연구가 진행되고 있는지 궁금해하고, 국내 기업에서도 향후 어떻게 인공 지능과 머신러닝을, 어떻게 그리고 어디에 도입하고 활용하며 나아가야 하는지 관심을 갖기 시작했다. 머신러닝에 관한 전문 서적은 번역이 되어 교재로 사용되고 있지만 머신러닝에 관심이 있는 사람들을 위한 입문서는 거의 찾아보기 힘들다. 그런 상황에 《마스터 알고리즘》은 입문서로서 훌륭한 역할을 할 수 있는, 의미 있는 책이라고 생각한다.

인공 지능에 도달하기 위해서는 여러 가지 접근 방법이 있다. 대표적인 방법으로는 전통적인 규칙 기반 방법과 최근에 각광받기 시작한 머신러닝 방법이 있다. 이 책은 인공 지능을 향한 여러 가지 접근 방법을 다루고 있는데 독특하게도 접근 방법을 다섯 종족으로 나누어 설명하는 방식을 취하고 있다.

기호주의자는 전통적인 규칙 기반의 방법에 해당된다. 연결주의자는 신경회로망이라는 접근 방법에 해당하는데, 이것은 최근 이슈가 되고 있는 딥 러닝의 근간이 되는 기술이다. 진화주의자는 진화 프로그래밍으로 알려진 유전자 프로그래밍이라는 방법에 해당된다. 나머지 베이즈주의자와 유추주의자는 각각 그래픽 모형과 서포트 벡터 머신이라는 접근 방법에 해당하는데, 이 두 가지가 대표적인 머신러닝의 접근 방법에 해당된다. 보통 머신러닝이라고 하면 베이즈주의자와 유추주의자 그리고 최근 대두된 연결주의자를 지칭한다.

2000년 이후 컴퓨팅파워의 눈부신 발전과 인터넷의 보급으로 데이터가 폭발적으로 증가하면서 머신러닝은 엄청난 발전을 이루어 왔다. 18, 19세기 산업혁명이 육체노동을 자동화하는 노력의 시작이었다면 컴퓨터의 등장은 정보 혁명, 정신노동을 자동화하는 기점을 만들었다. 지금 우리 눈앞에 닥친 머신러닝의 혁명은 자동화 과정을 자동화하는 노력이라 말할 수 있다. 《마스터 알고리즘》은 머신러닝을 공부하지 않은 일반인에게는 다소 난해할 수 있지만, 그 혁명을 가능하게 하는 다양한 접근 방법을 어느 한쪽에 국한하지 않고 고루 잘 설명하고 있다. 그러면서도 인공 지능과 머신러닝이 어디에 활용되고 있고, 왜 중요한지, 나아가 얼마나 더 중요하게 될지 잊지 않고 이야기한다. 특히 처음부터 끝까지 수식을 거의 사용하지 않고 인공 지능과 머신러닝을 풀어내는 것은 상당히 놀라운 시도라 할 수 있다(사실 머신러닝은 상당히 이론적이라 수학적 지식을 많이 요구하는데도 말이다). 머신러닝의 적용 예만 기술되어 있는 기존 책들과 달리 그 원리와 방법을 이해하기 위한 이야기가 담겨 있어 머신러닝에 관한 가장 유익한 입문서가 되리라 생각한다.

최승진(포스텍 컴퓨터공학과 교수)

당신이 이 책을 읽고 머신러닝과 그 쟁점에 흥미가 생겼다면, 다음에서 참고 데이터를 많이 발견할 것이다. 더 읽을거리를 제공하는 목적은 종합적인 참고 데이터를 제시하는 것이 아니고, 호르헤 보르헤스의《끝없이 두 갈래로 갈라지는 길들이 있는 정원》The Garden of forking paths 책 제목처럼 여러 갈래로 나누어진 머신러닝의 정원으로 들어가는 출입문을 안내하려는 것이다. 그래서 가능한 한 일반 독자에게 적합한 책과 데이터를 선택했다. 계산 과정과 통계적 혹은 수학적 배경 지식이 필요한 기술 문서는 별표(*)로 표시했다. 하지만 이런 데이터에도 종종 일반 독자가 접근할 수 있는 부분이 많다.

머신러닝을 전반적으로 더 배우고자 한다면 온라인 강의로 시작하는 것이 좋다. 여러 강의 중에서 이 책의 내용과 가장 가까운 것이 내가 가르치는 강의(www.coursera.org/course/machlearning)다. 다른 강의를 두 가지 정도 더 소개하면 앤드루 응Andrew Ng의 강의(www.coursera.org/course/ml)와 야세르 아부 모스타파Yaser Abu-Mostafa의 강의(work.caltech.edu/telecourse.html)가 있다.

그다음 단계는 교과서를 읽는 것이다. 내가 지은 이 책과 가장 가깝고 가장 접근하기 쉬운 책은 톰 미첼Tom Mitchell이 지은《Machine Learning》(McGraw-Hill, 1997)*

이다. 더 최신의 책이면서 더 수학적인 책은 케빈 머피Kevin Murphy의 《머신 러닝》 Machine Learning: A Probabilistic Perspective(에이콘출판사, 2015)*과 크리스 비숍Chris Bishop 의 《Pattern Recognition and Machine Learning》(Springer, 2006)* 그리고 개러스 제임스Gareth James와 다니엘라 위튼Daniela Witten, 트레버 헤이스티Trevor Hastie, Rob Tibshirani의 《가볍게 시작하는 통계 학습: R로 실습하는》An Introduction to Statistical Learning with Applications in R(루비페이퍼, 2016)*이다. 내가 기고한 논문 《A few useful things to know about machine learning》(Communi-cations of the ACM, 2012)에 는 머신러닝의 교과서에 종종 암시하는 정도로만 나와 있고 이 책의 출발점이 되기도 한 '민간 요법' 종류의 지식이 정리되어 있다. 당신이 프로그램을 작성할 줄 알고 머신 러닝 프로그램을 시도해 보고 싶어 몸이 근질거린다면 Weka(www.cs.waikato.ac.nz/ ml/weka) 같은 수많은 오픈소스 패키지로 시작할 수 있다. 머신러닝 학술 잡지 중 주 요한 두 가지는 《Machine Learning》과 《Journal of Machine Learning Research》 이다. 연간 회보를 발간하는 선도적인 머신러닝 학술 회의에는 국제 머신러닝 학술 대회International Conference on Machine Learning와 신경정보처리시스템 학술대회Conference on Neural Information Processing Systems, 국제 지식 추론 및 데이터 마이닝 학술 대회 International Conference on Knowledge Discovery and Data Mining 등이 있다. 웹사이트인 videolectures.net에서는 머신러닝에 관한 이야기를 많이 찾아볼 수 있다. www. KDnuggets.com라는 웹사이트에서 머신러닝에 필요한 모든 것을 한번에 얻을 수 있으며 최신 개발 소식을 계속 전해 주는 소식지도 구독할 수 있다.

들어가는 말

일상생활에 머신러닝이 미치는 영향의 사례를 나열한 초기의 목록은 조지 존George John의 논문 《Behind-the-scenes data mining》(SIGKDD Explorations, 1999)에 나 오며 나는 이 논문에서 영감을 받아 이 책 〈들어가는 말〉의 일상생활을 다룬 내용을 썼다. 에릭 시겔Eric Siegel의 책 《Predictive Analytics》(Wiley, 2013)에는 머신러닝 응용 분야가 많이 조사되어 있다. '빅 데이터'big data라는 용어는 맥킨지글로벌연구소 McKinsey Global Institute의 2011년 보고서 《Big Data: The Next Frontier for Innovation, Competition, and Productivity》 덕분에 널리 알려졌다. 빅 데이터로 일어난 쟁점들 중 많은 부분이 빅토르 마이어 쇤버거Viktor Mayer-Schönberger와 케네스 쿠키어Kenneth Cukier의 공저 《빅 데이터가 만드는 세상》Big Data: A Revolution That Will Change How We Live, Work, and Think(21세기북스, 2013)에서 논의되었다. 내가 인공 지능을 배운 교과서는 일레인 리치Elaine Rich가 지은 《Artificial Intelligence》(McGraw-Hill, 1983)*이다. 최근의 책은 스튜어트 러셀Stuart Russell과 피터 노빅Peter Norvig이 지은 《Artificial Intelligence: A Modern Approach》(3rd ed., Prentice Hall, 2010)이다. 닐스 닐손Nils Nilsson의 《The Quest for Artificial Intelligence》(Cambridge University Press, 2010)는 인공 지능의 이야기를 초창기 시절부터 들려준다.

제1장

존 맥코믹John MacCormick이 지은 《미래를 바꾼 아홉 가지 알고리즘》Nine Algorithms That Changed the Future(에이콘출판사, 2013)은 컴퓨터 과학에서 가장 중요한 알고리즘들을 다루며 머신러닝도 한 장에 걸쳐 다룬다. 산조이 다스굽타Sanjoy Dasgupta와 크리스토스 파파디미트리오Christos Papadimitriou, 우메시 바지라니Umesh Vazirani가 지은 《알고리즘》Algorithms(사이텍미디어, 2008)*는 머신러닝에 관한 간략한 입문서다. 대니얼 힐리스Daniel Hillis의 《생각하는 기계》The Pattern on the Stone(사이언스북스, 2006)는 어떻게 컴퓨터가 동작하는가를 설명한다. 월터 아이작슨Walter Issacson은 《이노베이터》The Innovators(오픈하우스, 2015)에서 컴퓨터 과학의 생생한 역사를 들려준다. 수미트 굴와니Sumit Gulwani와 윌리엄 해리스William Harris, 리샵 싱Rishabh Singh이 작성한 논문 《Spreadsheet data manipulation using examples》(Communications of the ACM, 2012)*는 컴퓨터가 사용자를 관찰하여 어떻게 스스로 자신을 프로그램할 수 있는가를 보여 주는 사례다. 톰 데이븐포트Tomas H. Davenport와 잔 해리스Jeanne G. Harris가 지은《분석으로 경쟁하라》Competing on Analytics(21세기북스, 2011)는 사업 분야에서 예측 분석법을 사용하는 것을 다루는 입문서다. 스티븐 레비Steven Levy는《In the Plex 인 더 플렉스: 0과 1로 세상을 바꾸는 구글 그 모든 이야기》In the Plex(에이콘출판사, 2012) 에서 구글의 기술이 어떻게 동작하는가를 거시적 관점에서 살펴본다. 칼 샤피로Carl Shapiro와 할 베리안Hal Varian는《정보 법칙을 알면 .COM이 보인다》Information Rules(미 디어퓨전, 1999)에서 네트워크의 효과를 설명한다. 크리스 앤더슨Chris Anderson은《롱 테일 경제학》The Long Tail(랜덤하우스코리아, 2006)에서 다품종 소량 생산이라는 현상 을 네트워크 효과로 설명한다.

토니 헤이Tony Hey와 스튜어트 탠슬리Stewart Tansley, 크리스틴 톨Kristin Tolle이 편 집한《The Fourth Paradigm》(Microsoft Research, 2009)에서는 대규모 데이터 처리 법이 과학에 적용되면서 어떤 변혁이 생겼는가를 조사한다. 제임스 에번스James Evans와 안드레이 르제스키Andrey Rzhetsky가 공동으로 작성하여《Science》지에 기고 한〈Machine science〉(Science, 2010)이라는 글에는 컴퓨터가 과학적 발견을 하는 여 러 가지 방법이 논의되어 있다. 팻 랭글리Pat Langley 등이 지은《Scientific Discovery: Computational Explorations of the Creative Processes》(MIT Press, 1987)*에는 과학 법칙을 자동으로 발견하는 일련의 접근법이 나와 있다. SKICAT(천구 영상을 분 류하고 분석하는 도구) 프로젝트는 우사마 파야드Usama Fayyad와 조지 조르고프스키 George Djorgovski, 니콜라스 위어Nicholas Weir가 작성한 기고문인〈From digitized images to online catalogs〉(AI Magazine, 1996)에 설명되어 있다. 니키 웨일Niki Wale 의 논문《Machine learning in drug discovery and development》(Drug Development Research, 2001)*에는 제목 그대로의 주제에 관한 개요가 나와 있다. 로 봇 과학자인 아담은 로스킹Ross King 등이 쓴〈The auto-mation of science〉(Science, 2009)에 나온다.

사샤 아이센버그Sasha Issenberg은《빅토리 랩》The Victory Lab(알에이치코리아, 2012)에 서 데이터 분석이 정치에 이용되는 상황을 분석한다. 사샤 아이센버그는 또한《How President Obama's campaign used big data to rally individual votes》(MIT

Technology Review, 2013)라는 제목의 논문에서 지금까지 데이터 분석이 거둔 가장 큰 성공 이야기를 들려준다. 네이트 실버Nate Silver의 저서 《신호와 소음》The Signal and the Noise(더퀘스트, 2014)에는 여러 여론 조사를 종합하는 저자의 방법이 나온다.

　로봇 전쟁은 피터 싱어P. W. Singer의 책 《하이테크 전쟁》Wired for War(지안출판사, 2011)의 주제다. 리처드 클라크Richard Clarke과 로버트 네이크Robert Knake의 《Cyber War》(Ecco, 2012)는 가상 전쟁을 경고한다. 적군을 물리치기 위하여 머신러닝과 게임 이론을 결합하는 내 작업은 처음에는 수업 프로젝트로 시작했는데 닐레시 달비Nilesh Dalvi 등이 쓴 논문 《Adversarial classification》(Proceedings of the Tenth International Conference on Knowledge Discovery and Data Mining, 2004)*에 묘사되어 있다. 월터 페리Walter Perry 등이 지은 《Predictive Policing》(Rand, 2013)은 경찰 업무에서 분석학을 이용하는 법을 알려 주는 안내서다.

제2장

흰담비 뇌를 재연결하는 실험은 로리 폰 멜크너Laurie von Melchner와 세라 팔라스Sarah Pallas 등의 논문 《Visual behaviour mediated by retinal projections directed to the auditory pathway》(Nature, 2000)에 나온다. 벤 언더우드Ben Underwood의 이야기는 조애나 무어헤드Joanna Moorhead가 쓴 〈Seeing with sound〉(Guardian, 2007)에 나오며 웹사이트 www.benunderwood.com에서도 찾아볼 수 있다. 오토 크로이츠펠트Otto Creutzfeldt는 논문인 《Generality of the functional structure of the neocortex》(Naturwissenschaften, 1977)에서 대뇌 피질이 알고리즘의 일종이라고 주장한다. 버논 마운트캐슬Vernon Mountcastle도 제럴드 에델만Gerald Edelman과 함께 편집한 책 《The Mindful Brain》(MIT Press, 1978)에 수록된 첫 번째 논문인 《An organizing principle for cerebral function: The unit model and the distributed system》에서 같은 주장을 했다. 게리 마커스Gary Marcus와 애덤 마블스톤Adam Marblestone, 톰 딘Tom Dean은 〈The atoms of neural computation〉(Science, 2014)에

서 반대 주장을 폈다.

얼론 헐레비Alon Halevy과 피터 노빅, 페르난도 페레이라Fernando Pereira는 논문《The unreasonable effectiveness of data》(IEEE Intelligent Systems, 2009)에서 머신러닝이 새로운 발견 방식이라고 주장한다. 브누아 만델브로트Benoît Mandelbrot는《The fractal geometry of nature》(Freeman,1982)*에서 프랙탈 기하학을 논의한다. 제임스 글릭James Gleick는《카오스》Chaos(동아시아, 2013)에서 만델브로트 집합을 논의하고 설명한다. 수학의 여러 분야를 통합하려는 시도인 랭그랜즈 추측Langlands program은 에드워드 프렌켈Edward Frenkel이 지은《Love and Math》(Basic Books, 2014)에 설명되어 있다. 랜스 포나우Lance Fortnow가 지은《The Golden Ticket》(Princeton University Press, 2013)은 NP-완전과 P= NP 문제의 입문서다. 찰스 페졸드Charles Petzold는《The Annotated Turing》(Wiley, 2008)*에서 튜링 기계에 관한 튜링의 원본 논문을 다시 논의하며 튜링 기계를 설명한다.

사이크 프로젝트는 더글러스 레넷Douglas Lenat 등이 쓴 논문《Cyc: Toward programs with common sense》(Communications of the ACM, 1990)*에 설명되어 있다. 피터 노빅은 노엄 촘스키Noam Chomsky의 통계적 학습에 관한 비평을 〈On Chomsky and the two cultures of statistical learning〉(http://norvig.com/chomsky.html)라는 글에서 논의했다. 제리 포더Jerry Fodor는《The Modularity of Mind》(MIT Press, 1983)에서 마음이 어떻게 동작하는가에 대한 자신의 견해를 요약한다. 레온 위셀티어Leon Wieseltier의 글 〈What big data will never explain〉 (New Republic, 2013)과 앤드루 맥아피Andrew McAfee의 글 〈Pundits, stop sounding ignorant about data〉(Harvard Business Review, 2013)은 빅 데이터가 할 수 있는 일과 할 수 없는 일에 관한 논쟁의 맛보기다. 대니얼 카너먼Daniel Kahneman은《생각에 관한 생각》Thinking, Fast and Slow(김영사, 2012)의 제21장에서 알고리즘이 종종 직관력을 능가하는 이유를 설명한다. 데이비드 패터슨David Patterson은 칼럼 〈Computer scientists may have what it takes to help cure cancer〉(New York Times, 2011)에서 컴퓨터 계산과 데이터가 암에 대항하여 싸울 임무를 맡고 있다고 주장한다.

마스터 알고리즘으로 가는 여러 종족의 방식에 대한 더 읽을거리는 이후에 나온다.

제3장

귀납법의 문제에 관한 흄의 전통적인 표현은《Treatise of Human Nature》(1973)의
1권에 나온다. 데이비드 월퍼트David Wolpert는 '세상에 공짜는 없다'라는 귀납법에 관
한 정리를 〈The lack of a priori distinctions between learning algorithms〉(Neural
Computation, 1996)*에서 유도했다. 나는 머신러닝에서 사전 지식이 차지하는 중요성
을 〈Toward knowledge-rich data mining〉(Data Mining and Knowledge
Discovery, 2007)*에서 논의했고 오컴의 면도날에 대한 오해는 〈The role of Occam's
razor in knowledge discovery〉(Data Mining and Knowledge Discovery, 1999)*에
서 논의했다. 과적합 문제는 네이트 실버의 저서《신호와 소음》(더퀘스트, 2014)의 주
요 주제이며, 네이트 실버는 과적합을 '당신이 들어 본 적이 없는 가장 중요한 과학 문
제'라고 했다. 존 이오아니디스John Ioannidis는 칼럼 〈Why most published research
findings are false〉(PLoS Medicine, 2005)*라는 글에서 과학에서 일어나는 우연한 발
견을 진짜 발견으로 착각하는 문제를 논의한다. 요아브 벤자미니Yoav Benjamini와 요세
프 호크버그Yosef Hochberg는《Controlling the false discovery rate: A practical and
powerful approach to multiple testing》(Journal of the Royal Statistical Society,
Series B, 1995)*라는 논문에서 이 착각의 문제를 극복하는 방법을 제안한다. 편중과
분산의 분리는 스튜어트 저먼Stuart Geman과 엘리 비넨스톡Elie Bienenstock, 르네 두어
세트René Doursat의 논문인《Neural networks and t he bias/variance dilemma》
(Neural Computation, 1992)에 나온다. 팻 랭글리Pat Langley는《Machine learning as
an experimental science》(Machine Learning, 1988)라는 논문에서 머신러닝에서 실
험이 담당하는 일을 논의한다.

월리엄 스탠리 제번스William Stanley Jevons는 귀납법을 연역법의 역으로 보는 것을
《The Principles of Science》(1874)에서 처음으로 제안했다.《Machine learning of

first-order predicates by inverting resolution》(Proceedings of the Fifth International Conference on Machine Learning, 1988)*이라는 제목의 논문에서 스티브 머글턴Steve Muggleton과 레이 번틴Wray Buntine는 머신러닝에 역연역법을 처음으로 적용했다. 세소 드제로스키Sašo Džžeroski와 나다 라브라Nada Lavra의 책《Relational Data Mining》(Springer, 2001)*은 역연역법이 연구되는 추론적 논리 프로그래밍 분야의 입문서다. 피터 클락Peter Clark와 팀 리블릿Tim Niblett가 함께 쓴 논문인《The CN2 Induction Algorithm》(Machine Learning, 1989)*에는 주요 미할스키 스타일Michalski-style 규칙 추론 알고리즘들 중 일부가 요약되어 있다. 소매업자들이 사용하는 규칙 탐색rule-mining 접근법은 라케시 아그라왈Rakesh Agrawal과 라마그리시넌 서컨Ramakrishnan Srikant의 논문《Fast algorithms for mining association rules》(Proceedings of the Twentieth International Conference on Very Large Databases, 1994)*에 나온다. 암 진단에 사용하는 규칙 추론의 예는 애쉬윈 스리니바산Ashwin Srinivasan과 로스 킹Ross King, 스티븐 머글턴Stephen Muggleton, 마이클 스턴버그Michael Sternberg의 논문《Carcinogenesis predictions using inductive logic programming》(Intelligent Data Analysis in Medicine and Pharmacology, 1997)에 나온다.

주요한 의사결정트리 머신러닝 알고리즘 두 가지는 존 로스 퀸란John Ross Quinlan이 쓴《C4.5: Programs for Machine Learning》(Morgan Kaufmann, 1992)*과 리오 브라이먼Leo Breiman과 제롬 프리드먼Jerome Friedman, 리처드 올센Richard Olshen, 찰스 스톤Charles Stone의 공저《Classification and Regression Trees》(Chapman and Hall, 1984)*에 나온다. 제이미 쇼턴Jamie Shotton과 다른 사람의 논문인《Real-time human pose recognition in parts from single depth images》(Communications of the ACM, 2013)*는 마이크로소프트의 키넥트가 전자 오락을 하는 사람의 동작을 추적하는 일에 의사결정트리를 어떻게 사용하는가를 설명한다. 앤드루 마틴Andrew Martin과 다른 사람의 논문인《Competing approaches to predicting Supreme Court decision making》(Perspectives on Politics, 2004)은 어떻게 의사결정트리가 대법원 판결 투표 결과를 예측하는 일에서 법률 전문가를 이기는지를 묘사하고 연방 대법원 판사인 샌

드라 데이 오코너Sandra Day O'Connor의 판결 방식을 의사결정트리로 보여준다.

앨런 뉴웰Allen Newell과 허버트 사이먼Herbert Simon은 《Computer science as empirical enquiry: Symbols and search》(Communications of the ACM, 1976)라는 제목의 논문에서 지성은 모두 기호의 조작이라는 가설을 세웠다. 데이비드 마르David Marr는 《Vision》(Freeman, 1982)*에서 정보 처리에 관한 자신의 3단계 이론을 제안했다. 리사르드 미할스키Ryszard Michalski와 하이미 카보넬Jaime Carbonell, 톰 미첼이 편집한 《Machine Learning: An Artificial Intelligence Approach》(Tioga, 1983)*에는 머신러닝을 연구하는 기호주의자들의 초창기 모습이 나온다. 폴 스몰렌스키Paul Smolensky의 논문인 《Connectionist AI, symbolic AI, and the brain》(Artificial Intelligence Review, 1987)*에는 기호주의자의 모형에 대한 연결주의자의 의견이 나온다.

제4장

승현준Sebastian Seung의 《커넥톰, 뇌의 지도》Connectome(김영사, 2014)는 신경과학과 커넥토믹스connectomics의 쉬운 입문서이며 두뇌를 역공학으로 알아내려는 힘겨운 도전을 소개한다. 데이비드 럼멜하트David Rumelhart와 제임스 맥클리랜드James McClelland, PDP 리서치 그룹PDP research group의 공저인 《Parallel Distributed Processing》(MIT Press, 1986)*은 연결주의의 전성기인 1980년대에 나온 연결주의에 관한 고전적 교과서다. 제임스 앤더슨James Anderson과 에드워드 로젠펠드Edward Rosenfeld가 편집한 《Neurocomputing》(MIT Press, 1988)*은 연결주의자의 고전적 논문들을 수집·분석하며, 맥컬록-피츠 뉴런McCulloch-Pitts Neuron에 관한 첫 번째 모형과 헵Hebb의 헵 규칙, 로젠블랫Rosenblatt의 퍼셉트론, 볼츠만Hopfield의 볼츠만 네트워크 그리고 애클리Ackley와 힌튼Hinton, 세이노브스키Sejnowski의 볼츠만 기계, 세이노브스키와 로젠버그Rosenberg의 넷토크NETtalk, 럼멜하트과 힌튼, 윌리엄스의 역전파 등의 논문들을 다룬다.

제너비브 오어Genevieve Orr와 클라우스 로버트 뮐러Klaus-Robert Müller가 편집한 《Neural Networks: Tricks of the Trade》(Springer, 1998)의 〈Efficient backprop〉* 라는 장에서 얀 르쿤Yann LeCun과 레옹 보투Léon Bottou, 제네비브 오어, 클라우스-로버 트 뮐러는 역전파가 동작하는 데 필요한 몇 가지 주요 요령들을 설명한다.

로버트 트리피Robert Trippi와 에프레임 터번Efraim Turban의 책《Neural Networks in Finance and Investing》(McGraw-Hill, 1992)*은 신경망을 금융 분야에 적용한 사례를 모아 놓았다. 토드 조컴Todd Jochem과 딘 포머로Dean Pomerleau의 논문인 《Life in the fast lane: The evolution of an adaptive vehicle control system》(AI Magazine, 1996)은 ALVINN 자율 주행차 프로젝트를 설명한다. 폴 웨어보스Paul Werbos의 박사학위 논문은 《Beyond Regression: New Tools for Prediction and Analysis in the Behavioral Sciences》(Harvard University, 1974)*이다. 아서 브라이 슨Arthur Bryson과 위치 호Yu-Chi Ho는 《Applied Optimal Control》(Blaisdell, 1969)* 에 서 자신들의 역전파 초기 버전을 설명한다.

요슈아 벤지오Yoshua Bengio의 책《Learning Deep Architectures for AI》(Now, 2009)*는 딥 러닝의 간략한 입문서다. 역전파에서 오류 신호의 확산 문제는 요슈아 벤지오와 파트리스 시마스Patrice Simard, 파울로 프라스코니Paolo Frasconi의 논문인 《Learning long-term dependencies with gradient descent is difficult》(IEEE Transactions on Neural Networks, 1994)*에 나온다. 존 마르코프John Markoff의 칼럼 인 〈How many computers to identify a cat? 16,000〉(New York Times, 2012)은 구글 브레인 프로젝트와 그 결과를 소개한다. 현재 딥 러닝 분야의 챔피언인 합성곱 신경망Convolutional neural networks은 얀 르쿤과 레옹 보투, 요슈아 벤지오, 패트릭 하프 터Patrick Haffner의 논문인 《Gradient-based learning applied to document recognition》(Proceedings of the IEEE, 1998)*에 설명되어 있다. 조너선 키츠Jonathon Keats는 〈The $1.3B quest to build a supercomputer replica of a human brain〉(Wired, 2013)에서 유럽 연합의 두뇌 모형 프로젝트를 설명한다. 토머스 인젤 Thomas Insel과 스토리 랜디스Story Landis, 프랜시스 콜린스Francis Collins는 〈The NIH

BRAIN Initiative〉(Science, 2013)에서 브레인 이니셔티브를 설명한다.

스티븐 핑커Steven Pinker는 《마음은 어떻게 작동하는가》How the Mind Works(동녘사이언스, 2007)의 세2장에서 연결주의사 모형에 관한 기호주의자의 비판을 요약 정리한다. 세이모어 패퍼트Seymour Papert는 'One AI or Many?'(Daedalus, 1988)의 논쟁에서 자신의 견해를 밝힌다. 개리 마커스는 《마음이 태어나는 곳 》The Birth of the Mind(해나무, 2005)에서 진화를 통해 어떻게 인간 두뇌의 복잡한 능력이 생겼는지 설명한다.

제5장

조시 봉가드Josh Bongard는 〈Evolutionary robotics〉(Communications of the ACM, 2013)에서 호드 립슨Hod Lipson과 다른 사람들의 로봇 진화에 대한 연구를 조사한다. 스티븐 레비Steven Levy의 《Artificial Life》(Vintage, 1993)는 가상 공간에서 컴퓨터가 만든 동물에서 유전 알고리즘까지 나오는 디지털 동물원을 소개한다. 미첼 월드롭 Mitchell Waldrop이 지은 《Complexity》(Touchstone, 1992) 제5장에는 존 홀랜드John Holland에 대한 이야기와 초기 몇 십 년 동안의 유전 알고리즘 연구에 대한 이야기가 나온다. 데이비드 골드버그David Goldberg가 쓴 《Genetic Algorithms in Search, Optimization, and Machine Learning》(Addison-Wesley, 1989)*은 유전 알고리즘에 관한 표준 입문서다.

나일스 엘드리지Niles Eldredge와 스티븐 제이 굴드Stephen Jay Gould는 자신들의 단속평형설을 토머스 쇼프Thomas J. M. Schopf의 책 《Models in Paleobiology》(Freeman, 1972)에서 〈Punctuated equilibria: An alternative to phyletic gradualism〉라는 제목의 글로 설명했다. 리처드 도킨스Richard Dawkins는 《눈먼 시계공》The Blind Watchmaker(사이언스북스, 2004) 제9장에서 이 가설을 비평했다. 탐험과 개발의 딜레마는 리처드 서튼Richard Sutton과 앤드루 바르토Andrew Barto의 공저 《Reinforce-ment Learning》(MIT Press, 1998)* 제2장에 논의되어 있다. 존 홀랜드는 《Adaptation in Natural and Artificial Systems》(University of Michigan Press, 1975)*에서 자신의

해법과 그 외 여러 가지를 제시한다.

존 코자John Koza의 《Genetic Programming》(MIT Press, 1992)*은 유전자 프로그래밍의 핵심 참고서다. 진화된 로봇 축구팀은 미노루 아사다Minoru Asada와 히로아키 키타노Hiroaki Kitano의 책 《RoboCup-98: Robot Soccer World Cup II》(Springer, 1999)에, 데이비드 안드레David Andre와 아스트로 텔러Astro Teller가 쓴 〈Evolving team Darwin United〉*에 나와 있다. 존 코자와 포레스트 베넷Forrest Bennett III, 데이비드 안드레, 마틴 킨Martin Keane의 공저 《Genetic Program-ming III》(Morgan Kaufmann, 1999)*에는 진화된 전자 회로의 사례가 많이 있다. 대니 힐리스Danny Hillis는 《Co-evolving parasites improve simulated evolution as an optimization procedure》(Physica D, 1990)*라는 논문에서 기생 생물들이 진화에 도움이 된다고 주장한다. 아디 리브나트Adi Livnat와 크리스토스 파파디미트리오Christos Papadimitriou, 조녀선 더쇼프Jonathan Dushoff, 마커스 펠드먼Marcus Feldman은 〈A mixability theory of the role of sex in evolution〉(Proceedings of the National Academy of Sciences, 2008)*에서 성이 혼합성mixability을 최적화한다고 주장한다. 유전자 프로그래밍과 언덕 오르기를 비교한 케빈 랑Kevin Lang의 논문은 《Hill climbing beats genetic search on a Boolean circuit synthesis problem of Koza's》(Proceedings of the Twelfth International Conference on Machine Learning, 1995)*이다. 이에 대한 코자의 응답은 〈A response to the ML-95 paper entitled…〉(출판되지 않았지만 인터넷에 나옴. www.genetic-progra mming.com/jktahoe24page.html)*이다.

제임스 볼드윈James Baldwin은 논문 《A new factor in evolution》(American Naturalist, 1896)에서 볼드윈 효과를 제안했다. 제프 힌튼Geoff Hinton과 스티븐 놀런Steven Nowlan이 구현한 볼드윈 효과를 설명한 논문은 《How learning can guide evolution》(Complex Systems, 1987)*이다. 볼드윈 효과는 피터 터니Peter Turney와 대럴 휘틀리Darrell Whitley, 러셀 앤더슨Russell Anderson이 쓴 《the journal of Evolutionary Computation》1996년 특집호의 주제였다.

설명적 이론과 규범적 이론 사이의 구별은 존 네빌 케인스John Neville Keynes의 저서

《The Scope and Method of Political Economy》(Macmillan, 1891)에 분명히 표현되어 있다.

제6장

새런 버치·맥그레인Sharon Bertsch McGrayne이 베이즈와 라플라스에서 현재까지 베이즈주의의 역사를 들려주는 책은《불멸의 이론》The Theory That Would Not Die(휴먼사이언스, 2013)이다. 피터 호프Peter Hoff가 지은《A First Course in Bayesian Statistical Methods》(Springer, 2009)*는 베이즈 통계학 입문서다.

나이브 베이즈 알고리즘Naive Bayes algorithm이 처음으로 언급된 책은 리처드 두다Richard Duda와 피터 하트Peter Hart의《Pattern Classification and Scene Analysis》(Wiley, 1973)*이다. 밀턴 프리드먼Milton Friedman이 과도 단순화 이론을 논의한 곳은《Essays in Positive Economics》(University of Chicago Press, 1966)에 실린 〈The methodology of positive economics〉라는 제목의 글이다. 스팸 필터에 나이브 베이즈가 사용된 경우를 설명한 논문은 조슈아 굿맨Joshua Goodman과 데이비드 헤커먼David Heckerman, 로버트 라운스웨이트Robert Rounthwaite의《Stopping spam》(Scientific American, 2005)이다. 스티븐 로버트슨Stephen Robertson과 캐런 스팍크 존스Karen Sparck Jones의 논문《Relevance weighting of search terms》(Journal of the American Society for Information Science, 1976)*는 정보의 회수에 나이브 베이즈와 비슷한 방법을 사용하는 것을 설명한다.

브라이언 헤이스Brian Hayes의 논문《First links in the Markov chain》(American Scientist, 2013)은 마르코프가 마르코프 연쇄를 발명한 이야기를 들려준다. 토어스텐 브랜츠Thorsten Brants 등이 쓴 논문《Large language models in machine translation》(Proceedings of the 2007 Joint Conference on Empirical Methods in Natural Language Processing and Computational Natural Language Learning, 2007)*은 구글 번역이 어떻게 작동하는지 설명한다. 래리 페이지Larry Page와 세르게이 브린Sergey

Brin, 라지브 모트와니Rajeev Motwani, 테리 위그노어드Terry Winograd의 논문 《The PageRank citation ranking: Bringing order to the Web》(Stanford University technical report, 1998)*은 페이지랭크PageRank 알고리즘을 설명하고 이 알고리즘을 '인터넷에서 임의로 걷기'로 해석하는 것을 설명한다. 유진 차니악Eugene Charniak의 《Statistical Language Learning》(MIT Press, 1996)*은 은닉 마르코프 모형HMN이 어떻게 작동하는지 설명한다. 프레드 젤리넥Fred Jelinek의 《Statistical Methods for Speech Recognition》(MIT Press, 1997)*은 음성 인식에 통계적 방법을 적용한 사례를 설명한다. 통신 분야에서 사용되는 HMM-형태의 추론은 데이비드 포니David Forney의 논문 《The Viterbi algorithm: A personal history》(출판되지 않았지만 인터넷에서 얻을 수 있음 arxiv.org/pdf/cs/0504020v2.pdf)에 나온다. 피에르 발디Pierre Baldi와 소런 브루넥Soren Brunak이 공저한 《Bioinformatics: The Machine Learning Approach》(2nd ed., MIT Press, 2001)*는 생물학에 머신러닝이 쓰이는 방법과 HMMs를 설명한 입문서다. 배리 사이프라Barry Cipra의 논문 《Engineers look to Kalman filtering for guidance》(SIAM News, 1993)는 칼만 필터와 칼만 필터의 역사, 응용 분야에 관한 간략한 입문서다. 베이즈 네트워크에 관한 주데아 펄Judea Pearl의 선구적인 연구는 그의 책 《Probabilistic Reasoning in Intelligent Systems》(Morgan Kaufmann, 1988)*에 나온다. 유진 차니악의 논문 《Bayesian networks without tears》(AI Magazine, 1991)*는 대체적으로 수학을 사용하지 않고 베이즈 네트워크를 개론적으로 설명한다. 데이비드 헤커먼David Heckerman은 논문 《Probabilistic interpretation for MYCIN's certainty factors》(Proceedings of the Second Conference on Uncertainty in Artificial Intelligence, 1986)*에서 신뢰도 추정치를 지닌 규칙 모음이 언제 베이즈 네트워크를 적절하게 근사화 하고 언제 근사화 못하는지를 설명한다. 에란 세갈Eran Segal과 다른 사람의 공저 논문 《Module networks: Identifying regulatory modules and their condition-specific regulators from gene expression data》(Nature Genetics, 2003)는 유전자 조절의 모형을 세우는 일에 베이즈 네트워크를 사용한 사례다. 벤 페인터Ben Paynter는 논문 《Microsoft virus fighter: Spam may be more difficult to stop than HIV》(Fast Company, 2012)에서 데이비드 헤커먼이 어떻게 스팸 필터에서 영감을 얻어 AIDS 백신 설계에 베이즈 네트워크를 사용했는지를 설명한다. 확률적 또는 '잡음' 논리합은 펄의 책 《Probabilistic Reasoning in Intelligent Systems》(Morgan Kaufmann, 1988)*에 설명이 나온다. 스웨M. A. Shwe와 다른 사람의 공저 논문《Probabilistic diagnosis using a reformulation of the INTERNIST-1/QMR knowledge base》(Parts I and II, Methods of Information in Medicine, 1991)은 의료 진단을 위한 noisy -OR Bayesian network를 설명한다. 광고 배치에 사용하는 구글의 베이즈 네트워크는 케빈 머피의 책《머신 러닝》*에 설명되어 있다. 마이크로소프트의 게임 참가자 순위 시스템은 랄프 허브리치Ralf Herbrich와 톰 민카Tom Minka, 토러 그래플Thore Graepel의 논문 《TrueSkillTM: A Bayesian skill rating system》(Advances in Neural Information Processing Systems 19, 2007)*에 설명되어 있다. 아드난 다위크Adnan Darwiche가 지은《Modeling and Reasoning with Bayesian Networks》(Cambridge University Press, 2009)*는 베이즈 네트워크에서 사용되는 추론을 위한 주요 알고리즘을 설명한다. 잭 돈게라Jack Dongarra와 프랜시스 설리번Francis Sullivan이 쓴 〈January/February 2000 issueof Computing in Science and Engineering〉*에는 MCMC를 포함하여 20세기 최고 알고리즘 10개에 관한 기사가 나온다. 세바스찬 스런과 다른 사람의 공저 논문인《Stanley: The robot that won the DARPA Grand Challenge》(Journal of Field Robotics, 2006)는 미국 방위고등연구계획국DARPA 자율 주행차가 어떻게 동작하는지를 설명한다. 데이비드 헤커먼의 논문《Bayesian networks for data mining》(Data Mining and Knowledge Discovery, 1997)*은 학습에 대한 베이즈 방식을 요약하고 베이즈 네트워크가 데이터를 이용하여 어떻게 학습하는지를 설명한다. 데이비드 맥케이David MacKay의 논문《Gaussian processes: A replacement for supervised neural networks?》(NIPS tutorial notes, 1997; online at www.inference.eng.cam.ac.uk/mackay/gp.pdf)*에서 베이즈주의자들이 어떻게 신경정보처리시스템 학술대회NIPS를 끌어 들였는지에 관한 정보를 얻을 수 있다.

음성 인식에서 단어의 확률에 가중치를 줄 필요성은 댄 주레프스키Dan Jurafsky와
제임스 마틴James Martin의 저서 《Speech and Language Processing》(2nd ed.,
Prentice Hall, 2009)*의 9.6절에서 논의된다. 나이브 베이즈에 관한 나와 마이크 파자
니Mike Pazzani의 논문은 《On the optimality of the simple Bayesian classifier
under zero-one loss》(Machine Learning, 1997; expanded journal version of the
1996 conference paper)*이다. 주데아 펄의 책 《Probabilistic Reasoning in
Intelligent Systems》(Morgan Kaufmann, 1988)*는 베이즈 네트워크와 마르코프 네
트워크를 논의한다. 앤드루 블레이크Andrew Blake와 푸시밋 콜리Pushmeet Kohli, 카스텐
로더Carsten Rother가 편집한 책 《Markov Random Fields for Vision and Image
Processing》(MIT Press, 2011)*의 주제는 컴퓨터 비전에서 사용되는 마르코프 네트
워크이다. 조건부 가능성conditional likelihood을 최대로 만드는 마르코프 네트워크는 존
라퍼티John Lafferty와 앤드루 맥컬럼Andrew McCallum, 페르난두 페레이라Fernando Pereira
의 논문인 《Conditional random fields: Probabilistic models for segmenting
and labeling sequence data》(International Conference on Machine Learning,
2001)*에 나온다.

확률과 논리를 결합하려는 시도의 역사는 존 윌리엄슨Jon Williamson과 도브 가베이
Dov Gabbay의 〈2003 special issue〉(the Journal of Applied Logic)*라는 글에서 다뤄졌
다. 마이클 웰먼Michael Wellman과 존 모리즈John Breese, 로버트 골드먼Robert Goldman의
논문 《From knowledge bases to decision models》(Knowledge Engineering
Review, 1992)*에서는 확률과 논리를 결합하는 문제에 대한 초기 인공 지능의 접근
법 몇 가지를 논의한다.

제7장

프랭크 애버그네일Frank Abagnale은 스탠 레딩Stan Redding과 함께 쓴 자서전 《잡을 테면
잡아 봐: 캐치 미 이프 유 캔》Catch Me If You Can(문학세계사, 2012)에서 자신이 성취한

일을 자세하게 서술했다. 에블린 픽스Evelyn Fix와 조 호지스Joe Hodges의 최근접 이웃 알고리즘에 관한 최초의 기술 보고서는 〈Discriminatory analysis: Nonparametric discrimination: Consistency properties〉(USAF School of Aviation Medicine, 1951)*이다. 벨러 데세라티Belur Dasarathy의 책《Nearest Neighbor (NN) Norms》(IEEE Computer Society Press, 1991)*는 최근접 이웃 알고리즘 분야의 핵심 논문을 많이 모아 놓았다. 국부 선형 회귀 분석Locally linear regression의 연구 결과는 크리스 앳키슨Chris Atkeson과 앤드루 무어Andrew Moore, 스테판 샬Stefan Schaal의 공동 논문《Locally weighted learning》(Artificial Intelligence Review, 1997)*에 나온다. 최근접 이웃 알고리즘을 기반으로 하는 최초의 협력 필터링 시스템collaborative filte-ring system은 폴 레즈닉Paul Resnick과 다른 사람의 논문인《GroupLens: An open architecture for collaborative filtering of netnews》(Proceedings of the 1994 ACM Conference on Computer-Supported Cooperative Work, 1994)*에 나온다. 아마존의 협업 필터링 알고리즘collaborative filtering은 그레그 린든Greg Linden과 브렌트 스미스Brent Smith, 제레미 요크Jeremy York의 논문《Amazon.com recommendations: Item-to-item collaborative filtering》(IEEE Internet Computing, 2003)*에 나온다 (넷플릭스에 대해서는 제8장의 더 읽을거리를 보라). 추천 시스템이 아마존과 넷플릭스의 매출에 기여했다는 내용에 관하여 내가 참고한 도서는 다른 출처와 더불어 마이어 쇤베르거와 쿠키어가 지은《빅 데이터가 만드는 세상》과 시겔이 지은《Predictive Analytics》(이전에도 인용되었음)다. 톰 커버Tom Cover와 피터 하트가 최근접 이웃 오류율에 관해 1967년에 발표한 논문은《Nearest neighbor pattern classification》(IEEE Transactions on Information Theory)*이다.

차원의 저주는 트레버 헤이스티Trevor Hastie와 롭 팁시라니Rob Tibshirani, 제리 프리드먼Jerry Friedman이 저술한《The Elements of Statistical Learning》(2nd ed., Springer, 2009)*의 2.5절에 논의되어 있다. 론 코하비Ron Kohavi와 조지 존George John의 논문《Wrappers for feature subset selection》(Artificial Intelligence, 1997)*은 속성 선택 방법attribute selection methods을 비교한다. 데이비드 로David Lowe의 논문

《Similarity metric learning for a variable-kernel classifier》(Neural Computation, 1995)*는 특성 가중치 알고리즘feature weighting algorithm의 한 가지 사례다.

넬로 크리스티니니Nello Cristianini와 베른하르트 숄코프Bernhard Schölkopf의 논문 《Support vector machines and kernel methods: The new generation of learning machines》(AI Magazine, 2002)*는 수학적인 내용이 가장 없는 SVM의 개론이다. SVM 혁명을 일으킨 논문은 번하드 보서Bernhard Boser와 이자벨 기용Isabel Guyon, 블라디미르 바프닉Vladimir Vapnik의 《A training algorithm for optimal margin classifiers》(Proceedings of the Fifth Annual Workshop on Computational Learning Theory, 1992)*이다. 텍스트 분류에 SVM을 최초로 적용한 논문은 토르스텐 요아힘스Thorsten Joachims의 《Text categorization with support vector machines》(Proceedings of the Tenth European Conference on Machine Learning, 1998)*이다. 넬로 크리스티니니와 존 샤-테일러John Shawe-Taylor의 책 《An Introduction to Support Vector Machines》(Cambridge University Press, 2000)* 제5장은 SVM이 사용된 상황에서 수행하는 조건부 최적화를 간략히 소개한다.

재닛 콜로드너Janet Kolodner가 쓴 《Case-Based Reasoning》(Morgan Kaufmann, 1993)*은 사례 기반 추론법의 교과서다. 에반젤러스 새무디스Evangelos Simoudis가 쓴 논문 《Using case-based retrieval for customer technical support》(IEEE Expert, 1992)*는 사례 기반 추론법을 업무 지원 센터에 적용한 사례를 설명한다. 아이피소프트IPsoft의 엘리자Eliza는 〈Rise of the software machines〉(Economist, 2013)라는 기사에 소개되었고 아이피소프트의 웹사이트에도 나온다. 케빈 애슐리Kevin Ashley는 《Modeling Legal Arguments》(MIT Press, 1991)*에서 사례 기반 추론법을 법률 분야에 적용한 내용을 다룬다. 데이비드 코프David Cope는 자동 음악 작곡에 대한 자신의 접근법을 논문 《Recombinant music: Using the computer to explore musical style》(IEEE Computer, 1991)에 요약했다. 젠트너는 《Structure mapping: A theoretical framework for analogy》(Cognitive Science, 1983)*라는 논문에서 구조 대응 설정structure mapping을 제안한다. 제임스 소머스James Somers의 칼럼 〈The man who would teach machines to think〉(Atlantic, 2013)는 인공 지능에 관한 더 글러스 호프스태터Douglas Hofstadter의 견해를 논의한다.

RISE 알고리즘은 내 논문《Unifying instance-based and rule-based induction》 (Machine Learning, 1996)*에 설명되어 있다.

제8장

앨리슨 고프닉Alison Gopnik과 앤디 멜초프Andy Meltzoff, 팻 쿠흘Pat Kuhl의 책《The Scientist in the Crib》(Harper, 1999)에는 아기와 어린아이가 어떻게 학습하는가에 관해 심리학자들이 발견한 것이 요약되어 있다.

k-평균 알고리즘은 벨연구소의 스튜어트 로이드Stuart Lloyd가 1957년 기술 보고서 〈Least squares quantization in PCM〉(1982년에 논문으로 IEEE Transactions on Information Theory에 실림)*에서 처음으로 제안했다. EM 알고리즘에 관한 최초의 논문은 아서 뎀프스터Arthur Dempster와 낸 레어드Nan Laird, 도널드 루빈Donald Rubin이 쓴《Maximum likelihood from incomplete data via the EM algorithm》(Journal of the Royal Statistical Society B, 1977)*이다. 계층적 군집Hierarchical clustering과 그 외 다른 방법들이 레너드 로프먼Leonard Kaufman과 피터 루소Peter Rousseeuw의 책 《Finding Groups in Data: An Introduction to Cluster Analysis》(Wiley, 1990)*에 설명되어 있다.

주요 성분 분석Principal-component analysis은 머신러닝과 통계학에서 가장 오래된 기법이며 1901년 칼 피어슨Karl Pearson이 논문《On lines and planes of closest fit to systems of points in space》(Philosophical Magazine)*에서 처음으로 제안했다. SAT 에세이의 채점에 쓰이는 차원 축소법 같은 종류는 스콧 디어웨스터Scott Deerwester 등 이 논문《Indexing by latent semantic analysis》(Journal of the American Society for Information Science, 1990)*에서 소개했다. 예후다 코렌Yehuda Koren과 로버트 벨 Robert Bell, 크리스 볼린스키Chris Volinsky는 넷플릭스에서 사용하는 협력 필터링Netflixstyle collaborative filtering이 어떻게 동작하는가를 논문《Matrix factorization techniques for recommender systems》(IEEE Computer, 2009)*에서 설명한다. 이 소맵 알고리즘은 조시 테넌밤Josh Tenenbaum과 빈 드 실바Vin de Silva, 존 랭포드 랭퍼드 John Langford의 논문《A global geometric framework for nonlinear dimensiona-lity reduction》(Science, 2000)*에 소개되었다.

서튼과 바르토의 저서《Reinforcement Learning: An Introduction》(MIT Press, 1998)*은 강화 학습reinforcement learning의 표준적인 교과서다. 마커스 후터Marcus Hutter 의 저서《Universal Artificial Intelligence》(Springer, 2005)*는 강화 학습에 관한 보편적인 이론을 시도했다. 아서 사무엘Arthur Samuel의 체스 게임을 학습하는 선도적인 연구는 그의 논문《Some studies in machine learning using the game of checkers》(IBM Journal of Research and Development, 1959)*에 나온다. 이 논문은 또한 '머신러닝'이라는 용어가 최초로 인쇄된 문서다. 크리스 왓킨스Chris Watkins는 강화 학습의 문제를 그의 박사 논문인《Learning from Delayed Rewards》(Cambridge University, 1989)*에서 완전한 형태로 서술했다. 비디오 게임을 위한 딥마인드의 강화 학습 알고리즘은 볼로디미르 므니Volodymyr Mnih와 그 외 다른 사람의 공동 논문인 《Human-level control through deep reinforcement learning》(Nature, 2015)* 에 나온다.

폴 로젠블룸Paul Rosenbloom은 논문《A cognitive odyssey: From the power law of practice to a general learning mechanism and beyond》(Tutorials in Quantita-tive Methods for Psychology, 2006)에서 '청킹'chunking의 개발 과정을 설명한다. A/B 시험과 그 외 다른 인터넷 실험 기법이 론 코하비Ron Kohavi와 랜덜 헤네Randal Henne, 댄 소머필드Dan Sommerfield의 논문《Practical guide to controlled experiments on the Web: Listen to your customers not to the HiPPO》(Proceedings of the Thirteenth International Conference on Knowledge Discovery and Data Mining, 2007)*에 설명되어 있다. 업리프트 모델링Uplift modeling 즉, A/B 시험의 다차원적 일반화multidimensional generalization of A/B testing는 에릭 시겔이 쓴 책 《Predictive

Analytics》(Wiley, 2013)의 제7장 주제다.

리자 게터Lise Getoor와 벤 타스카Ben Taskar의 책 《Introduction to Statistical Relational Learning》(MIT Press, 2007)*은 통계적 관계형 학습의 주요 접근 방법을 탐구한다. 맷 리처드슨Matt Richardson과 내가 수행한 구전word of mouth의 모형 연구는 논문 《Mining social networks for viral marketing》(IEEE Intelligent Systems, 2005)에 요약되어 있다.

제9장

지후아 조우Zhi-Hua Zhou가 쓴 《Model Ensembles: Foundations and Algorithms》(Chapman and Hall, 2012)*은 메타학습meta learning 입문서다. 스태킹stacking 기법을 최초로 소개한 논문은 데이비드 윌퍼트David Wolpert의 《Stacked generalization》(Neural Networks, 1992)*이다. 레오 브레이먼Leo Breiman은 배깅bagging 기법을 《Bagging predictors》(Machine Learning, 1996)*라는 논문에서 소개했고 랜덤 포레스트random forests를 《Random forests》(Machine Learning, 2001)*라는 논문에서 소개했다. 부스팅Boosting 기법은 요아브 프로인트Yoav Freund와 롭 샤피르Rob Schapire의 논문 《Experiments with a new boosting algorithm》(Proceedings of the Thirteenth International Conference on Machine Learning, 1996)에 설명되어 있다.

애닐 어낸타스와미Anil Ananthaswamy의 논문 《I, Algorithm》(New Scientist, 2011)에는 인공 지능에서 논리와 확률을 결합하는 과정을 연대순으로 기록되어 있다. 대니얼 로드Daniel Lowd와 내가 함께 쓴 《Markov Logic: An Interface Layer for Artificial Intelligence》(Morgan & Claypool, 2009)*는 마르코프 논리 네트워크의 입문서다. 알케미Alchemy 웹사이트인 'alchemy.cs.washington.edu'에는 강의 데이터와 비디오, MLNs, data sets, 출판물, 다른 시스템의 연결 링크 등이 있다. 로봇 설정robot mapping을 수행하는 MLN은 줴 왕Jue Wang과 내가 쓴 논문 《Hybrid Markov logic networks》(Proceedings of the Twenty-Third AAAI Conference on Artificial

Intelligence, 2008)*에 설명되어 있다. 토머스 디트리히Thomas Dietterich와 진롱 바오 Xinlong Bao는 〈Integrating multiple learning components through Markov logic〉(Proceedings of the Twenty-Third AAAI Conference on Artificial Intelligence, 2008)*에서 DARPA의 PAL 프로젝트에서 사용된 MLNs를 설명한다. 스탠리 코크 Stanley Kok과 나의 논문《Extracting semantic networks from text via relational clustering》(Proceedings of the Nineteenth European Conference on Machine Learning, 2008)*은 인터넷을 통해 의미망semantic network을 학습하기 위하여 어떻게 MLNs를 사용했는지 설명한다.

계층적 구조의 유형과 부분을 효율적으로 다루는 MLNs는 마티아스 니퍼트Mathias Niepert와 나의 논문《Learning and inference in tractable probabilistic knowledge bases》(Proceedings of the Thirty-First Conference on Uncertainty in Artificial Intelligence, 2015)*에 설명되어 있다. 평형 기울기 하강에 관한 구글의 접근 방법은 제프 딘Jeff Dean 등이 작성한 논문인《Large-scale distributed deep networks》(Advances in Neural Information Processing Systems 25, 2012)*에 나와 있다. 내가 제프 힌튼과 함께 쓴 논문인《A general framework for mining massive data streams》(Journal of Computational and Graphical Statistics, 2003)*에는 중단되지 않고 연속으로 들어오는 데이터의 흐름open-ended data streams을 학습하는 샘플링 기반의 방법이 요약되어 있다. 퓨처아이시티FuturICT 프로젝트를 주제로 하는 논문은 데이비드 웨인버거David Weingerger의《The machine that would predict the future》(Scientific American, 2011)이다.

논문《Cancer: The march on malignancy》(Nature supplement, 2014)는 암과 벌이는 전쟁의 현재 상황을 조사했다. 크리스 에드워즈Chris Edwards가 쓴《Using patient data for personalized cancer treatments》(Communications of the ACM, 2014)에는 CanceRx로 발전할 수 있었던 초기 단계의 연구를 서술한다. 마커스 커버트Markus Covert는《Simulating a living cell》(Scientific American, 2014)라는 논문에서 병을 전염시키는 세균에 관한 모형을 그의 팀이 어떻게 만들었는지를 설명한다.

안토니오 레갈라도Antonio Regalado는 논문《Breakthrough Technologies 2015: Internet of DNA》(MIT Technology Review, 2015)에서 유전학 및 보건을 위한 국제 연합Global Alliance for Genomics and Health에서 수행하는 일을 알려 준다. 암 경험 공유 Cancer Commons에 관한 설명은 제이 테넨바움Jay Tenenbaum과 제프 슈레거Jeff Shrager의 논문《Cancer: A Computational Disease that AI Can Cure》(AI Magazine, 2011) 에 나와 있다.

제10장

케빈 폴젠Kevin Poulsen의 《Love, actuarially》(Wired, 2014)에는 한 남자가 오케이큐 피트OkCupid라는 인터넷 데이트 사이트에서 연인을 발견하기 위해 머신러닝을 어떻 게 사용했는지에 관한 이야기가 실려 있다. 크리스티안 러더Christian Rudder는 《빅데이 터 인간을 해석하다》Dataclysm(다른, 201)에서 여러 가지 통찰력을 얻기 위하여 오케 이큐피트의 데이터를 탐색한다. 고든 무어Gordon Moore와 짐 게멀Jim Gemmell은 《Total Recall》(Dutton, 2009)에서 우리가 하는 모든 일을 디지털 데이터로 기록할 때 어떤 영향이 있을지 조사한다. 패트릭 터커Patrick Tucker는 《네이키드 퓨처》The Naked Future(와이즈베리, 2014)에서 이 세상의 일을 예측하기 위한 데이터의 사용과 오용 사 례를 조사한다. 크레이그 먼디Craig Mundie는 〈Privacy pragmatism〉(Foreign Affairs, 2014)라는 글에서 데이터의 수집과 사용에 관한 균형 잡힌 접근법을 논한다. 에릭 브 린욜프슨Erik Brynjolfsson과 앤드루 맥아피Andrew McAfee는 《제2의 기계 시대》The Second Machine Age(청림출판, 2014)에서 인공 지능이 발전하면 미래의 직업과 경제는 어떻게 될 것인가를 논의한다. 크리스 바라니우크Chris Baraniuk는 〈World War R〉(New Scientist, 2014)라는 글에서 로봇을 전투에 사용하는 문제를 둘러싼 논쟁을 소개한다. 스티븐 호킹Stephen Hawking과 그 외 다른 사람은 〈Transcending complacency on superintelligent machines〉(Huffington Post, 2014)라는 글에서 지금은 인공 지능의 위기를 걱정해야 할 때라고 주장한다. 닉 보스트롬Nick Bostrom은 《Superintelligence》

(Oxford University Press, 2014)에서 인공 지능의 위험과 이에 대한 대책을 살펴본다.

리처드 호킹Richard Hawking은 《A Brief History of Life》(Random Penguin, 1982)에서 기원전(BC는 Before Computers, 농담임) 영겁의 세월 중 일어났던 진화의 비약적인 발전을 요약한다. 레이 커즈와일Ray Kurzweil의 《특이점이 온다》The Singularity Is Near(김영사, 2007)는 초월형 인간transhuman의 미래로 안내한다. 조엘 가로Joel Garreau는 《급진적 진화》Radical Evolution(지식의숲, 2007)에서 인간이 주도하는 진화가 어떻게 펼쳐질지에 관한 세 가지 시나리오를 살펴본다. 《기술의 충격》What Technology Wants(민음사, 2011)에서 케빈 켈리Kevin Kelly는 기술이란 다른 수단으로 진행되는 진화라고 주장한다. 조지 다이슨George Dyson의 책 《Darwin Among the Machines》(Basic Books, 1997)는 기술의 진화를 연대순으로 기록하며 기술이 우리를 어디로 이끌지에 관하여 고찰한다. 크레이그 벤터Craig Venter는 《Life at the Speed of Light》(Viking, 2013)에서 그의 팀이 어떻게 살아 있는 세포를 합성했는가를 설명한다.